21世纪普通高等教育规划教材

环境化学

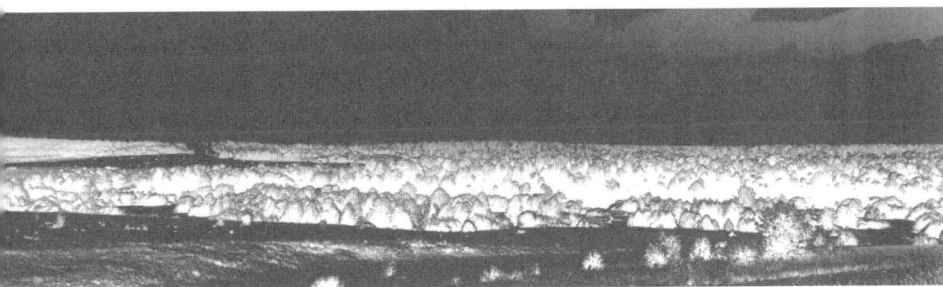

Environmental Chemistry

主　编　邹洪涛　陈征澳
副主编　虞　娜　张　薇

暨南大学出版社
JINAN UNIVERSITY PRESS

中国·广州

图书在版编目（CIP）数据

环境化学/邹洪涛，陈征澳主编；虞娜，张薇副主编. —广州：暨南大学出版社，2011. 12
（21 世纪普通高等教育规划教材）
ISBN 978 – 7 – 5668 – 0064 – 0

Ⅰ. ① 环…　Ⅱ. ① 邹…② 陈…③虞…④张…　Ⅲ.①环境化学—高等学校—教材
Ⅳ.①X13

中国版本图书馆 CIP 数据核字（2011）第 248011 号

出版发行：**暨南大学出版社**

地　址：	中国广州暨南大学
电　话：	总编室（8620）85221601
	营销部（8620）85225284　85228291　85228292（邮购）
传　真：	（8620）85221583（办公室）　85223774（营销部）
邮　编：	510630
网　址：	http：//www. jnupress. com　http：//press. jnu. edu. cn

排　版：	广州市天河星辰文化发展部照排中心
印　刷：	佛山市浩文彩色印刷有限公司

开　本：	787mm×1092mm　1/16
印　张：	22. 5
字　数：	535 千
版　次：	2011 年 12 月第 1 版
印　次：	2011 年 12 月第 1 次
印　数：	1—3000 册

定　价：	45. 00 元

《环境化学》编委会

前　言

当前，随着经济和社会发展，人们对环境问题的关注日益增强，环境化学在解决环境问题过程中起到基础学科的作用，近年来在基础化学学科中逐渐成长起来，形成具有自己特色的学科。环境化学是环境科学重要分支学科之一，是以化学科学的基本理论和方法为研究手段，主要研究污染环境的化学物质在不同环境介质中迁移、转化以及危害防治的一门新兴学科。环境化学涉及的学科领域较多，相关学科理论和技术的发展为环境化学学科的体系完善提供了强有力的支撑。环境化学学科的理论和技术的发展不再是基础化学学科知识的延伸和拓展，而是与土壤学、生态学、生物学、数学等学科紧密结合的一门学科。

本书是在征求相关高等院校从事环境化学课程教学的教师意见并结合编者多年的实际教学经验，组织相关教师对现有的环境化学教学内容进行调整，拟定了适合当前环境化学学科发展的编写大纲。教材的编写尽力体现学科的发展和适合教学的需要。

本书作者编写分工如下：

第一章绪论由沈阳大学陈征澳编写，第二章大气圈及其污染由沈阳农业大学韩颖编写，第三章大气污染化学问题形成机理由山西农业大学郭峰编写，第四章天然水及其污染、第六章水污染化学问题形成机理中第二节赤潮和第三节地下水污染由沈阳化工大学刘长风编写，第五章水体污染物化学行为、第六章水污染化学问题形成机理中第一节水体富营养化由沈阳化工大学李辉编写，第七章土壤环境及其污染由沈阳农业大学虞娜编写，第八章土壤污染物化学行为由山西农业大学白彦真编写，第九章生物圈的污染生态化学和第十章典型污染物在环境各圈层中的转归与效应由沈阳农业大学张薇编写。本书内容策划、体例设计、全书审稿统稿由沈阳农业大学邹洪涛负责。

由于环境科学发展迅猛，相关学科知识理论和技术发展日新月异，环境化学学科涉及内容较多，编写该书时参考吸收了大量的国内外有关的最新资料和成果，参考了相关教材，在此谨向有关作者深表谢意。此外，编写出版过程中得到暨南大学出版社苏彩桃副编审的热情鼓励和帮助，在此表示衷心感谢。

限于编者学识和文字水平，书中错误与不妥之处在所难免，敬请环境专家、学者、广大师生和其他读者批评指正，以便进一步修订，使其日臻完善。

编　者
2011 年 11 月

目 录

第一章 绪 论

第一节 环境与环境问题

一、环境介质

（一）环境介质概念

1. 环境

环境总是相对于某一中心事物而言的。环境因中心事物的不同而不同，随中心事物的变化而变化。从环境学科的角度来看，它是以"人类—环境"系统为其特定的研究对象，研究"人类—环境"系统的发生和发展、调节和控制以及改造利用的科学。"人类—环境"系统，即人类与环境所构成的对立统一体，是一个以人类为中心的生态系统。也就是说，环境科学所研究的环境，是以人类为主体的外部世界，即为人类生存和繁衍所必需的、相适应的环境或物质条件的综合体，围绕人群的空间及其中能直接或间接影响人类生存和发展的各种因素的总和。环境是一个非常复杂的庞大系统，由一系列彼此相连的环境介质或环境相组成，如大气、土壤、湖泊、河流、海洋、湖底沉积物、湖中悬浮物及水或土壤中的生物体等。

环境化学所研究的环境主要包括自然和生活环境。前者包括大气圈、水圈、土壤岩石圈和生物圈，这当中的各类环境要素都是人类生产所需的资源，水圈为人类提供农业灌溉、工业用水、生活用水等，生物圈为人类提供食物和大量的生产资料，岩石圈为人类提供大量的矿产资源；后者包括人类为从事生活活动而建立起来的居住、工作和娱乐环境以及有关的生活环境因素等。自然环境和生活环境都是人类生存所必需的，其组成和质量的状况与人体健康的关系极为密切。

2. 环境介质

具体的环境单元世界，由物质、能量和信息三部分组成。将其中的物质部分称为环境介质，将能量和信息部分称为环境因素。

环境介质，是指自然环境中各个独立组成部分中所具有的物质。如大气、水体、土壤和岩石、生物体中所具有各自特性的气体、水、固体颗粒等不同介质（或不同的相），它们之间常发生相互作用或关联。而环境因素则是被介质容纳和转运的成分或介质中各种无机和有机的组成成分，通过环境介质的载体作用，或参与环境介质的组成而直接或间接对人类起作用。它包括各种物理因素、化学因素和生物因素。

（二）环境介质分类

根据对环境介质（或相）的划分角度不同，环境介质可有不同分类（见表 1-1）：

表 1-1　环境介质分类

角　度	环境介质
连续性	连续的介质（或相）：水、大气；非连续的介质（或相）：大气颗粒物。此种分类对于连续性的界定包括三个角度：物质的连续性、介质物理力学性质的连续性和力学反应的连续性
相邻性	相邻的环境介质（或相）：水体—大气污染物迁移；土壤生态系统与大气、水体相比，更为复杂，它是由气、水、固、生物组成的复杂系统，有气—固、气—液、液—固以至相界面交错；非相邻的环境介质（或相）：大气—水体沉积物。划分原则：环境介质的相对位置或区域
污染难易度	易受污染的介质（或相）：表层水、大气；不容易受污染的介质（或相）：深海、岩石层
方向性	某一方向均一：浅的河流；所有方向都不均一：多孔介质
相态数量	均相：如浅塘中充分混合的水（无浓度梯度、温度梯度）；非均相：性质不均一如土壤、沉积物。均相反应指在单一相态中发生的化学反应；非均相反应，也称多相反应，指反应涉及两相或多相的组分，或反应在两相间的界面上发生

（三）环境介质特点

环境化学是研究环境中物质相互作用的学科，包括研究天然物质、生物物质和合成化学物质在环境介质（大气、水体、土壤、生物）中的存在、化学特性、行为和效应，并在此基础上研究控制它们的化学原理和方法。化学物质进入各种介质后，都要发生迁移和转化，在其运动中把各种介质联系到一起，并在各种介质中表现出化学物质各自特有的环境化学行为和化学效应。环境介质的特点可归纳为：

1. 客观物质性

环境介质是人类赖以生存的物质环境条件，通常以三种物质形态（气态，液态和固态）存在，它能够容纳和运载各种环境因素。也正是因为环境介质的这个特点，决定了其对人类的重要性。

2. 相对稳定性

环境介质对于外来的干扰有一定的调节能力，能够进行补偿和缓冲，从而可以维持自身的相对稳定，也就是我们通常所说的环境容量。虽然，自古以来环境一直在遭受着或大或小的自然灾害及人类活动的严重干扰，但环境介质的整体结构和基本组成仍能保持相对稳定。但当外来的冲击超出了环境介质本身固有的缓冲能力时，就会使环境介质的结构、组成甚至功能发生难以恢复的改变。

3. 动态变化性

在自然或人类社会行为的作用下，环境内部和外在状态始终处在不断的变化中。化学物质进入各环境介质后通过迁移、转化，除在各介质中表现出特有的环境化学行为和化学与生态效应外，还动态地把不同介质联系起来。在一定条件下，环境介质的三种物质形态可以相互转化，其物质组成也可以相互转移。此外，环境介质的运动可携带污染物向远方扩散。

环境介质的三种物质形态在地球表面环境中通常是不会以完全单一介质形式存在的，而是具有两个以上单介质的体系，我们称之为多介质环境。地球环境是一个由大气、水体、土壤、岩石和生物等圈层组成的多介质体系，如水中可含有空气和固态悬浮物，大气中含有水分和固态颗粒物，土壤中含有空气和水分。环境中不同介质间物理、化学和生物的作用是环境物质迁移分布、形态变化、污染效应、最终归宿的重要环节。多介质环境的特殊属性包括：跨介质迁移——污染在多介质中的分布是通过跨介质迁移来实现的；界面效应——多介质环境的界面不仅是污染物跨介质迁移的通道，而且也是污染物或微小生物的高富集区。跨介质迁移涉及介质与介质间的界面效应，除此之外，界面效应还往往表现出污染物在界面附近的转化与在单介质环境内部的转化不同的性质；非线性作用——通过界面传输污染物时，污染物通过界面时，相对于它原来所在的介质中的传输有可能加快或减慢，这就是非线性特征。多介质的环境化学问题已成为现今环境化学的重要研究领域。

二、环境污染及其污染物

（一）环境污染

1. 环境污染及其分类

人类活动产生的污染物或污染因素，进入环境的量超过环境容量或环境自净能力时，就会导致环境质量的恶化，出现环境污染，该物质成为环境污染物。就实际研究来看，大多数环境问题是由环境污染（特别是化学物质的污染）引起的。环境污染的产生有一个从量变到质变的发展过程，只有当某种污染物质的浓度或其总量超过环境自净能力时，才会产生环境污染。根据《中国环境宏观战略研究》，我国当前的环境形势是，局部有所好转，总体尚未遏制，形势依然严峻，压力继续增大。

环境污染有不同的类型。按污染产生的原因可分为生产污染（包括工业污染、农业污染、交通污染等）和生活污染；按环境要素可分为大气污染、水体污染、土壤污染等；按污染物的性质可分为物理污染、化学污染和生物污染；按污染的作用结果可分为环境污染和环境干扰。环境污染是指人类活动所排出的污染物，作用于环境产生不良影响，其特点是污染源停止排出污染物后，污染并没有马上消失，还会存在较长的时间。环境干扰是人类活动排出的能量作用于环境而产生的不良影响，但干扰源停止后，干扰立即消失。

环境污染源是指造成环境污染的污染物发生源，一般指向环境排放有害物质或对环境产生有害影响的场所、设备和装置。按照产生过程的不同可分为天然污染源和人为污染源。天然污染源是指自然现象过程中向环境排放有害物质或造成有害影响的场所，如火山喷发、森林火灾等。如 2010 年 4 月 14 日，冰岛第五大冰川——埃亚菲亚德拉冰盖冰川附近的一座火山喷发，其带来的火山烟尘席卷欧洲大陆，影响范围之广，影响程度之深令世界震惊。在经济损失方面，冰岛火山喷发对国际航空业的影响已成为欧洲自"二战"以来最严重的航空混乱。由于空中交通几乎瘫痪，欧洲粮食、药物等货物出现短缺。产于挪威和苏格兰等地的三文鱼无法运到世界各地；远在东非的肯尼亚也受到影响，大约有400吨鲜花滞留机场而不得不销毁；火山喷发使得欧洲许多国家的旅游业遭遇重创。更糟糕的是，烟尘对环境和健康的影响。由于这次火山喷发属于裂隙式喷发，而冰岛盛行西北风，正好向南把火山灰吹到欧洲大陆。大量火山灰颗粒进入大气平流层。因为平流层上热下冷，空气稀薄，水蒸气极少，因而这一层几乎没有雷、雨、风等天气变化。这一特征使得进入平流层的火山灰很难消除，可以在那里停留数年。有一些环境专家认为，火山灰长时间阻挡照向地球的太阳射线，将会使地球气温下降。由于火山烟尘中氟含量很高，一旦从高空降落到地表，将会对人类健康产生很大影响，灾区居民的眼睛、鼻子和喉咙会受到火山烟尘中所含的氟与硫黄的刺激。此外，火山爆发形成的大量二氧化硫、二氧化碳等物质和大气中的水分相互作用，将形成酸雨进入海洋，其对环境的长期负面影响很难估量。人为污染源指的是形成污染的人类各种活动场所，通常按其性质和排放方式把污染源分为工业污染源、农业污染源、交通运输污染源和生活污染源，这也是环境保护工作研究和控制的主要对象。

2. 环境污染的特点

（1）时空分布性。污染物的排放量和污染因素的强度随时间而变化。如河流的潮汛和丰水期、枯水期的交替，气象条件的改变等都会影响污染物的浓度。再者，污染物和污染因素进入环境后，随着水和空气的流动而被稀释扩散。不同污染物的稳定性和扩散速度与污染物性质有关，因此，不同空间位置上污染物的浓度和强度分布是不同的。

（2）环境污染与污染物含量的关系。在不同的环境条件下，有害物质引起毒性的量与其无害的环境背景值之间存在明确界限。所以，污染因素对环境的危害有阈值，也就是说，一种物质成为污染物，必须在特定的环境中达到一定的数量或浓度。

（3）污染因子的复合作用。环境是一个复杂、庞大的体系，必须考虑各种污染物质的复合效应，包括单独作用、相加作用、协同作用、拮抗作用。

（4）环境污染的社会评价。环境污染的社会评价与社会制度、历史文明和技术经济发展水平、风俗习惯、法律等因素有关。某些具有潜在危险的污染因素，因其表现为慢性危害，往往不引起人们注意，而某些现实的、直接感受到的因素容易受到社会大众的重视。

就我国的具体情况而言，中国的环境污染呈现复合性、综合性、压缩性的特点。发达国家工业化200多年遇到的环境问题是逐步出现、分阶段解决的，这些国家长时期遭遇的问题在中国30多年的快速发展中集中出现。面对如此严峻的环境形势，我们必须增强忧患意识，依靠科技创新，加强环境监管，同时加强符合中国国情的专项环境保护立法，积极应对环境质量持续改善的压力。

（二）环境污染物

环境污染物，即产生环境污染的有害物质，它是环境化学研究的对象。它从污染源排放进入环境后，使环境的正常组成和性质发生变化，导致环境质量下降，从而直接或间接危害地球上的全体生物。一种物质成为环境污染物，必须在特定的环境中达到一定的数量或浓度，并且持续一定的时间。例如，铬是人体必需的微量元素，如果它们较长时期在机体内的浓度较高，就会造成人体中毒。随着对环境保护工作的日益重视和科学技术的进步，原有污染物的排放量和种类会逐渐减少，但也会发现和产生更多新的污染物。就我国情况而言，近几年来，部分主要污染物排放量有所下降，局部地区环境也在不断改善，但二氧化硫、化学需氧量、氨氮等污染物排放总量仍然很大，氮氧化物排放量持续快速增长，机动车和农业源污染日益突出。

环境污染物有不同的分类方式，根据其来源，可分为一次污染物和二次污染物。由污染源直接排入环境，其物理和化学性状都未发生改变的污染物，称为一次污染物，也称原发性污染物。由一次污染物造成的环境污染称为一次污染。一次污染物可能通过一系列的环境自净作用降解成无害的物质，但也可能形成二次污染物，也称继发性污染物，即一次污染物与环境中的其他物质发生反应，形成物理、化学性状与一次污染物不同的新污染物，由二次污染物造成的环境污染称为二次污染。通常，二次污染物对环境和人体的危害要比一次污染物严重。

按环境污染物的性质可分为物理污染物、化学污染物和生物污染物。物理污染物的共同特征是都属于能量型污染物，如热能、噪声、放射性、微波辐射、电磁波、振动等。生物污染物主要来自人、动植物和微生物本身及其代谢产物。

化学污染物包括无机污染物和有机污染物，主要包括金属元素（铅、镉、准金属等）、无机物（氧化物、一氧化碳、卤化氢、卤素化合物等）、有机化合物和烃类（烷烃、不饱和脂肪烃、芳香烃、PAH 等）、金属有机物和准金属有机化合物（四乙基铅、二苯基铬、二甲基胂酸等）、含氧有机化合物（环氧乙烷、醚、醛、有机酸、酐、酚等）、有机氮化合物（胺、腈、硝基苯、三硝基甲苯、亚硝胺等）、有机卤化物（四氯化碳、多氯联苯、氯代二噁英）、有机硫化物（硫醇、二甲砜、硫酸二甲酯等）、有机磷化合物（磷酸酯化合物、有机磷农药等）九类。世界上已知的化学品有 700 万种之多，而进入环境的化学物质已达 10 万种。因此不论从人力、物力、财力或从化学毒物的危害程度和出现频率的实际情况上来看，不可能对每一种化学品都进行监测、实行控制，有重点、针对性地对部分污染物进行监测和控制才是比较现实的。这就必须确定一个筛选原则，对众多有毒污染物进行分级排队，从中筛选出潜在危害性大，在环境中出现频率高的污染物作为监测和控制对象。这一筛选过程就是数学上的优先过程，经过优先选择的污染物称为环境优先污染物，简称为优先污染物。

我国的常规环境污染因子恶化势头虽然有所遏制，但是化学性污染问题日益突显，如重金属污染问题，我国很多厂矿企业在生产和加工过程中排放了大量含重金属的废气、废水和废渣，对周边环境和群众健康造成了严重的污染与危害。以重金属铅为例，仅 2009年 8—9 月短短两个月内就在陕西凤翔、湖南武冈等地爆发了多起血铅超标事件，严重危害了当地群众的身心健康和社会的稳定。同时，农药、化肥的大量施用以及污水灌溉也是造成重金属和有机物污染的重要原因之一，另外还有持久性有机污染物问题。持久性有机污染物因其在自然环境中滞留时间长，极难降解，毒性极强，会对人类健康和自然环境造成很大危害。

土壤污染问题。土壤污染会导致土壤质量下降，农作物产量和品质下降，除此之外，土壤对污染物具有富集作用，一些毒性大的污染物，如汞、镉等富集到作物果实中，使人或牲畜食用后发生中毒。

有害化学品污染问题。化学工业的迅速发展，为人类社会的物质文明作出了巨大贡献，但某些化工制品也给人类和自然界带来潜在威胁。有毒有害化学物品在生产、贮存、经营、运输过程中不注意安全防护引起的泄漏、污染甚至爆炸，则可造成人民生命财产严重损害和影响社会安定。一些突发的自然灾害也可能造成化工企业设施受破坏，引起燃烧、爆炸从而造成有毒有害化学物质外泄。另外，不合理的规划和城市的快速扩张，也是导致化学品危害的重要诱因。

随着环境污染物不断积累，我国的环境污染问题将变得更为复杂，污染物介质将从以大气和水为主，继续向大气、水和土壤三种污染介质共存转变，污染物来源由以工业和生活污染为主继续向工业和农业、生活、面源污染并存转变，污染物类型将从常规污染物为主继续向常规污染物和新型污染物的复合型转变。

三、环境问题

（一）环境问题

1. 环境问题的产生与发展

环境问题自古就有，但随着人类改造环境能力的提高，人类对自然环境进行改造和利用的程度在不断加深，范围在不断扩大，一度误认为人类"无所不能"，对资源的肆意消耗、废物的大量排放，导致环境质量不断恶化，一系列的新环境问题也随之出现。

回顾人类文明发展史，环境问题主要经历了四个阶段：

（1）原始社会时期。远古时期，人们的物质生产能力十分低下，活动的范围很狭小，生存的方式主要是依靠采集植物和捕获动物。在此种生存状态下，原始人对自然产生了极大的恐惧感，在他们心目中，大自然决不是宁静与和谐的伙伴，而是危险、威力无穷而不可战胜的敌人，是最可怕的对立力量。因此当时的环境破坏程度还仅处于萌芽阶段，主要的环境问题也仅限由于生产资料的缺乏而产生的滥用资源，导致食物更加缺乏，具体说，是由于过度的采集和狩猎，经常消灭了居住地区的很多物种，破坏了人们的食物来源，使自身生存受到威胁（人类活动产生的最早的环境问题）。当时的原始人对环境的态度，更多的是无知、敬畏、依赖以及听天由命。

（2）农业文明时期。大约公元前一万年，人类历史上发生了一次深刻的变革。人们开始学会进行一些简单的播种、配置作物、饲养家禽等农业活动，随着种植、养殖和渔业的发展，人类社会发生第一次劳动大分工。当农业和畜牧业开始成为人类生活的重要活动和与自然交往的主要方式时，一种依靠人工控制动植物生长和繁殖来获取物质生活资料的时代就此开始——农业文明时代。在此时期，人类对于自然的能动性已经显著得到提高，并开始尝试改造自然，在工具器械、冶炼技术、酿造术、天文学、医学等多领域的发展都有了前所未有的提升。也因为人类自身能力的增强,通过对自然力的利用和从事农业生产,人类的生活资料有了较以前稳定得多的来源,人类的种群开始迅速扩大。

与此同时,人类对环境的影响也日益显著,一些破坏环境的副作用也突显出来,如开荒造田、自然资源滥用、乱砍滥伐等。四大文明古国之一、古代经济发达的美索不达米亚就是因为对生态环境保护的忽视,肆意地进行不合理的开垦和灌溉,后来逐渐走向衰落。但总的来说,这一时期的人类活动对环境的影响还是区域性的,对于环境保护的意识也比较淡薄,主要的环境问题是生态退化和生态平衡失调。

(3)工业革命时期。此阶段从工业革命开始到20世纪80年代发现南极上空的臭氧洞为止,随着科学技术的飞跃和近代工业革命的蓬勃发展,生产力得到了极大的提高,机械设备被广泛使用,工业体系也逐渐得到完善,高度的城市化、激增的人口和密集的工业,使人们对于能源以及自然资源的消耗也达到了一个空前惊人的速度,大气污染、水污染及垃圾污染频繁发生,环境质量也日益恶化。恩格斯就在《英国工人阶级状况》一书中详细地记述了当时英国工业城市曼彻斯特的污染状况,工厂大量排放废水、废气、废物,城市被浓烟笼罩,已经成为发达国家的典型现象。正因为此,在20世纪五六十年代,迎来了第一次环境问题的高潮,环境问题从地区性问题蔓延至全球性的灾难,震惊世界的公害事件接踵而至,导致成千上万人生病,甚至丧生。20世纪60年代在工业发达国家兴起了"环境运动",要求政府采取有效措施解决环境问题。1972年的斯德哥尔摩人类环境会议呼吁各国政府和人民为维护和改善人类环境,造福全体人民,造福子孙后代而共同努力。使全世界对环境问题的认识达成共识,开始在世界范围内探讨环境保护和改变发展战略的进程并着手开始实施一些有效的措施,如制定法律、加强管理、使用新技术新方法等。20世纪六七十年代期间,发达国家对这些城市环境问题进行治理,国内的环境污染问题得到了明显改善。

(4)现代文明时期(信息化时代)。20世纪80年代,信息技术水平进一步促进生产力水平提高,工农业生产不断集中扩大,对于能源的需求相应地也迅猛增加,在人类进入一个新的阶段的同时,也迎来了第二次环境问题高潮。在全球范围内,出现了一些不利于人类生存和发展的征兆,如温室效应、酸雨、臭氧层破坏,这些全球性的大气污染难以得到有效控制;自然资源濒临枯竭、能源短缺;人口爆炸(据统计,1800年的世界人口经历100万年才达10亿;到1920年,经过120年,世界人口达20亿;1965年世界人口达到40亿;随后,人均寿命不断激增,2000年,世界人口已达60亿;到21世纪末,世界人口将超过100亿);粮食不足;突发性的严重污染事件频发;生态退化等。以我国为例,我国还没有完全转变"高投入、高消耗、高排放、不协调、难循环、低效率"的粗放型经济增长方式。由于增长方式粗放,在经济快速增长的背后,付出的资源环境代价过大,从而加剧了能源、资源短缺的压力,致使可持续发展面临的矛盾与形势相当突出和严峻。大自然已经向人类发出了警告——生命支持系统对人类社会的支撑已接近它的极限。但信息技术的蓬勃发展也为环境保护带来了很多积极的影响,如显著地提高了劳动生产率和资源利用率;有利于环境工作的展开,及时进行环境监测、统筹管理等。人类经过不断反省,也逐渐意识到人类与自然的关系不是主人与奴仆或征服与被征服的关系,只有尊重自然、善待自然，与自然和谐相处，并以保护环境为前提，发展才会可持续地进行下去。

2. 环境问题的分类

环境问题是由自然力或人力引起生态平衡的破坏，最后直接或间接影响人类的生存和发展的一切客观存在的问题。

环境问题根据产生的原因可分为两大类：

（1）第一环境问题。由自然力引起的为原生环境问题。自然环境原生的自然灾害就属于这类环境问题，它是由自然演变或自然环境自身变化引起的，主要有干旱、台风、火山、滑坡、泥石流、地震、洪涝，以及区域自然环境质量恶劣所引起的地方病等。这些灾害通常具有突然、恶劣、无法控制、引起破坏和混乱等特点。以当今的经济和技术发展水平来看，人类的抵御能力还是很低的。虽然自然灾害的发生很难避免，我们仍可以采取一些方式来减少损失。以我国为例，我国是世界上主要的"气候脆弱区"之一，自然灾害频发、损失大、分布广，是世界上自然灾害最为严重的国家之一。20世纪的观测事实已表明，气候变化引起的极端天气气候事件出现频率与强度明显上升，平均每年因受天气气候灾害造成的经济损失占 GDP 的 3%～6%，直接危及我国的国民经济发展。为应对这些自然灾害，相关部门制定了八项措施：制订预案，常备不懈；以人为本，避灾减灾；监测预警，依靠科技；防灾意识，全民普及；应急机制，快速响应；分类防灾，针对行动；人工影响，力助减灾；风险评估，未雨绸缪。

随着科学技术和生产力的极大提高，如今的一些大型或超大型的工程项目也会引起类似的灾害，如兴建水库可能会诱发地震，增加库区及附近地区地震发生的频率。山区的水库两岸山体发生滑坡、塌方和泥石流的频率会有所增加。核试验也有可能引发地震。此类灾害不属于第一环境问题，而是以下将要介绍的第二环境问题。

（2）第二环境问题。由人类活动引起的为次生环境问题，其中包括由于人类激增、城市化、经济高速发展所引起的环境污染（如马斯河谷烟雾事件、伦敦烟雾事件、四日哮喘等）和由人类活动所导致的，如森林破坏、沙漠化、水土流失等一系列的生态退化，它们两者又互为因果，不能截然分开（见表 1-2）。具体来说，就是人类为了满足自己的生产和消费活动，过度地从自然环境中攫取资源，或过度地将生产和消费活动过程所产生的废弃物向环境排放，超过环境自身的调节能力，从而造成对环境的破坏，使环境质量越来越差，导致环境问题。以我国为例，在最近的几十年当中，华北地区最大的河流海河，河水不仅来水量减少了 80%～90%，支流平时都干枯了，而且污染严重。原来有 300 多条支流，但是到了近几年统计的时候，只剩下 10 多条，其余都干枯了。这样类似的问题还有许多，我们只顾经济的发展指标，不顾环境的自我循环能力，自我供应能力，因此，我们的经济发展也不能持续，我们对环境的过度干预违背自然规律，给我们的社会带来了很大的问题，很严重的后果。

表1-2　第二环境问题的主要表现及其产生原因

表现	具体内容	产生原因	实　例
环境污染	大气污染	工业"三废"和有害人体健康的农药的排放	伦敦烟雾事件
	水体污染		海河的污染
	土壤污染		湖南镉污染事件
	固体废弃物污染	生产、生活垃圾	市区垃圾场
	噪声污染	工矿企业、交通工具	施工噪声
	放射性污染	核废料处理不当及意外事故的发生	日本地震引发福岛核电站泄露
	海洋污染	海岸带工业发展、海上航运泄漏	石油污染、赤潮、核污染
生态退化	森林环境调节功能下降	乱砍滥伐、毁林开荒	巴西热带雨林遭受破坏
	水土流失、土地沙化	毁林开荒、开垦草原	我国北方冬春季的沙尘暴天气
	土壤盐碱化	不合理灌溉	黄淮海平原的盐碱地
	全球变暖、臭氧空洞	有害气体（保温气体、氟氯烃化合物）的排放	南极臭氧层空洞
	生物物种减少	生存环境的恶化，人类的过度捕猎	珍稀动物的减少、物种灭绝

环境科学所研究的环境问题主要是这类由人类在利用和改造自然界的过程中所引起的环境问题。

（3）第三环境问题。第三环境问题是指由于社会结构的严重不合理所造成的，如由于经济和社会发展水平低下或比例失调引起的各种社会问题等。因此，解决环境问题的唯一途径只能是逐步调整和改善主体群对环境的种种行为。要有效地调整和改善主体群对外部的行为，就应逐步有计划地规范主体群内部的行为准则。在坚持全过程控制原则（对人类活动全过程进行管理控制）和双赢原则的基础上，通过教育、法律、经济、行政和科技等手段协调人类社会发展与环境的相互关系。

事实上，这三种环境问题往往难以截然分开，它们常常是相互影响、相互作用、相互依存、相互制约的。再者，在人类社会发展过程中，由于人类认识的局限性和环境的复杂性，出现环境问题在某种意义上是难免的。关键是我们要抛弃刚愎自用的思想，认真地对待这些环境问题，以科学的态度遵循客观规律，以最大的努力尽可能地避免、降低、减少、改善这些环境问题。

环境问题的实质是一个社会问题和经济问题，人类经济活动索取资源的速度超过了资源本身及其替代品的再生速度，向环境排放废弃物的数量超过了环境的自净能力，这也是人类自然的，而且是自觉建设人类文明的问题。简而言之，人口是一切环境问题的根源。

（二）公害事件

由人为原因引起化学污染物滋生而产生的突发事件通常称为公害，其具有显著的人为性、突发性和区域性等特点。20 世纪中期，工业技术的革新使经济得到了迅猛的发展，随之而来的很多严重的环境问题也给人类敲响了警钟，在 20 世纪五六十年代，与二氧化硫和烟尘有关的光化学烟雾事件在全球范围内频繁发生，就是因为汽车及石油工业的废气所致。此外，水污染、过度采伐、土地荒漠化、不可再生资源的耗竭等诸多环境问题也都有逐步恶化的趋势。最为典型的是震惊世界的"八大公害事件"（见表 1-3），其导致成千上万人生病，甚至丧生。

表 1-3　世界"八大公害事件"

名称	时间地点	发生原因	后果
马斯河谷烟雾事件	1930 年 12 月，比利时马斯河谷工业区	炼焦、炼钢、电力、玻璃、硫酸、化肥等工厂排出的有害气体在逆温的条件下，于狭窄盆地的工作区近地积累，二氧化硫等几种有害气体和粉尘对人体造成伤害	一周内近 60 人死亡，千人患呼吸系统疾病，许多家畜死亡
洛杉矶光化学烟雾事件	1943 年，美国洛杉矶市	由于大量汽车尾气，一氧化碳、氮氧化物和铅烟，在紫外线照射下，产生光化学烟雾，其中含有臭氧、乙醛和其他氧化剂，滞留市区	大量居民出现眼睛红肿、流泪等症状，严重时会导致死亡
多诺拉烟雾事件	1948 年 10 月，美国宾夕法尼亚州多诺拉镇	镇处河谷工厂很多，大部分地区受反气旋和逆温控制，持续有雾，大气污染物在近地层积累，并存在尘粒	有 5 900 多人患病，占全镇人口的 43%，17 人死亡
伦敦烟雾事件	1952 年 12 月，英国伦敦	英国几乎全境被浓雾笼罩，温度逆增，逆温在 40~150 m 的低空，使产生的烟雾不断积累，尘粒浓度为平时的 10 倍，二氧化硫为平时的 6 倍，加上氧化铁的粉尘作用，生成了相当量的三氧化硫，最终形成硫酸烟雾，进入人的呼吸系统	导致胸闷气促、咳嗽喉痛等症状，先后死亡 1 万多人
四日市事件	1961 年，日本四日市	四日市 100 多个中小企业产生的废气，严重污染该市空气，终年黄烟弥漫，全市工厂的粉尘、二氧化硫排放量高达 13 万吨，500 m 厚的烟雾中飘浮着多种有毒物质	1961 年四日市市民气喘病发作，1964 年连续三天烟雾不散，气喘病患者开始死亡，后来蔓延到全国，到 1972 年为止，日本全国患"四日气喘病"高达 6 376 人
水俣病事件	1953—1956 年，日本熊本县水俣市	含无机汞的工业废水污染水体，使水俣湾的鱼、贝等水生生物中毒	人们食用当地水生生物后受害，造成大量居民中枢神经中毒，汞中毒者 283 人，其中 60 多人死亡

（续上表）

名称	时间地点	发生原因	后果
富山痛病事件	1955—1972 年，日本富山县神通川流域	锌、铅冶炼工厂等排放的含镉废水污染当地水体，居民利用河水灌溉农田，使土地含镉量大大超标	居民食用含镉量高的稻米和水后中毒，损害肾胃等，患者全身各部位都发生神经痛、骨痛，不能行动，影响呼吸和进食，1972 年 3 月，患者已超过 180 人，死亡 34 人
爱知米糠油事件	1968 年 3 月，日本九州爱知县一带	九州大牟田一家食品加工公司用油工厂在生产米糠油时，用多氯联苯作脱臭工艺中的热载体，由于管理不善，混入米糠油中	人们食用含多氯联苯的米糠油后造成中毒，实际受害者达 13 000 多人，16 人死亡，几十万只鸡死亡

20 世纪 70 年代到现今，世界上突发性污染事件并没有销声匿迹，依旧频频发生。1977 年，美国 Love 运河发生有毒废物排放事件，当地居民不得不全体搬迁；1984 年，印度博帕尔市一美国碳化公司的农药厂因 430 t 异氰酸甲酯泄漏而造成 6 400 人中毒死亡，13.5 万人受伤害，20 万人被迫迁移；1986 年 4 月 26 日，苏联切尔诺贝利核电厂第 4 号反应堆爆炸，203 人受到大剂量照射，死亡 31 人；1989 年 3 月 24 日，在美国阿拉斯加王子海湾一艘油船搁浅，溢原油 3.8×10^4 t，使数千公里海岸布满石油，造成几十万只海鸟、海獭死亡，据估计，生态环境的恢复需 5~25 年；2000 年 1 月底，罗马尼亚西北部连降了几场大雨，该地区的大小河流和水库水位暴涨，西北部城市奥拉迪亚市附近，一座由罗马尼亚和澳大利亚联合经营的巴亚马雷金矿的污水处理池出现一个大裂口，1 万多立方米含剧毒的氰化物及铅、汞等重金属污水流入附近的索莫什河，而后又冲入匈牙利境内多瑙河支流蒂萨河。污水进入匈牙利境内时，蒂萨河中氰化物含量最高超标 800 倍，从索莫什河到蒂萨河，再到多瑙河，污水流经之处，几乎所有水生生物迅速死亡，河流两岸的鸟类及野猪、狐狸等陆地动物纷纷死亡、植物渐渐枯萎。2005 年，我国松花江硝基苯水污染事故导致哈尔滨市停水三天，还引起了中俄两国政府的高度关注。2010 年 4 月 20 日晚，美国南部路易斯安那州沿海一个石油钻井平台发生爆炸，造成 7 人重伤、至少 11 人失踪，当局派出船只和飞机在墨西哥湾展开搜索行动，希望能发现救生船或幸存者的踪迹。这起原油泄漏事故严重威胁在墨西哥湾生存的数百种鱼类、鸟类和其他生物，当地渔民赖以生存的捕捞业有可能遭到毁灭性的打击。

这些突发性污染事故已经从不同的视角给了我们严峻的警示，要做好突发性污染事故的风险评估与预警、生态影响评估、应急处置，并从源头上预防污染事故的发生。

（三）区域和全球性环境问题

环境问题随着人类的出现，生产力的不断发展，呈现出不同的情况，起先只是小范围的、轻度污染环境，环境问题也只是生态退化和生态平衡失调等。但进入 20 世纪，科学技术获得了飞跃性的进步，环境质量开始出现前所未有的持续恶化，环境公害接连发生，环境问题受到了广泛的关注。到了 20 世纪五六十年代，环境问题不再仅止于局部问题，范围逐步扩大到区域性，构成了世界上第一次环境问题高潮。因为环境污染的扩大而引起的国际环境争端也频频发生，环境问题不再只是国家内部小范围的问题，如美、加跨国性环境的相互影响；德国鲁尔工业区向莱茵河排放废水，导致莱茵河流域各国都受到不同程度的污染；东欧英、德的污染源排放的二氧化硫，由大气输送到北欧，使工业污染并不严重的挪威形成酸雨。种种此类环境问题的出现，让各国之间加强了合作研究，制订出统一计划，从而使问题得到了解决。1968 年国际科学联合理事会设立了环境问题科学委员会，1972 年"联合国人类环境会议"出版了环境科学中一部最著名的绪论性著作——《只有一个地球》，副标题是"对一个小小行星的关怀和维护"。编者试图从整个地球的前途出发，同时也从社会、经济和政治的角度来探讨环境问题，要求人类明智地管理地球。

1984 年由英国科学家发现、1985 年美国科学家证实，在南极上空出现臭氧层空洞，引发了第二次世界环境问题高潮。同第一次环境问题高潮相比，此次的性质更严重，不仅是对某个国家、某个地区造成危害，而是对整个地球都产生了严重的影响；范围更广，环境问题从局部问题、区域问题发展为全球性环境问题。所谓全球性环境问题（国际环境问题或地球环境问题），是指对全球产生直接影响的，或具普遍性，随后又发展为对全球造成危害的环境问题，也就是引起全球范围内生态环境退化的问题。这些问题包括人口问题，城市化问题、淡水资源短缺，生物多样性减少，危险废弃物越境转移，海洋环境污染，以全球变暖、臭氧层破坏、酸沉降为代表的全球大气环境问题以及粮食安全问题等。

发展和环境保护是人类进步的两个方面，自人类诞生之日起，随着人类文明的不断提高与生产力的日益强大，环境问题，与人类的需求、经济的发展、科技的进步，同时产生，同时发展，因此环境问题与社会经济发展呈现为"孪生关系"状态，它们并不对立。发展的目的就是要改变、改善环境。发展经济肯定会影响环境，而要改善环境，不发展经济也不可能实现改善环境。因此，在发展过程中形成的环境问题需要通过经济发展来解决。大力发展循环经济、倡导建设集约型社会、控制人口、加强教育、提高人口素质、增强环境意识并强化环境管理，以实现经济发展和环境保护的"双赢"关系。

第二节　环境化学

一、环境化学发展历程

（一）形成背景

环境化学是化学与环境科学交叉的一门新兴学科，诞生到现今仅有几十年的历史。它是从化学的角度出发，探讨由于人类活动而引起的环境质量的变化规律及其保护和治理环境的方法原理，逐渐发展形成的新的学科。因此，在很大程度上，它的形成与发展是同不断变化的环境问题息息相关的。一方面，化学化工推动了技术的进步，是社会发展的强大驱动力；另一方面，最初许多危害较大的环境污染事件都是由于化学毒物造成的。所以，人们便萌生了要用化学理论来考量环境问题的想法。可以这样说，环境污染问题促进了环境化学问题研究的发展，反过来，环境化学的形成也是为了达到分析、控制、解决环境问题的目的。

（二）发展过程

环境化学作为环境科学领域的重要分支学科，其发展历程大致分为三个时期：

1. 萌芽阶段（20 世纪 70 年代以前）

从 20 世纪 50 年代开始，随着科学技术的飞跃和近代工业革命的蓬勃发展，发达国家经济从恢复逐步走向高速发展，生产力得到了极大的提高，机械设备被广泛使用，工业体系也逐渐得到完善，随之而来的很多严重的环境问题也给人类敲响了警钟，最为典型的是震惊世界的"八大公害事件"。20 世纪 50 年代和 60 年代初，美国在大气中大规模进行核试验，这一时期放射性物质沉降量特别高。核爆炸产生的放射性尘埃可以直接或通过食物链进入人体，导致放射性污染。这些让人类猝不及防的现象促使专家们开始研究并寻找污染控制途径，但当时人们更多关注的是环境中的重金属污染、农药残留行为及工业生产过程中产生的废气、废渣等处理。例如，由于当时有机氯农药污染的发现，科学家们开始研究农药中环境残留行为，以寻求人与自然的和谐发展。而且，绝大多数进行这些研究工作的人员并不是从事化学研究的学者，而是由非化学专业的研究人员提出的，诸如生物化学、湖泊学、生态学、生物地球化学等方面的学者。他们针对早期的污染控制工作和污染防治工作，结合相关的化学理论知识，提出了环境化学的一些基本观点。这个阶段是环境化学学科的萌芽阶段。

2. 逐渐形成时期（20 世纪 70 年代）

环境化学能独树一帜，成为环境科学领域中的一门重要分支学科大约始于 20 世纪 70 年代。高度的城市化、激增的人口和密集的工业，使人们对于能源以及自然资源的消耗也达到了一个空前惊人的速度，大气污染、水污染以及垃圾污染频繁发生，环境问题也不再仅止于局部问题，范围逐步扩大到区域性。随后，在 20 世纪 70 年代陆续成立了一些环境保护机构和学术研究组织（如国际潜在有毒化学品登记机构、国际环境毒理与环境化学学会），出版了一系列与化学有关的专著，这些专著明确了环境化学学科的研究对象和范围，充分地显示了化学在环境科学中的重要作用，标志着环境化学学科的正式形成。

3. 蓬勃发展时期（20 世纪 80 年代以后）

进入 20 世纪 80 年代，在众多传统和新兴学科的相互融合渗透中，环境化学进入新的发展阶段，各研究领域开始向纵深发展。尤其是研究地球表面各圈层之间的物质循环的生物地球化学过程及其生态环境效应，揭示物质生物地球化学循环与生态环境变化之间的关系，为生态环境保护和治理决策提供科学依据；针对日益凸现的环境污染，研究有毒有害物质迁移、转化规律及其修复技术措施；重视化学品安全性评价；出现的全球变化研究，涉及臭氧层消耗、全球变暖、海平面上升一些次级环境效应或更高级环境效应的研究；加强了污染控制化学的研究范围，从深入地开展末端控制的过程化学和材料化学研究以寻找更加高效的控制方法和材料，逐步转向"污染预防"的研究。20 世纪 90 年代初，提出了"清洁生产"、"零排入"等概念。在此阶段，环境化学家的工作已经引起全人类的重视，环境化学开始走向蓬勃发展。

1992 年在巴西里约热内卢召开的联合国环境与发展会议（UNCED），国际科联组织了数十个学科的国际学术机构开展环境问题研究。如国际纯粹与应用化学联合会（IUPAC，前身国际化学会联盟）于 1989 年制订了"化学与环境"研究计划，开展了空气、水、土壤、生物和食品中化学品测定分析等六个专题的研究。

1995 年诺贝尔化学奖授予了三位环境化学家 Crutzen、Rowland 和 Molina，这也是诺贝尔化学奖第一次授予环境化学家。他们首先提出平流层臭氧破坏的化学机制，其研究成果因 1985 年南极"臭氧洞"的发现而引起全世界的震惊，更促使了 1987 年《蒙特利尔议定书》的签订。

2001 年旨在全球范围内控制和消减持久性有机污染物的"斯德哥尔摩公约"获得联合国通过，并开放各国签署，于 2004 年付诸实施。值得一提的是，该公约包含的持久性有机物名单是一个开放、动态的体系，随着科学研究的深入和经济社会的发展将不断有新成员加入。

2009 年 5 月，斯德哥尔摩公约第四次缔约方大会决定将林丹、商用五溴二苯醚、商用八溴二苯醚、全氟辛基磺酸及其盐类和全氟辛基磺酰氟、五氯苯等 9 种化学品列入公约受控范围。《斯德哥尔摩公约》的正式生效标志着持久性有机污染物污染成为当今世界各国共同面临的全球性重大环境问题。

对于中国来说，在国内，环境化学研究从 20 世纪六七十年代到如今与世界的环境化学发展过程一样也经历了从无到有，不断进步、完善的过程。

我国的环境化学研究始于 20 世纪 70 年代初，当时设立了三废办公室，并在典型地区环境质量评价，环境容量和环境背景值调查，各环境介质中重金属和有机污染物的迁移转化规律，生物效应及控制等方面开展了大量的研究工作，但由于认识的不足，只是把环境问题当成局部问题处理。

自 20 世纪 80 年代起，环境化学研究获得了很多令人欣喜的成果，我国先后制定出《环境监测标准方法》、《环境污染分析方法》和《环境监测分析方法》等，选取了 200 多种分析方法，近百种无机和有机物，所用的方法灵敏、准确、可靠，多年来已在全国环境监测系统和有关实验室广泛应用。另外，在有毒污染物环境化学行为、结构效应关系和生态毒理效应，天然有机物环境地球化学，大气化学和光化学反应动力学、对流层臭氧化学、区域酸雨的形成和控制，水体颗粒物和环境工程技术，废水无害化和资源化原理与途径诸多方面也开展了较为深入的研究。

到了 20 世纪 90 年代，在 1996 年制定的环境化学学科发展战略指导下，我国环境分析化学、环境污染化学、污染控制化学、污染生态化学及环境理论化学诸分支领域的基础研究在近十几年来均得到迅速发展，多学科交叉的研究格局已经形成。国家先后实施了一系列重大生态环境治理工程，立项开展了许多环境保护的科研攻关和重大研究计划，取得了一批具有创新性的研究成果，并建立了多个环境化学研究的机构和举行多次专业会议，如 2001 年 6 月 4 日举行了中国化学会环境化学专业委员会成立大会暨第一届委员会全体会议。会议决定，在 2001 年建立环境化学专业委员会国际互联网主页，设立环境化学网上学术论坛；2002 年召开第一届全国环境化学学术报告会；2003 年召开全国环境化学青年研讨会；2002 年 12 月 26、27 日在北京举办了"21 世纪环境化学战略研讨会"。其内容涉及大气环境化学、水环境化学、土壤环境化学、水污染控制化学、环境医学以及室内环境的污染等领域；提出了环境化学的界面过程、环境中复杂混合污染物的表征、行为和效应、强化生态系统污染物毒性转化的数学模型及分子环境化学、环境中污染物复合反应机理等重要科学问题；阐述了饮用水安全供给系统中的水质化学和有毒有机污染物控制新原理。此外，专家就环境化学领域各个分支的发展现状、展望、学科生长点及学科问题等做了广泛的论述。在此次研讨会报告中涉及最多的是关于难降解有毒有机物和难降解有害物质的风险评价，以及土壤植物系统的污染生态化学和污染土壤的修复，并展望了新兴学科分子环境化学的发展前景。目前，形成了多部门、多层次的环境化学研究队伍，为解决我国棘手的环境问题（如复合污染问题、水体富营养化、城市群的空气污染、土壤和地下水污染、室内空气和食品污染、持久性有机物、基因和微生物污染等新型污染物等）发挥了重要作用，为环境和社会的可持续发展提供了有力的支撑。

在国际上，由于我国的环境化学学科日益成熟，研究的水平、深度和广度有了大幅度的提高，一些研究开始在国际学术界也产生重要影响。我国的参与感越来越强，扮演的角色越来越活跃和重要。

第7届国际环境地球化学大会于2006年9月在北京举行，这是每3年召开一次的国际系列会议，且首次在亚太地区召开，最近的几次会议分别在英国爱丁堡（2003）、南非开普敦（2000）、美国科罗拉多州（1997）举行。此届环境地球化学国际会议携同国际地球化学家、环境化学家、土壤学家、水学家和医学专家讨论环境地球化学科学与技术领域内的众多议题，目的是为国际环境地球化学研究学者提供一个就近3年来国际上环境地球化学研究的最新研究成果和进展进行广泛交流的平台。

2010年6月5日，环境毒理与环境化学国际学术研讨会——亚太地区2010年年会（SETAC AP 2010）在中国召开。会议主题为经济增长与环境保护之间的平衡：科学保证下的可持续发展。旨在为来自世界各地开展环境化学和环境毒理效应研究的学者提供一个学术交流平台，就人类活动及经济发展对生态环境以及人类健康的影响的最新研究成果进行讨论和交流，共享相关研究的最新进展。会议主要专题包括大气污染、生物有效性与生物可及性、新兴污染物、环境分析化学、环境归宿与过程、亚洲的电子垃圾问题、海洋与近海岸污染、吸附与解吸过程、水环境质量问题、水生与陆生毒理学、纳米材料的环境效应、人体暴露与风险评价、污染的治理修复、生物统计学、水产业大规模发展中的挑战、生态风险评估与管理、生态系统的混合污染效应及美国、欧盟与中国的环境法规的异同点和环境质量基准等。

在我国"十二五"化学学科发展战略强调了环境化学的重要地位，化学学科优先发展领域中也有多项涉及环境化学（见表1-4）。

表1-4 化学学科优先发展领域中涉及环境化学领域

绿色与可持续化学	人类生存环境中的基本化学问题
1. 有毒、耗能和污染产品的分子替代与可持续产品创制 2. 高效"原子经济性"新反应 3. 无毒无害及可再生原料的高效转化 4. 环境友好的反应介质的开发与利用 5. 绿色化工过程与技术 6. 全生命周期分析与评价	1. 环境分析新方法、新原理、新技术 2. 大气、水体、生物、土壤复合污染过程与控制 3. 污染物的生物有效性与生态效应的化学机制 4. 污染物的生态毒理与健康效应 5. 化学污染物暴露与食品安全 6. 化学品风险评估与管理的理论和方法
能源和资源的清洁转化与高效利用	面向节能减排的过程工程
1. 化石能源高效清洁转化 2. 生物质高效转化的化学化工基础 3. 我国特有资源的高效高值利用 4. 太阳能高效低成本转换利用 5. 核能高效安全利用的化学化工基础 6. 新型、高效、清洁的化学能源与替代能源	1. 可再生能源开发、利用中的化学工程基础 2. 发展绿色工艺和技术的基础理论问题 3. 先进功能材料制备、大规模生产与应用的化学工程基础理论 4. 极端条件下化学反应、生物转化过程 5. 化工过程的信息获取、加工与应用 6. 重要化工过程的先进计算与模拟 7. 复杂体系或过程的介尺度理论、结构及其调控

中国正处在一个新的历史发展时期，中国环境化学研究正处在发展中新的历史起点上，它的发展需要更多的原始创新，世界环境化学科学发展需要贴上中国创造的标签，我国的环境化学研究依然任重道远。

（三）基本概念

1. 环境化学的含义

环境化学是研究环境污染物的检测方法和原理，探讨环境污染和治理技术中的化学、化工原理和化学过程等问题，并在原子及分子水平上，用物理化学等方法研究环境中化学污染物的发生起源、迁移分布、相互反应、转化机制、状态结构的变化、污染效应和最终归宿的一门学科。随着环境化学研究的深化，为环境科学的发展奠定了坚实的基础，同时为治理环境问题提供了重要的科学依据。

目前，对环境化学作确切定义还是很困难的。1972年，R. A Honne在所著《环境化学》中定义："环境化学是研究岩石圈、水圈、生物圈、外层大气圈的化学组成和其中发生的过程，特别是界面上的化学组成和过程的学科。"《自然科学学科发展战略研究报告：环境化学》一书提出："环境化学是一门研究潜在有害化学物质在环境介质中的存在、行为、效应（生态效应、人体健康效应及其他环境效应）以及减少或消除其产生的科学。"

2. 环境质量

环境质量是对环境状况的一种描述，即在一个具体的环境内，环境的总体或环境的某些要素对人群的生存和繁衍以及社会经济发展的适宜程度，是反映人群的具体要求而形成的对环境评定的一种理念。引起环境质量变化的原因可以是自然方面，但主要是人为原因，如污染、资源利用的合理性、人群的文化状况等。

造成环境污染的因素有物理的、化学的和生物的三方面，其中因化学物质引起的占80%~90%。环境化学主要着重研究的就是在资源利用过程中产生危及环境质量的诸多化学污染物的化学行为，其目的是通过环境化学的研究，治理环境污染，解决环境问题，从而提高环境质量，以达到环境与社会的协调发展。根据环境经济学中的著名理论，倒U型库兹涅茨环境曲线，即经济增长的不同阶段会出现对应的环境质量状况：在经济发展的初期，环境质量可能随着经济增长而不断恶化，代表污染状况的环境曲线上升；但到达一定的拐点时，环境质量有可能随经济的发展而逐步改善，环境曲线逐渐下降。中国依然处在库兹涅茨环境曲线的上升阶段（即环境质量改善的压力继续加大）。因此，当前是我国环境保护工作攻坚克难的关键时期，面临着严峻挑战。此时，对于环境化学的研究就显得尤为重要，除此之外，还要依靠科技创新，加强环境监管，从源头控制和削减污染，通过多种技术手段加强对排污企业的监管；对已经受到严重污染的水体、大气和土壤，实行区域、流域综合治理和生态修复；完善中国特色的环境保护法律体系，加强符合中国国情的专项环境保护立法。

3. 环境容量

环境容量，即在人类生存和自然环境不至受害的前提下，环境可能容纳污染物质的最大负荷量。环境能力是有限的，这与环境的自净能力有着密切的关系。

中国环境宏观战略研究成果表明，在未来一段时期内，我国将基本完成工业化、城市化和农村现代化，并将迎来人口数量的高峰。在环境容量相对不足、环境风险不断加大、环境问题日趋复杂的情况下，将面临更大的环境压力。在这些压力共同作用下，环境问题在结构上将会发生变化：污染物介质从以大气和水为主转变为大气、水和土壤三种污染介质共存，污染物（主要为化学污染物）来源从工业和城市为主转变为工业、城市和农村三种来源，污染区域从城市和局部地区为主转变为区域、流域和全球，污染类型从常规污染转变为复合型污染。

4. 环境自净

环境自净是污染物质或污染因素进入环境后，将引起一系列物理的、化学的和生物的变化，而自身逐步被清除出去，从而达到环境自然净化的目的，这种作用称为环境自净。当然，环境的自净能力是有限的，如果超过这个量，就会导致环境污染。

5. 环境效应

环境效应是自然过程或人类的生产和生活活动对环境造成污染和破坏，从而导致环境系统结构和功能的变化称为环境效应。环境效应有正效应，也有负效应。环境保护的基本任务，就是尽可能地添加环境系统的正效应，降低环境系统的负效应，从而改善生态环境的质量。环境效应可以分为自然环境效应和人为环境效应。自然环境效应是以地能和太阳能为主要动力来源，环境中的物质相互作用所产生的环境效果；人为环境效应则是由于人类活动而引起的环境质量变化和生态变异的效果。如城市及工业区，因大量燃烧石化燃料，放出大量的热量，加之城市建筑群及道路的热辐射，引起局部气温高于周围地区，称为热岛效应。烟尘增加在大气空间形成烟云覆盖，遮挡了阳光，致使光照减弱的现象称为阳伞效应。由于大气中二氧化碳的增加，导致气温升高、气候变暖，称为温室效应。这几种环境效应都同时伴随有物理效应、化学效应和生物效应。

6. 环境背景值

环境背景值（也称环境本底值），是指某地未受污染的环境中某种化学元素或化学物质的含量。

环境背景值研究是环境科学的一项基础性工作，是环境质量评价和预测污染物在环境中迁移转化机理，以及环境标准制定的主要依据，对于环境问题的研究有着重要的意义。以土壤环境背景值研究为例，土壤环境背景值是土壤环境质量评价，特别是土壤污染综合评价的基本依据；是研究和确定土壤环境容量，制定土壤环境标准的基本数据；是研究污染元素和化合物在土壤环境中的化学行为的依据；是在土地利用及其规划时重要的参比数据。但就目前而言，未受污染的环境已经基本不存在，因此，环境背景值实际上只是一个相对的概念，只能是相对不受污染情况下，环境要素的基本化学组成。

7. 环境激素

环境激素是一些化学物质存在于生物机体之外的、具有与生物内分泌激素作用类似，能扰乱生物正常内分泌的，进入生物体后，会很容易与它们的"受体"相结合，诱使机体逐渐改变某些生物化学反应，这类物质就称为环境激素，或称外因性扰乱内分泌化学物质。

"环境激素"一词日本首次在1977年提出过，后由美国《波士顿环境》报记者戴安·达玛诺斯在1996年所著的《被夺去的未来》一书中再次提出。它并不直接作为有毒物质给生物体带来任何异常影响，而是以激素的面貌对生物体起作用，即使数量极少，也会导致生物内分泌失衡，并具有潜伏性、持久性和不可逆转性，在短期内人们不易察觉它的危害。环境激素已成为继臭氧层破坏、温室效应之后的第三大全球性重大环境问题，首先，动物世界面临雌性化危机。随着经济的发展，地球上成千上万家企业在生产激素制剂，并在人类活动中大量使用合成激素和杀虫剂，通过食物链传递到生物体内，这类激素便干扰了生物体的正常生理功能。英国的一项调查报告表明，生活在工厂排污河流的石斑鱼发生了严重的雌化现象。在诺福克郡河观测点，接受调查的雄性石斑鱼60%出现了雌性化的特征，不少雄性石斑鱼的生殖器开始具有排卵功能，并出现了两性鱼。其次，环境激素对人体健康产生负面影响。分别表现在对生殖系统、免疫系统、神经系统以及肿瘤发生率等方面。

既然环境激素是人们在生产活动中产生的，防治环境激素的措施就是控制环境中化学污染物质的排放，切断环境激素产生的源头。不焚烧垃圾；严格控制农药的使用；同时应尽快立法，严厉打击滥用激素、抗生素等药物的生产单位，以保证人类的食物安全。除此之外，在日常生活中，尽可能避免用泡沫塑料容器泡方便面；不要将聚氯乙烯包装食品放在微波炉中加热；谨慎购买一些塑料婴儿用品和儿童玩具；慎用含有激素的药品；食用糙米、荞麦、菠菜、萝卜、小米、黄米和圆白菜等。

8. 污染物之间的联合作用

（1）相加作用。相加作用是指多种化学物质的混合物，其联合作用所产生的毒性为各单个物质产生毒性的总和。产生联合作用的各化学物质的化学结构比较接近，或属于同系物质，它们作用于机体的同一部位或组织的毒性作用近似，作用机理也类似，如按一定比例，用一种化学物质代替另一种化学物质其混合物的毒性无改变。如大气中二氧化硫和硫酸气溶胶之间、氯和氯化氢之间，当它们在低浓度时，其联合毒害作用即为相加作用，而在高浓度时则不具备相加作用。以死亡率为指标，两种毒物毒性作用的死亡率分别为 M_1 和 M_2，则联合作用的死亡率为 $M = M_1 + M_2$。

（2）协同作用。协同作用是指在环境中同时存在两种以上的污染物时，若一种污染物能加强另一种污染物的危害性，这种现象叫污染物的协同作用，又称相乘作用。以死亡率为毒性指标，两种毒物毒性作用的死亡率分别为 M_1 和 M_2，则联合作用的死亡率为 $M > M_1 + M_2$。如二氧化硫和颗粒物之间、氮氧化物与一氧化碳之间，就存在相乘作用，伦敦烟雾中，冶炼厂排出的二氧化硫废气中若含有锌、铁等金属离子的烟气气溶胶，则其危害性就会大大增加。

（3）拮抗作用。拮抗作用是指在环境中同时存在两种以上的污染物时，一种有毒物质的作用被另一种物质抑阻，使其效果相互抵消或减弱的现象，称为物质间的拮抗作用。以死亡率为毒性指标，两种毒物毒性作用的死亡率分别为 M_1 和 M_2，则联合作用的死亡率 $M < M_1 + M_2$。如 Se 能够抑制 Hg 的毒性，Zn 能够抑制 Cd 的毒性。动物试验表明，当食物中有 30 ppm 甲基汞，同时又存在 12.5 ppm 硒时，就可能抑制甲基汞的毒性。也正是这种拮抗作用，使得某些严重的汞污染区，因为有硒的存在未形成汞对人体严重的影响，在某些严重的氟污染区内，没有发现生物体有严重氟中毒现象，其原因可能是因铅、硼等元素在该地区存在。

（4）独立作用。独立作用每种化学物质对机体作用的途径、方式、部位及其机理均不相同，联合作用于某机体时，在机体内的作用互不影响。但常出现一种有毒物质的作用后使机体的抵抗力下降，而使另一种毒物再作用时毒性明显增强。以死亡率为毒性指标，两种毒物毒性作用的死亡率分别为 M_1 和 M_2，则联合作用的死亡率为 $M = M_1 + M_2(1 - M_1)$ 或 $M = 1 - (1 - M_1)(1 - M_2)$。

二、环境化学研究的内容与范围

（一）研究的内容

在环境这个大体系中，没有孤立存在的物质，各种物质之间往往存在着千丝万缕的联系。环境系统中化学污染物从源（污染物的发生源），到环境介质之中或之间迁移和转化，或处于相对稳定的状态或被分解消除，其间伴随着一系列物理的、化学的变化。而环境化学正是一门研究有害化学物质在环境介质中的存在、化学特性、行为和效应及其控制的化学原理和方法的科学。它在掌握污染来源、消除和控制污染、确定环境保护决策，以及提供科学依据诸方面都起着重要的作用。

在《化学中的机会——今天和明天》（美国化学会中的里程碑性著作）提到，环境化学必须回答下列问题：

（1）查明潜在污染物在环境介质（大气、水体、土壤和植被）中存在的浓度水平、形态以及分布。

（2）确定潜在有害物质的来源，查明它们在个别环境介质中和不同环境介质之间的迁移转化和归宿（汇），这是环境化学的重要研究领域。

（3）研究潜在有害物质对环境和人体健康发生作用的途径、方式、程度和风险性。

（4）缓解甚至完全消除此类有害物质对环境或人体健康已造成的影响，提出日后防止其产生危害的具体途径。

（二）研究范围

环境科学是一门多学科相互渗透、相互交叉的，年轻而又具有活力的边际学科，现阶段在该领域内已形成许多分支学科（见图 1-1）。

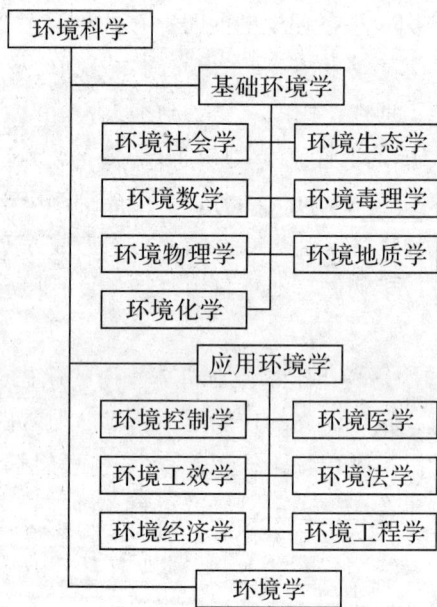

图 1-1　环境科学分支学科

环境化学在环境科学的各分支学科中具有重要的地位，也是环境科学的核心组成部分。但因其依然在不断发展、完善当中，因此，如果要对环境化学的研究范围作出确切的划定，还为时尚早。就目前来看，环境化学研究的主要领域如下（见图 1-2）：

```
环境化学
    ├── 环境分析化学
    │       ├── 环境有机分析化学
    │       ├── 环境无机分析化学
    │       └── 环境化学污染物形态分析
    ├── 各圈层的环境化学
    │       ├── 大气环境化学
    │       ├── 水环境化学
    │       ├── 土壤环境化学
    │       └── 复合污染物的多介质环境效应
    ├── 环境生态化学
    ├── 环境理论化学
    └── 污染控制化学
            ├── 大气污染控制化学
            ├── 水污染控制化学
            ├── 固体废物污染控制化学
            └── 可持续化学
```

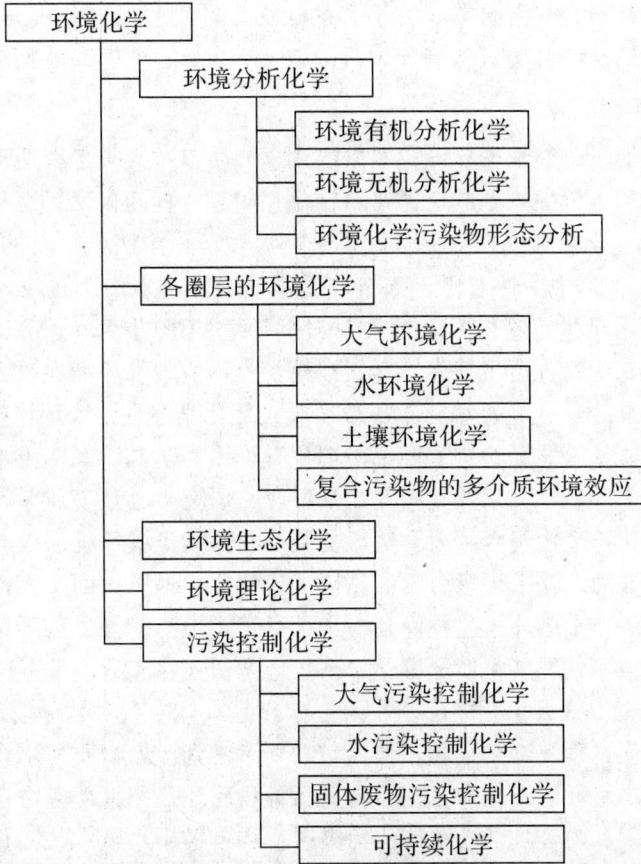

图1-2 环境化学研究领域

1. 环境分析化学

人们为了认识、评价、改造和控制环境，就必须了解引起环境质量变化的原因，这就要对环境的各组成部分，特别是对某些危害大的污染物的性质、来源、含量及其分布状态进行细致的监测和分析。环境分析化学就是研究环境中污染物的种类、成分，以及如何对环境中化学污染物进行定性分析和定量分析的一个学科，它具有涉及范围广、对象复杂、变异性、定量分析（痕量甚至超痕量分析）、普遍性及实用性强的特点，在某种意义上讲，环境科学的发展依赖于环境分析化学的发展。

环境分析化学的研究内容主要包括了环境有机分析化学、环境无机分析化学、环境化学污染物形态分析这三个大的方面。具体来说，包括分析方法的标准化和环境标准参考物质的研制；污染物的价态、形态与分析方法研究，如价态［Cr（Ⅲ）、Cr（Ⅵ）］、化合态、结合态（吸附态、络合态、共沉淀等）和结构状态（如邻苯二酚、苯二酚、间苯二酚）；环境痕量和超痕量元素分析方法研究；环境有机分析；优先分析对象的筛选研究；环境分析的仪器化和自动化研究等。环境化学污染物形态分析，即认定环境化学污染物在一定时限内的存在形态，并掌握它在环境因素影响下所发生形态变化，有关这方面的研究对于深入了解环境污染物的环境行为及准确评价其对环境的影响、周密设计污染物分析监测方案，以制定最佳治理方案有着十分重大的意义。常用的形态分析方法有理论计算法、直接测定法、分离法、综合法、干法等。

2. 各圈层环境化学

各圈层环境化学是研究全球环境各圈中的化学物质以及人类各种活动所产生的化学污染物在大气、水体和土壤中的形成、迁移、转化和归趋过程的化学行为和生态效应。

（1）大气环境化学。大气环境化学主要研究大气环境中污染物质的化学组成、性质、存在状态等物理化学特性及其来源、分布、迁移、转化、累积、消除等过程中的化学行为、反应机制和变化规律，探讨大气污染对自然环境的影响等。研究对象涉及大气颗粒物、酸沉降、大气有机物、痕量气体、臭氧损耗及全球变暖等环境问题。

（2）土壤环境化学。土壤环境化学主要研究农用化学品在土壤环境中的迁移转化和归趋及其对土壤和人体健康的影响。主要以土壤化学理论为基础，阐明土壤环境的性质、基本特点、环境功能、环境意义以及其中的化学过程，研究土壤环境质量及其演变规律、土壤污染物的迁移转化与生物健康和人类健康的关系，探索土壤环境保护与修复的科学原理与技术途径。它一方面隶属于环境科学的基础理论研究；另一方面又直接为环境保护和治理服务提供工程技术。土壤环境生物修复、土壤环境污染物的微生物降解、基于土壤的环境废物处理等环境技术的发展将使土壤化学与环境的研究在实践上具有远大前景。

（3）水环境化学。水环境化学的基本研究内容是水体中各种化学物质（包括污染物）物相之间的化学转化过程及其归宿和趋势。它主要考虑到污染物质在水环境中出现而引起的环境问题，以解决水环境问题为目标，研究污染物质在陆地水环境中迁移转化积累的规律，其主要研究范围和内容是天然水体的污染过程和各种用水废水的净化过程，并着重在物相之间化学转化过程及其归宿和趋势的研究。目前，研究持久性有毒有机污染物、内分泌干扰物及重金属等典型污染物在水环境中的形态和生物有效性，以及水环境污染修复机理与技术（将物理、化学和生物方法相结合，研究水环境中污染物去除的机理和方法。综合分析水环境污染产生的原因，研究点源、面源和内源对污染产生的贡献；结合污染物的形态和生物有效性，研究水环境污染修复的方法和技术，研究典型污染的治理，包括沉积物污染的修复和水体富营养化的治理）是水环境化学的研究热点。

（4）复合污染物的多介质环境效应。复合污染物的多介质环境效应主要研究污染物在环境系统中的各种物理、化学和生物过程。研究污染物在水—土—生物等宏观界面的各种过程。基于现代仪器分析及高等结构分析技术，从分子水平探讨持久性有毒有机污染物和重金属等微量污染物在环境微界面的吸附、分布和滞留的微观机理以及转化规律。

3. 环境生态化学

随着世界范围内环境污染的进一步恶化及由此导致的不良生态效应在生态系统层面上逐渐地由个体向种群、群落、景观与区域、全球生态系统等高层次水平的不断扩展，污染生态化学在研究解决这些复杂问题、治理污染环境的过程中得到了发展。环境生态化学主要研究化学污染物在生态系统中的行为规律及其危害，阐述生物体与其污染环境相互作用的化学机理与化学过程及其生态调控的化学，是环境化学与应用生态学相互交叉、相互融合的产物，是一门处于形成之中、最近几年得到迅速发展的新兴边缘学科。它的主要研究内容包括生态系统中典型化学污染物的迁移转化及其微观生态化学过程；化学污染的生态效应与毒理及生态风险评价；全球变化的生态化学；生态系统中化学污染物的分析与监测和污染控制生态化学；环境污染对生态系统健康质量与食物安全的化学胁迫等。虽然近一段时间环境生态化学发展得十分迅速，但其仍有需要加强研究的问题，如新型疾病与环境介质（水、土壤和大气）污染的关系；污染土壤的致毒过程、脱毒缓解及应用；土壤污染生态过程及其化学动力学；污染土壤修复基准；生态系统化学污染阻控新方法与新技术等。

4. 环境理论化学

环境理论化学是环境化学的专业核心课程，把化学和环境两个学科紧密地联系在一起。其发展基于化学科学的传统理论和方法论，为研究环境污染物的产生机理和检测方法提供理论依据。涉及化学污染物的化学动力学和动态学，化学污染物结构与性质和生物活性关系，化学信息学在环境化学研究中的应用，环境污染模式及预测研究和环境胶体化学及界面反应理论诸方面。

早期的研究多集中于有毒有机污染物的结构与活性关系的研究，近几年来，水—气、水—土或沉积物、土壤—植物根际的界面反应理论，固体催化剂、生物体细胞膜等表面污染物的反应与传质理论以及大气中细粒子、水体中细颗粒物表面污染物的环境胶体化学理论研究受到了重视。污染过程动态学理论的研究正在开展。

5. 污染控制化学

污染控制化学是研究控制污染的化学机制和工艺技术中的基础性化学问题。环境污染控制研究体系不断扩大，从工业废水治理扩大到饮用水、海水赤潮、湖泊富营养化的治理、污染土壤的化学、生物修复的研究明显增加，固体废弃物处理技术也有了一些研究。在其研究早期主要通过终端污染控制模式进行大气、水、固体等污染控制化学研究（包括污染控制材料研究和污染控制技术研究）。但这种方法只能减少化学污染物排放，并不能起到预防、阻止其产生的作用。于是人们通过研究，一种新的绿色模式诞生——全过程控制模式，即通过改变产品设计和生产工艺路线使不生成有害的中间产物和副产品，实现废物或排放物的内部再循环，达到污染最小量化并节约资源和能源的目的。在对于"污染预防"和"清洁生产"认识的不断认识和探索中，20世纪90年代美国率先提出要发展"绿色化学"的理念。清洁生产是对一种产品、一个工艺、一家企业的环境污染控制，绿色化学是清洁生产中的一种重要技术手段。绿色化学就是研究利用一套原理在化学产品的设计、开发和加工生产过程中减少或消除使用或产生对人类健康和环境有害物质的科学。它最有效的途径在于它能通过减少内在的危害而使发展具有可持续性。正是基于这一理念，2004年欧洲化学界发起了一个可持续化学的欧洲技术平台，提出可持续化学的概念。2006年8月27日，在匈牙利布达佩斯召开的第四届可持续化学欧洲技术平台研讨会上，欧洲学者提出可持续化学四项战略目标和优先发展领域的八个主题。这四项战略，一是为欧洲提供创新的动力，提供原材料，提供衣物、药品、能源等领域创新的源泉；二是作为支撑知识经济社会新技术的核心，化学是纳米科技、生物技术和环境技术的核心；三是为可持续发展投资，让产品改进和加工过程更具生态效应，使资源使用最佳化，对环境影响最小化；四是保护和发展就业市场、专业人才和生活质量。8 个主题：基于生物技术的经济方面，包括生物催化、发展下一代高效发酵过程和仿生加工与集成等；能源方面，包括可替代能源、能源转化和能源贮存等；健康方面，用于药物释放和治疗的材料，个人营养、诊断技术、芯片实验室成像材料，可转入体内的生物医用器件等；此外还有信息与通信技术、纳米技术、可持续的生活质量、可持续的产品与过程设计、交通等。

清洁生产

清洁生产是指不断采取改进设计、使用清洁的能源和原料、采用先进的工艺技术与设备、改善管理、综合利用等措施，从源头削减污染，提高资源利用效率，减少或避免生产、服务和产品使用过程中污染物的产生和排放，以减轻或者消除对人类健康和环境的危害。通俗地讲，清洁生产不是把注意力放在末端，而是将节能减排的压力消解在生产全过程。

清洁生产的意义是什么？

清洁生产的核心是"节能、降耗、减污、增效"。作为一种全新的发展战略，清洁生产改变了过去被动、滞后的污染控制手段，强调在污染发生之前就进行削减。这种方式不仅可以减小末端治理的负担，而且有效避免了末端治理的弊端，是控制环境污染的有效手段。

清洁生产对于企业实现经济、社会和环境效益的统一，提高市场竞争力也具有重要意义。一方面，清洁生产是一个系统工程，通过工艺改造、设备更新、废弃物回收利用等途径，可以降低生产成本，提高企业的综合效益；另一方面，它也强调提高企业的管理水平，提高管理人员、工程技术人员、操作工人等员工在经济观念、环境意识、参与管理意识、技术水平、职业道德等方面的素质。同时，清洁生产还可有效改善操作工人的劳动环境和操作条件，减轻生产过程对员工健康的影响。

为了推动清洁生产工作，我国有关部门先后出台了《清洁生产促进法》、《清洁生产审核暂行办法》等法律法规，使清洁生产由一个抽象的概念，转变成一个可量化的、可操作的、具体的工作。通过清洁生产标准规定的定量和定性指标，一个企业可以与国际同行进行比较，从而找到努力的方向。

怎样实现清洁生产？

《国家环境保护"十一五"规划》中提出，要大力推动产业结构优化升级，促进清洁生产，发展循环经济，从源头减少污染，推进建设环境友好型社会。这就要求相关部门要加快制定重点行业清洁生产标准、评价指标体系和强制性清洁生产审核技术指南，建立推进清洁生产实施的技术支撑体系，还要进一步推动企业积极实施清洁生产方案。同时，"双超双有"企业（污染物排放超过国家和地方标准或总量控制指标的企业、使用有毒有害原料或排放有毒物质的企业）要依法实行强制性清洁生产审核。

清洁生产审核是实施清洁生产的前提和基础，也是评价各项环保措施实施效果的工具。我国的清洁生产审核分为自愿性清洁生产审核和强制性清洁生产审核。污染物排放达到国家或者地方排放标准的企业，可以自愿组织实施清洁生产审核，提出进一步节约资源、削减污染物排放量的目标。国家鼓励企业自愿开展清洁生产审核，而"双超双有"企业应当实施强制性清洁生产审核。

清洁生产有哪些国际经验？

清洁生产是处理经济发展与环境保护两者之间关系的基本理念，符合可持续发展的要求，在全世界得到积极响应。许多国家都以不同的方式和手段来推进本国清洁生产的发展。

20 世纪 90 年代初，经济合作和开发组织（OECD）在许多国家采取不同措施鼓励采用清洁生产技术。自 1995 年以来，经合组织国家的政府开始引进产品生命周期分析，以确定在产品寿命周期（包括制造、运输、使用和处置）中的哪一个阶段有可能削减原材料投入和最有效并以最低费用消除污染物。这一战略刺激和引导生产商、制造商以及政府政策制定者去寻找更富有想象力的途径来实现清洁生产。

美国、澳大利亚、荷兰、丹麦等发达国家在清洁生产立法、组织机构建设、科学研究、信息交换、示范项目和推广等领域已取得明显成就。近年来，发达国家清洁生产政策有两个重要的倾向：一是着眼点从清洁生产技术逐渐转向清洁产品的整个生命周期；二是从多年前大型企业在获得财政支持和其他种类对工业的支持方面拥有优先权转变为更重视扶持中小企业进行清洁生产，包括提供财政补贴、项目支持、技术服务和信息等措施。

（资料来源：刘秀凤. 中国环境，2009 – 07 – 01）

三、环境化学研究的方法与特点

（一）研究方法

1. 现场环境实地观测

现场环境实地观测是环境化学研究的一种基本方法，它包括在所研究的区域直接布点采样、采集数据和采样后送回实验室分析，以了解污染物的时空分布，同步检测污染物变化规律。卫星探测和遥感技术已经广泛地应用到环境化学研究中。

在现场实地观测方面，科学地确定取样地点最为重要。采样点必须有代表性和足够的数量。为查明化学物质在环境中的迁移转化特点，通常采用共轭布点法（同时对各种有关联的环境要素进行对比取样分析）。例如，在研究土壤环境的化学成分时，同时采集与土壤环境关系密切的水系样品或生长在这种土壤上的植物样品进行分析，这样就能获得关于环境诸多要素之间存在着密切的地球化学联系的资料，从而了解所研究的化学物质在整个环境中的迁移状况。

2. 实验室研究

实验室研究包括环境物质分析、基础理论研究（反应机理研究、理化常数的测定和定量构效关系研究等）、基础物性数据测定、实验模拟系统研究等。

所谓实验模拟系统研究是指试图把自然环境的某个局部位置至于可控制、可调节和模拟的系统中，对化学物质在诸多因子影响下的环境行为进行深入的研究，在水、土壤环境化学的研究中通常成为模拟生态系统。实地观测法只能说明所研究的化学物质在环境中迁移作用的结果，而不能说明这种结果发生的原因、行为和机制，这就要求必要时可在实验室内进行简单的或复杂的模拟实验，设计时所采用的环境参数既要服从实验目的，又要尽可能接近环境的实际情况。美国伊利诺伊大学生物学和昆虫学系的环境学研究所应用一个室内模拟生态系统，研究了 100 多种农药、许多重金属和其他化合物的毒性以及转移、降解和积累情况。试验是在一个 25 cm×30 cm×50 cm 的玻璃缸中进行，缸内装有 7 L "标准湖水"，并以 15 kg 洗净的白砂铺成斜坡，在露出水面的砂坡上种以高粱。实验开始时，喷洒在叶片上的是有放射性标记的农药或其他化合物，并按试验的目的陆续加入藻类、蚤、底栖动物和鱼等，然后定期测定这些生物的反应以及水、砂和生物体内的残留量，计算出毒物的生态学放大和生物降解指数。据此，即可对污染物对环境的潜在危害及新农药设计和应用的可能性提出意见，并可筛选出杀虫效果、对其他生物的毒性、生物降解性等方面都较为理想的农药。

3. 模式模拟

模式模拟是将数学方法（包括计算机模拟）应用于环境化学学科当中。通过建立某种数学模型，把内在作用的化学机理以物理图像或方框图简明地表述出来，据以检验实测结果的可信度并判断环境污染现象的方向趋势，如果进一步用数学定量关系表达出来，就成为模式。例如，多介质环境模型是 20 世纪 80 年代由 Mackay 等人提出并发展起来的新型环境数学模型。这类模型的特点是可将各种不同环境介质单元内污染物的迁移转化过程与污染物跨介质边界的过程相联系，对有害化学物环境行为的早期评价、人体暴露分析、环境的科学管理以及污染的防治等方面具有广泛的应用前景；利用计算机模拟软件 SYBYL 6.9，从理论上设计出了西维因、毒死蜱及对硫磷等三种有机磷农药分子与功能单体甲基丙烯酸（MAA）形成分子印迹聚合物时的作用模式；环境中的致癌化学物质，是引起人类癌症的主要诱发因素。双区理论通过量子化学计算首次成功地揭示了一种复杂生理现象的未知机理，即化学致癌作用的机理。戴乾圜所著《双区理论》中提出的两种 NEQSAR 的研究方法，是人工智能在化学领域上的成功应用。其中的一揽子分子轨道计算方法，是一种无须输入数据由计算机对整类化合物自动进行大规模计算，而自动获得任意体制的所有分子轨道参数的方法。定量分析模式辨认，则是一种从大量结构与生理效应的数据集中，自动概括生理现象机理性规律的方法。

随着近几十年环境化学的不断发展，其研究环境问题所用的方法已不仅限于简单的、单一的途径。再者，上述每一种方法都不能充分地反映环境体系的真实状况，它们是相互依赖、相互促进的。因而需要互相补充，综合运用，应用多种方式结合的手段来进行观察、分析、鉴定。例如，以某地区土壤与水环境作为研究对象，首先通过实地观测对代表性研究区域表层土壤与水环境有针对性地取样、化验、分析，着重查明研究区域的 Hg、As、Cr、Cd、Pb、Cu、Zn、F 等污染物的环境背景值，并绘出这些污染物环境背景值的区域分布规律图。追踪和圈定 Hg、As、Cr、Cd、Pb、Cu、Zn、F 和有机物等污染物扩散的源头，并将污染物的化学分析数据进行统计学分析，如利用指示地统计学方法对表土中镉、铜和铅的污染风险进行预测并绘制污染超标概率分布图等。这些研究成果都可为当地政府治理水资源污染建立数学模型，提供科学依据。

（二）研究特点

环境化学是化学与环境科学交叉的一门学科，环境化学与理论性和实用性的化学学科及环境学科的其他分支学科存在着极为密切的关系。大多数环境问题和污染事件都是由化学污染物造成的，而化学这一基础学科在环境问题的研究和控制中也发挥着非常重要的作用，如化学分析是识别和诊断环境问题的手段；化学机理是揭示环境问题形成原因的基础；化学技术是控制环境污染的重要途径。这就要求我们需要掌握环境化学所存在的独特的研究特点：

（1）环境化学是以微观的原子、分子水平来研究宏观的环境问题，它并追求对于环境问题的宏观把握，而是侧重于对于环境问题"背后"的污染物的微观研究，是在原子、分子水平上进行鉴定、分析、观察，探索其形态结构、反应机理、转化过程和中间产物等。

（2）环境化学研究的对象环境污染物，对于环境介质中的化学污染物，一部分来源于人类活动所排放的废气，或是完全人工合成物，也有一小部分是环境中自然存在的污染物质，这些来源不同的各种污染物质在环境体系中可以同时发生多种机制的化学和物理变化，即使是同一种化学污染物质，因其所含的特定元素会有不同的化合价和化学形态不稳定，所处的环境状况不同，会产生不同的环境效应，有时，在同一体系中，环境化学污染物还会发生多种过程交互重叠。因此，可以看出，环境化学研究对象是一个组成繁杂、形态多变、机制复杂的体系。

（3）在环境科学发展的早期，人们控制污染是对一些进入环境数量大（或浓度高）、毒性强的物质如重金属等，其毒性多以急性毒性反映，其数据自然容易获得。但随着生产和科学技术的发展，人们逐渐认识到一批化学有毒污染物（其中绝大部分是有机物），可在极低的浓度下于生物体内累积，对人体健康和环境造成严重的甚至不可逆的影响。正因为这些化学污染物质在环境中的浓度水平很低，常处于痕量级（mg/kg、$\mu g/kg$），甚至更低，并且基体复杂，流动性、变异性大，又涉及空间分布及变化，因此，为了对这些处于微量和痕量浓度水平的污染物质作出可靠的定性、定量检测和行为判断，不仅需要有一系列灵敏、准确和精细的现代分析测试技术，而且同时要求建立对低浓度下污染物质的物理化学和生物化学的性质和行为进行探索的特殊研究技术和方法。这也就需要环境化学的分析技术和方法具有一些新的特点，如对污染物的灵敏度、准确度、分辨度、连续性、分析速度等。

（4）环境化学研究是一种多学科、多介质、多层次的研究，这就决定了其具有跨学科、综合性的特点。要探讨研究化学污染物质在环境生态系中的分布、迁移、转化和归宿等问题，化学是核心，但还需要配合多种其他科学方法（生物学、地理学、物理学、医学、气象学等）进行交流和借鉴，才能使环境化学不断地发展。

思考训练题

一、名词解释

环境介质　环境污染　环境问题　环境优先污染物　环境容量　环境质量

环境背景值　环境效应　公害事件　协同作用与拮抗作用

二、选择题

1. 1955—1972 年发生于日本富山县的"骨痛病"事件，其污染物是（　　）。

   A. Cu   B. Cd   C. Cr   D. Co

2. 20 世纪 50 年代日本出现的水俣病是由（　　）污染水体后引起的。

    A. Cd   B. Hg   C. Pb   D. As

3. 对环境自净能力的理解正确的是（　　）。

    A. 环境的自净能力就是对人类破坏活动的抗御能力

    B. 由于环境有自净能力，所以不会发生严重的环境问题

    C. 环境的自净能力是没有限度的

    D. 环境自净能力是环境的自然功能之一

4. 下列属于决定人口增长状况最主要因素的是（　　）。

    A. 自然条件   B. 社会制度   C. 经济发展   D. 道德水平

5. 两种毒物死亡率分别是 M_1 和 M_2，其联合作用的死亡率 $M = M_1 + M_2$，这种联合作用属于（　　）。

    A. 协同作用   B. 相加作用   C. 独立作用   D. 拮抗作用

三、简答题

1. 环境污染的分类及特点。

2. 试述环境污染物的复合效应。

3. 环境污染物的分类以及环境中主要的化学污染物。

4. 简要叙述环境问题的产生与发展阶段。

5. 描述世界"八大公害事件"的起因与后果。

6. 概述当前因环境污染造成的全球性的环境问题主要有哪些。

7. 用实例说明什么是环境激素及其危害。

8. 环境化学的含义，研究内容、方法及特点。

参考文献

[1] 戴树桂. 环境化学（第 2 版）. 北京：高等教育出版社，2006.

[2] 任仁，张敦信等. 化学与环境（第 2 版）. 北京：化学工业出版社，2005.

[3] 汪群慧，王雨泽，姚杰. 环境化学. 哈尔滨：哈尔滨工业大学出版社，2004.

[4] 赵美萍，邵敏. 环境化学. 北京：北京大学出版社，2005.

[5] 陈景文，全燮. 环境化学. 大连：大连理工大学出版社，2009.

[6] 何燧源. 环境化学（第 4 版）. 上海：华东理工大学出版社，2005.

[7] 刘兆荣，陈忠明等. 环境化学教程. 北京：化学工业出版社，2003.

[8] 奚旦立等. 环境监测（第 3 版）. 北京：高等教育出版社，2004.

[9] 何强等. 环境学导论（第 3 版）. 北京：清华大学出版社，2004.

[10] 蔡宏道. 现代环境卫生学. 北京：人民卫生出版社，1995.

[11] 叶常明. 多介质环境污染研究. 北京：科学出版社，1997.

[12] 江桂斌. 环境化学的回顾与展望. 化学通报，1999（11）：14～15，37.

[13] 金龙珠，王春霞. "21 世纪环境化学战略研讨会"纪要. 化学部环境化学学科，2003.

[14] 梁文平. 可持续化学：理念与内涵——欧洲化学界提出的可持续化学概念综述.

中国科学基金，2006（6）.

　［15］张庆辉. 环境地球化学研究方法. 阴山学刊自然科学版，2006（4）.

　［16］邢其毅，徐光宪. 理论环境化学研究的一项重要收获——评《双区理论》. 自然科学进展，2001，11（6）.

　［17］金龙珠. 近十年来我国环境化学的新进展. 环境化学，2003，22（5）.

　［18］陈赛，杨勇杰，温雪峰，董亮. 深刻认清形势改善环境质量. 中国环境报，2011 － 02 － 17.

　［19］李绪兴. 我们已经陷入"环境激素的海洋". 人民网，2003 – 11 – 11.

第二章　大气圈及其污染

第一节　大气圈

大气圈指因地球引力而聚集在地表周围的气体圈层，是使地球表面保持恒温和水分的保护层，同时也是气候系统中最活跃、变化最快的组成部分。地球在行星系统中开始出现时，还没有大气圈，现在的大气圈是地球本身产生的化学和生物化学过程长期演化的结果，其发育和演变又受到地球其他圈层发育演变的影响。大气不仅是维持生物圈中生命所必需的，而且参与地球表面的各种过程，如水循环、化学和物理风化、陆地上和海洋中的光合作用及腐败作用等，各种波动、流动和海洋化学也都与大气活动有关。

在地球万有引力的作用下，大气圈在地面处的密度最大，向外逐渐变得稀薄，并逐渐过渡为宇宙气体，因此大气圈没有明确的外界，在大气物理学和污染气象学研究中，常把大气圈的上界定为 1 200～1 400 km。1 400 km 以外，气体非常稀薄，就是宇宙空间了。在环境科学中大气层称为大气圈，也称大气环境。

大气圈是地球的一部分，若与地球的固体部分相比较，密度要比地球的固体部分小得多，全部大气圈的重量大约为 5.2×10^{15} t，还不到地球总重量的百分之一。由于受地心引力的作用，大气的质量主要集中在下部，其中的 50% 集中在离地面 5 km 以下，75% 集中在 10 km 以下，90% 集中在 30 km 以下。

一、大气结构

由于大气中存在着空气的对流运动、湍流运动和分子扩散运动，因此，从地表至 90 km 左右高度的大气层，其密度随着高度的增加而减小。除水汽有较大变动外，它们的组成是稳定均一的，因而将该范围内的大气层称为均质层。此层以上称为非均质层，根据其成分又可分为四个层次：氮层（距地面 90～200 km）、原子氧层（200～1 100 km）、氦层（1 100～3 200 km）、氢层（3 200～9 600 km）。在这四个层次之间，都存在过渡带，没有明显的分界面。均匀层中的大气可以看作是由干洁大气、水汽及气溶胶质粒子三部分组成的。

大气层位于地球的最外层，介于地表和外层空间之间，它受宇宙因素（主要是太阳）作用和地表过程影响，也形成了特有的垂直结构和特性。目前世界各国普遍采用的分层方法是 1962 年世界气象组织（WMO）执行委员会正式通过国际大地测量和地球物理联合会（IUGG）所建议的分层系统，即根据大气层垂直方向上温度和垂直运动的特征，一般把大气层划分为对流层、平流层、中间层、暖层和逸散层五个层次（见图 2 - 1）。

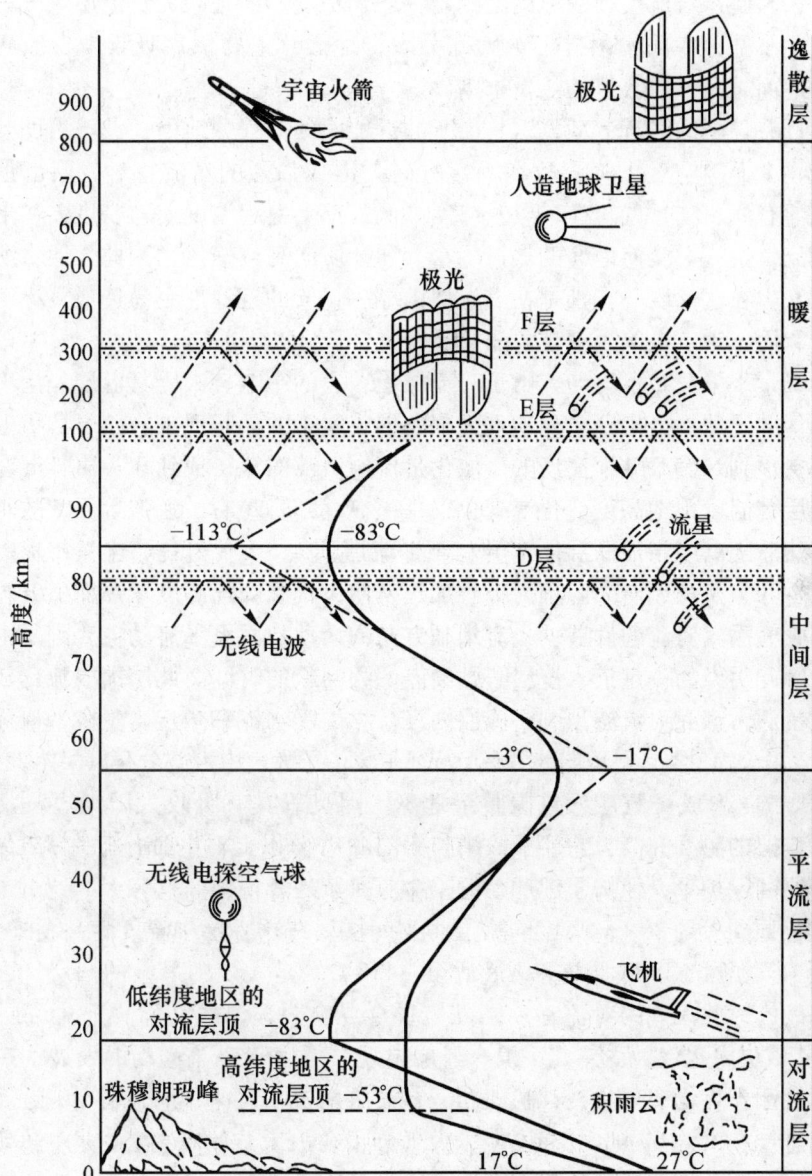

图 2 - 1　大气圈垂直结构图

　　对流层在大气层的最低层，紧靠地球表面，其厚度为 10～20 km。其厚度随纬度和季节而变化。在赤道附近为 16～18 km；在中纬度地区为 10～12 km，两极附近为 8～9 km。夏季较厚，冬季较薄。同大气圈总厚度相比，对流层很薄，不到整个大气圈总厚度的 1%，但其质量却占大气圈总质量的 70%～75%，且集中了大气圈的 90% 以上的水汽和尘埃。同时，对流层受地表种种过程影响，其物理特性和水平结构的变化都比其他层次复杂。对流层的主要特征：

①温度随高度增加而降低，一般高度每上升 100 m，温度则平均下降 0.65℃，这称为大气降温率，因此，对流层顶的温度会降至零下几十度。这是因为对流层大气的热能来源除直接吸收一小部分太阳辐射外，绝大部分来自地面，主要依靠吸收来自地面的长波辐射，因此距地面越高，所获得的热量越少。

②空气具有强烈的对流运动，这是由于贴近地面的空气受地面长波辐射的热量的影响而膨胀上升，上面冷空气下降，故在垂直方向上形成强烈的对流，对流层也是因此而得名，另外地面有海、陆、昼、夜，以及纬度高低，都会引起温度差与密度差，形成大气水平方向的对流，空气对流使地面的热量、水汽和杂质向高空输送，因此，通常所说的大气污染就主要发生在这一层，特别是在靠近地面 1~2 km 的近地层更易造成污染，也导致了对流层中云、雨、雷、电等天气现象非常活跃。

③气象要素水平分布不均匀，由于对流层受地表的影响较大，其温度、湿度的水平分布很不均匀，并由此而产生一系列物理过程，形成复杂的天气现象。

从对流层顶到 50~55 km 高度的一层为平流层。从对流层顶到 35~40 km 左右有一很明显的稳定层，温度不随高度变化或变化很小，在 -55℃ 左右，近似等温，故平流层也称为同温层。然后随高度增加而温度上升，至平流层顶大 -3℃ 左右。这主要是由于地表辐射影响的减少和氧及臭氧对太阳辐射吸收加热，使大气温度随高度增加而上升。这种温度结构抑制了大气垂直对流的发展，只有水平方向的运动，而水平流动主要则是由地球的自转造成的，因此污染物一旦进入该层，则会停留相当长的时间。此层内气流比较平稳，所以喷气式飞机通常都在对流层顶到平流层内飞行。由于水汽和尘埃含量少，而无对流层中那种剧烈的云雨天气现象。平流层的另一个特征是集中了大气中大部分臭氧，在 20~25 km 高度上达到最大值，形成臭氧层，包围整个地球。因臭氧具有吸收太阳光短波紫外线的能力，故使平流层的温度升高，它能吸收来自太阳的 99% 以上对生命有害的紫外线，所以称它是地球生物的保护伞，保护了地球上的生命免受紫外线伤害。

从平流层顶到大约 80 km 高度的一层为中间层。在这一层中温度随高度增加而下降。在中间层顶，气温可达 -83℃ 以下，最低至 -113℃，是大气中最冷的一层。由于存在明显的温度梯度，因此大气的对流运动强烈，垂直混合明显，故又称"上对流层"或"高空对流层"。该层内水汽极少，几乎没有云层出现，但由于对流运动的发展，在高纬地区黄昏时仍可观测到夜光云现象，其状如卷云、银白色、微发青，十分明亮，这实际上就是水汽的凝结雾。在大约 60 km 的高度上，大气分子在白天开始电离。因此，在 60~80 km 之间是均质层转向非均质层的过渡层。

从中间层顶到 800 km 的高空为暖层，又称电离层。该层的空气已很稀薄，质量只占大气总质量的 0.5%。暖层的主要特征是气温随高度迅速递增，这是因为在暖层里，波长小于 0.15 μm 的紫外线辐射能量几乎全部被吸收，所以气温急剧升高。据人造卫星观测，到 300 km 高度气温已达 1 000℃ 以上，到 500 km 处温度则可达 1 200℃ 以上，500 km 以上温度变化不大。同时，由于空气密度很低，太阳紫外线辐射强度很高（主要是波长短于 0.1 μm 波段），以及宇宙射线的作用，NO_2、O_2、O_3 被分解为原子，处于电离状态，因而又称电离层。热层中不同高度电离程度不均匀，位于 60~90 km 高度的 D 层电离程度较弱，而在 100~200 km 间的 E 层和 200~400 km 间的 F 层电离程度最强。各电离层能吸收和反射不同波长的无线电波，能使无线电波在地面和电离层间经过多次反射，传播到远方，故在远距离短波无线电通信方面具有重要意义。

800 km 以上的大气层称为逸散层，其上界约在 3 000 km 高度上。这层空气在太阳紫外线和宇宙射线的作用下，大部分分子发生电离，使质子的含量大大超过中性氢原子的含量。逸散层是地球大气圈的最外层，也是从地球大气层进入宇宙太空的过渡区域，气温很高，空气极为稀薄，空气粒子的运动高度很高，因离地面太远，地球引力作用弱，空气粒子运动速度很快，所以气体质点不断向外扩散，可以摆脱地球引力而散逸到太空中，故此称为逸散层。根据目前卫星观测资料分析，在 22 000 km 的高度上，离子密度仍可以达到 10 个/立方米。可见地球大气圈和星际太空之间，并没有明显的分界。

二、大气组分

自然状态下的大气是多种气体的混合物，主要由氮、氧、二氧化碳、水及一些微量惰性气体组成。但是随着人类活动的日益增强和工业化的发展，大气中的有毒、有害物质和悬浮颗粒也明显增多。

大气是由干洁空气、水（大气中可能呈液、固和蒸汽三种状态）、悬浮的固体粒子和液体粒子（组成大气气溶胶）三个主要的部分组成。

（一）干洁空气

大气中除去水汽、液体和固体杂质外的混合气体称为干洁空气，分子量为 28.966。干洁空气的主要成分是氮、氧、氩，三者之和占大气总量的 99.96%，加上二氧化碳则可达到大气总量的 99.999%，而氖、氦、氪、氩、氙、臭氧等稀有气体的总含量不足 0.02%（见表 2-1）。在干洁空气中，二氧化碳和臭氧的含量很不稳定，受自然和人为活动影响因素较大，随空间和时间的变化而变化。

表 2-1 大气的组成

成 分	体积混合比	成 分	体积混合比
氮（N_2）	0.780 83	氪（Kr）	1.1×10^{-6}
氧（O_2）	0.209 47	氙（Xe）	0.1×10^{-6}
氩（Ar）	0.009 34	氡（Rn）	0.5×10^{-6}
二氧化碳（CO_2）	0.000 35	甲烷（CH_4）	1.7×10^{-6}
氖（Ne）	1.82×10^{-6}	一氧化二氮（N_2O）	0.3×10^{-6}
氦（He）	5.2×10^{-6}	臭氧（O_3）	$10 \times 10^{-9} \sim 50 \times 10^{-9}$

大气中的氮、氧丰富，对生物有重大意义，大气中氧浓度的降低或增高都会影响许多重要的生命过程和产生一些意想不到的恶果。氧浓度的大小决定了生物的演化过程。二氧化碳尽管在大气圈中只占 0.035%，但对地球上的生物却非常重要。19 世纪工业革命以前，大气中二氧化碳的浓度一直保持在 0.028%。工业革命后，随着人口增加和工业发展，人类活动已经开始打破二氧化碳的自然平衡。近年来，由于工业蓬勃发展，化石燃料燃烧

量迅速增长，森林覆盖面积减少，二氧化碳在大气中的含量有增加趋势，目前已经达到 0.035%左右。由于二氧化碳具有吸收长波辐射的特性，而使地球表面温度升高，并因此导致一系列连锁反应，其中对人类影响较大的是温度上升会使极地冰帽融化，海平面上升，世界上许多地区将被淹没在海水之下。

（二）水

大气中的水汽主要来自地球上的水面和其他潮湿物体表面的蒸发，以及植物的蒸腾作用，是低层大气中的重要成分，含量不多，只占大气总容积的 0～4%，但却是大气中含量变化最大的气体。一般情况下，空气中水汽含量随高度的增加而减少。据观测，在 1.5～2 km 高度，大气中水汽平均含量仅为地表的一半，而在 5 km 高度，已减少到地面的 1/10，到 10～12 km，含量就微乎其微了。大气中水汽含量在水平方向上也有差异，一般而言，海洋上空多于陆地，低纬多于高纬，湿润、植物茂密的地表多于干旱、植物稀疏的地表。空气中的水汽可以发生气态、液态和固态三相转化，如常见的云、雨、雪等天气变化，都是水汽发生相变的现象。

（三）悬浮的固体粒子和液体粒子

悬浮于空气中的液体和固体粒子称为大气气溶胶粒子，其中包括水滴、冰晶、悬浮着的固体灰尘微粒、烟粒、微生物、植物的孢子花粉以及各种凝结核和带电离子等，一般粒径在 0.1～100 μm，是低层大气的重要组成部分，也是自然现象和人类活动的产物。其中大的颗粒很快降回地表或被降水冲掉，小的微粒通过大气垂直运动可扩散到对流层高层，甚至平流层中，能在大气中悬浮 1～3 年，甚至更长时间。一般来说，大气中的固体含量在陆地上空多于海洋上空，城市多于农村，冬季多于夏季，白天多于夜间，越近地面越多，固体杂质在大气中能充当水汽凝结的核心，对云雨的形成起着重要作用。

三、大气运动基本规律

大气时刻在运动着，其运动的形式和规模极为复杂，既有水平运动，也有垂直运动；既有全球性的大规模运动，也有局部性的小尺度运动（见图 2-2）。大气的运动使不同地区、不同高度间的热量和水分得以传输和交换，使不同性质的空气得以相互接近、相互作用，直接影响着天气、气候的形成和演变。大气运动的产生和变化直接决定于大气压力的空间分布和变化。尽管气压在地球表面的时间和空间变化都不大，它对一切生命活动没有显著的直接影响。然而，气压轻微的时、空变化却会引起风的变化、环流的变化及天气的巨大变化。如果从随时随地不断变化的运行状态中对时间进行平均，就可发现大气运行具有明显的规律性。进行时间平均的空间分布常被看成是全球大气大规模运动的基本状态。

大气环流是指大范围的大气运动状态。它反映了大气运动的基本格局，并孕育和制约着较小规模的气流运动。它是各种不同尺度的天气系统发生、发展和移动的背景条件。大气环流可促进地球上热量平衡和水平衡，使高低纬间和海陆间热量和水汽得到交换。

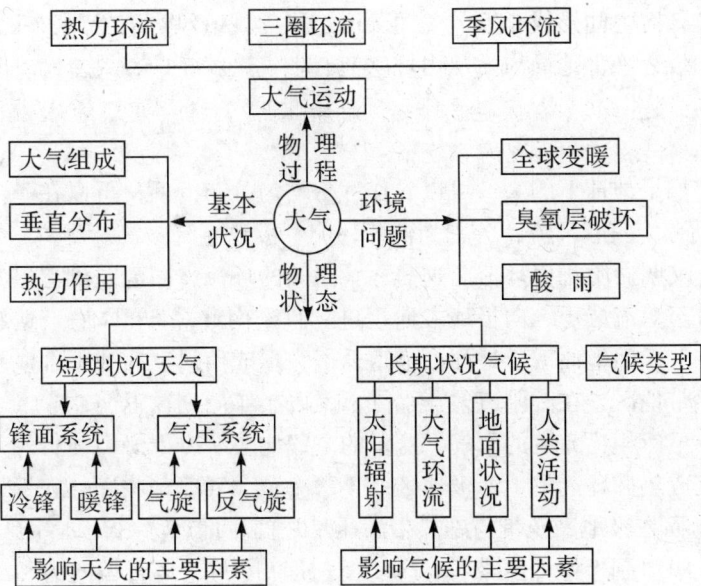

图 2-2 大气运动基本规律

（一）热力环流

由于地面冷热不均而形成的空气环流，称为热力环流。它是大气运动最简单的一种形式。结合等压面利用示意图对其形成过程进行分析，如图 2-3 所示。

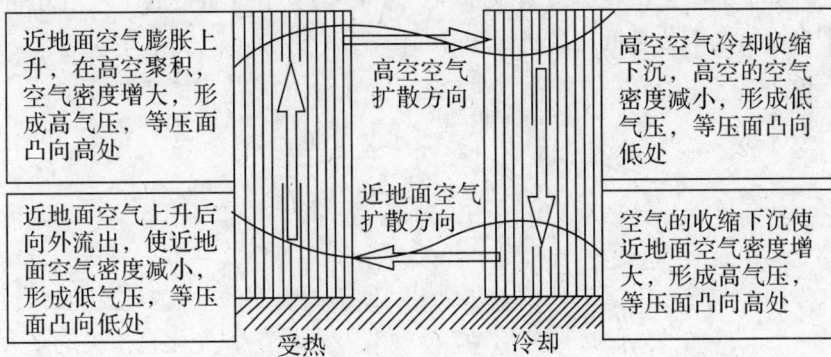

图 2-3 热力环流的形成过程

因此，热力环流的形成过程可简单归纳为：近地面冷热不均 —→ 气流的垂直运动（上升或下降）—→ 近地面和高空在水平面上气压的差异 —→ 大气的水平运动 —→ 形成高低空热力环流。

常见的热力环流形式有海陆风、城市风和山谷风。海陆风：白天，风从海洋吹向陆地，称为海风。夜间，风从陆地吹向海洋，称为陆风。海陆风是海风和陆风的总称，它发生在海陆交界地带，是以 24 小时为周期的一种大气局地环流。海陆风是由于陆地和海洋的热力性质的差异而引起的。城市风：由于城市热岛存在，引起空气在城市上升，在郊区下沉，在城市和郊区之间形成小型的热力环流，称为城市风。山谷风：在山区白天地面风常从谷地吹向山坡，晚上地面风常从山坡吹向谷地，这就是山谷风。

（二）三圈环流

一般来说，如果地球上的大气可以看作理想均匀分布的话，可以在一个半球（如北半球）将大气运动分为三圈环流，分别为低纬环流、极地环流（高纬环流）和中纬环流。

低纬环流：又叫做哈德里环流。这是一个封闭的环流，由温暖潮湿空气从赤道低压地区上升开始，升至对流层顶，向极地方向迈进。直到南北纬30°左右，这些空气在高压地区下沉。部分空气返回地面后于地面向赤道返回，形成信风，完成低纬度环流。低纬度环流基本活动于热带地区，在太阳直射点引导下，以半年周期往返南北。

极地环流：虽然相比赤道的空气，这里的空气比较寒冷干燥，但仍然有足够热力和水分进行对流，完成热循环。由于两极地区终年寒冷，大气冷却收缩，在近地面形成南、北"极地高压带"。而在极地高压带与副热带高压带之间，即在大约南北纬60°的地区形成一个相对低压带，叫"副极地低压带"。于是在气压梯度力、地转偏向力和摩擦力的共同作用下，由极地高压带到副极地低压带之间形成偏东风，称"极地东风带"；由副热带高压带到副极地低压带形成偏西风，称"盛行西风带"。当极地东风与盛行西风在副极地低压带相遇时，形成上升气流。上升气流在高空又分别流向副热带和极地上空。于是就形成了极地环流和中纬环流。实际上，中纬度环流依靠其余两个环流而出现的。另外，中纬度环流并不是真正闭合的循环，而重点却在西风带上。不像信风和极地东风那样稳定，盛行西风常常由于经过的气象系统而发生变化。

由于大气环流的结果，在全球近地面大气中形成了相对稳定的7个气压带和6个风带。气压带自赤道向南北是低压高压相间分布。

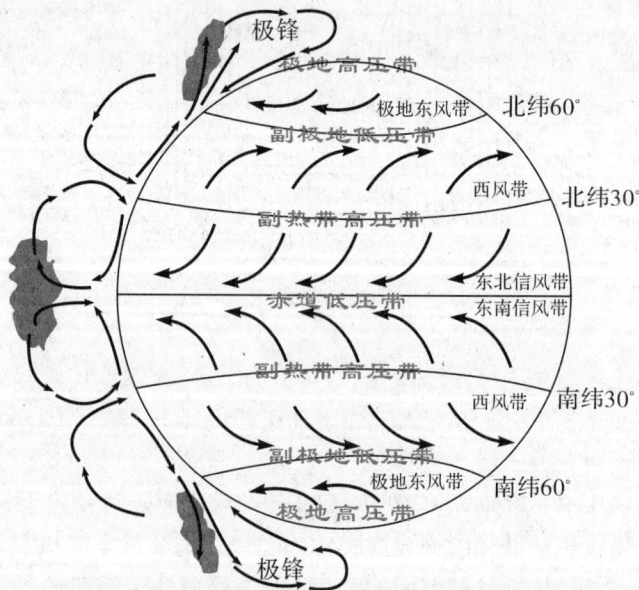

图2-4 三圈环流、气压带和风带示意图

（三）季风环流

在一定范围的地区内，盛行风向和气压系统有明显的季节变化，而且随着风向和气压系统的变换，不同季节的气候也有相应的变化，于是称这种随着季节而改变的环流为季风环流，被这种环流所控制的地区为季风气候区。季风环流的形成是因为：① 海陆热力性质差异，导致同纬度海陆间气压形势发生相反转变，从而引起风随着季节的改变而发生相反的变化；② 气压带和风带的季节移动，导致风向随季节发生转变。

第二节　大气环境污染

大气是人类和一切生物类赖以生存的必须条件。大气质量的优劣，对人体健康和整个生态系统都有着直接的影响。大气污染已引起人们的极大关注，研究和控制大气污染已成为当前十分迫切的环境问题。

大气是多种气体的混合物，其组成基本上是恒定的。但由于人口增多，工业发展，向大气中排放的有害气体及飘尘越来越多，远远超过大气自净能力，使大气的组成发生变化，有害气体危害了人类的生存和发展，就形成了大气污染。我们所说的大气污染是指进入大气中的污染物质超过了大气环境的容许量，直接或间接地对人类生活、生产和身体健康等方面产生不良影响的现象。

一、定义

在干洁的大气中，痕量气体的组成是微不足道的。但是在一定范围的大气中，出现了原来没有的微量物质，其数量和持续时间，都有可能对人、动物、植物及物品、材料产生不利影响和危害。当大气中污染物质的浓度达到有害程度，以至破坏生态系统和人类正常生存和发展的条件，对人或物造成危害的现象叫做大气污染。国际标准化组织（ISO）给大气污染作出的定义则是：大气污染通常是指由于人类活动和自然过程引起某种物质进入大气中，呈现出足够的浓度，达到了足够的时间并因此而危害了人体的舒适、健康和福利或危害了环境的现象。

造成大气污染的原因，既有自然因素又有人为因素，尤其是人为因素，是大气污染形成的主要原因。自然因素包括火山活动、山林火灾、海啸、土壤和岩石的风化以及大气圈的空气运动等。而人为因素主要包括人类的生产活动和生活活动两个方面，如工业废气，它是大气污染的一个重要来源，工业废气中的污染物种类繁多，有烟尘、硫的氧化物、氮的氧化物、有机化合物、卤化物、碳化合物等，其中有的是烟尘，有的是气体；另外，人们日常生活中生活炉灶及采暖锅炉的燃烧，需要消耗大量煤炭，煤炭在燃烧过程中要释放大量的灰尘、二氧化硫、一氧化碳等有害物质污染大气；再者交通运输过程，化石燃料的燃烧会产生大量的尾气，特别是城市中的汽车，量大而集中，排放的污染物能直接侵袭人的呼吸器官，对城市的空气污染很严重，成为大城市空气的主要污染源之一。随着人类经济活动和生产的迅速发展，在大量消耗能源的同时，将大量废气、烟尘物质排入大气，严重影响了大气环境的质量，尤其是在人口稠密的城市和工业区域。大气污染的严重程度主要取决于污染物性质、污染源性质、气象条件和地表性质等。

大气污染按其影响所及范围可分为四类：局部性污染、地区性污染、广域性污染、全球性污染。局部性污染如某个工厂烟囱排气所造成的直接影响；地区性污染如工矿区或其附近地区的污染，或整个城市的大气污染；广域性污染指更广泛地区，更广大地域的大气污染，在大城市及大工业带可以出现这种污染，最主要的污染是酸雨；全球性污染则是指跨国界乃至涉及整个地球大气层的污染，如温室效应、臭氧层破坏等。上述分类方法中所涉及的范围只能是相对的，没有具体的标准。如广域污染是大工业城市及其附近地区的污染，但对某些国家来说（面积有限）可能产生国与国之间的广域污染。根据能源性质和大气污染物组成和反应，一般将大气污染划分为四种类型：煤炭型、石油型、混合型、特殊型。根据污染物的化学性质及其存在的大气环境状况，可将大气污染划分为两种类型：还原型和氧化型。

二、大气污染物

由于人类活动或自然过程排入大气、污染大气，并对人和环境产生有害影响的物质称为大气污染物。随着现代化工业的发展，工厂和矿山向大气中排放有毒物质的种类越来越多，数量越来越大，目前，已发现有危害作用而被人们注意到的有 100 多种。

大气污染物按存在的状态，可分为两类，即气溶胶状态污染物和气体状态污染物。气溶胶是指沉降速度可以忽略的固体粒子、液体离子或固体和液体粒子在气体介质中的悬浮体，包括粉尘、烟、雾、总悬浮物、飘尘、降尘、液滴等，粉尘是指悬浮于气体介质中的小固体粒子，能因重力作用发生沉降，粒径一般在 $1 \sim 200\ \mu m$；烟一般指由冶金过程中形成的固体粒子的气溶胶，粒径尺寸很小，一般为 $0.01 \sim 1\ \mu m$；总悬浮颗粒物是分散在大气中的各种粒子的总称，是指悬浮于大气中粒径小于 $100\ \mu m$ 的所有固体颗粒物，包括飘尘和部分降尘；飘尘是大气中粒径小于 $10\ \mu m$ 的固体颗粒物，它能长期漂浮在大气中，有时也称为浮游粒子或可吸入颗粒物；用降尘罐采集到的大气颗粒物称为降尘。在总悬浮颗粒物中一般直径大于 $10\ \mu m$ 的粒子，由于其自身的重力作用会很快沉降下来，所以将这部分微粒称为降尘。单位面积的降尘量可作为评价大气污染程度的指标之一。气体状态污染物是以分子状态存在的污染物，主要有五类：含硫化合物、含氮化合物、碳氧化合物、碳氢化合物及卤素化合物。含硫化合物主要指 SO_2、SO_3 和 H_2S 等，其中以 SO_2 的数量最大，危害也最大，是影响大气质量的最主要气态污染物，也是形成酸雨的主要前体物，而 H_2S 在大气中则可被氧化成 SO_2，含硫化合物主要来源于矿物燃料的燃烧、有机物的分解和燃烧、海洋及火山活动等；含氮化合物种类很多，其中最主要的是 NO、NO_2、NH_3 等，也是大气的重要污染物之一，并能参与酸雨及光化学烟雾的形成，而 N_2O 是温室气体，大气中 NO_x 的含量取决于自然界氮循环过程，人类活动排放的 NO 约占 10%；污染大气的碳氧化合物主要是 CO 和 CO_2，其中 CO 来源于含碳燃料的不完全燃烧；大气化学中碳氢化合物通常指 8 个碳原子以下的有机化合物，主要是指有机废气，随着石油化工行业的迅猛发展，有机废气中的许多组分已构成了对大气的污染，如烃、醇、酮、酯、胺等，可被大气中的 HO· 等自由基或氧化剂所氧化，生成二次污染物，并参与光化学烟雾的形成；对大气构成污染的卤素化合物，主要是含氯化合物及含氟化合物，如 HCl、HF、SiF_4 等。

若大气污染物按污染物形成过程又可分为一次污染物和二次污染物。一次污染物，也称原发性污染物，是指直接从各种污染源排放到大气中的有害物质，进入大气后其物理、化学性状均未发生变化的污染物，包括各种气体、蒸汽和颗粒物，常见的一次污染物有 SO_2、氮氧化物、CO、碳氢化合物、颗粒物等，颗粒物中包含苯并 [a] 芘等强致癌物质、有毒重金属、多种有机和无机化合物等；二次污染物，也称继发性污染物，是指一次污染物进入大气后经过一系列大气化学或光化学反应生成的与一次污染物性质不同的新污染物，这些新的污染物与一次污染物的物理化学性质完全不同，多为气溶胶，具有颗粒小（通常在 $0.01 \sim 1.0\ \mu m$），毒性一般比一次污染物大等特点；常见的二次污染物有硫酸盐、硝酸盐、O_3 醛类（乙醛和丙烯醛等）、过氧乙酰硝酸酯（PNA）等（见表 2-2）。

表 2-2　气态污染物的种类

污染物	一次污染物	二次污染物
含硫化合物	SO_2、H_2S	SO_3、H_2SO_4、MSO_4
含氮化合物	NO、NH_3	NO_2、HNO_3、MNO_3
碳氧化合物	CO、CO_2	
碳氢化合物	CH	醛、酮、PNA、O_3
卤素化合物	HF、HCl	

注：M 代表金属离子

第三节　影响大气污染物迁移的因素

进入大气中的污染物，受大气水平运动、湍流扩散运动及大气的各种不同尺度的扰动运动而被输送、混合和稀释，称为大气污染物的迁移扩散。污染物从污染源排放到大气中，只是一系列复杂过程的开始，污染物在大气中的迁移、扩散是这些复杂过程的重要方面，大气污染物在迁移、扩散过程中对人类自身以及生态环境都会产生影响和危害，因此，在研究大气污染物的转化之前，必须要先了解大气污染物的迁移规律及影响大气污染物迁移的主要因素。一个地区的大气污染程度除了与污染源排放污染物的数量、组成、排放方式及排放源的密集程度等因素（源参数）有关外，还与污染物的迁移扩散有关。影响污染物迁移扩散的因素主要有风向、风速、大气湍流、温度垂直分布和地理地势等。

一、风和湍流

（一）风

风是空气的水平运动。空气产生运动的根本原因是气压分布不均匀，即在气压梯度力

（单位质量空气在气压场中所受的作用力）作用下沿气压梯度力方向运动。风是矢量，有风向和风速两个要素。风向表示风的来向，以罗盘方位表示（8 个或 16 个方位）。在一定时间内自某个方位（东、西、南、北等）所吹来的风的重复次数和该时间内各个不同方向吹来的全部风的次数相比的百分数称为风向频率，一定时间内出现的不同方位的风向频率，可按罗盘方位绘制风向频率图，又称风玫瑰图。风速指单位时间内空气在水平方向移动的距离，单位为 m/s。风向和风速时刻都在变化。

风对污染物的迁移扩散主要有两个作用：整体的输送和污染物的冲淡稀释。风向决定了污染物迁移运动的方向，瞬间污染以排污当时的下风侧地区受影响最大，而全年污染以全年内主导风向的下风侧地区受影响最大，也就是说，某一风向频率越大，其下风向受污染的几率越高，反之几率越低，即大气污染程度与风向频率成正比。风速则影响污染物的稀释程度和扩散的范围，风速越大，一定空间内单位时间与污染物混合的清洁空气量越大，冲淡稀释的作用就越好，扩散的范围就越广。也就是说，某一风向的风速越大，则下风向的污染程度越小，因为来自上风向的污染物输送、扩散和稀释能力加大，使大气中污染物浓度降低，即大气污染程度与风速成反比。

（二）湍流

大气无规则的、三维的小尺度运动称为大气湍流。大气湍流是大气中一种不规则的随机运动，即除在水平方向运动外，还会有上、下、左、右方向的乱运动，湍流每一点上的压强、速度、温度等物理特性随机涨落。风速的脉动和方向的摆动就是大气湍流作用的结果。

大气湍流是大气中的一种重要运动形式，大气总是处于不停息的湍流运动之中，其表现为气流的速度和方向随时间和空间位置的不同而呈随机变化，并由此引起温度、湿度以及污染物浓度等气象属性的随机涨落。通常所说的大气湍流主要集中在离地面 1~2 km 厚的一个薄层内，即大气边界层内，在该范围内大气湍流表现最为突出。除大气边界层内存在明显湍流外，在自由大气的积云中或强风速切变的晴空区，也存在着湍流。湍流运动造成大气中各组分间的强烈混合，当污染物由污染源排入大气中时，高浓度部分污染物由于湍流混合，不断被清洁空气渗入，同时又无规则地分散到其他方向去，使污染物不断地被稀释、冲淡。

根据湍流的形成原因，大气湍流可分为机械湍流和热力湍流两种形式。机械湍流是因地面的摩擦力使风在垂直方向产生速度梯度，或者由于地面障碍物（如山丘、树木与建筑物等）导致风向与风速的突然改变而造成的，其大小决定于风速分布和地面粗糙度，当空气流过粗糙的地表时，会随地面的起伏而抬升或下沉，从而产生垂直方向湍流，风速越大机械湍流强度越大。热力湍流主要是由于地表受热不均匀，或大气垂直方向上的温度变化而引起的。实际湍流是上述两种湍流的叠加。因此，湍流主要是由大气动力状态和热力状态的不均匀作用而引起的，是否能够发生湍流及湍流强度的大小主要决定于风速大小、地面起伏状况和近地面大气的热状况。

大气污染源（如工厂、汽车、沙尘等）绝大部分都集中在大气边界层内，因此湍流对污染物的扩散起到极为重要的作用，尤其是在小风等不利气象条件下，而污染物在稳定条件下（如夜间）的弱湍流场中的扩散问题长期以来也一直是个难点问题。

二、逆温现象

对流层内大气的热量主要直接来自地面的长波辐射，所以，一般情况下，温度随着高度增加而下降，也就是说，低层大气温度高、密度小，易于上浮，而高层大气温度低、密度大，比底层大气重，自然条件下，易于下降，大气容易发生上下翻滚即"对流"运动，可将近地面层的污染物向高空乃至远方输散，使地面的污染程度减轻。但在一定条件下，对流层的某一高度有时也会出现气温随高度增加而递增的现象，这种气温逆转的现象就是逆温现象，受逆温现象影响的该段垂直厚度的大气则称为逆温层。

根据逆温的生成过程，可把逆温现象分为五类：辐射逆温、地形逆温、下沉逆温、锋面逆温和平流逆温。

不管是何种原因形成的逆温，都会对空气质量产生很大影响。由于逆温层的存在，造成对流层大气局部上热下冷，大气层结稳定，阻碍了空气的垂直对流运动，使地面风力微弱，严重影响烟尘、污染物、水汽凝结物的扩散，导致空气中的悬浮粒子因而聚积而使空气的质素变得恶劣，出现严重的大气污染。尤其是城市及工业区上空，在逆温条件下，易产生浓雾天气，有的甚至造成严重大气污染事件，如20世纪"世界八大公害"之一的比利时马斯河谷事件等。

（一）辐射逆温

辐射逆温是夜间因地面、雪面或冰面、云层顶部等的强烈辐射冷却，使紧贴其上的气层比上层空气有较大的降温而形成的。晴朗、少云，无风或风速小于 3 m/s（二级）的夜间，地面因强烈的有效辐射而很快冷却，贴近地面的大气层也随之降温。由于空气越靠近地面，受地面的影响越大，所以，离地面越近，降温越多；离地面越远，降温越少，形成自地面向上发展的逆温层，称为辐射逆温。随着地面辐射冷却速度加快，逆温逐渐向上扩展，黎明时达最强。日出后，由于太阳辐射逐渐增强，地面很快增温，逆温便逐渐自下而上消失。另外，不同季节逆温出现的长短也不同，夏季夜短，夜间所形成的逆温层较薄，日出后很快消失；冬季夜长，夜间所形成的逆温层较厚，日出后消失得比较缓慢，需要更长的时间。

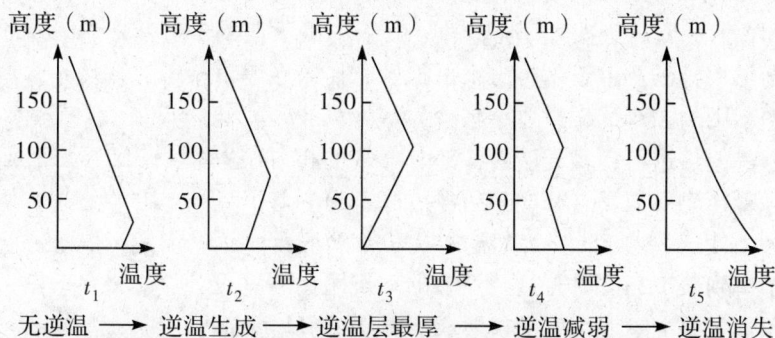

图 2-5　辐射逆温的生消过程

图 2－5 为辐射逆温在一昼夜间从生成到消失的全过程。t_1 时刻是日落前 1 h 逆温开始生成时的情况，随着地面辐射的增强，地面迅速冷却，逆温逐渐向上发展，t_3 时刻表示黎明，此时逆温达到最强，t_3 时刻为日出后，随太阳辐射逐渐增强，地面逐渐增温，空气也随之自下而上增温，逆温便自下而上地逐渐消失，t_5 时刻大约是在上午 10 点钟，此时逆温层完全消失。

辐射逆温经常发生在陆地上的冬季。在中纬度地区，冬季的辐射逆温层厚度可达 200～300 m，有时可达 400 m 左右，其上下界温度差一般只有几度，很少能够达到 10～15℃，有时可持续若干天不消失。由于其经常出现，故与大气污染的关系最为密切。

（二）地形逆温

这种类型的逆温主要由地形造成，常发生在山地、盆地和谷地等低洼地区。在这些地区，由于山坡散热快，晚上山坡上密度较大的冷空气沿着山坡流向山谷并聚集在山谷中，山谷中原来较暖的空气，由于湍流作用和辐射较弱温度下降较慢，从而被山坡上流下的冷空气挤压、抬升，从而出现上温下冷温度倒置的逆温现象。如美国的洛杉矶因周围三面环山，每年有两百多天出现逆温现象。

这种地形逆温有时能持续一整天而不消失，除非太阳光直射到山坡或热风劲吹。因此，建设在山谷或盆地的工业城市，由于排出的污染物量较大、扩散效果不好，极易造成非常严重的空气污染。

（三）下沉逆温

因整层空气下沉压缩增温而形成的逆温称为下沉逆温，又称压缩逆温。在极地冷高压或副热带高压控制区，晴好天气，高压中心附近有持久而强盛的下沉运动，在这种条件下，高空存在的大规模的上层空气下沉落入高压气团内因受压而变热，使气温高于底层的空气而出现随高度的增加气温也增加的现象。这种逆温的形成受气压影响较大而与昼夜没有关系，因此没有明显的日变化，并且影响范围大、厚度大，一般可达数百米。由于下沉气流达到某一高度就停止了，因此，下沉逆温一般不接地而出现在某一高度上（离地面 1 km 以上高空）。因为有时像盖子一样阻止了向上的湍流扩散，所以如果持续时间较长，对污染物的扩散会造成很不利的影响。

如图 2－6 所示，假若在某高压控制区，某高度有一层空气 ABCD，厚度为 h。当它下沉运动时，由于周围大气对它的压力逐渐增大，以及由于气层向水平扩散，使气层厚度变小，形成图示中的 $A'B'C'D'$，厚度减少为 h'（$h'<h$）。若气层下沉过程是绝热过程，且气层内各部分空气的相对位置不变，由于顶部 CD 下沉到 $C'D'$ 的距离比底部 AB 下沉到 $A'B'$ 的距离大，使气层顶部绝热增温的幅度大于底部。因此，当气层下沉到某一高度时，达到足够的下沉距离，就可能出现气层顶部气温高于底部气温，形成逆温层。

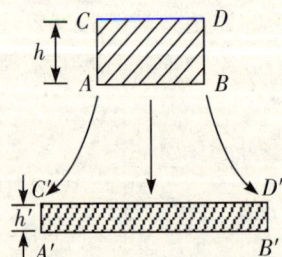

图 2－6 下沉逆温的形成

（四）锋面逆温

锋面逆温是由于锋面上下冷暖空气的温度差异而形成的逆温。在对流层中，当冷暖空气相遇时，由于暖空气密度小，冷空气密度大，暖空气就会爬升到冷空气的上面，两者之间形成一个倾斜的过渡区，称为锋面。在锋面上，如果冷暖空气的温度差比较显著，就会出现自下而上温度升高的现象，这种逆温称为锋面逆温。由于锋面是从地面向冷空气上方倾斜的，所以逆温层也随锋面的倾斜，呈倾斜状态。因此这种逆温现象只能在冷空气控制的地区内观察到，并且逆温离地面的高度与观测点相对于地面锋线的位置有关，观测点距地面锋线越近，逆温层的高度越低，反之越高。锋面上暖气团中的温度露点差一般比锋面下冷气团中的要小些，当锋面上有凝结现象时，逆温层以上的温度露点差可以为零。

（五）平流逆温

当暖空气平流到冷的地面、水面或气层之上时，低层空气层受冷地面、水面或气层的冷却作用，不断进行热量交换而迅速降温，而上层空气所受影响较少，降温缓慢，致使暖空气上层较下层降温少，从而形成逆温，这种称为平流逆温。平流逆温的强度，主要取决于暖空气与地面之间温差，温差越大，逆温越强。

冬季，在中纬度沿海地区，由于那里海陆的温差显著，当海上的暖空气流到大陆上或低地、山谷、盆地内积聚的冷空气上面时，都可形成较强的平流逆温，而且这种逆温常伴随着平流雾的形成。

与辐射逆温不同，出现平流雾时，不但不要求晴朗少云，而且风速也可以较大。暖空气流经冰、雪表面时会产生融冰、融雪现象，吸收一部分热量，使得平流逆温得到加强，这种逆温称为"雪面逆温"。

在自然界中，逆温的形成常常是几种原因共同作用的结果，比较复杂，应作具体分析。但无论逆温是怎样形成的，只要有逆温出现，对天气和大气污染物的迁移扩散都会有相当大的影响。

三、地理地势

大气污染与特定的地理因素有着密切的关系，虽然不同地区地形地势千差万别，但对大气污染物迁移扩散的影响本质上都是通过改变局部地区（流场和温度层结等）气象条件来实现的，对大气污染物的迁移扩散和浓度分布具有重要的影响。

（一）山谷风

山谷风是由于山谷与其附近空气之间的热力差异而引起的风向以一日为变化周期的风。山谷风在山区最为常见，白天太阳先照射到山坡上，山坡受热增温快，而山谷上空同高度上的空气因离地面较远，增温较少，于是空气比同高度上的山谷空气增热强烈，山坡暖空气受热膨胀，不断沿坡上升，成为谷风，并在上层从山坡流向山谷，谷底的空气则沿山坡向山顶补充，这样便在山坡与山谷之间形成一个热力环流；夜间刚好相反，山坡上的空气受山坡辐射冷却影响冷却迅速，而山谷同一高度的空气因离地面较远降温较慢，因而较冷空气沿山坡下滑，流入谷地，成为山风，谷底的空气因汇合而上升，并从上面流向山顶上空，形成与白天相反的热力环流（见图2-7）。山风和谷风的方向是相反的，但比较稳定。在山风与谷风的转换期，风方向是不稳定的，山风和谷风均有机会出现，时而山风，时而谷风。

图2-7　山谷风的周期变化

我国地形复杂，多山地，许多山区都存在山谷风，只要周围气压场比较弱，这种局地热力环流就表现得十分明显。一般在早晨日出后2~3 h开始出现谷风，并随着地面增热，风速逐渐加强，午后达到最大，之后因为气温下降，风速逐渐减小，在日落前1~1.5 h谷风平息，山风逐渐增强，日出前达到最大，通常，谷风比山风强些。在背阴的峡谷中，谷风出现的时间会向后延迟，持续时间也会缩短。另外，山谷风还有明显的季节变化，夏季比冬季明显，冬季山风比谷风强，夏季则谷风比山风强。

山谷风对污染物输送有明显的影响。吹山风时排放的污染物向外流出，若不久转为谷风，被污染的空气又被带回谷内。特别是山谷风交替时，风向不稳，时进时出，反复循环，使空气中污染物浓度不断增加，造成山谷中污染加重。

山区辐射逆温因地形作用而增强。夜间冷空气沿山坡下滑，在谷底聚积，逆温发展的速度比平原快，逆温层更厚，强度更大。并且因地形阻挡，河谷和凹地的风速很小，更有利于逆温的形成。因此山区全年逆温天数多，逆温层较厚，逆温强度大，持续时间也较长。逆温层的存在阻碍了空气的垂直运动，如在这些地区布局废气、粉尘排放量较大的工业，则会造成大气污染。

（二）海陆风

海陆风也是由海陆热力差异引起的，但其影响范围仅局限于沿海，发生在海陆交界地带，风向变换以一天为周期的一种大气局地环流。

白天，海洋和陆地在同样的太阳光照射下，由于性质不同，陆地升温比海洋快，陆地上空空气迅速增温而向上抬升，气压变低，海面由于热力学特性受热慢，海面上的气温相对较冷，气压几乎维持不变，这样，海陆之间的温度差就造成了由海洋指向陆地的气压梯度力，冷空气就流向附近相对较热、气压较低的陆面，形成海风，陆地上的空气上升到一定高度后，它上空的气压比海面上空气压要高些。因为在下层海面气压高于陆地，在上层陆地气压又高于海洋，而空气总是从气压高的地区流到气压低的地区，所以，就在海陆交界地区出现了范围不大的垂直环流。夜间，情况与白天相反，由于有效辐射发生了变化，陆地比海洋降温快，陆地上的空气很快冷却，气压升高，而海面降温比较迟缓，同时深处较温暖的海水和表面降温之后的海水可以交流混合，更会延缓海面降温，因此夜间海面比起陆面气温要高得多，这时海面是相对的低气压区，从而在海陆之间产生了与白天相反的温度差、气压差，使低空大气从陆地流向海洋，形成陆风，但到一定高度之后，海面气压又高于陆地。因此，夜间下层的空气从陆地流向海上，而上层的空气便从海上流向陆地。

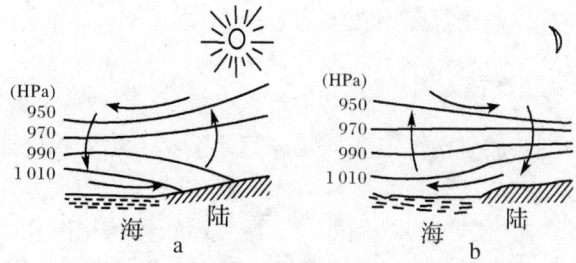

图 2-8　海陆风的周期变化

　　通常，海风与陆风涉及的范围较小，比较而言，海风较陆风强些。在温带地区，水平范围内，海风深入大陆为 15~50 km，垂直范围为几百米，在热带地区，海风水平最远也不超过 100 km，垂直范围也只有 1~2 km，只是上层的反向风常常要更高一些；而陆风水平侵入海上最远 20~30 km，近的只有几公里，垂直范围比海风浅得多，最强的陆风，厚度只有 200~300 m。海风在热带和暖带的夏季经常出现，风力可达 3~4 级，陆风只有 1~2 级。这种差异的产生是因为白天海陆之间的温差较大，加上陆地上空气层不稳定，有利于空气流动，而夜间陆海间的温差减小，海上的空气层比较稳定，因而气流发展比较弱。另外，海陆温差越大，海陆风发展越强。在地面气温日差较大的地区和季节，海陆风现象明显，所以，低纬地区一年四季均可出现，中纬地区海陆风主要出现在夏季，而高纬地区只有夏季晴朗的日子才能见到微弱的海陆风。我国沿海的台湾省和青岛等地，海陆风很明显，尤其是夏半年，海陆温差及气温日变化增大，所以海陆风较强，出现的次数也较多。而冬半年的海陆风就没有夏半年突出，出现机会比较少。

　　海陆风转换的时间是随地区的条件和天气情况而异。一般海风开始于上午 8~11 时，海陆温差逐渐增大，到下午 2~3 时达到最大，此时海风最强。此后陆地温度逐渐下降，海陆温差减小，海风随之减弱，到晚上 8~9 时，海陆温度接近相等，继而海风停止，可暂时出现静风。随着陆面的不断降温，在晚上 9~10 时以后，海陆风的方向改变，转为陆风。夜里 2~3 时，海陆温差最大，此时陆风最强。就这样，随着海陆昼夜温差的不断改变，海陆风也不断交替出现。如果阴天，海风出现的时间会往后推迟，有时到中午 12 时后才出现。当海风开始时，相对湿度会突然增高，气温突然降低，所以有时会出现云雾和降水，使夏季里的沿海地区比内陆凉爽得多，冬季比内陆温和，也与海风有关，所以海风可以调节沿海地区的气候。但是，由于海陆风是由局地环流造成的，因此，当有较强的气压系统存在时，如风暴一类的天气，这种现象会被冲淡和掩盖。

　　由上所述可知，建在海边地区的工厂必须考虑海陆风对排放到大气中的污染物迁移扩散的影响，因为陆风的强度和迁移距离要比海风小得多，有可能出现夜间随陆风吹到海面上的污染物，在白天又随海风吹回来，造成污染物往返，或者污染物进入海陆风局地环流中，使污染物不能充分地扩散稀释，就可能出现循环积累达到较高的浓度。如果污染源处于海陆风交界处，且处于局地环流，则此时的污染物很难扩散出去，并会不断累积达到很高的浓度而造成严重的污染。另外，白天，海风出现后，海风处于下层，温度较低，陆地上层气流的温度高，在冷暖空气的交界面上，会形成一层倾斜的逆温顶盖，阻碍了烟气向上扩散，造成封闭型和漫烟型污染。

（三）城郊风

城郊风是由城市和郊区温度差引起，热岛效应造成的一种大气局地环流。

城市热岛效应是一种城市气温比郊区高的现象，随着城市规模的迅速扩大，城市的热岛效应越来越明显。例如，上海、纽约年均温度比近郊要高11℃，柏林高10℃，莫斯科、巴黎、洛杉矶则高7℃，等等。现在世界上无论城市大小，纬度高低，沿海还是内陆，地形、环境如何，都存在城市热岛效应。这种热岛效应不但会对工业、商业、能源、交通等产生影响，还会危害人体健康。

城市热岛效应的形成原因可概括为三个方面：

①城市下垫面（大气底部与地表的接触面）特性的影响。城市内大量人工构筑物，如铺装地面、各种建筑等，多为石头和混凝土建成，热传导率和热容量都很高，白天吸收太阳辐射，在相同的太阳辐射条件下，它们比绿地、水面等升温快，夜间放热缓慢，使低层空气变暖，另外，城市建筑密集，高度参差不齐，因此城市下垫面比较粗糙，对风向、风速影响很大。由于建筑物本身对风的阻挡或减弱作用，可使城市年平均气温比郊区高2℃，甚至更多。

②城市人口密集、工业集中、交通拥塞，使得能耗水平高，释放出大量的废气和热量，造成严重的大气污染，而废气中的氮氧化物、二氧化碳、粉尘等，能够大量地接收环境中热辐射的能量，引起进一步的城市升温。

③城市里的自然下垫面减少了，城市的建筑、广场、道路等大量增加，绿地、水体等自然因素相应减少，城市里的蒸发、蒸腾作用远比郊区少得多，缓解热岛效应的能力就被削弱。这样，城市里放热的越来越多，而吸热的越来越少，城市热岛效应越趋严重。

由于热岛的存在，城市温度经常比农村高，所以城市热岛上暖而轻的空气膨胀上升，近地面形成低气压，四周郊区温度低，冷却下沉，形成高气压，使得近地面冷空气向城市流动，形成一种从周围农村吹向城市市区的特殊的局地风，而高空的空气由城市流向郊区，垂直方向上城市为上升气流，郊区为下沉气流，从而形成城区与郊区的环流，称为城市热岛环流或城郊风（见图2-9）。在这种环流作用下，城市本身排放的烟尘等污染物聚积在城市上空，形成烟幕，导致市区大气污染加剧，特别是夜间城市上空有逆温层存在时。

由于城郊风的出现，城区工厂排出的污染物随上升气流而上升，笼罩在城市上空，并从高空流向郊区，到达郊区后下沉。下沉气流又从近地面

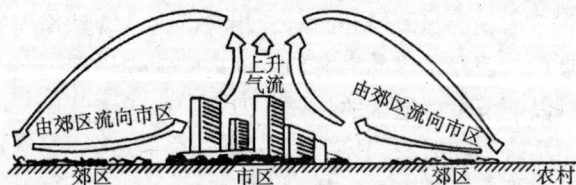

图2-9 城郊风的形成过程

流回市中心，并将郊区工厂排出的污染物也带回了城市，致使城市的空气污染更加严重。为了减轻城市的空气污染，在城市规划中，一定要研究城市上空的风到郊区下沉的距离。一方面将污染严重的工厂布局在城郊风的下沉距离之外，避免这些工厂排出的污染物从近地面流向城区；另一方面，应将卫星城建在城郊风环流之外，避免相互污染。

第四节　大气中污染物的转化

污染物的迁移过程只是使从污染源排放进入大气中的污染物在大气中的空间分布发生了变化，而它们的化学组成不变。污染物的转化是指污染物在扩散、迁移过程中，由于其自身的物理化学性质受阳光、温度、湿度等因素的影响，污染物之间，以及它们与空气原有组分之间发生化学反应，形成新的二次污染物，这一反应过程称为大气污染物的转化。它包括光解、氧化还原、酸碱中和及聚合等反应，可转化成为无毒化合物，去除污染，亦可转化成毒性更强的二次污染物，加重污染。

一、大气光化学反应

大气污染的化学原理比较复杂，它除了与一般的化学反应规律有关外，更多的由于大气中物质吸收了来自太阳的辐射能量（光子）发生了光化学反应，使污染物成为毒性更大的物质（叫做二次污染物）。在正常大气温度下，基本没有活化分子，因此 N_2、O_2 等不会发生常规的热反应，但是他们能够吸收光能而转化为活化分子而激发光化学反应，光化学反应发生后，被光子活化的分子或离子能够继续进行其他的热化学反应。大气光化学反应类型众多，包括光解反应、激发态分子的反应及光催化反应等，其中光解反应是造成近地大气层二次污染如光化学烟雾和酸沉降、清除对流层中活泼化学物质，使之不能进入同温层或导致同温层中部臭氧层耗损的重要反应。可以说，大气化学是直接或间接地由太阳辐射引起的光化学反应引起的。

（一）定义

光化学是研究在紫外至近红外光（波长 100～1 000 nm）的作用下物质发生化学变化及其过程与效应的科学。环境中的光化学反应大多在气相和吸附状态的水溶液中产生，且在多种物质并存的复杂情况下进行。光化学反应又称光化反应或光化作用，是由物质（分子、原子、自由基或离子）吸收光子后所引发的反应。在环境中主要是受阳光的辐照，污染物分子吸收光子后，内部的电子发生能级跃迁，形成不稳定的激发态，然后进一步发生离解或其他反应，而引起与其他物质发生的化学反应。如光化学烟雾形成的起始反应是二氧化氮（NO_2）在阳光照射下，吸收紫外线（波长 290～430 nm）而分解为一氧化氮（NO）和原子态氧（O，三重态）的光化学反应，其反应式为 $NO_2 + h\nu \longrightarrow NO + O$（3P），由此开始了链反应，导致臭氧及与其他有机烃化合物的一系列反应而最终生成光化学烟雾的有毒产物，如过氧乙酰硝酸酯（PAN）等。

光化学反应与一般热化学反应有许多不同之处，主要表现在：加热使分子活化时，体系中分子能量的分布服从玻耳兹曼分布；而分子受到光激活时，原则上可以做到选择性激发，体系中分子能量的分布属于非平衡分布。所以光化学反应的途径与产物往往和基态热化学反应不同，只要光的波长适当，能为物质所吸收，即使在很低的温度下，光化学反应仍然可以进行。

光化学反应可引起化合、分解、电离、氧化还原等过程。主要可分为两类：① 光合作用，如绿色植物利用二氧化碳和水在日光照射下，借植物叶绿素的帮助，吸收光能，合成碳水化合物。② 光分解作用，如高层大气中分子氧吸收紫外线分解为原子氧，染料在空气中的褪色，胶片的感光作用等。

（二）光化学反应过程

化学物种吸收光量子后可产生光化学反应的初级过程和次级过程。

1. 光化学的初级过程

一定的分子或原子只能吸收一定能量的光子，吸收光能后的激发态分子处于不稳定的状态，可由许多途径失去能量而成为稳定状态。

光化学的初级过程是分子吸收光子使电子激发，分子由基态提升到激发态。由于分子在一般条件下处于能量较低的稳定状态，称作基态。受到光照射后，如果分子能够吸收电磁辐射，就可以提升到能量较高的状态，称作激发态。光化学的初级过程的基本步骤为：

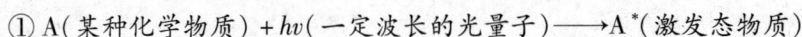

$$① \; A(某种化学物质) + h\nu(一定波长的光量子) \longrightarrow A^*(激发态物质)$$

初级过程反应①所吸收的光子能量需与分子或原子的电子能级差的能量相适应。物质分子的电子能级差值较大，只有远紫外光、紫外光和可见光中高能部分才能使价电子激发到高能态，即波长小于 700 nm 才有可能引发光化学反应。产生的激发态分子活性大，因此，可能产生如下几种复杂反应：

$$② \; A^* \longrightarrow A + h\nu$$
$$③ \; A^* + M \longrightarrow A + M^*$$
$$④ \; A^* \longrightarrow B_1 + B_2 + \cdots$$
$$⑤ \; A^* + C \longrightarrow D_1 + D_2 + \cdots$$

上式中①、②、③为光物理过程，反应②和③是激发态分子失去能量的两种形式，结果是回到原来的状态；而④、⑤为光化学过程，对环境化学而言，光化学过程更为重要。②反应中 A^* 失去能量回到基态而发光（荧光或磷光）；③反应中 A^* 与其他化学惰性分子（M）碰撞而失去活性；④反应中 A^* 离解产生新物质（B_1、B_2……），为单分子历程，该种反应是大气中光化学反应中最重要的一种，激发分子离解为两个以上的分子、原子或自由基，使大气中的污染物发生了转化或迁移；⑤反应中 A^* 与其他分子（C）反应产生新物质（D_1、D_2……），为双分子历程，是激发态分子引起的另一种化学反应形式。

例如：大气辉光（即大气在夜间的发光现象）是由一部分激发的 OH·（自由基）引起的辐射跃迁：

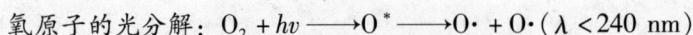

$$O_3 + H \longrightarrow OH^* \cdot + O_2$$
$$OH^* \cdot \longrightarrow OH \cdot + h\nu$$

氧原子的光分解：$O_2 + h\nu \longrightarrow O^* \longrightarrow O \cdot + O \cdot (\lambda < 240 \text{ nm})$

氮原子的光分解：$N_2 + hv \longrightarrow N^* \longrightarrow N\cdot + N\cdot (\lambda < 120 \text{ nm})$

臭氧的光分解：$O_3 + hv \longrightarrow O_2 + O\cdot (\lambda = 220 \sim 290 \text{ nm})$

以此可见，太阳辐射高能量部分波长小于 290 nm 的光子因被高空大气中的 O_2、O_3、N_2 的吸收而不能到达地面，而大于 800 nm 长波辐射（红外线部分）几乎完全被大气中的水蒸气和 CO_2 所吸收，因此只有波长 300 ~ 800 nm 的可见光波不被吸收，透过大气到达地面。

2. 光化学的次级过程

次级过程即初级过程中受激物种经单、双分子历程形成的产物、反应物之间进一步发生的反应或与其他物种发生的反应。

例如：如大气中 HCl 的光化学反应过程

$HCl + hv \longrightarrow H\cdot + Cl\cdot$ （初级过程，光化学反应，光分解）

$H\cdot + HCl \longrightarrow H_2 + Cl\cdot$ （次级过程，热化学反应）

$Cl\cdot + Cl\cdot \longrightarrow Cl_2$ （次级过程，热化学反应）

又比如：

$Cl_2 + hv \longrightarrow Cl\cdot + Cl\cdot$ （光分解，光化学初级过程）

$Cl\cdot + H\cdot \longrightarrow HCl$ （由光化学反应引发的热化学反应）

初级光化学过程包括光解离过程、分子内重排等。分子吸收光后可解离产生原子、自由基等，它们可通过次级过程进行热反应。光解产生的自由基及原子往往是大气中 OH·、$HO_2^\cdot$ 和 RO· 等的重要来源，对流层和平流层大气中的主要化学反应都与这些自由基或原子的反应有关。

（三）光化学反应基本定律

在热化学反应中，只有当分子动能达到克服分子间势垒的时候，才可能发生化学反应。而对于光化学的发生要遵循如下两个定律：

1. 光化学第一定律

格鲁塞斯（Grotthus）与德雷伯（Draper）提出了光化学第一定律：在光化学反应中，要是物质发生光分解，则只有当激发态的分子能量足够使分子内的化学键断裂的时候，也就是说光子能量至少要大于化学键能时，才可能引起光分解反应，而且光量子还必须被所作用的分子吸收，也就是说，分子对某些特定波长的光要有特征吸收光谱。

2. 光化学第二定律

爱因斯坦（Einstein）提出了光化学第二定律：在光化学反应的初级过程中，被活化的分子数（或原子数）等于吸收光的量子数，或者说分子对光的吸收是单光子过程，即光化学反应的初级过程是由分子吸收光子开始的。

光化学第二定律是说明分子吸收光的过程是单光子过程。因为激发态分子寿命很短

（激发态分子存留时间一般小于 10^{-8}s），这样激发态分子几乎不可能吸收第二个光子。当然若光很强，如高通量光子流的激光，即使在如此短的时间内，也可以产生多光子吸收现象，这时光化学第二定律就不适用了。对于大气污染化学而言，反应大都发生在对流层，只涉及太阳光，是符合光化学第二定律的。

光量子能量与化学键之间的关系：设分子化学键键能为 E_0（J/mol），光子能量为 E，则根据爱因斯坦方程：

$$E = h\nu = hc/\lambda$$

式中：λ——光量子波长；

$\quad\quad$ h——普朗克常数，6.626×10^{-34} J·s/光量子；

$\quad\quad$ c——光速，2.9979×10^{10} cm/s。

如果一个分子吸收一个光量子，则 1 mol 的分子吸收的光量子的总能量为：

$$E = N_0 h\nu = N_0 hc/\lambda$$

式中：N_0——为阿伏伽德罗常数，6.022×10^{23}。

当 $\lambda = 400$ nm 时：

$$
\begin{aligned}
E &= N_0 h\nu = N_0 hc/\lambda \\
&= 6.022 \times 10^{23} \times 6.626 \times 10^{-34} \times 2.9979 \times 10^{10}/(400 \times 10^{-7}) \\
&= 299.1 \text{ kJ/mol}
\end{aligned}
$$

同理，当 $\lambda = 700$ nm 时，$E = 170.9$ kJ/mol，即分子的化学键能越大，需要光子的波长越短。

通常化学键键能大于 167.4 kJ/mol，所以波长小于 714 nm 的光才能引起光化学反应（紫外或可见）。

$$\lambda = \frac{6.02 \times 10^{23} \times 6.626 \times 10^{-34} \times 3 \times 10^{10} \times 10^7}{167.4 \times 10^3} = 714 \text{（nm）}$$

一般波长 300 nm 左右的紫外线，能量相当于 400 kJ/mol 的键能，理论上可以断裂许多化合键，或引发老化——氧化过程，如一些高聚物的光敏波长，聚氯乙烯（塑料，320 nm）、聚丙烯（300 nm）、聚苯乙烯（318 nm）。

（四）大气中吸光物质的反应

大气中的一些组分和某些污染物能够吸收不同波长的光，从而产生各种效应。下面介绍几种与大气污染有直接关系的重要的光化学过程。

1. 氧分子和氮分子的光解

氧分子和氮分子都是空气的主要组成部分，也是重要组分。

O—O 键，键能：$E_0 = 493.8$ kJ/mol，对应能够使其断裂的光子波长为 243 nm，如图 2–10 所示。

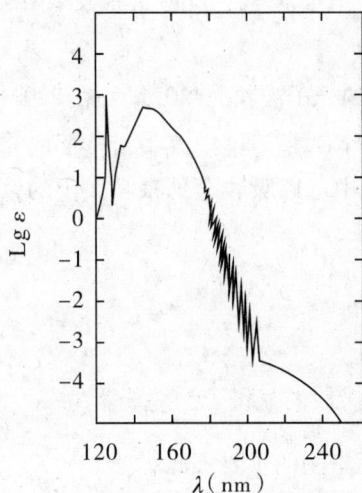

图 2–10 O_2 吸收光谱（ε 为摩尔吸光系数）

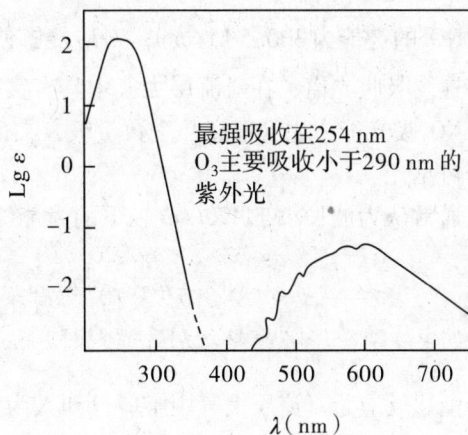

图 2–11 O_3 吸收光谱

由图 2–10 可见：氧原子在 243 nm 处开始吸光，相应的 O_2 的键能为 493.8 kJ/mol，于 147 nm 处达到最大。通常认为 240 nm 以下的紫外光可引起 O_2 的光解：

$$O_2 + hv \longrightarrow O^* \longrightarrow O\cdot + O\cdot$$

N—N 键，键能：$E_0 = 939.4$ kJ/mol，键能较大，对应能够使其断裂的光子波长为 127 nm。对低于 120 nm 的光才有明显的吸收，在 60~120 nm 之间呈带状光谱，在 60 nm 以下为连续光谱。因此，N_2 的光解一般仅限于平流层臭氧层以上（波长小于 120 nm 的光在平流层臭氧层以上被强烈吸收，很少能够达到对流层大气中，在大气对流层中非常微弱）。

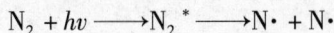

$$N_2 + hv \longrightarrow N_2^* \longrightarrow N\cdot + N\cdot$$

2. 臭氧分子的光解

O_3 的键能：$E_0 = 101.2$ kJ/mol，对应能够使其断裂的光子波长为 1 180 nm。

O_2 光解产生的 O 可与 O_2 反应，该反应是平流层中 O_3 主要来源，也是消除 $O\cdot$ 的主要过程：

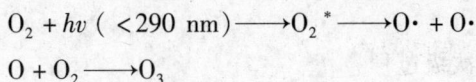

$$O_2 + hv\ (<290\ \text{nm}) \longrightarrow O_2^* \longrightarrow O\cdot + O\cdot$$
$$O + O_2 \longrightarrow O_3$$

O_3 主要吸收来自太阳波长小于 290 nm 的紫外光，最强吸收在 254 nm（见图 2–11）。O_3 吸收紫外光后发生如下离解反应：

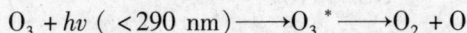

$$O_3 + hv\ (<290\ \text{nm}) \longrightarrow O_3^* \longrightarrow O_2 + O$$

虽然理论上讲，臭氧对于波长小于 1 180 nm 的光都可以吸收，但实际观测发现，臭氧对于波长大于 290 nm 的光吸收很微弱，因此臭氧吸收的主要是来自太阳波长小于 290 nm 的短波辐射。

3. NO_2 的光解

NO_2 的键能为 300.5 kJ/mol，对应能够使其断裂的光子波长为 420 nm。在 290 ~ 410 nm 内有连续吸收光谱，在对流层大气中具有实际意义。NO_2 是污染空气中最重要的光吸收物质，NO_2 吸光能力比其他高几个数量级，在低层大气中可以吸收全部来自太阳的紫外光和部分可见光。

通常认为波长小于 420 nm 以下的光能够引起 NO_2 分子的光解：

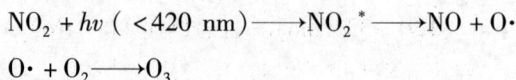

$$NO_2 + hv\ (<420\ nm) \longrightarrow NO_2^* \longrightarrow NO + O\cdot$$
$$O\cdot + O_2 \longrightarrow O_3$$

上述反应是对流层大气中唯一已知人为的臭氧污染物的重要来源。

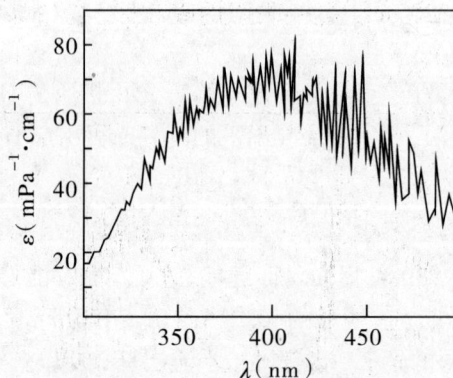

图 2 - 12　NO_2 吸收光谱

4. HNO_3 和 HNO_2 的光解

HNO_2：HO—NO 键，键能 = 201.1 kJ/mol；H—ONO 键，键能 = 324.0 kJ/mol。亚硝酸对 200 ~ 400 nm 的光有吸收，吸光后发生光离解，初级过程为：

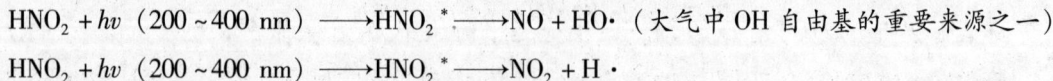

$$HNO_2 + hv\ (200~400\ nm) \longrightarrow HNO_2^* \longrightarrow NO + HO\cdot\ （大气中 OH 自由基的重要来源之一）$$
$$HNO_2 + hv\ (200~400\ nm) \longrightarrow HNO_2^* \longrightarrow NO_2 + H\cdot$$

HO·、H·能够引发次级过程：

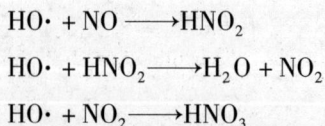

$$HO\cdot + NO \longrightarrow HNO_2$$
$$HO\cdot + HNO_2 \longrightarrow H_2O + NO_2$$
$$HO\cdot + NO_2 \longrightarrow HNO_3$$

有 CO 存在时：

$$HO· + CO \longrightarrow CO_2 + H·$$

H·引发反应：

$$H· + O_2 \longrightarrow HO_2·$$

$$2HO_2· \longrightarrow H_2O_2 + O_2$$

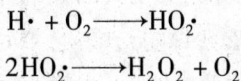

HNO_3：HO—NO_2键，键能 = 199.4 kJ/mol，对于 120 ~ 335 nm 波长的光有不同程度的吸收。光解反应为：

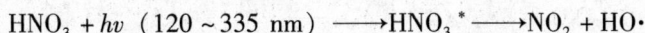

$$HNO_3 + hv（120 ~ 335 \text{ nm}）\longrightarrow HNO_3{}^* \longrightarrow NO_2 + HO·$$

5. SO_2的光解

SO_2的键能：E_0 = 545.1 kJ/mol，有三条吸收带：第一条为 340 ~ 400 nm，是一个极弱的吸收区；第二条为 240 ~ 330 nm，是一较强的吸收区；第三条为 240 ~ 180 nm，是一个很强的吸收区（见图 2 – 13）。

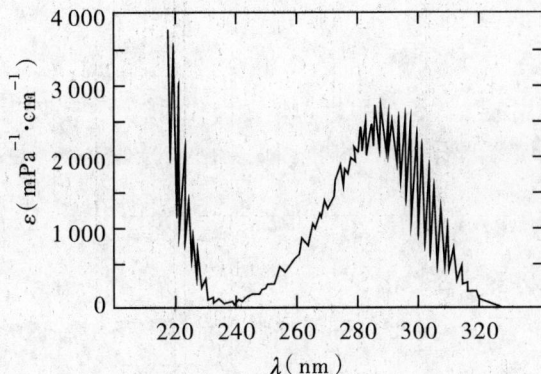

图 2 – 13 SO_2 吸收光谱

由于 SO_2 的键能较大，240 ~ 400 nm 的光不能使其离解，只能生成激发态：

$$SO_2 + hv（240 ~ 400 \text{ nm}）\longrightarrow SO_2{}^*$$

该激发态物质 $SO_2{}^*$ 在污染的大气中能够参与许多光化学反应。但是在 SO_2 较多的对流层中由于波长小于 240 nm 的光线很少，因此对流层中的 SO_2 基本不能发生初级的光离解过程。

6. 甲醛的光解

甲醛的键能：H—CHO，E_0 = 356.5 kJ/mol，对 240 ~ 360 nm 范围光有吸收。

初级过程：

$$HCHO + h\nu \longrightarrow H\cdot + HCO\cdot$$
$$或\ HCHO + h\nu \longrightarrow CO + H_2$$

次级过程：

$$2HCO\cdot \longrightarrow 2CO + H_2$$
$$2H\cdot + M \longrightarrow H_2 + M$$
$$HCO + H\cdot \longrightarrow CO + H_2$$

对流层大气中总会有 O_2 的存在，此时可发生反应：

$$HCO\cdot + O_2 \longrightarrow HO_2\cdot + CO$$

因此，甲醛在空气中光解和氧化的产物主要是 $HO_2\cdot$，是大气中 $HO_2\cdot$ 的重要来源。其他醛类也可以光解，如乙醛：

$$CH_3CHO + h\nu \longrightarrow CH_3CO\cdot + H\cdot$$
$$H\cdot + O_2 \longrightarrow HO_2\cdot$$

7. 卤代烃的光解

卤代烃的光解主要发生在平流层，是 O_3 减少的主要原因。在卤代烃中以卤代甲烷的光解对大气污染化学作用最大，卤代甲烷包括四卤代甲烷、三卤代甲烷、二卤代甲烷、一卤代甲烷以及氟氯烃类（氟利昂）。一卤代甲烷光解过程如下：

$$CH_3X + h\nu \longrightarrow CH_3\cdot + X\cdot (X = F、Cl、Br、I)$$

在多种卤素原子存在的卤代烃中，即二、三、四卤代甲烷中，键越弱，越易断裂，高能紫外线（短波 UV）可引起 2 个弱键同时断裂，即使是最短波长的光，如 147 nm，也难以造成三键断裂。

键强顺序为：

$$CH_3F > CH_3Cl > CH_3Br > CH_3I$$

例如：

$$CCl_2Br_2 + h\nu \longrightarrow CCl_2Br\cdot + Br\cdot$$
$$CF_2Cl_2 + h\nu\ (高能紫外线) \longrightarrow CF_2\cdot + 2Cl\cdot$$

二、大气中的自由基

自由基反应是大气化学反应过程中的核心反应。1961 年 Leighto 首次提出在污染空气中有自由基产生，到 20 世纪 60 年代末，在光化学烟雾形成机理的实验中才确认自由基的存在。自由基产生的方法很多，包括热裂解法、光解法、氧化还原法、电解法和诱导分解法等。在大气化学中，有机化合物的光解是产生自由基的最重要方法。已经发现大气中存在的各种自由基有：$RO\cdot$（烷氧自由基）、$HO\cdot$、$HO_2\cdot$、$R\cdot$（烷基自由基）、$RO_2\cdot$（过氧烷基自由基）、$RCO\cdot$（羰基自由基）、$H\cdot$（氢基自由基）。其中以 $HO\cdot$ 和 $HO_2\cdot$ 数量较多，参与反应也较多，是两个最重要的自由基。

（一）定义

自由基也称游离基，是指由于共价键均裂而生成的带有未成对电子的碎片。即在自由基电子壳层的外层有一个不成对的电子，倾向于得到一个电子以达到稳定结构，因而有很高的活性，具有强氧化作用。自由基在清洁大气中的浓度很低，仅为 10^{-12}（ppt 级），存在时间很短，一般只有几分之一秒，但是对流层由于含有较多的人类排放的污染物，能够发生光化学作用而形成自由基，因此自由基反应在对流层光化学领域具有极为重要的作用。

自由基的反应大致可分为三类：单分子自由基反应、自由基—分子相互作用和自由基—自由基的相互作用。

（二）特点

大气中的自由基主要有如下特点：有很高的活性，具有强氧化作用，不论液相、气相均能反应，能使进入环境中的还原态物质，如 H_2S、SO_2、NH_3、CH_4，氧化为高氧化态物质，H_2SO_4、HNO_3、CO_2；自由基反应的产物常为另一个自由基，因此又能引发后续反应，所以也称自由基反应为自由基连锁反应，链式（连锁）反应：引发——→传播——→终止，导致反应循环不止。

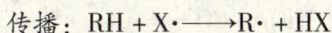

$$引发：X_2 + hv \longrightarrow 2X\cdot$$
$$传播：RH + X\cdot \longrightarrow R\cdot + HX$$
$$R\cdot + X_2 \longrightarrow RX + X\cdot$$
$$终止：R\cdot + R\cdot \longrightarrow R\text{—}R$$
$$R\cdot + X\cdot \longrightarrow R\text{—}X$$
$$X\cdot + X\cdot \longrightarrow X\text{—}X$$

（三）主要自由基的来源

1. $HO\cdot$ 的来源

$HO\cdot$ 是大气中最重要的自由基，其全球平均浓度约为每立方厘米含 7×10^5 个。$HO\cdot$ 最高浓度出现在热带，因为那里温度高，太阳辐射强。光化学生成产率：白天高于夜间，峰值出现在阳光最强的时间；夏季高于冬季；低空大于高空；低纬大于高纬；南半球多于北半球。

对于清洁大气，O_3 的光解是大气中 $HO\cdot$ 的重要来源，O_3 主要吸收波长在 $290 \sim 400$ nm

之间的光而发生光解：

$$O_3 + hv \ (<315 \ nm) \longrightarrow O\cdot + O_2 \ (激发态原子氧)$$
$$O\cdot + H_2O \longrightarrow 2HO\cdot$$

污染大气中，亚硝酸和过氧化氢的光解也可能是 HO·的来源：

$$HNO_2 + hv \ (<400 \ nm) \longrightarrow HO\cdot + NO \ (主要)$$
$$H_2O_2 + hv \ (<360 \ nm) \longrightarrow 2HO\cdot$$

2. HO$_2$· 的来源

HO$_2$· 自由基的天然来源是大气中醛的光解，尤其是甲醛的光解：

$$HCHO + hv \ (<370 \ nm) \longrightarrow H\cdot + HCO\cdot$$
$$H + O_2 \longrightarrow HO_2\cdot$$
$$HCO + O_2 \longrightarrow CO + HO_2\cdot$$

另外，亚硝酸酯和 H$_2$O$_2$ 的光解也可导致生成 HO$_2$·：

$$CH_3ONO + hv \longrightarrow CH_3O\cdot + NO$$
$$CH_3O\cdot + O_2 \longrightarrow H_2CO + HO_2\cdot$$
$$H_2O_2 + hv \longrightarrow 2HO\cdot$$
$$H_2O_2 + HO\cdot \longrightarrow H_2O + HO_2\cdot$$

如果在有 CO 存在的条件下，HO·与 CO 作用也能导致 HO$_2$·的形成：

$$HO\cdot + CO \longrightarrow CO_2 + H\cdot$$
$$H\cdot + O_2 \longrightarrow HO_2\cdot$$

由烃类光解或烃类被 O$_3$ 氧化，都可能产生 HO$_2$·：

$$RH + hv \longrightarrow R\cdot + H\cdot$$
$$H\cdot + O_2 \longrightarrow HO_2\cdot$$
$$RH + O_3 + hv \longrightarrow RO\cdot + HO_2\cdot$$

3. R、RO、RO$_2$ 等自由基的来源

大气中存在最多的烷基自由基是甲基，主要来自乙醛和丙酮的光解：

$$CH_3CHO + hv \longrightarrow CH_3\cdot + HCO\cdot \ (乙醛光解)$$
$$CH_3CHO + hv \longrightarrow CH_3CO\cdot + H\cdot$$
$$CH_3COCH_3 + hv \longrightarrow CH_3\cdot + CH_3CO\cdot \ (丙酮光解)$$

O·和 HO·与烃类发生摘氢反应时，也能生成烷基自由基：

$$RH + HO· \longrightarrow R· + H_2O$$
$$RH + O· \longrightarrow R· + HO·$$

烷烃与 HO·的反应比与 O·的反应快得多，因脱 H 而生成水。

大气中甲氧基（RO·，$CH_3O·$）主要来自甲基亚硝酸酯和甲基硝酸酯的光解：

$$CH_3ONO + hv \longrightarrow CH_3O· + NO$$
$$CH_3ONO_2 + hv \longrightarrow CH_3O· + NO_2$$

大气中过氧烷基（$RO_2·$）主要来自烷基自由基与 O_2 结合而形成：

$$R· + O_2 \longrightarrow RO_2·$$

大气中的自由基各有其形成的途径，同时又可以通过多种反应而消除。

三、大气气态污染物转化

（一）氮氧化物

氮氧化物（NO_x）是大气中主要的气态污染物之一，尤其是 NO 和 NO_2 在大气光化学过程中起着很重要的作用，特别是污染大气中的化学转化，它们溶于水后可生成亚硝酸和硝酸。NO_2 经光离解而产生活泼的氧原子，它与空气中的 O_2 结合生成 O_3。O_3 又可把 NO 氧化成 NO_2，因而 NO、NO_2 与 O_3 之间存在着的化学循环是大气光化学过程的基础。氮氧化物在大气中的转化是大气污染化学的一个重要内容。

NO_x 的主要天然来源是土壤和海洋中细菌对硝酸盐的分解，其次是天空闪电过程和大气中 NH_3 的氧化，也都产生相当数量的 NO_x。人为来源主要是各类燃料的燃烧，燃烧过程中氧和氮在高温下化合的主要链反应机制如下，NO_x 最终将转化为硝酸和硝酸盐微粒经湿沉降和干沉降从大气中去除，其中湿沉降是最主要的消除方式。

$$O_2 \longrightarrow O + O$$
$$O + N_2 \longrightarrow NO + N$$
$$N + O_2 \longrightarrow NO + O$$
$$2NO + O_2 \longrightarrow 2NO_2$$

当阳光照射到含有 NO 和 NO_2 的空气时，发生的基本化学反应为：

$$NO_2 + hv \longrightarrow NO + O$$
$$O + O_2 + M \longrightarrow O_3 + M$$
$$O_3 + NO \longrightarrow NO_2 + O_2$$

M 为空气中的 N_2、O_2 或其他第三者分子。从上式可以看出 NO、NO_2、O_3 之间存在的化学循环，这是大气光化学反应的基础。另外，其他类型的 NO_x 与 O_2、O_3 之间也存在许多相互转化的过程，具体如下：

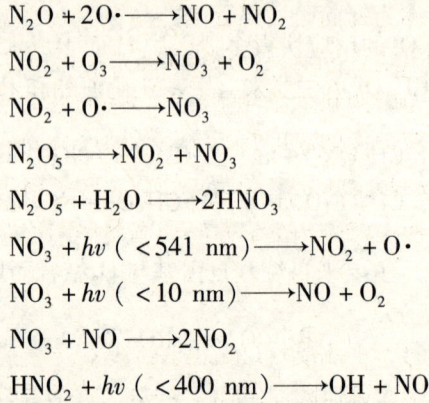

$$N_2O + 2O\cdot \longrightarrow NO + NO_2$$
$$NO_2 + O_3 \longrightarrow NO_3 + O_2$$
$$NO_2 + O\cdot \longrightarrow NO_3$$
$$N_2O_5 \longrightarrow NO_2 + NO_3$$
$$N_2O_5 + H_2O \longrightarrow 2HNO_3$$
$$NO_3 + hv\ (<541\ nm) \longrightarrow NO_2 + O\cdot$$
$$NO_3 + hv\ (<10\ nm) \longrightarrow NO + O_2$$
$$NO_3 + NO \longrightarrow 2NO_2$$
$$HNO_2 + hv\ (<400\ nm) \longrightarrow OH + NO$$

1. NO_x 的气相转化

（1）NO 的氧化。NO 在燃烧炉中的生成速度较慢，不足以在火焰中达到平衡。所以，反应的进行系由动力学因素控制，而不取决于平衡常数。在大气中 NO 十分活跃，NO 可通过许多氧化过程氧化成 NO_2。如 O_3 为氧化剂：

$$NO + O_3 \longrightarrow NO_2 + O_2$$

当空气中 $[O_3] \approx 30$ ppb，少量的 NO 可在 1 分钟内全部氧化。

此外，NO 能与 $RO_2\cdot$、$HO_2\cdot$、$HO\cdot$、$RO\cdot$ 等自由基反应，例如，$RO_2\cdot$ 具有氧化性，可将 NO 氧化成 NO_2：

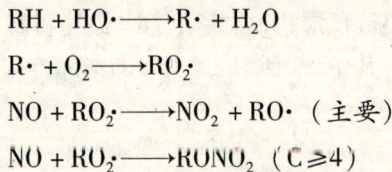

$$RH + HO\cdot \longrightarrow R\cdot + H_2O$$
$$R\cdot + O_2 \longrightarrow RO_2\cdot$$
$$NO + RO_2\cdot \longrightarrow NO_2 + RO\cdot \quad （主要）$$
$$NO + RO_2\cdot \longrightarrow RONO_2 \quad （C\geqslant 4）$$

生成的 $RO\cdot$ 即可进一步与 O_2 反应，生成 $HO_2\cdot$ 和相应的醛：

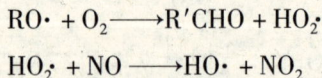

$$RO\cdot + O_2 \longrightarrow R'CHO + HO_2\cdot$$
$$HO_2\cdot + NO \longrightarrow HO\cdot + NO_2$$

以上反应在光化学烟雾的形成过程中具有重要意义。由于 OH 自由基引发一系列烷烃的链反应，得到 $RO_2\cdot$、$HO_2\cdot$ 等，使得 NO 迅速氧化成 NO_2，同时 O_3 得到积累，以致成为光化学烟雾的重要产物。

另外，$HO\cdot$ 和 $RO\cdot$ 也可与 NO 直接反应生成亚硝酸或亚硝酸酯：

$$HO\cdot + NO \longrightarrow HNO_2$$

$$RO\cdot + NO \longrightarrow RONO$$

所生成的 HNO_2 和 RONO 极易光解，因此，这个反应在白天不易维持。但此反应对于晚间作为 NO 的临时储存有很大的作用。

NO 与 NO_3 直接反应：

$$NO + NO_3 \longrightarrow 2NO_2$$

此反应很快，故大气中的 NO_3 只有当 NO 浓度很低时，才有可能以显著量存在。因此，NO_3 的反应在晚间能否进行，相当程度上受到 NO 浓度的控制。

（2）NO_2 的转化。NO_2 性质活泼，是大气主要污染物之一，也是大气中 O_3 的人为来源。NO_2 的光解在大气污染化学中占有重要地位。参与许多光化学反应，比较重要的是与 HO·、O_3 以及 NO_3 的反应：

$$NO_2 + HO\cdot \longrightarrow HNO_3$$

这是污染大气中气态 HNO_3 的主要来源，同时也对酸雨和酸雾的形成有重要作用。白天大气中 HO·浓度较高，因而这一反应在白天会有效地进行。所产生的 HNO_3 与 HNO_2 不同，它在大气中光解得很慢，沉降是它在大气中的主要去除过程。

NO_2 与 O_3 反应如下：

$$NO_2 + O_3 \longrightarrow NO_3 + O_2$$

若大气中 O_3 和 NO_2 浓度较高，上述反应就是大气对流层中 NO_3 的主要来源。NO_3 可与 NO_2 进一步反应：

$$NO_2 + NO_3 \Longleftrightarrow N_2O_5$$

这一可逆反应使大气中在光照和无光照时保持一定浓度的 N_2O_5 和 NO_2。

（3）过氧乙酰基硝酸酯（PAN）的形成。PAN 形成经过许多化学变化过程。首先，大气中乙烷氧化产生乙醛：

$$C_2H_6 + HO\cdot \longrightarrow C_2H_5\cdot + H_2O$$

$$C_2H_5\cdot + O_2 \longrightarrow C_2H_5O_2\cdot$$

$$C_2H_5O_2\cdot + NO \longrightarrow C_2H_5O\cdot + NO_2$$

$$C_2H_5O\cdot + O_2 \longrightarrow CH_3CHO + HO_2\cdot$$

乙醛光解得到乙酰基：

$$CH_3CHO + h\nu \longrightarrow CH_3CO\cdot + H\cdot$$

由乙酰基与空气中的氧气分子结合生成过氧乙酰基：

$$CH_3CO\cdot + O_2 \longrightarrow CH_3C(O)OO\cdot$$

然后再与 NO_2 化合生成的化合物 PAN（见图 2 – 14）：

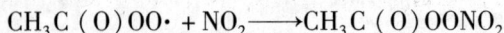

$$CH_3C(O)OO\cdot + NO_2 \longrightarrow CH_3C(O)OONO_2$$

PAN 是重要的二次污染物，呈淡蓝色烟雾状，是光化学烟雾指示剂。PAN 具有热不稳定性，遇热分解，因而在大气中也存在上述反应的平衡关系。目前，除 O_3 外，它常被视为光学烟雾的特征物质。由于 PAN 能在雨水中解离成硝酸根和有机物，所以还能参与降水的酸化。

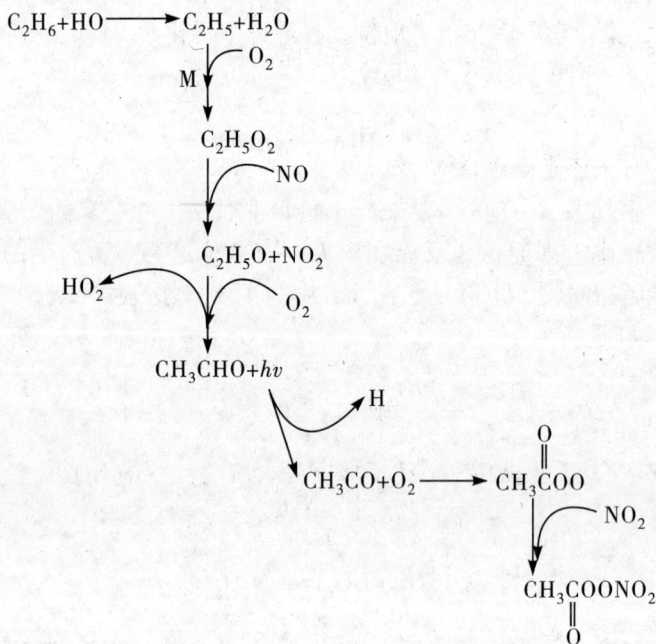

图 2 – 14　PAN 的形成

2. NO_x 的液相转化

NO_x 可溶于大气的水中，并构成一个液相平衡体系。在这一体系中，NO 有其特定的转化过程。

（1）氮氧化物的液相平衡。NO_x 可以溶于大气的水相中，构成液相平衡体系。NO 和 NO_2 在气液两相间的关系为：

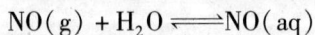

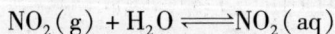

$$NO(g) + H_2O \Longleftrightarrow NO(aq)$$
$$NO_2(g) + H_2O \Longleftrightarrow NO_2(aq)$$

溶于水中的 NO（aq）和 NO_2（aq）可进行反应：

$$2NO_2(aq) \rightleftharpoons 2H^+ + NO_2^- + NO_3^-$$

$$NO(aq) + NO_2(aq) \rightleftharpoons 2H^+ + 2NO_2^-$$

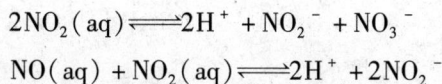

上述反应式表明，可以通过两种途径产生 NO_2^- 和 NO_3^-。因此，在气—液两相中存在以下平衡：

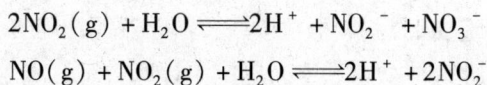

$$2NO_2(g) + H_2O \rightleftharpoons 2H^+ + NO_2^- + NO_3^-$$

$$NO(g) + NO_2(g) + H_2O \rightleftharpoons 2H^+ + 2NO_2^-$$

此体系平衡时 NO_2^- 和 NO_3^- 浓度的比值：

$$\frac{[NO_3^-]}{[NO_2^-]} = \frac{K_1}{K_2} \cdot \frac{P_{NO_2}}{P_{NO}} = 0.74 \times 10^7 \cdot \frac{P_{NO_2}}{P_{NO}} (298 \text{ K})$$

当 $\dfrac{P_{NO_2}}{P_{NO}} > 10^{-5}$ 时，体系中以 NO_3^- 为主：

$$[H^+] = [OH^-] + [NO_2^-] + [NO_3^-] = [NO_3^-]$$

根据：

$$K_1 = \frac{[H^+]^2 \, [NO_2^-] \, [NO_3^-]}{P_{NO_2}^2}$$

$$\therefore [NO_3^-] = \frac{K_1}{K_2} \cdot \frac{P_{NO_2}}{P_{NO}} \cdot [NO_2^-] = \left[\frac{K_1^2}{K_2} \cdot \frac{P_{NO_2}^3}{P_{NO}} \right]^{\frac{1}{4}}$$

根据：

$$K_2 = \frac{[H^+]^2 [NO_2^-]^2}{P_{NO} \cdot P_{NO_2}}$$

$$\left[NO(g) + NO_2(g) + H_2O = 2H^+ + 2NO_2^- \right]$$

$$\therefore [NO_2^-] = \left[\frac{K_2 P_{NO} \cdot P_{NO_2}}{[H^+]^2} \right]^{\frac{1}{2}} = \frac{(K_2 P_{NO} \cdot P_{NO_2})^{\frac{1}{2}}}{[NO_3^-]} = \frac{(K_2 P_{NO} \cdot P_{NO_2})^{\frac{1}{2}}}{\left[\frac{K_1^2}{K_2} \cdot \frac{P_{NO_2}^3}{P_{NO}} \right]^{\frac{1}{4}}} = \left[\frac{K_2^3 \cdot P_{NO}^3}{K_1^2 \cdot P_{NO}} \right]^{\frac{1}{4}}$$

根据：

$$HNO_2 \rightleftharpoons H^+ + NO_2^-$$

$$K_a = \frac{[H^+][NO_2^-]}{[HNO_2]}$$

$$\therefore \left[HNO_2 \right] = \frac{\left[H^+ \right]\left[NO_2^- \right]}{K_a} = \frac{1}{K_a} \cdot \left[\frac{K_1^2}{K_2} \cdot \frac{P_{NO_2}^3}{P_{NO}} \right]^{\frac{1}{4}} \cdot \left[\frac{K_2^3 \cdot P_{NO}^3}{K_1^2 \cdot P_{NO_2}} \right]^{\frac{1}{4}} = \frac{(K_2 P_{NO} P_{NO_2})^{\frac{1}{2}}}{K_a}$$

（2）氮氧化物的液相反应。NO_x 的液相反应主要有以下反应：通过非均相反应可形成 HNO_3 和 HNO_2。NO_2 能经过在湿颗粒物或云雾液滴中的非均相反应而形成硝酸盐。

（二）碳氢化合物

碳氢化合物是大气中重要的污染物，主要来自天然源，但在大气污染严重的局部地区，碳氢化合物主要来自人类活动，其中又以汽车排放为主。大气中以气态形式存在的碳氢化合物的碳原子数目主要在 1~10 个的烃类，一般它们都能够挥发。除个别碳氢化合物（如某些多环芳烃）之外，作为一次污染物，它本身的危害并不严重。但这些分子量较小的碳氢化合物可以被大气中的原子 O、O_3、HO· 及 HO_2 等氧化，生成醛、酮、醇、酸、烯等类化合物，产生危害严重的二次污染物，是形成光化学烟雾的主要参与者。

大气中的主要碳氢化合物有甲烷、石油烃和芳香烃。相比较而言，开放程度大的链烯烃活性高于较为封闭的环烯烃，含有氧原子的碳氢化物活性高于链烷烃。目前在大气环境化学中，一般主要研究大气中碳氢化合物与 NO_x 的反应。

1. 烷烃与自由基的反应

烷烃与 HO· 或 O· 发生摘氢反应：

$$①RH + HO· \longrightarrow R· + H_2O$$
$$②RH + O· \longrightarrow R· + HO·$$

①式中产物 H_2O 稳定，反应速度快，而②式中产物 HO· 十分不稳定，且反应速度缓慢。在以上两个反应中，经氢原子摘除反应生成的烷基自由基 R（$CH_3·$）与空气中的 O_2 结合生成过氧烷基 $RO_2·$（$CH_3O_2·$）：

$$R· + O_2 \longrightarrow RO_2·$$

由于上述反应的进行，不断消耗 O·，而大气中 O· 来源于 O_3 的光解，因此 CH_4 光解过程会不断地消耗 O_3，这也是导致臭氧层损耗的原因之一。

过氧烷基 $RO_2·$（$CH_3O_2·$）是一种强氧化性自由基，能够将大气中从污染源排放的大量 NO 氧化为 NO_2，同时得到烷氧基 RO·。

$$RO_2· + NO \longrightarrow RO· + NO_2$$

烷氧基 RO· 比较活泼，能够进一步被大气中的氧气摘取一个氢，形成 HO_2 和一个相对稳定的产物醛或酮（M）。

$$R· + NO_2 \longrightarrow RNO_2$$
$$R· + O_2 \longrightarrow HO_2· + M$$

以甲烷为例，甲烷先与 HO· 或 O· 发生摘氢反应：

$$CH_4 + HO· \longrightarrow CH_3· + H_2O$$
$$CH_4 + O· \longrightarrow CH_3· + HO·$$

摘氢后的烷基 R· 能够与空气中的 O_2 结合，生成过氧烷基 $RO_2·$：

$$CH_3· + O_2 \longrightarrow CH_3O_2·$$

过氧烷基 $RO_2·$ 将大气中大量 NO 氧化为 NO_2，并得到 RO·：

$$CH_3O_2· + NO \longrightarrow NO_2 + CH_3O·$$

烷氧基与 NO_2 作用，得到甲基硝酸酯：

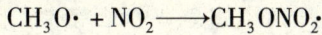

$$CH_3O· + NO_2 \longrightarrow CH_3ONO_2$$

RO· 进一步被大气中的氧气摘取一个氢，形成 $HO_2·$ 和一个相对稳定的产物醛：

$$CH_3O· + O_2 \longrightarrow HCHO + HO_2·$$

此外，烷烃不与臭氧发生反应，与 NO_3 的反应非常缓慢，机理为 H 原子摘除反应：

$$RH + NO_3 \longrightarrow R· + HNO_3$$

这是城市夜间上空 HNO_3 的主要来源。

如果 NO 的浓度很低，自由基间也可发生以下反应：

$$RO_2· + HO_2· \longrightarrow ROOH + O_2$$
$$ROOH + hv \longrightarrow RO· + HO·$$

2. 烯烃与自由基的反应

烯烃主要是指乙烯和丙烯。烯烃的反应活性比烷烃大，故易与 HO·、O·、O_3 及 $HO_2·$ 等反应；主要与 HO· 发生加成反应，如乙烯或丙烯反应如下：

HO· 与乙烯反应生成乙醇，产物为带有羟基的自由基：

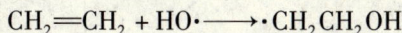

$$CH_2 = CH_2 + HO· \longrightarrow ·CH_2CH_2OH$$

HO· 与丙烯反应有两种结果：

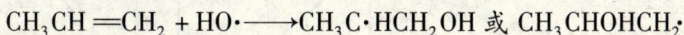

$$CH_3CH = CH_2 + HO· \longrightarrow CH_3C·HCH_2OH \text{ 或 } CH_3CHOHCH_2·$$

羟基自由基与 O_2 作用得到具有强氧化性的过氧自由基：

$$\cdot CH_2CH_2OH + O_2 \longrightarrow \cdot CH_2(O_2)CH_2OH$$

过氧自由基将 NO 氧化 NO$_2$，并得到烷氧自由基：

$$\cdot CH_2(O_2)CH_2OH + NO \longrightarrow \cdot CH_2(O)CH_2OH + NO_2$$

烷氧自由基分解得到甲醛和自由基 $\cdot CH_2OH$：

$$\cdot CH_2(O)CH_2OH \longrightarrow HCHO + \cdot CH_2OH$$

自由基 $\cdot CH_2OH$ 被 HO$\cdot$ 摘氢，得到甲醛和水：

$$\cdot CH_2OH + HO\cdot \longrightarrow HCHO + H_2O$$

此外，$\cdot CH_2(O)CH_2OH$ 和 $\cdot CH_2OH$ 都可被 O$_2$ 摘除一个氢而生成相应的醛和 HO$_2^\cdot$：

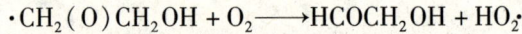

$$\cdot CH_2(O)CH_2OH + O_2 \longrightarrow HCOCH_2OH + HO_2^\cdot$$
$$\cdot CH_2OH + O_2 \longrightarrow H_2CO + HO_2^\cdot$$

烯烃与 HO$\cdot$ 除了可发生加成反应外，还可以发生摘氢反应：

$$CH_3CH_2CH=CH_2 + HO\cdot \longrightarrow CH_3C\cdot HCH=CH_2 + H_2O$$

多数情况下，短链烯烃主要与 HO$\cdot$ 反应。虽然大气中 O$_3$ 与烯烃的反应速率远远比 HO$\cdot$ 小，但是对流层大气中 O$_3$ 的浓度却比 HO$\cdot$ 大很多，因此大气中引起烯烃转化的另一种重要物质就是 O$_3$。较长碳链烯烃在 NO$_3$ 浓度低时主要与 O$_3$ 反应，NO$_3$ 浓度高时，则主要与 NO$_3$ 反应。

烯烃与 O$_3$ 的反应机理是：首先将 O$_3$ 加成到烯烃的双键上，形成一个分子臭氧化物，然后迅速分解为一个羰基化合物和一个二元自由基。

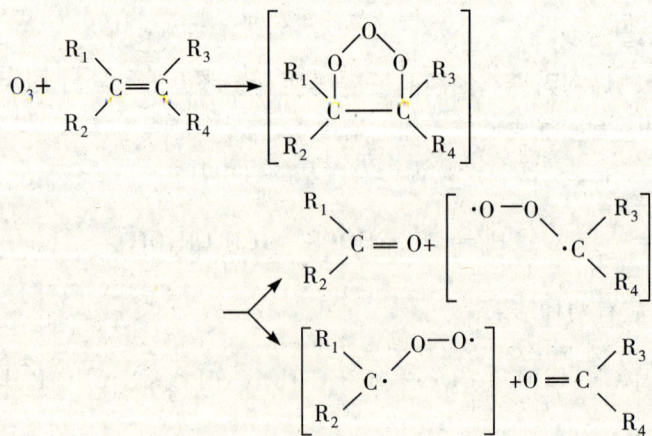

中间过程的方括号中是臭氧化合物，它的性质很不稳定，会迅速分解，分解后可生成

两个自由基以及一些稳定产物。

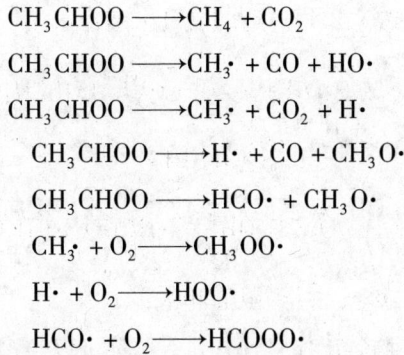

$$CH_3CHOO \longrightarrow CH_4 + CO_2$$
$$CH_3CHOO \longrightarrow CH_3\cdot + CO + HO\cdot$$
$$CH_3CHOO \longrightarrow CH_3\cdot + CO_2 + H\cdot$$
$$CH_3CHOO \longrightarrow H\cdot + CO + CH_3O\cdot$$
$$CH_3CHOO \longrightarrow HCO\cdot + CH_3O\cdot$$
$$CH_3\cdot + O_2 \longrightarrow CH_3OO\cdot$$
$$H\cdot + O_2 \longrightarrow HOO\cdot$$
$$HCO\cdot + O_2 \longrightarrow HCOOO\cdot$$

生成的两个二元自由基性质非常活跃，氧化性强，可氧化 NO 和 SO_2 等，能够将 NO 氧化为 NO_2，进一步氧化为 NO_3。例如：

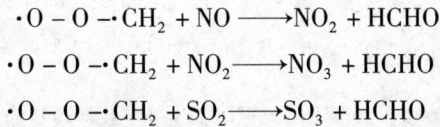

$$\cdot O - O \cdot\cdot CH_2 + NO \longrightarrow NO_2 + HCHO$$
$$\cdot O - O \cdot\cdot CH_2 + NO_2 \longrightarrow NO_3 + HCHO$$
$$\cdot O - O \cdot\cdot CH_2 + SO_2 \longrightarrow SO_3 + HCHO$$

3. 环烃的氧化

环烃在大气中的氧化以氢原子摘除反应为主。

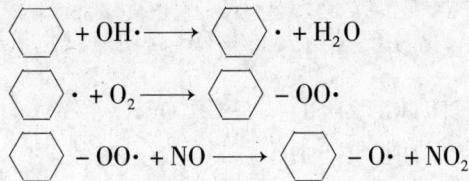

4. 单环芳烃的反应

单环芳烃主要是与 OH· 发生反应，据测定加成反应占 90%，另外 10% 是发生氢摘除反应。

①

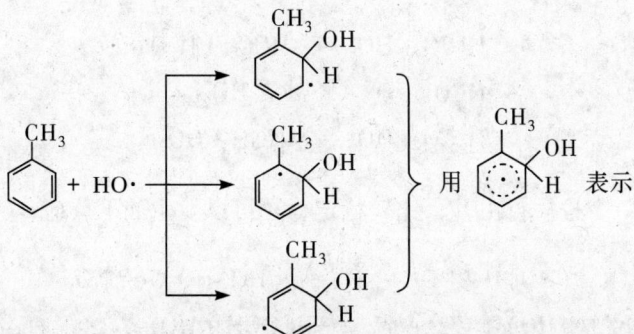

②

③

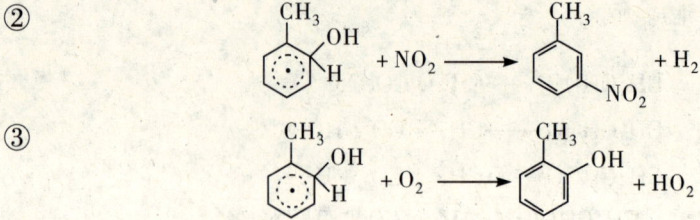

上述反应① 单环芳烃与 OH· 发生反应生成自由基；反应② 自由基与 NO_2 反应，生成硝基甲苯；反应③ 自由基与 O_2 反应，经氢原子摘除反应，生成 HO_2 和甲酚。

5. 多环芳烃的反应

多环芳烃可与 HO· 发生摘氢反应，HO· 和 NO_3 都可以与多环芳烃发生加成反应。

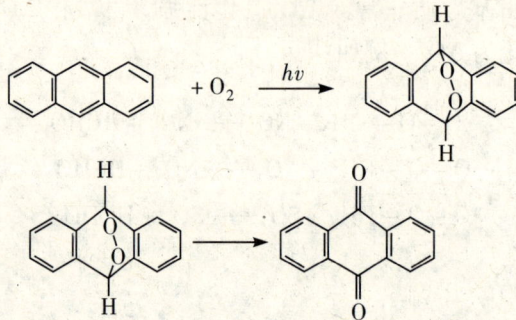

6. 醚、醇、酮、醛的反应

大气中的醚、醇、酮、醛主要是与大气中 OH 自由基发生氢原子摘除反应：

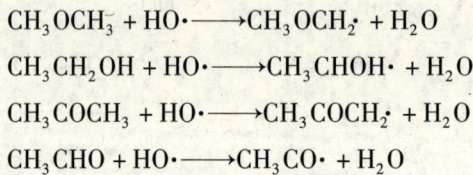

$$CH_3OCH_3 + HO· \longrightarrow CH_3OCH_2· + H_2O$$
$$CH_3CH_2OH + HO· \longrightarrow CH_3CHOH· + H_2O$$
$$CH_3COCH_3 + HO· \longrightarrow CH_3COCH_2· + H_2O$$
$$CH_3CHO + HO· \longrightarrow CH_3CO· + H_2O$$

在污染大气中以醛最为重要，尤其是甲醛，是一次污染物，可由烃的氧化而产生。大气中与甲醛有关的大气污染化学反应有：

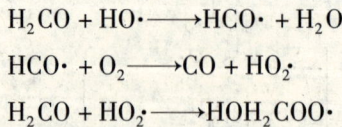

$$H_2CO + HO· \longrightarrow HCO· + H_2O$$
$$HCO· + O_2 \longrightarrow CO + HO_2·$$
$$H_2CO + HO_2· \longrightarrow HOH_2COO·$$

$HOH_2COO·$ 是一个过氧自由基，比较稳定，还可以发生如下反应：

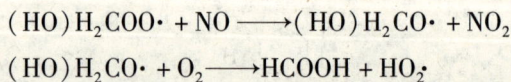

$$(HO)H_2COO· + NO \longrightarrow (HO)H_2CO· + NO_2$$
$$(HO)H_2CO· + O_2 \longrightarrow HCOOH + HO_2·$$

甲醛还能与 NO_3 反应，生成硝酸：

$$H_2CO + NO_3 \longrightarrow HCO \cdot + HNO_3$$
$$HCO \cdot + O_2 \longrightarrow CO + HO_2 \cdot$$

（三）硫氧化物

由污染源排至大气中的硫氧化物主要是 SO_2，人为源主要是含硫矿物的燃烧过程，煤含硫 0.5% ~ 0.6%，石油含硫 0.5% ~ 3%，据统计，全世界每年由于人类活动排放到大气中的 SO_2 超过一亿五千万吨，其中 2/3 来自煤炭燃烧，1/5 来自石油的燃烧，硫酸厂的尾气及烟花爆竹的燃烧也会向大气中排入 SO_2。天然来源主要是火山喷发，喷发中大部分硫化物是以 SO_2 形式存在的，少部分以 H_2S 形式存在。H_2S 在大气中又很快氧化成为 SO_2。SO_2 为主要大气污染物之一，在大气中比较稳定，即清洁空气，无阳光照射情况下，SO_2 与 O_2 的反应几乎可忽略，需要将 SO_2 先行激活（光化学的激发态）或者需要氧化性更强的氧化剂来对之进行氧化。阳光的强度，大气湿度，云雾氧化剂的存在对于 SO_2 的转化都有重要影响。

1. 二氧化硫的气相氧化（光化学氧化）

（1）直接光氧化。在低层大气中，SO_2 主要光化学过程是形成激发态的 SO_2 分子，而不是直接光解。SO_2 吸收阳光中两个大于 290 nm 的吸收光谱，进行两种电子的允许跃迁，形成不同激发态分子，激发态的 SO_2 分子有两种：单重态和三重态。在 384 nm 处为弱吸收，SO_2 吸收此波长的光转变为三重态 $^3SO_2$，在 294 nm 处为强吸收，SO_2 吸收此波长的光后转变为单重态 $^1SO_2$。

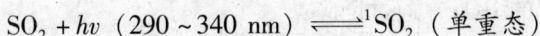

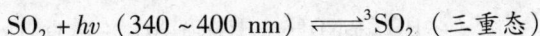

$$SO_2 + hv \ (290 \sim 340 \ nm) \rightleftharpoons {}^1SO_2 （单重态）$$
$$SO_2 + hv \ (340 \sim 400 \ nm) \rightleftharpoons {}^3SO_2 （三重态）$$

能量较高的单重态的激发态 $^1SO_2$ 分子很不稳定，可以通过放出磷光立即变为 $^3SO_2$ 或基态，当 $^1SO_2$ 遇到第三体 M（O_2、N_2）时，也能很快地转化为基态或三重态。

$$^1SO_2 + M \longrightarrow {}^3SO_2 + M$$
$$^1SO_2 + M \longrightarrow SO_2 + M$$
$$^1SO_2 \longrightarrow SO_2 + hv$$

在环境大气条件下，三重态的 $^3SO_2$ 分子比较稳定，寿命比较长，因此空气中的 SO_2 转化为 SO_3 主要是 $^3SO_2$ 与其他分子反应，所以三重态的 $^3SO_2$ 对于氧化和酸雨的形成起主要作用。

$^3SO_2$ 与其他吸收能量的分子反应变为基态 SO_2，如：

$$^3SO_2 + M \longrightarrow SO_2 + M$$

第三体 M 可以是 N_2、O_2、CO、CO_2、CH_4 等，而当第三体 M 是 O_2 时，有时会发生：

$$^3SO_2 + O_2 \longrightarrow SO_3 + O$$

因此，大气中 SO_2 直接氧化成 SO_3 的机制为：

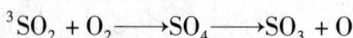

$$SO_2 + hv \longrightarrow {}^3SO_2$$
$$^3SO_2 + O_2 \longrightarrow SO_4 \longrightarrow SO_3 + O$$
$$或\ SO_4 + SO_2 \longrightarrow 2SO_3$$

SO_2 的宏观氧化速率为：$\dfrac{[SO_2]_0 - [SO_2]_t}{[SO_2]_0} \times 100\%$

一般直接光氧化速率为 $0.1\% SO_2/h$。

（1）间接光氧化—被自由基氧化。在污染大气中，光化学反应十分活跃，存在各类有机污染物的光解及化学反应，能生成各种自由基，这些自由基大多具有强氧化性，因此 SO_2 分子很容易被它们氧化。

① SO_2 与 $HO\cdot$ 的反应：

与 $HO\cdot$ 发生的氧化反应是大气中 SO_2 转化的重要反应：

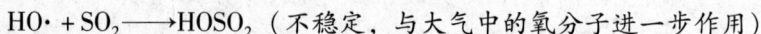

$$HO\cdot + SO_2 \longrightarrow HOSO_2\ （不稳定，与大气中的氧分子进一步作用）$$
$$HOSO_2 + O_2 \longrightarrow HO_2^{\cdot} + SO_3$$
$$SO_3 + H_2O \longrightarrow H_2SO_4$$

反应过程中所生成的 $HO_2^{\cdot}$，通过反应：

$$HO_2^{\cdot} + NO \longrightarrow HO\cdot + NO_2$$

由于污染大气中含有 NO，所以上式使得 $HO\cdot$ 重生，以上氧化过程循环进行。这个循环过程的速度决定步骤是 SO_2 与 $HO\cdot$ 的反应。

② SO_2 与其他自由基的反应：

大气中二元自由基来源于前述的臭氧和烯烃的反应，在夜间，SO_2 主要与二元自由基反应，而白天 SO_2 则主要与 $HO\cdot$ 反应。

$$CH_3CHOO + SO_2 \longrightarrow CH_3CHO + SO_3$$

此外，$HO_2^{\cdot}$、CH_3O_2 和 $CH_3C(O)O_2\cdot$ 都易与 SO_2 反应，将 SO_2 氧化成 SO_3：

$$HO_2^{\cdot} + SO_2 \longrightarrow HO\cdot + SO_3$$

$$CH_3O_2\cdot + SO_2 \longrightarrow CH_3O\cdot + SO_3$$

$$CH_3C(O)O_2^{\cdot} + SO_2 \longrightarrow CH_3C(O)O\cdot + SO_3$$

以上可见，SO_2 与自由基（主要是过氧羟基）的反应，主要是从自由基中获得 O 而形成 SO_3。

（3）被原子氧、臭氧氧化。污染大气中的原子氧主要来自 NO_2 的光解。

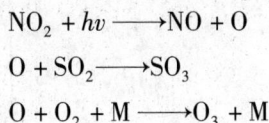

$$NO_2 + h\nu \longrightarrow NO + O$$
$$O + SO_2 \longrightarrow SO_3$$
$$O + O_2 + M \longrightarrow O_3 + M$$

SO_2 与污染大气中的 O_3 的反应：

$$O_3 + SO_2 \longrightarrow SO_3 + O_2$$

2．SO_2 的液相氧化

大气中存在少量水和颗粒物，SO_2 可溶于大气中的水，也可被大气中的颗粒物所吸附，并溶解在颗粒物表面所吸附的水中，因此，在大气中 SO_2 可发生液相反应。清洁大气中均相反应，SO_2 氧化为 SO_3 的速度是相当缓慢的，但在非均相反应，SO_2 氧化为 SO_3 的速度则很快。当 SO_2 被气溶胶中的水滴吸附，后再氧化为 SO_4^{2-}，特别是在大气中含有的气溶胶水滴或水湿粒子中如含有 Mn^{2+} 和 Fe^{3+} 离子时，SO_2 氧化为 SO_4^{2-} 的速度就会大大增快，是清洁干燥大气提高 $10\sim100$ 倍。因此，非均相体系中，SO_2 可迅速氧化为硫酸。

（1）SO_2 的液相平衡。SO_2 被水吸收：

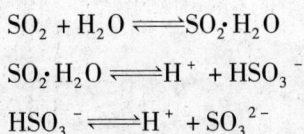

$$SO_2 + H_2O \Longrightarrow SO_2 \cdot H_2O$$
$$SO_2 \cdot H_2O \Longrightarrow H^+ + HSO_3^-$$
$$HSO_3^- \Longrightarrow H^+ + SO_3^{2-}$$

（2）SO_2 被 O_3，H_2O_2 等氧化生成 H_2SO_4。SO_2 溶解在悬浮于大气中的水滴中，或溶解于飘尘表面的水膜中，然后被水滴中存在的空气中的 O_2、O_3、H_2O_2 等氧化。

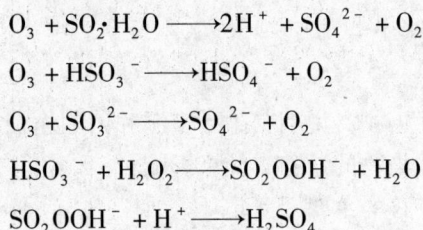

$$O_3 + SO_2 \cdot H_2O \longrightarrow 2H^+ + SO_4^{2-} + O_2$$
$$O_3 + HSO_3^- \longrightarrow HSO_4^- + O_2$$
$$O_3 + SO_3^{2-} \longrightarrow SO_4^{2-} + O_2$$
$$HSO_3^- + H_2O_2 \longrightarrow SO_2OOH^- + H_2O$$
$$SO_2OOH^- + H^+ \longrightarrow H_2SO_4$$

此反应中，某些过渡金属离子的存在可催化 SO_2 的液相氧化，现对 Mn^{2+}、Fe^{3+} 研究较多。微量的 Mn^{2+}、Fe^{3+}（包括硫酸盐和氯化物）为催化剂，通常它们以颗粒形态悬浮于污染大气中。在湿度较大时，颗粒物质可作为凝结核，或发生水化作用变为溶液雾滴，这些液滴吸收 SO_2 和 O_2，使其在液相中进行一系列化学反应，就是酸雨的形成。但有两种情况：①液滴的酸性变高时，氧化作用减缓，因 SO_2 的溶解度减小；②当大气中有足够的 NH_4^+（碱性）存在时，可增加 SO_2 的氧化速度。

Mn^{2+} 的催化机理:

$$Mn^{2+} + SO_2 \longrightarrow MnSO_2^{2+}$$
$$2MnSO_2^{2+} + O_2 \longrightarrow 2MnSO_3^{2+}$$
$$MnSO_3^{2+} + H_2O \longrightarrow Mn^{2+} + H_2SO_4$$

总反应为:

$$2SO_2 + 2H_2O + O_2 \longrightarrow 2H_2SO_4$$

与 Mn^{2+} 相同,Fe^{3+} 对 SO_2 的液相氧化也起明显催化作用。研究表明,当 Mn^{2+} 和 Fe^{3+} 共同用于催化 SO_2 氧化,比它们单独使用形成硫酸盐的速率之和还要高 3~10 倍。

总之,大气中 SO_2 的转化与大气的湿度有密切的关系。阴天相对湿度高,在颗粒物浓度很大的前提下,SO_2 的转化途径以催化氧化为主;晴天相对湿度低,大气中同时含有氮氧化物和碳氢化物时,且颗粒物含量较少时,SO_2 的转化途径则以光化学氧化为主。SO_2 氧化后,立即与 H_2O 反应生成 H_2SO_4,如果大气中存在 NH_3,则生成 $(NH_4)_2SO_4$,所以大气中的 SO_2 经过一系列的化学转化后,最终形成硫酸或硫酸盐,以干、湿沉降方式降落到地球表面上。

3. 硫酸烟雾

硫酸烟雾也称为伦敦烟雾,因为最早发生在英国伦敦(1952 年 12 月)。是由于煤燃烧而排放入大气中的 SO_2 等硫化物,在有水雾、含有重金属的飘尘或氮氧化物存在时,发生一系列化学或光化学反应而生成硫酸雾或硫酸盐气溶胶。常发生在冬季,气温低,湿度高,日光弱的天象条件下。硫酸型烟雾的形成过程中,SO_2 转化成 SO_3 的氧化反应主要靠雾滴中锰、铁及氨的催化氧化过程,硫酸烟雾型污染属于还原性混合物,称还原性烟雾。

思考训练题

1. 大气中有哪些重要污染物?说明其主要来源和消除途径。
2. 逆温现象对大气中污染物的迁移有什么影响?
3. 影响大气中污染物迁移的主要因素是什么?
4. 举例说明影响大气污染物迁移的因素有哪些。
5. 大气中重要的吸光物质有哪些?
6. 大气中有哪些重要自由基?其来源如何?举出一些自由基形成的反应式。
7. 酸雨的主要成分?影响降水 pH 值的因素有哪些?
8. 大气中有哪些重要的碳氢化合物?它们可发生哪些重要的光化学反应?
9. 叙述大气中 NO 转化为 NO_2 的各种途径。

参考文献

［1］唐孝炎，张远航，邵敏. 大气环境化学. （第 2 版）. 北京：高等教育出版社，2006.

［2］张宝贵. 环境化学. 武汉：华中科技大学出版社，2009.

［3］蒋维楣，曹文俊，蒋瑞宾. 空气污染气象学教程. 北京：气象出版社，1993.

［4］郝吉明，马广大，王书肖. 大气污染控制工程（第 3 版）. 北京：高等教育出版社，2010.

［5］康春莉. 环境化学. 长春：吉林大学出版社，2006.

［6．邓南圣，吴峰. 环境化学教程（第 2 版）. 武汉：武汉大学出版社，2006.

［7］戴树桂. 环境化学（第 2 版）. 北京：高等教育出版社，2006.

［8］邓南圣，吴峰. 环境光化学. 北京：化学工业出版社，2003.

［9］施瓦茨巴赫等. 环境有机化学. 王连生等译. 北京：化学工业出版社，2004.

［10］夏立江. 环境化学. 北京：中国环境科学出版社，2003.

第三章　大气污染化学问题形成机理

第一节　酸沉降

酸沉降化学的研究开始于酸雨（酸的湿沉降）。1872 年英国化学家 R. A. Smith 在其《空气和雨：化学气象学的开端》一书中首先使用了"酸雨"这一术语。20 世纪 50 年代欧洲发现了降水酸性逐渐增强的趋势，由于酸雨的危害较大，酸雨问题受到了全世界的关注。近几年在酸雨研究中发现酸的干沉降不能低估，引起的环境效应往往是干、湿沉降综合的结果。因此，过去被大量引用的"酸雨"的提法已逐渐被"酸沉降"所取代。

酸沉降指的是大气中的硫氧化物和氮氧化物通过一系列复杂的化学变化后，产生的酸性化合物的沉降。它包括湿沉降和干沉降。湿沉降指的是 pH 值小于 5.6 的降水过程，包括酸性雨、雪、雾、露和霜等；干沉降指各种污染物质按其物理与化学特征和本身表面性质的不同，以不同速率与下方的物质表面碰撞而被吸附沉降下来的全部过程，包括酸性气体、气溶胶及颗粒物。由于酸的干沉降研究甚少，人们对酸雨的研究颇多，因此本章将着重介绍酸的湿沉降化学即酸性降水化学。

20 世纪以来，全世界酸雨污染范围不断扩大，从北欧扩展到中欧，又从中欧扩展到东欧，几乎整个欧洲地区都在降酸雨。在北美地区，降水 pH 值只有 3 ~ 4 的酸雨已习以为常。美国的 15 个州降雨的 pH 平均值小于 4.8。西费吉尼亚甚至下降到 1.5，这是最严重的记录。在加拿大，酸雨的危害面积已达 120 万 ~ 150 万 km^2。酸雨也席卷了亚洲大陆。1971 年日本曾有酸雨的报道。1983 年日本环境厅组织酸雨委员会进行了为期数年的降水化学组成监测和湖泊水质调查，结果初步表明，pH 的年平均值处于 4.3 ~ 5.6 之间。酸雨已成为全球范围内人类社会普遍面临的重大环境问题。我国南方已成为继欧洲、北美之后的第三大酸雨沉降区。我国对酸雨的监测于 1974 年开始于北京西郊，1979 年后各省区陆续开展了酸雨监测和研究。1982—1984 年我国开展了酸雨的调查，为了弄清降水酸度及化学组成的时空分布情况，1985—1986 年国家环保总局在全国范围内布设了 189 个观测站点的酸雨监测网。研究表明，在我国硫酸和硝酸这两种酸占酸雨总酸量的 90%，且硝酸含量不及硫酸的 1/10，所以我国酸雨主要是由大气中 SO_2 造成的，因而称煤烟型酸雨，且燃煤排放的 SO_2 是我国酸性降水的主要致酸物质。我国 2006 年酸雨区域分布和不同降水酸度城市百分比分别见图 3 – 1 和 3 – 2。

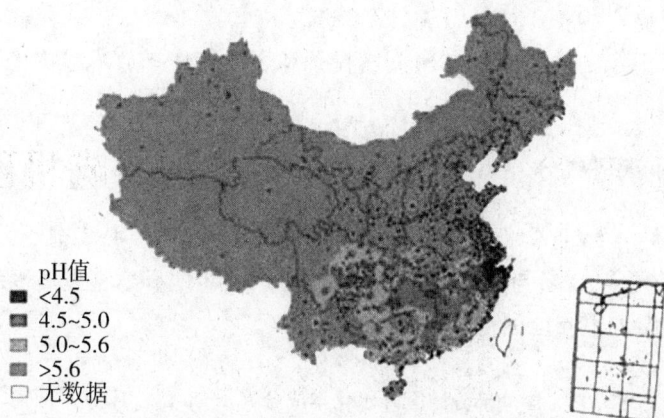

图 3 - 1　我国 2006 年酸雨区域分布图

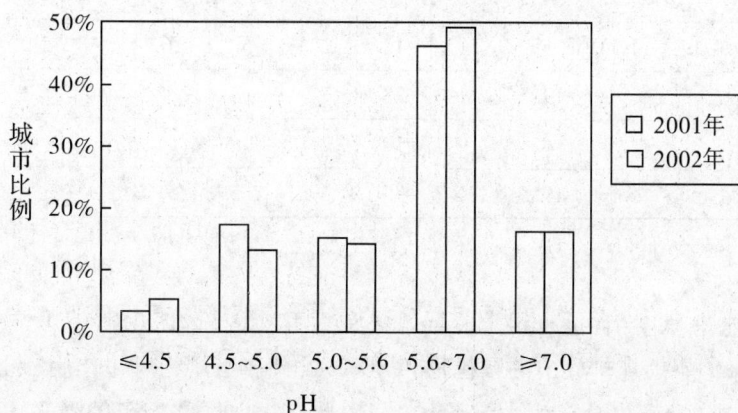

图 3 - 2　我国 2001 年和 2002 年不同降水酸度城市百分比

一、降水的化学组成

（一）降水的化学组成

1934 年苏联人计算出雨水和雪水的平均组成，主要包括氧、氮和碳等 25 种化学元素。随着测量技术的迅猛发展和对酸雨的深入研究，现在已得出降水的化学组成通常包括以下五类：

（1）大气固定气体成分：O_2、N_2、CO_2、H_2 及惰性气体。

（2）无机物：土壤衍生矿物离子 Al^{3+}、Ca^{2+}、Mg^{2+}、Fe^{2+}、Mn^{2+} 和硅酸盐等；海洋盐类离子 Na^+、Cl^-、Br^-、SO_4^{2-}、HCO_3^- 及少量 K^+、Mg^{2+}、Ca^{2+}、I^- 和 PO_4^{3-}；气体转化产物 SO_4^{2-}、NO_3^-、NH_4^+、Cl^-、H^+；人为排放源 As、Cd、Cr、Co、Cu、Pb、Mn、Mo、Ni、V、Zn、Ag、Sn 和 Hg。

（3）有机物：有机酸（以甲酸和乙酸为主，曾测出 C_1—C_{30} 酸）、醛类（甲醛、乙醛等）、烯烃、芳烃和烷烃。

（4）光化学反应产物：H_2O_2、O_3和PAN等。

（5）不溶物：雨水中的不溶物来自土壤粒子和燃料燃烧排放尘粒中的不溶部分，其含量可达 1 ～ 3 mg/L。

（二）降水中的离子成分

在降水组成中，人们主要关心的是阴离子 SO_4^{2-}、NO_3^-、Cl^- 和阳离子 NH_4^+、Ca^{2+}、H^+，因为这六大离子积极参与了地表土壤的平衡，对陆地和水生生态系统有较大影响。表 3 - 1 和 3 - 2 列出了不同地区雨水的平均组成。

表 3 - 1　国外部分地区降水化学成分（μmol/L，pH 除外）

	SO_4^{2-}	NO_3^-	Cl^-	NH_4^+	Ca^{2+}	Mg^{2+}	Na^+	K^+	H^+	pH
瑞典 Sjoangen 1973—1975	34.5	31	18	31	6.5	3.5	15	3	52	4.3
美国 Hubbard Brook 1973—1974	55	50	12	22	5	16	6	2	114	3.94
美国 Pasadena 1978—1979	19.5	31	28	21	3.5	3.5	24		39	4.41
加拿大 Ontario	45	19	10	21	11.5	5	—	—	11	4.96
日本神户	19.5	24	39	19	7.5	3	—	—	40	4.40

注：本表引用唐孝炎，1990

各地区降水中 SO_4^{2-} 含量有很大差异，大致为 1 ～ 20 mg/L（10 ～ 210 μmol/L）。降水中 SO_4^{2-} 主要来源于燃煤排放出的颗粒物和 SO_2，此外岩石矿物风化作用、土壤中有机物、动植物和废弃物的分解也会产生大量 SO_4^{2-}，因此在工业区和城市的降水中 SO_4^{2-} 含量一般较高，而且冬季比夏季高。从表 3 - 1 和 3 - 2 可以看出我国城市降水中 SO_4^{2-} 含量高于外国，这与我国燃煤污染严重有关。

表 3 - 2　国内部分城市降水化学成分（μmol/L，pH 除外）

	SO_4^{2-}	NO_3^-	Cl^-	NH_4^+	Ca^{2+}	Mg^{2+}	Na^+	K^+	H^+	pH
贵阳市区 1982—1984	205.5	21	8.2	78.9	115.6	28.3	10.1	26.4	84.5	4.07
重庆市区 1985—1986	164	29.9	25.2	152.2	135.2	11.4	14.7	7.87	51.4	4.29
广州市区 1985—1986	137.4	23.9	39.4	85.4	98.4	8.7	25.7	22.6	16.70	4.78
南宁市区 1985—1986	28.8	8.48	15.7	45.8	19.9	0.9	11.8	9.6	18.33	4.74
北京市区 1981	136.6	50.32	157.4	141.1	92	—	140.9	42.31	0.16	6.80
天津市区 1981	158.9	29.2	183.1	125.6	143.5		175.2	59.2	0.55	6.26

注：本表引用唐孝炎，1990

降水中的含氮化合物主要是 NO_3^-、NO_2^- 和 NH_4^+，含量为 <3 mg/L，其中 NH_4^+ 含量

大于 NO_3^-。NO_3^-一部分来自人为污染源排放的 NO_x 和尘粒,另外一部分可能来自空气放电产生的 NO_x。NH_4^+ 的主要来源可能是生物腐烂及土壤和海洋挥发等天然源排放出的 NH_3。NH_4^+ 的分布与土壤类型有较明显的关系,碱性土壤地区降水中 NH_4^+ 含量相对增加。我国城市降水中 NH_4^+ 含量很高可能与人为源有关。

由于降水呈电中性,因而其中的阴阳离子应基本平衡。当代表酸性物质的阴离子总量大于代表碱性物质的阳离子总量时,降水的 H^+ 含量增高,pH 值降低,形成酸雨。

降水中 SO_4^{2-} 和 NO_3^- 的浓度高,使降水酸化。但由于中和作用,代表碱性成分的阳离子含量也较高时,很可能不表现为酸雨,甚至可能呈碱性降水。相反,即使大气中 SO_2 和 NO_x 浓度不高,但碱性物质相对更少,则降水仍然有较高的酸度。

(三) 降水中的有机酸

通常认为降水酸度的主要来源是硫酸和硝酸等强酸,但是多年来实测的结果表明有机弱酸(甲酸和乙醚等)也对降水酸度有贡献,而且目前世界各地的降水中都已发现有机酸的存在。在美国城市地区,有机酸对降水自由酸度的贡献为 16%~35%。而僻远地区,它们可能成为降水的主要致酸成分,对酸度的贡献有时可高达 60% 以上。

美国 Galloway 等人曾在全球背景点上测定了降水中的有机酸,表 3-3 列出了他们在澳大利亚 Katherine 陆地背景点自 1980—1984 年取得的雨水中有机酸浓度和百慕大点 1981—1984 年取得的降水中有机酸的浓度。

表 3-3　雨水中有机弱酸的雨量加权平均浓度（μmol/L，pH 除外）

	pH	H^+	NH_4^+	Ca^{2+}	Mg^{2+}	K^+	Cl^-	SO_4^{2-}	NO_3^-	甲酸	乙酸
百慕大 1981—1984	4.88	13.1	2.8	2.5	0.75	0.9	3.0	7.1	4.4	2.0	0.8
Katherine 1980—1984	4.77	16.9	2.9	0.98	0.7	1.1	8.0	2.0	4.1	10.5	4.2

百慕大雨水的酸度受控于 H_2SO_4、HNO_3、HCOOH 和 CH_3COOH,其贡献分别为 67:20:8:3,Katherine 的雨水中则是有机酸(主要是甲酸和乙酸)对酸性起了主要作用,H_2SO_4 和 HNO_3 对酸度的贡献仅占约 18% 和 21%,有机酸的贡献高达约 64%。

降水中有机酸的来源尚不十分清楚,有迹象表明自然界中存在着有机酸的直接排放,而在汽车尾气中也曾测到了 $C_2—C_{10}$ 有机酸,但大气中有机酸的来源可能主要是植物排放的挥发性碳氢化合物在大气中的氧化和甲醛的液相氧化。

在我国的某些地区也进行了降水中有机酸的测定(表 3-4)。我国南方城市或工业区雨水中有机酸浓度并不很低,但对自由酸的贡献不是很大,而在高山降水中,虽然有机酸的绝对浓度并不很高、但对自由酸的贡献却与国外僻远地区十分接近。有关人对表 3-4 所测得的甲酸、乙酸数据作了相关分析,结果说明甲酸、乙酸之间有很好的相关性,表明它们有共同的来源,这情况与澳大利亚 Katherine 点的情况相符。

表3-4　华南降水中有机酸含量（中位数），（1988年）

	降水类型	pH	甲酸（μmol/L）	乙酸（μmol/L）	甲酸/乙酸	甲酸+乙酸/$SO_4^{2-}+NO_3$	对自由酸的最大贡献(%)
某城市地面点	雨水	3.94	34.0	25.5	1.37	0.214	17.2
2 000 高山点	云雾	4.73	21.1	18.2	1.63	0.418	61.2
某工业区地面点	雨水	4.24	14.2	10.9	1.56	0.387	28.3
1 000 高山点	雨水	4.56	15.2	9.12	1.54	0.364	60.7

（四）降水中的金属元素

降水中的金属元素特别是有毒金属元素正逐渐引起人们的注意。Galloway 等人（1982）综合评述了大气沉降中的金属元素，给出了湿沉降中金属元素在僻远地区（具有最低浓度的任何地区）、乡村地区（能代表区域背景的任何采样点，不直接受当地人为源的影响）和城市等地的浓度范围和中值。如表3-5和3-6所示。人为活动对金属元素湿沉降的影响是明显的（表3-7），城市和乡村湿沉降中金属元素浓度各自与僻远地区之比代表了人为源对湿沉降的影响，说明即使在乡村地区金属元素的湿沉降也受到人为源的影响。

表3-5　湿沉降中有毒金属元素浓度范围

金属元素	城市		乡村		僻远地区	
	范围（μg/L）	参考资料数量	范围（μg/L）	参考资料数量	范围（μg/L）	参考资料数量
Sd	—	—	—	—	0.034	1
As	5.8	1	0.005~4	9	0.019	1
Cd	0.48~2.3	5	0.08~46	23	0.004~0.639	4
Cr	0.51~15	4	<0.1~30	9	—	—
Co	1.8	1	0.01~1.5	2	—	—
Cu	6.8~120	6	0.4~150	19	0.035~0.85	5
Pb	5.4~147	8	0.59~64	32	0.02~0.41	6
Mn	1.9~80	8	0.2~84	28	0.018~0.32	5
Hg	0.002~3.8	6	0.005~2.2	10	0.011~0.428	4
Mo	0.20	1	—	—	—	—
Ni	2.4~114	6	0.6~48	15	—	—
Ag	3.2	1	0.01~0.48	7	0.006~0.008	2
V	16~68	3	0.13~23	6	0.015~0.32	3
Zn	18~280	9	<1~311	32	0.007~1.1	8

表 3-6　湿沉降中金属元素的中值质量浓度（μg/L）

金属元素	城市	乡村	僻远地区
Sb	—	—	0.034
As	5.8	0.286	0.019
Cd	0.7	0.5	0.008
Cr	3.2	0.88	—
Co	1.8	0.75	—
Cu	41	5.4	0.060
Pb	44	12	0.09
Mn	23	5.7	0.194
Hg	0.745	0.09	0.079
Mo	0.20	—	—
Ni	12	2.4	—
Ag	3.2	0.54	0.007
V	42	9	0.163
Zn	34	36	0.22

表 3-7　湿沉降中金属元素的人为活动因子（根据中值质量浓度）

金属元素	城市僻远地区	乡村僻远地区
As	305	15
Cd	88	62
Cu	683	90
Pb	489	133
Mn	119	29
Hg	9.4	1.1
Ag	457	77
V	258	55
Zn	155	164

二、降水的 pH

降水的 pH 值是用来表示降水的酸度的。所谓溶液的总酸度指溶液中 H^+ 的储量，代表此溶液的碱中和容量。溶液的总酸度应当包括自由质子（强酸）和未解离质子（弱酸）两个部分，而溶液的 pH 则是强酸部分的量度。

假设影响天然降水 pH 值的因素仅是大气中存在的 CO_2，根据 CO_2 的全球大气浓度

330 ppm与纯水的平衡可知：

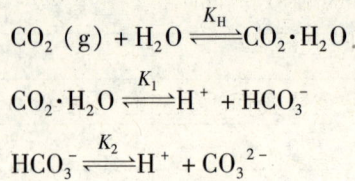

$$CO_2(g) + H_2O \xrightleftharpoons{K_H} CO_2 \cdot H_2O$$

$$CO_2 \cdot H_2O \xrightleftharpoons{K_1} H^+ + HCO_3^-$$

$$HCO_3^- \xrightleftharpoons{K_2} H^+ + CO_3^{2-}$$

式中：K_H——CO_2的水合平衡常数，即亨利常数；

K_1，K_2——分别为二元酸 $CO_2 \cdot H_2O$ 的一级和二级电离常数。

按电中性原理可得：

$$|H^+| = |OH^-| + |HCO_3^-| + 2|CO_3^{2-}|$$

$$= \frac{K_w}{[H^+]} + \frac{K_1 K_H P_{CO_2}}{[H^+]} + \frac{2K_1 K_2 K_H P_{CO_2}}{[H^+]^2}$$

式中：K_w——水的离子积；

P_{CO_2}——CO_2在大气中的分压。

由上式计算出 pH 值约为5.6。根据此结果，多年来国际上一直将此值作为未受污染的大气降水 pH 的背景值，并且把 pH 为 5.6 作为判断酸雨的界限。

通过对降水的多年观察，已经对 pH 值为 5.6 作为酸性降水的界限以及判别人为污染界限提出了不同观点，主要论点为：

①在清洁大气中，除有 CO_2 外还存在各种酸、碱性气态和气溶胶物质，它们通过成云和降水冲刷进入雨水中，降水酸度是各物质综合作用的结果。

②硝酸和硫酸并不都是人为源；天然源产生的 SO_2 等都可进入雨水。

③空气中碱性物质的中和作用，使得空气中酸性污染严重的地区并不表现出酸雨。

④H^+ 浓度不是一个守恒量，它不能表示降水受污染的程度。pH 相同的降水不一定受污染的程度相同，见表 3-8。且其他离子污染严重的降水并不一定表现强酸性。

⑤降水 pH 值只能反映降水酸度而不能反映降水质量。

表 3-8 降水酸度和离子浓度的比较（μmol/L，pH 除外）

地　点	pH	H^+	Ca^{2+}	Mg^{2+}	Na^+	K^+	NH_4^+	SO_4^{2-}	NO_3^-	Cl^-
国外某地 1	4.77	16.9	0.95	0.7	4.5	1.1	2.9	2.0	4.1	8.0
我国某地 1	4.78	16.5	118.5	—	20.7	17.3	52.0	72.6	20.4	59.1
国外某地 2	4.40	39.8	1.3	1.3	6.8	6.2	12.9	3.7	14.5	11.6
我国某地 2	4.42	37.9	99	22.3	11.2	10.5	49.2	141	25.3	11.8
我国某地 3	5.87	1.35	110	17.8	48.7	25.7	66.7	117.1	18.5	13.1
我国某地 4	5.92	1.20	41.3	5.6	25.9	4.7	3.3	10.9	0.83	11.6

三、降水化学组成的时空变化

降水的化学组成受众多因素影响，不仅有地域变化，降水与降水之间的变化，而且在同一次降水中其组成浓度还随时间变化。这些变化不但与云的结构（垂直运动，云滴大小和蒸汽压），云中雨除和云下冲刷效率的时空差异有关，还与酸雨前体物的排放有关。通常大气降水的化学组成具有以下特点：

（一）降水中化学成分及含量具有明显的地理规律

降水中离子成分及含量有较明显的地理分布规律。近海地区的降水中通常含有较多的 Na^+、Cl^- 和 SO_4^{2-}，而在远离海洋的森林草原地区，降水中往往含 HCO_3^-、SO_4^{2-}、Ca^{2+} 和有机成分较多；在荒漠干燥草原地带，降水含 CO_3^{2-}、Cl^-、SO_4^{2-} 和 Na^+ 较多，而在工业区和城市，降水中则含 SO_4^{2-}、NO_3^- 和 NH_4^+ 较多。当气候异常时如风暴期间，降水中 Cl^- 含量明显增加。在我国，由于大气中硫含量高，气溶胶浓度大，所以降水中 SO_4^{2-} 浓度普遍较高，为 $28 \sim 206 \ \mu mol/L$（表 3-2），比国外要高出许多倍。NO_3^- 的背景本底浓度较小，仅为 $1.7 \sim 5.5 \ \mu mol/L$，中北欧为 $31 \ \mu mol/L$，北美大陆为 $19 \sim 50 \ \mu mol/L$，我国降水中 NO_3^- 浓度普遍比国外略低，西南地区 NO_3^- 浓度为 $10 \sim 30 \ \mu mol/L$，北京、天津则高达 $30 \sim 50 \ \mu mol/L$，可与国外相比。降水中 NH_4^+ 背景本底值仅 $1 \sim 4 \ \mu mol/L$，国外降水中 NH_4^+ 的浓度只有 $20 \sim 30 \ \mu mol/L$，而我国降水中 NH_4^+ 的浓度高达 $50 \sim 150 \ \mu mol/L$，个别雨水样品中 NH_4^+ 浓度可达 $250 \ \mu mol/L$ 以上。NH_4^+ 与 NO_3^- 的比值与地理环境有关，在内陆地区，NH_4^+/NO_3^- 约为 9，沿海地区约为 2，赤道附近比值降至 $0.4 \sim 1$，即从内陆到沿海从高纬度到赤道 NH_4^+/NO_3^- 比值逐渐下降，其原因是沿海和赤道附近雷电活动比较频繁，闪电产生的 NO_3^- 量较大。

H^+ 浓度取决于降水中酸、碱性物质的综合作用，因此，它的地理分布不如其他离子那样明显。M. F. szabo 等于 1982 年研究了降水 pH 的全球分布，研究发现发达国家和工业发达地区降水的 pH 较低。但是中国所在地无数据，原因是在 1982 年以前我国还没有降水 pH 的详细资料。

（二）降水组成与降水持续时间有关

以 Cl^- 为例，一般前 $10 \sim 15 \ min$ 收集的雨水中 Cl^- 含量较之后雨水中的要高。原因在于降水中的 Cl^- 来源于雨除和冲刷，当 Cl^- 作为云凝结核参与成云过程时，其含量较稳定，大致为 $0.02 \sim 0.5 \ mg/L$，而当大量的 Cl^- 作为悬浮颗粒物的成分被雨水冲刷下来时，其含量随地理位置及气象条件有很大变化，通常在 $10 \sim 15 \ min$ 内被雨水冲刷下来。因此在 $10 \sim 15 \ min$ 后收集的雨水中主要含有参与成云的凝结核中的 Cl^-，这就表现出降水中 Cl^- 含量随收集雨水的时间而变化。其他离子成分也有类似的规律，北京大学曾测得一场雨中各离子浓度随时间的变化关系（图 3-3），证实了上述规律，而且离子浓度总和随时间的变化也符合上述规律（图 3-4）。H^+ 浓度的变化受雨水中各种阴阳离子相互作用的制约。根据我国各地区降水组成的分时段观测，降水 pH 变化有以下三种情况：① 随降雨时间增加 pH 逐渐增加，最后趋于一定值（图 3-3）；② pH 值在降雨初期较大，然后下降，中后期变化缓慢，稍有上升，终止期又渐低下或升高；③ pH 在整个降雨期间变化不大。

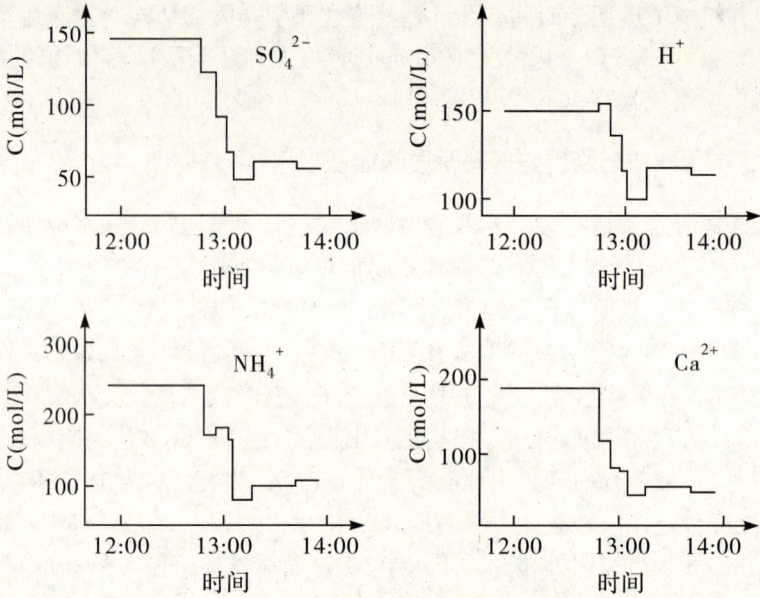

图3-3　各离子浓度随时间的变化

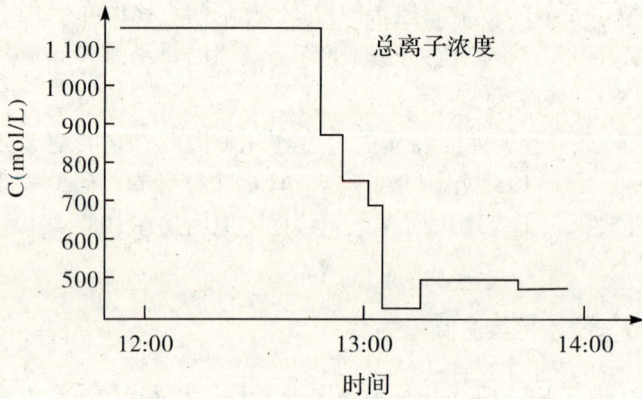

图3-4　离子浓度总和随时间的变化

因降水初期的化学成分及含量与降水后期有较大不同，所以研究降水组成及其变化时需观测一次降水过程中不同时间的降水成分及其含量。

（三）降水组成与降水量有关

一般来说，降水量大，降水中各组分浓度低；降水量小，各组分浓度高（图3-5）。这主要是降水量与雨滴粒径分布有关，降水量小，小雨滴多；降水量大，大雨滴较多；小雨滴在大气中停留时间长，冲刷吸附的污染物较多，大雨滴停留时间短，冲刷掉的污染物较少。

1960年 Georgn 和 Weber 讨论了一次降水中各组分浓度最大值与最小值的比值 K（某组分最大值／某组分最小值）与降水量 P 之间的关系：

$$当 \quad P = 1 \text{ mm 时} \qquad K > 20$$
$$P = 10 \text{ mm 时} \qquad K \approx 10$$
$$P = 20 \text{ mm 时} \qquad K \approx 5$$

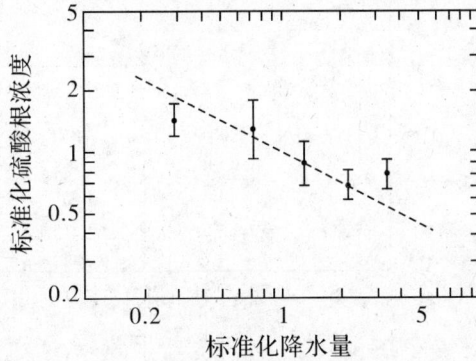

图 3 – 5　SO_4^{2-} 浓度随降水量的变化（MAP 3S 站）

即当降水量小时，一次降水中组分浓度前后期之间的差别较大，随着降水量的增加，这种差别逐渐减小。K 值的减小完全是由于最大浓度的减小，因为最小浓度主要由雨除决定，对降水量的依赖性较小。降水量小时，云下冲刷对降水成分影响较大，降水量大时，云下冲刷的影响明显减小。考虑到降水量对降水组分浓度的影响，在降水化学研究中，常采用沉降量来表示各组分在降水中的含量。

$$某组分沉降量(D) = 降水量(P) \times 某组分浓度(X)$$

沉降量表示在采样时间内，沉降到 1 m^2 土壤上某组分的量。沉降量在考虑环境效应和长期效应时尤为重要，因为对环境接受体真正起作用的不是一次降水中的离子浓度，而是该离子的沉降量。

在实际情况中，往往存在这样的情况，雨水酸性强，离子浓度高，但雨量较小，结果单位面积表面承受的 H^+ 和其他离子的绝对量较小；有时雨水酸性较弱，离子浓度也不十分高，但雨量很大，单位面积表面承受的 H^+ 和其他离子的绝对量却较大。沉降量表示每次降水中化学成分的绝对量，消除了降水量的影响，因而在酸雨对生态环境的损害、材料的腐蚀等方面的研究中得到广泛应用。

此外，沉降量具有累积的性质。将每月或每年各场雨水的沉降量累加起来，就表明了每月或每年降水中化学组分沉降到 1 m^2 表面上的累积量。图 3 – 6、3 – 7、3 – 8 是美国 MAP 3S/RAINE 监测网 1977—1979 年 3 年期间降水中 H^+、SO_4^{2-} 和 NO_3^- 的累积沉降量与累积降水量之间的关系，图中 4 条曲线分别代表 4 个监测点的数据。这 3 种离子的累积沉降量与累积降水量的关系不完全相同，H^+ 和 SO_4^{2-} 累积沉降量与累积降水量并不成线性关系，曲线表现出周期性的振动，这种周期性的振动是由于该地区夏季 SO_4^{2-} 大幅度增加的结果，而 NO_3^- 累积沉降量和累积降水量基本上成一线性关系，没有周期的振动。尽管 H^+ 和 SO_4^{2-} 的曲线有些振动，但所有的曲线都近似为一直线，这说明 H^+、SO_4^{2-} 和 NO_3^- 的累积沉降量与累积降水量之间总体上是相关的，在此期间，该地区降水中 H^+、SO_4^{2-} 和 NO_3^- 含量基本无变化。

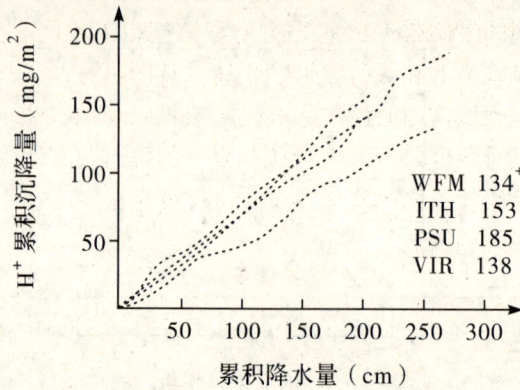

图 3-6　美国 MAP 3S/RAINE 监测网降水 H^+ 累积沉降量与累积降水量的关系

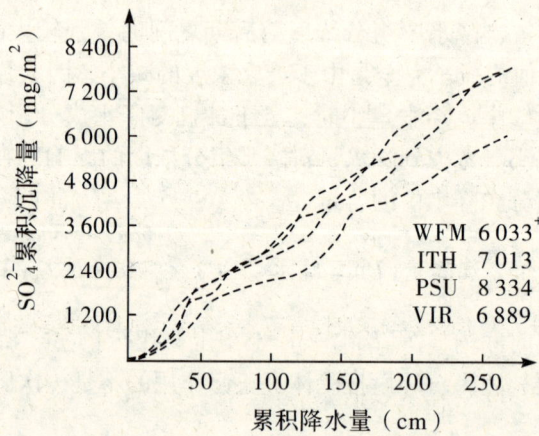

图 3-7　美国 MAP 3S/RAINE 监测网降水 SO_4^{2-} 累积沉降量与累积降水量的关系

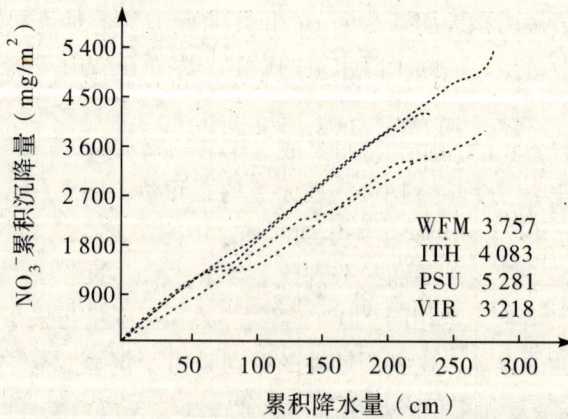

图 3-8　美国 MAP 3S/RAINE 监测网降水 NO_3^- 累积沉降量与累积降水量的关系

（四）降水的化学组成与天气类型有关

由于不同季节酸雨前体物的排放源和排放量有较大差别、天气条件各异、大气扩散条件也大不相同，因此不同的气团带来的物质类型和浓度也不相同。图 3-9 表明美国长岛中部降水酸度随季节、降水类型和天气类型的变化。从图可见，长岛中部以夏季降水酸度最高，冬季最低；降水类型以雷雨时酸度最高，一般雪水和雨水酸度较低；天气类型以飑线时降水酸度最高，台风时酸度最低。一般认为夏季的阵雨比冬季的锋面暴雨能更有效地清除大气中的硫酸盐和硝酸盐，同时降水的最低 pH 出现在与冷锋空气团有关的阵雨和雷阵雨中。

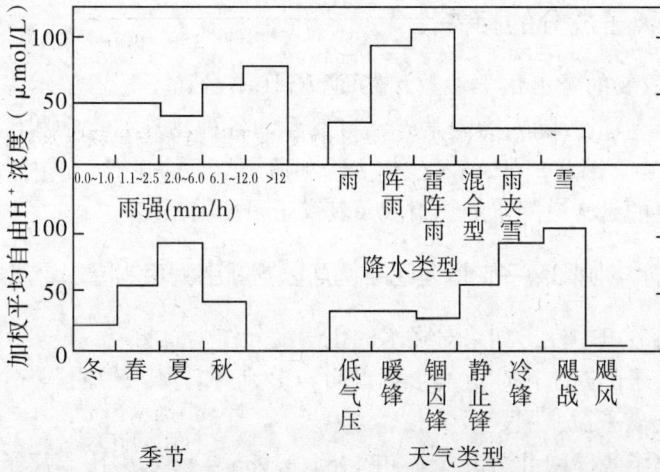

图 3-9 H⁺ 加权平均浓度随季节、天气类型和降水类型的变化

我国广州市 1985—1986 年降水数据表明春季降水的酸度和离子浓度较高（表 3-9），夏秋季节较低。

表 3-9 广州市 1985—1986 年降水数据表

采样时间（月）		化学成分（μmol/L）									
		H^+	Na^+	K^+	NH_4^+	Ca^{2+}	Mg^{2+}	SO_4^{2-}	NO_3^-	Cl^-	F^-
1985 年	5	2.00	38.26	20.00	62.22	118.50	—	76.77	16.13	54.93	15.34
	6	2.40	37.83	38.97	106.67	109.75	—	163.14	58.39	85.07	48.15
	7	2.00	15.22	12.31	64.44	93.50	—	64.06	37.90	23.94	31.75
	8	0.85	10.00	10.49	95.00	54.00	—	49.69	11.13	18.03	15.34
	9	1.66	11.30	6.65	52.22	24.00	—	54.89	5.81	25.92	24.87
	11	3.24	132.61	34.62	117.22	105.00	—	206.77	36.91	159.72	50.79
	12	0.54	180.43	48.21	115.00	35.50	—	103.23	21.89	190.14	35.45

（续上表）

采样时间（月）		化学成分（μmol/L）									
		H^+	Na^+	K^+	NH_4^+	Ca^{2+}	Mg^{2+}	SO_4^{2-}	NO_3^-	Cl^-	F^-
1986 年	2	6.61	33.04	22.56	171.67	200.25	23.75	150.73	36.13	123.38	12.70
	3	10.47	60.87	40.26	285.56	211.00	13.75	261.77	70.97	80.28	18.52
	4	3.55	54.35	32.05	195.40	55.00	7.09	168.02	55.65	67.61	25.40
	5	3.47	24.00	29.78	68.57	55.41	5.42	54.09	18.07	36.34	8.99
	6	7.41	24.78	25.64	88.23	39.83	14.59	58.58	17.29	21.23	7.90

四、降水中离子成分的相关性

pH 值是一个重要的降水化学参数，然而仅 pH 本身还不足以表示降水的质量，因为 H^+ 浓度不是一个守恒量。除人为因素外，自然界的各种物理、化学和生物过程都对降水的 H^+ 浓度产生影响。因此，pH 值不能作为降水污染与否的表征。正因为如此，在酸性降水的研究中更重要的是知道降水的总组成及其离子平衡关系。

（一）根据降水中阴阳离子之间是否平衡可以判断出测定的降水组成是否可靠

降水始终维持着电中性。如果对降水的化学组分作全面测定，最后阳离子的摩尔浓度之和必然等于阴离子的摩尔浓度之和。据此可以分别计算降水中阴阳离子的摩尔浓度和，以检查是否有主要离子被遗漏。

表 3-10 列出了我国南北方几个城市 1985—1986 年降水中阴阳离子的平衡情况。南方各城市 $\sum A^+$ 与 $\sum B^-$ 的比值接近 1，$\sum A^+$ 略大于 $\sum B^-$，北方城市非酸雨中 $\sum A^+$ 远远大于 $\sum B^-$。一般认为这是由于漏测了 HCO_3^- 的缘故。当 pH > 5.6 时，HCO_3^- 对阴离子的贡献不容忽略，pH 越高，HCO_3^- 的贡献越大。而南方降水中的离子不平衡则可能是由于漏测了 $HCOO^-$、CH_3COO^- 及 F^-、Br^- 和 PO_4^{3-} 等。

表 3-10　我国南北方城市 1985—1986 年降水中阴阳离子平衡情况

地　点		样本数	$\sum A^+$	$\sum B^-$	$\overline{pH}$	$\sum A^+/B^-$
北方	北京	28	347.5	216.1	6.29	1.60
	长春	34	520.7	213.6	6.71	2.43
	沈阳	19	1 016.3	545.0	6.41	1.86
	西安	5	2 290.5	484.5	7.15	4.73
南方	重庆	21	391.4	381.5	4.21	1.02
	贵阳	4	528.6	461.4	4.23	1.15
	南宁	29	87.7	72.8	4.82	1.19
	上海	36	267.3	208.7	4.85	1.28

（二）根据阴阳离子之间的相关性可以判断雨水中离子的存在形式

降水中阴阳离子之间存在着一定的相关关系，可采用线性回归分析法确定各种离子和各种离子对之间的相关程度，进而判断降水的污染状况和各种离子存在的形式。

由表 3-9 中可得到 $(H^+ + NH_4^+)/(SO_4^{2-} + NO_3^-) = 1 \sim 1.04$，这说明 SO_4^{2-} 与 NO_3^- 可能以 H_2SO_4、HNO_3 形式存在，或以 $(NH_4)_2SO_4$、NH_4NO_3 形式存在。H^+ 要比 NH_4^+ 大 5.9 倍，这进一步说明该地的雨水主要为 H_2SO_4、HNO_3 污染，其中又以 H_2SO_4 为主，其 pH 大约为 4.1。

在我国的一些降水化学研究中，发现雨水酸度很多时候与其中一个单独离子没有明显的相关性，只有把主要的阴阳离子（SO_4^{2-}、NO_3^-、Ca^{2+}、NH_4^+）全部考虑进去，才表现出 H^+ 浓度与它们的相关性。例如，某城市雨水中离子组分的逐步回归分析结果表明，H^+ 浓度主要由 NH_4^+、SO_4^{2-}、Ca^{2+} 和 NO_3^- 四种离子决定，回归方程为：

$$|H^+| = 47.3 + 2.92|NO_3^-| + 3.74|SO_4^{2-}| - 1.61|NH_4^+| - 1.33|Ca^{2+}| - 3.13|Mg^{2+}|$$

F 值　　　　　6.8　　　　20.7　　　　25.4　　　　9.1　　　　2.6

$R = 0.94$

同时发现 $(Ca^{2+} + NH_4^+)$ 和 $(SO_4^{2-} + NO_3^-)$ 也高度相关，这说明 SO_4^{2-} 和 NO_3^- 主要以钙盐或铵盐的形式存在。

$$|SO_4^{2-}| + |NO_3^-| = 34.2 + 0.86(|Ca^{2+}| + |NH_4^+|) \quad R = 0.96$$

（三）从阴阳离子浓度的变化综合判断雨水酸化的原因

降水酸化一方面可以归因于大气中酸性物质的增加，但另一方面如果大气中碱性物质减少了，这相当于增加了大气中的酸性物质，同样可以导致雨水酸化。

Stensland（1977）根据离子组成及平衡关系研究了伊利诺斯州 1954 年与 1977 年降水化学的差异。他收集了该地区 1953 年 10 月 26 日—1954 年 8 月 12 日及 1977 年 5 月 15 日—1978 年 2 月 6 日的降水数据，发现 1954 年当地降水的 pH = 5.9，而 1977 年 pH = 4.1。那么是否可得出结论：自 1954—1977 年，该地区降水中酸性物质增加了呢？Stensland 全面分析了这两年的降水数据（表 3-11），根据离子组成及平衡关系，他得出了否定的结论。他认为 1954 年样品比 1977 年具有更低的酸性，原因在于：1954 年土壤释放的物种如 Ca^{2+}、Mg^{2+} 是高水平的，它们造成了 1954 年较高的 pH 值。如果令 1954 年 $[Ca^{2+}] + [Mg^{2+}] = 5\ \mu mol/L$，即 1977 年的水平，那么由离子平衡计算出的 pH = 4.18，几乎与 1977 年 pH = 4.1 相同。这说明碱性物质浓度降低同样导致了雨水酸化。

表 3-11　美国伊利诺斯州 CMI 站降水离子浓度（中值）（$\mu mol/L$，pH 除外）

年　份	NO_3^-	SO_4^{2-}	$Ca^{2+} + Mg^{2+}$	pH
1954	20	30	41	6.05
1977	30	35	5	4.1

上述三个方面证实，为了确定降水的质量以及是否为酸性物质所污染，不能只根据降水的 pH 值，而必须进行具体分析，分析降水的总组成、阴阳离子的平衡以及当地土壤和天然源排放对降水 pH 值的影响。仔细分析各地区降水组成及阴阳离子之间的各种关系，还可以得到更多的关于污染来源和成因的信息。

五、酸雨的化学组成

（一）酸雨的化学组成

酸雨的化学组成一般为以下几种离子：阳离子 H^+、Ca^{2+}、NH_4^+、Na^+、K^+、Mg^{2+}，阴离子 SO_4^{2-}、NO_3^-、Cl^-、HCO_3^-。其中关键性离子组分是 Ca^{2+}、NH_4^+、SO_4^{2-} 和 NO_3^-。

（1）Ca^{2+} 和 NH_4^+ 作为碱指标是酸雨中重要的阳离子，主要起结合酸根使之显中性的作用。但是它们的来源与各地的自然条件特别是土壤性质有很大的关系。

（2）SO_4^{2-} 和 NO_3^- 作为酸指标，是大气中主要酸根，主要由 NO_x、SO_x 转化而来。

（二）酸雨形成的化学反应过程

（1）酸雨有一部分是 CO_2 溶于降雨：

$$CO_2 + H_2O \longrightarrow H_2CO_3$$

（2）酸雨多形成于化石燃料的燃烧：

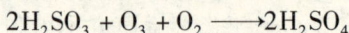

$$S + O_2 \longrightarrow SO_2 \text{（点燃）}$$
$$SO_2 + H_2O \longrightarrow H_2SO_3$$
$$2H_2SO_3 + O_3 + O_2 \longrightarrow 2H_2SO_4$$

（3）氮的氧化物溶于水形成酸；雷雨闪电时，大气中常有少量的二氧化氮产生：

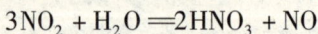

$$N_2 + O_2 = 2NO \text{（闪电）}$$
$$2NO + O_2 = 2NO_2$$
$$3NO_2 + H_2O = 2HNO_3 + NO$$

（4）此外还有其他酸性气体溶于水导致酸雨。

六、影响酸雨的形成因素

（一）酸雨形成与温度和湿度有关

一般温度和湿度大时容易出现酸沉降，SO_4^{2-}、NO_3^- 和 NH_4^+ 等离子浓度既随温度升高而增大，又随大气的湿度增大而增大。

（二）雷电对降水的酸度也有影响

由于大气中的能量增加，使 SO_2 和 NO 的氧化速度加快。

至此，概括起来，酸沉降的形成必须具备以下三个条件：① 可产生 NO_x、SO_x 的污染源；② 有利的气候条件，使其发生反应和变化；③ 大气中的碱性物质浓度较低，对酸性降水的缓冲能力很弱。

第二节　气溶胶

大气污染物按物理状态可分为气体污染物和气溶胶。气溶胶是在大气中的固体或液体微粒相当稳定的悬浮胶体，它能直接参与大气中云的形成和湿沉降（雨、雪、冰和雾等）过程。当太阳光通过大气时，在一定条件下，气溶胶粒子能够散射太阳光，使大气的能见度降低、减弱了太阳的辐射，进而改变了环境温度和植物的生长速率。由于气溶胶的粒径小（特别是直径小于 2 μm 的粒子）、表面积大，因此为大气中的化学反应提供了良好的反应床。同时，气溶胶中的某些化学成分（如微量金属离子），对大气中许多化学反应都有催化作用。此外，大气中许多气态污染物的最终归衍是形成气溶胶粒子。当气溶胶粒子通过呼吸道进入人体时，有部分粒子可以附着在呼吸道上，甚至进入肺部沉积下来直接影响人的呼吸，危害人体健康。

大气气溶胶对全球环境变化、气候变化和人类健康均产生着广泛影响，因此大气气溶胶逐渐成为科学研究的热点。

一、气溶胶概述

（一）概念

气溶胶是指液体或固体微粒均匀地分散在气体中形成的相对稳定的悬浮体系。所谓液体或固体微粒，是指粒子的动力学直径（Dp）为 $10^{-3} \sim 10^2$ μm 大小的液滴或固态粒子。液体微粒一般呈球形，固体微粒则形状不规则。气溶胶粒子的粒径大小反映了粒子来源的本质，并可影响光的散射性质和气候效应。粒径在 $10^{-1} \sim 100$ μm 的气溶胶在大气光学、大气辐射、大气化学、大气污染和云物理学等方面具有重要作用。小粒径气溶胶的浓度受凝聚作用所限制，而大粒子的浓度则受沉降作用所限制。

（二）气溶胶分类

1. 按气溶胶粒子的粒径大小

（1）总悬浮颗粒物（TSP）：分散在大气中的各种粒子的总称，即粒径在 100 μm 以下的所有粒子，其中大多数粒径在 10 μm 以下。它是大气环境质量评价中的一个重要污染指标。

（2）飘尘：粒径小于 10 μm 的微粒，可在大气中长期飘浮，易被吸入呼吸道和远距离扩散，在大气中可以为化学反应提供反应床。因此飘尘是最引人注目的研究对象之一。国际标准化组织（ISO）又将此粒径的微粒称为可吸入颗粒物（PM$_{10}$）。

（3）降尘：是指粒径大于 30 μm 的粒子，由于自身重力作用会很快沉降下来，所以将其称为降尘。单位面积的降尘量可作为评价大气污染程度的指标之一。

2. 按气溶胶的来源及物理形态

（1）天然气溶胶。

（2）人为气溶胶，烟、雾和尘等。

它们的物理特征和成因等，参考表 3-12。

表 3-12　气溶胶形态及其主要形成特征

形态	分散质	粒径（μm）	形成特征	主要效应
轻雾（mist）	水滴	>40	雾化、冷凝过程	净化空气
浓雾（fog）	液滴	<10	雾化、蒸发、凝结核凝聚过程	降低能见度，有时影响人体健康
粉尘（dust）	固体粒子	>1	机械粉碎、扬尘、煤燃烧	能形成水核
烟气（fume）	固、液微粒	0.01~1	蒸发、凝集、升华等过程一旦形成很难再分散	影响能见度
烟（smoke）	固体微粒	<1	升华、冷凝、燃烧过程	降低能见度，影响人体健康
烟雾（smog）	液滴、固粒	<1	冷凝过程、化学反应	降低能见度，影响人体健康
烟炱（soot）	固体微粒	<0.5	燃烧过程、升华、冷凝过程	影响人体健康
霾（haze）	液滴、固粒	<1	凝集过程、化学反应	湿度小时有吸水性，其他同烟

（三）气溶胶的危害

气溶胶的危害主要表现为对人体的影响。气溶胶粒子的状态、大小、组成及运动方式等均与人们的生活、健康密切相关。当气溶胶粒子通过呼吸道进入人体时，粒径大于 10 μm 的粒子大部分滞留在鼻腔或咽喉部位；粒径为 2 μm 的粒子通过鼻腔进入上呼吸道；而更小的进入肺部沉积下来，直接影响人的呼吸，危害人体健康，这主要是由粒子的化学组成或其所携带吸附的有毒物质决定的。降尘在空中停留时间短，不易吸入，故危害不大。可被吸入的飘尘因粒径不同而滞留在呼吸道的不同部位。大于 5 μm 的飘尘，多滞留在上呼吸道，小于 5 μm 的多滞留在细支气管和肺泡。进入呼吸道的飘尘往往和 SO$_2$、NO$_2$ 产生联合作用，损伤黏膜、肺泡，引起支气管和肺部炎症，长期作用导致肺心病，死亡率增高。人体呼吸道吸入颗粒物的粒径及份额见图 3-10。

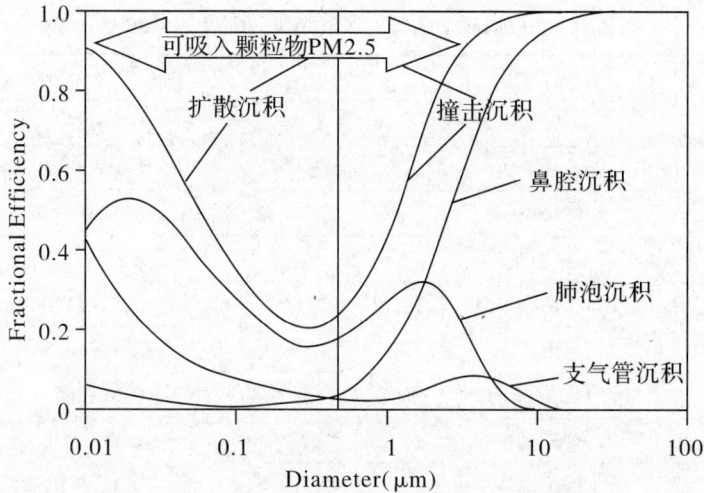

图3－10　人体呼吸道吸入颗粒物的粒径及份额

　　侵入人体深部组织的粒子化学组成不同对组织产生的危害也不同。例如，硫酸雾侵入肺泡引起肺水肿和肺硬化而导致死亡，故硫酸雾的毒性比气体 SO_2 的毒性要高 10 倍以上。含有重金属的颗粒物会造成人体重金属的累积性慢性中毒。特别是某些气溶胶粒子，如焦油蒸气、煤烟、汽车排气等常含有多环芳烃类化合物，进入人体后可能造成组织的癌变。由于小粒子含有的有毒物质比大粒子多，因此它对健康的损害也更大。细粒子的危害较大不仅表现在可吸入性上，还由于有毒污染物在细粒子的含量大大高于粗粒子。例如，北京大气颗粒物的成分测定结果表明，多环芳烃的 90% 集中在 3 μm 以下的颗粒物中。因此，气溶胶的危害和影响与其粒子的大小和化学组成密切相关。

　　此外，气溶胶粒子具有对光的散射和吸收作用，特别是 0.1～1 μm 粒径范围的粒子（燃烧、工业排放和二次气溶胶）与可见光的波长相近，对可见光的散射作用十分强烈，是造成大气能见度降低的重要原因。

二、气溶胶粒子的来源与消除

（一）气溶胶粒子的来源

　　气溶胶粒子的来源有天然源和人为源两种。气溶胶粒子可分为一次气溶胶粒子和二次气溶胶粒子。一次气溶胶粒子是由污染源释放到大气中直接造成污染的颗粒物，它们可以来自被风扬起的细灰和微尘、海水溅沫蒸发而成的盐粒、火山爆发的散落物以及森林燃烧的烟尘等，大部分粒径在 2 μm 以上。二次气溶胶粒子是由大气中某些污染气体组分（如 SO_2、氮氧化物、碳氢化合物）之间，或它们与大气正常组分（如氧气）之间通过光化学氧化或其他化学反应转化成的颗粒物，如 SO_2 转化成硫酸盐。二次气溶胶粒径一般在 0.01～1 μm 范围。美国环保局（EPA）1974 年总结了粒径 $Dp < 20$ μm 的气溶胶粒子的全球排放量及其来源分配的情况，其结果参看表 3－13。

表3-13　气溶胶全球排放量及来源分配（$Dp < 20\ \mu m$）

来　源		排放量（10^8 t/a）
天然来源	风沙	0.5 ~ 2.5
	森林火灾	0.01 ~ 0.5
	海盐粒子	3.0
	火山灰	0.25 ~ 1.5
	H_2S、NH_3、NO_x、HCl 转化	3.45 ~ 11.0
	小计	7.21 ~ 18.5
人为来源	沙石（农业活动）	0.5 ~ 2.5
	露天燃烧	0.02 ~ 1.0
	直接排放	0.1 ~ 0.9
	SO_2、NO_x、HCl 转化	1.75 ~ 3.35
	小计	2.37 ~ 7.55
总计		9.58 ~ 26.05

从表3-13的结果中可以看出，每年气溶胶的排放量相当大。其来源有天然污染源和人为污染源两种。有一次气溶胶，也有二次形成的气溶胶。而且天然排放量是人为排放量的2倍多。1968年有人估计全球气溶胶粒子的总排放量约为 2.548×10^9 t/a。其中天然来源是 2.140×10^9 t/a，约占总排放量的84%；人为来源是 4.08×10^8 t/a，约占总排放量的16%。天然来源为人为来源的5倍多。1974年，全球气溶胶排放量天然来源为人为来源的2倍多。比较上述数据可以看出：一方面，天然来源的气溶胶粒子是大气气溶胶的主要来源；另一方面，随着工业的不断发展，人类的各种活动越来越占主导地位，以致在气溶胶粒子的来源中人为来源所占的比例逐年增加。2000年，人为活动所造成的气溶胶粒子的排放量是1968年人为排放量的2倍，这是应该引起人们十分重视的倾向。再者，由气体污染物转化形成的二次气溶胶粒子约占全球气溶胶粒子排放总量的54% ~ 71%，其中细粒子的80% ~ 90%都是二次气溶胶粒子，对大气环境质量影响甚大。

（二）气溶胶的消除

从统计平均角度来分析，气溶胶粒子移出大气的速率和移入大气的速率相近。由于气溶胶粒子的迁移率随着粒径的增大而迅速减小，所以主要是粒径小于 0.2 μm 的粒子发生凝聚现象，即因碰撞而合并成较大的粒子。如粒径为 0.01 μm 的粒子，其原始浓度为 10^5 个/立方厘米（城市）时，30 min 可减少一半。而粒径为 0.2 μm 的粒子，原始浓度为 10^3 个/立方厘米时，需要 500 h 才能减少一半。粒径较小的粒子，由于碰撞而凝聚成较大的粒子，它们虽然不能直接从大气中被清除掉，但却可以改变气溶胶粒子的大小和形状，由其他机制将它们除去。关于气溶胶粒子的去除，主要有以下两种方式：

1. 干沉降

干沉降是指气溶胶粒子在重力作用下或与地面及其他物体碰撞后、发生沉降而被去除，又称为干去除。设气溶胶粒子的沉降速度为 υ，气溶胶粒子密度最大的高度为 $\overline{H}$，则气溶胶的沉降时间（即滞留时间）τ 为：

$$\tau = \overline{H}/\upsilon \qquad\qquad \upsilon = \frac{gd^2\ (\rho_1 - \rho_2)}{1.8\eta}$$

式中：g——重力加速度，cm/s^2；

　　　d——粒径，cm；

　　　ρ_1，ρ_2——分别为气溶胶和空气的密度，g/cm^3；

　　　η——空气黏度，$Pa \cdot s$。

用 Stokes 定律计算密度为 1 g/cm^3 的不同粒径气溶胶的沉降速率参看表 3 – 14。

表 3 – 14　不同粒径气溶胶的沉降速率

粒径（μm）	沉降速率（cm/s）	到达地面所需时间
0.1	8×10^{-5}	2 ~ 13 a
1	4×10^{-3}	13 ~ 98 a
10	0.3	4 ~ 9 h
100	30	3 ~ 18 min

例如，在 $\overline{H} = 5\,000$ m 的高空，粒径为 1.0 μm 的粒子沉降到地面，需要 3 年 11 个半月的时间。而对粒径为 10 μm 的粒子则仅需 19 天（不考虑风力等气象条件的影响）。由此可见，干沉降对于去除气溶胶中的大粒子是一个有效的途径，但对于小粒子则不然。据估计，靠干沉降去除的气溶胶粒子的量，从全球范围来计算，只占总悬浮颗粒物（TSP）量的 10% ~ 20%。所以，干燥的大陆气溶胶粒子可以传输到很远距离的下风向地区。

2. 湿沉降

湿沉降是指通过降雨、降雪等使气溶胶粒子从大气中去除的过程。此过程可分为雨除和冲刷，它们的机理是不同的。

（1）雨除。气溶胶粒子中有相当一部分细粒子可以作为成云的凝结核，特别是粒径小于 0.1 μm 的粒子。这些凝结核成为云滴的中心，通过吸附凝结过程和碰并过程，云滴不断增长为雨滴；若整个大气层温度都低于 0℃ 时，云中的冰、水和水蒸气通过冰—水的转化过程还可以生成雪晶。对于那些粒径小于 0.05 μm 的粒子，由于布朗运动可以使其黏附在云滴上或溶解于云滴中。一旦形成雨滴（或雪晶），在适当的气象条件下，雨滴（或雪晶）还会进一步长大而形成雨（或雪），降落到地面上，气溶胶粒子也就随之从大气中被去除，此过程称之为雨除（或雪除）。雨除对半径小于 1 μm 的气溶胶粒子的去除效率较高，特别是具有吸湿性和可溶性的粒子更明显。

（2）冲刷。在降雨（或降雪）过程中，雨滴（或雪晶、雪片）不断地将大气中的微粒携带、溶解或冲刷下来，即以直接兼并的方式"收集"气溶胶粒子的过程，此过程造成了在降雨（或降雪）过程中大气气溶胶的粗、细粒子含量发生变化。这种以直接兼并的方式"收集"气溶胶粒子的效率是随着粒子直径的增大而增大的。通常，雨滴可兼并粒径大于 2 μm 的气溶胶粒子。

气溶胶粒子的来源和去除及其在大气对流层的平均"寿命"（停留时间）参看表 3-15。

表 3-15　气溶胶的来源和去除

名称	细粒子		粗粒子	
	$Dp < 0.05$ μm	0.05 μm $< Dp < 2$ μm	$Dp < 10$ μm	$Dp > 10$ μm
来源	燃烧（跨前三列） 气 →粒子转化 核凝聚 云滴蒸发		海盐、花粉 工业直接排放	扬尘
去除	核凝聚 云滴俘获		雨冲刷 干沉降	
寿命	在污染空气中及云中短于 1 h	几天（3~5 天）	几小时~几天	几分钟~几小时

从上表中所概括的气溶胶粒子在大气中的平均寿命来看，大气中经常容易积累的粒子粒径在 0.1~5 μm 范围内。

三、气溶胶的粒径分布

所谓气溶胶粒径分布是指所含气溶胶粒子的浓度按粒子大小的分布情况，以反映出气溶胶粒子的大小与其来源或形成过程之间的关系。气溶胶粒径的表示有空气动力学直径或斯托克斯（stokes）直径。后者是指一颗粒与另一球形颗粒具有相同平均密度及沉降速度的直径。颗粒物的浓度通常采用单位体积气溶胶内粒子的数目（数浓度 N）、粒子的总表面积（表面积浓度 S）或粒子的总体积（V）或总质量（M）来表示。

图 3-11 是某城市大气颗粒物的数浓度、表面积浓度和体积浓度分布曲线。由图可见，在污染的城市大气中多数颗粒的粒径约为 0.01 μm；表面积主要决定于 0.2 μm 的颗粒；体积或质量浓度分布呈双峰型，其中一个峰在 0.3 μm 左右，另一个峰在 10 μm 附近，也就是说，大气中 0.3 μm 和 10 μm 的颗粒物居多数。显然这 3 种表示的结果是不同的。

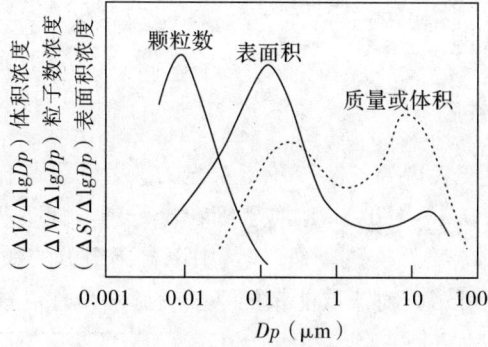

图3-11　大气颗粒物的数浓度、表面积浓度和体积浓度分布曲线

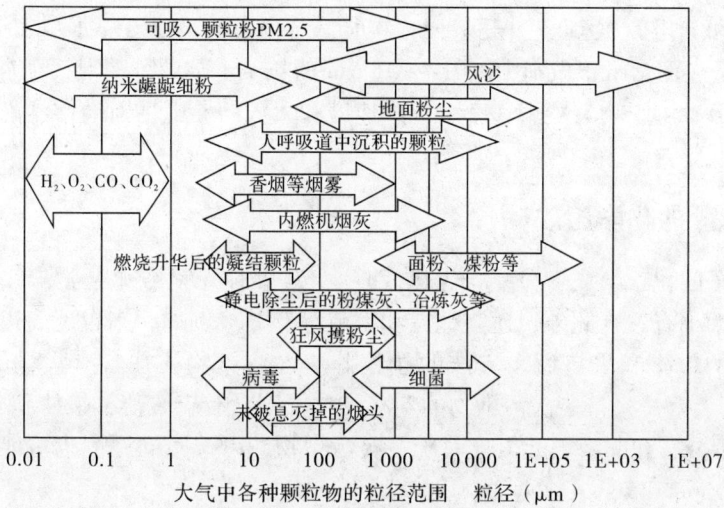

图3-12　气溶胶的粒径分布

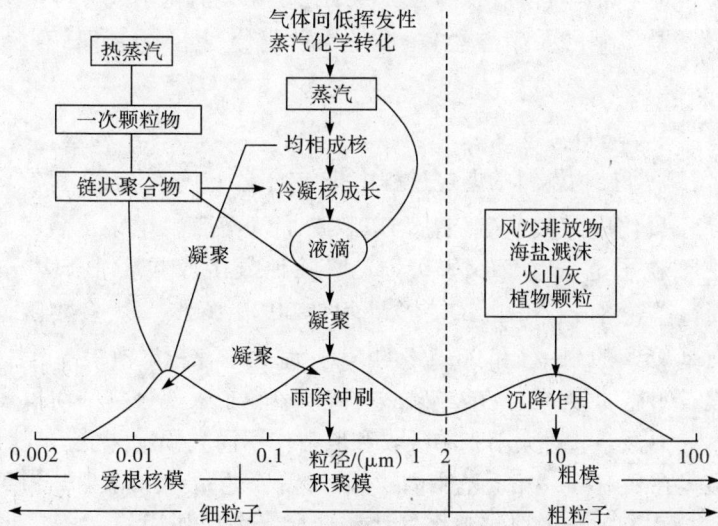

图3-13　气溶胶的粒径分布及来源和去除

四、气溶胶的物理性质

（一）气溶胶的光学性质

气溶胶的光学性质主要表现为气溶胶粒子对光的散射和吸收作用。气溶胶粒子对光的散射和吸收的有效范围为 $0.1 \sim 1.0~\mu m$，属于细粒子范围。如飞灰、烟炱、细小尘粒、有机物粒子及二次气溶胶（硫酸及硫酸盐等），其中以含碳组分的颗粒对光的吸收尤为强烈，使大气能见度降低，甚至可影响对流层能量的平衡，影响全球气候变化。

（二）气溶胶的电学性质

通常大气气溶胶粒子表面有一定的电荷，所带电荷的性质和数目，取决于粒径的大小、表面状态和介电常数等。一般来说，粒径大于 $3~\mu m$ 的粒子表面常带负电荷，小于 $0.01~\mu m$ 的粒子表面常带正电荷，$0.01 \sim 0.1~\mu m$ 的粒子上述两种情况都存在。气溶胶粒子所带电荷的数目，可影响其凝聚速率、沉降速度和大气的导电性，通常污染地区大气导电性比清洁地区低。

五、气溶胶的化学组成

气溶胶粒子的化学组成十分复杂，已发现含 70 多种元素或化合物。气溶胶的组成与其来源、粒径大小有关，此外，还与地点和季节等有关。例如，来自地表土及由污染源直接排入大气中的粉尘和来自海水溅沫的盐粒等一次污染物往往含有大量的 Fe、Al、Si、Na、Mg、Cl 等元素；来自二次污染物的气溶胶粒子则含有硫酸盐、铵盐和有机物等。As、Pb 和 Br 等微量金属和非金属元素也属于一次污染物，由于不同原因也可能被带到气溶胶粒子上来。

气溶胶的化学组成按重要性顺序排列有硫酸盐、苯溶有机物、硝酸盐、铁、锰等少量其他金属元素等。对大陆性气溶胶，与人类活动密切相关的化学成分可归纳为 3 类：离子成分（硫酸及硫酸盐、硝酸及硝酸盐）、痕量元素成分（重金属和稀有金属）和有机物成分。

1. 硫酸及硫酸盐气溶胶粒子

由于在煤、石油等矿物燃料的燃烧过程中排放的废气中常含有大量的 SO_2，其中一部分可通过多种途径氧化成硫酸或硫酸盐，以致造成气溶胶粒子中也含有硫酸或硫酸盐，95% 以上集中在细粒子范围（$Dp < 2.0~\mu m$）。陆地气溶胶粒子中 SO_4^{2-} 的平均含量为 15% $\sim$ 25%，而海洋气溶胶粒子中 SO_4^{2-} 含量可达 30% $\sim$ 60%。大多数陆地性气溶胶粒子具有的共同特点是 95% 的 SO_4^{2-} 和 96.5% 的 NH_4^+ 都集中在积聚模中，而且 SO_4^{2-} 和 NH_4^+ 的粒径分布也没有明显的差别。硫酸或硫酸盐气溶胶粒子大部分集中在积聚模中，它们的粒径很小，在大气中飘浮，对太阳光的吸收和散射作用而大幅度降低大气能见度。研究结果表明，只有粒径在 $0.1 \sim 1.0~\mu m$ 范围内才能对光线产生最大的散射。当硫酸盐占颗粒物质量的 17% 时，它引起的光散射占整个气溶胶造成光散射作用的 32%。此外硫酸盐也是损害人体健康、造成酸雨的关键成分。

2. 硝酸及硝酸盐气溶胶粒子

大气中的 NO 和 NO_2 被氧化形成 NO_2 和 N_2O_5 等，进而和水蒸气形成 HNO_2 和 HNO_3，由于它们比硫酸容易挥发，因此很难形成凝聚状的硝酸（迅速挥发成分子态），在相对湿度较小时硝酸均以气态形式出现。因而硝酸一般经过下面反应形成低挥发性的硝酸盐：

$$NH_3 + HNO_3 \longrightarrow NH_4NO_3$$

然后再发生成核和凝结生长作用而形成气溶胶。氮氧化物在空气中也可被水滴吸收，并被水中的 O_2 或 O_3 氧化成 NO_3^-，或被某些颗粒物吸附。如果有 NH_4^+ 存在，则可促进氮氧化物的溶解，增加硝酸盐气溶胶的形成速度。

几乎所有地区 SO_4^{2-} 都在细粒子中占优势。另外，硫酸及硫酸盐气溶胶和硝酸及硝酸盐气溶胶的形成对气溶胶的粒子分布有影响。

3. 气溶胶粒子中的有机物

气溶胶粒子中的有机物一般粒径都很小，其粒径一般在 $0 \sim 10\ \mu m$ 之间，其中 55% ~ 70% 的粒子集中于粒径小于 $2\ \mu m$ 范围，属于细粒子范围，对人类危害较大。气溶胶粒子中有机物的种类很多，其中烃类中的烷烃、烯烃、芳香烃和多环芳烃等是有机颗粒物的主要成分，此外还含有亚硝胺、氮杂环化合物、环酮、醌类、酚类和酸类等。其浓度也相差很大，从 $\mu g/m^3$ 到 mg/m^3 的数量级，且因地而异。

有机物的一次颗粒物主要来自煤和石油的燃烧过程。煤和石油在不完全燃烧时，部分碳氢化合物发生高温分解，产物包括 C_2H_2 和 1，$3 - C_4H_6$；在 400℃ ~ 500℃ 时进行高温合成，形成多环芳烃化合物，如芘、蒽、菲、苯并（a）芘、苯并蒽等，同时还排出一些低级烃、醛等有机物。大气中气体有机物通过化学转化形成二次颗粒物的速度较慢，一般每小时小于 2%，二次产物都是含氧有机物。

4. 气溶胶粒子中的微量元素

存在于气溶胶粒子中的微量元素达 70 余种，其中 Cl、Br 和 I 主要以气体形式存在于大气中，它们在气溶胶粒子中分别占总量的 2.0%、3.5% 和 17.0%。由于粗、细气溶胶的来源及成因不同，所含的元素种类相差很大，地壳元素如 Si、Fe、Al、Sc、Na、Ca、Mg 和 Ti 等一般以氧化物的形式存在于粗模中；Zn、Cd、Ni、Cu、Pb 和 S 等元素则大部分存在于细粒子中。

气溶胶中微量元素虽有天然和人为之别，但主要来自人为活动，它们都属于一次气溶胶粒子。不同类型的污染源所排放的主要元素也不同，如土壤中主要有 Si、Al 和 Fe，Pb、Br 和 Ba 等主要来自于汽油燃烧所释放的尾气，Na、Cl 和 K 等主要来自海盐溅沫，钢铁工业主要含 Fe、Mn、Cu 等，燃烧石油、煤和焦炭会排放 Ni、V、Pb 等，垃圾焚烧炉会排放 Zn、Sb 和 Cd 等。气溶胶粒子中的微量元素随污染源的不同，其种类和浓度也不一样，不同城市和地区以及同一地区的不同时期，各种元素的排放量也不同，且各种微量元素在粗、细粒子中的分布也不一样，因此可以从这些元素在某些地区大气气溶胶中的分布情况来判别污染源的类型和分布。

六、大气气溶胶粒子的形成机制

气溶胶粒子的成核是通过物理和化学过程形成的，气体向微粒的转化过程，从动力学角度，可分成以下四个阶段：

①均相成核或非均相成核，形成细粒子分散在空气中。

②在细粒子表面，经过多相气体反应，使粒子长大。

③由布朗凝聚和湍流凝聚，粒子继续长大。

④通过干沉降（重力沉降或与地面碰撞后沉降）和湿沉降（雨除或冲刷）清除。

以上四个过程虽属于物理过程，但都是以化学反应为推动力的，即气体在大气中的化学反应提供了分子物理或自由基，它们在相互碰撞中结成分子团或沉积在已有的核上。本节仅简单介绍均相成核或非均相成核的机制。

1. 气溶胶粒子的均相成核

当某物种的蒸汽在气体中达到一定过饱和度时，由单个蒸汽分子凝结成为分子团的过程，称为均相成核，如果要有较大的成核速度，必须要有较大的过饱和度。但在自然界中，实际上不易发生均相成核作用。这是因为自然界里物种的过饱和度不是很高，而且大气中成核胚芽很少是单一组分的物质，往往是多种物质的聚合体，其形成初期都要在大小超过某一临界值后才能形成稳定的胚芽并不断地长大，这是气体分子向气溶胶粒子转化初期的一般规律。

2. 气溶胶粒子的非均相成核

当大气含有悬浮的外来粒子时，蒸汽分子易在这些粒子表面凝结，这一过程称为非均相成核。在有各种水溶性物质存在或有现成的亲水性粒子存在时，常比纯水更加容易成核，形成胚芽。如空气的过饱和度为 0.2% 时，NaCl 液滴将形成稍大于 0.1 μm 的液滴，而当纯水形成 0.1 μm 的水滴时，则需要 1% 以上的过饱和度。

第三节　全球气候变化

气候和地球上各种自然现象一样是不断变化的。人类出现以前的气候变化是自然因素造成的。人类出现以后的气候变化既有自然因素的影响，又有人为因素的影响。20 世纪 70 年代，科学家把"全球变暖"作为一个全球性环境问题提出来，主要强调由于人类活动（主要是农业和矿物燃料燃烧）改变了大气的化学组分，如 CO_2、CH_4 等气体吸收地表面红外辐射能力强，而且它们在大气中的留存时间长达上百年，从而增强了地球的辐射平衡。

科学家们估算出全球平均表面温度每 10 年可能升高 0.2℃。近 100 年来（1906—2005），全球平均地表温度升高了 0.75℃。近 150 年最暖的 12 年中有 11 年出现在 1995—2006 年间。据估计，全球平均地表温度到 2100 年将增加 1.8℃ ~ 6.4℃。由于气候变暖，可能造成海洋热膨胀以及冰川和冰盖的融化，到 2100 年海平面预计升高 15 ~ 95 cm。当然，上述估计只是对全球平均而言，各个地区之间的变化趋势和程度会有很大的不同。

一、温室气体和温室效应

（一）温室气体

温室气体是指在 10 μm 附近（8～10 μm）的红外光谱波长上吸收辐射、对地表有一种遮挡作用的气体，它们会导致地球表面大气增温，如二氧化碳（CO_2）、甲烷（CH_4）、氧化亚氮（N_2O）、臭氧（O_3）、水汽（H_2O）等。温室气体像单向过滤器一样，对太阳光几乎是透明的，但却能强烈地吸收地面向外发射的红外热辐射，它们在大气中的存在减小了地球表面向外空释放的能量，即把能量截留在大气中，从而使大气低层和地球表面温度升高。研究发现，能产生温室效应的气体有 30 多种，其中 CO_2 是最重要的一种，它对温室效应的贡献率达 50%～60%。除了 CO_2，还包括 CH_4、N_2O、HFCs、H_2O、PFC_s 和 SF_6 等，它们对温室效应也起着重要作用。CH_4、N_2O、HFCs、PFC_s 和 SF_6 五种温室气体都按"全球升温潜能值"换算成为 CO_2 当量来计算，认为 CH_4 和 SF_6 等温室效应作用强度大大高于 CO_2。

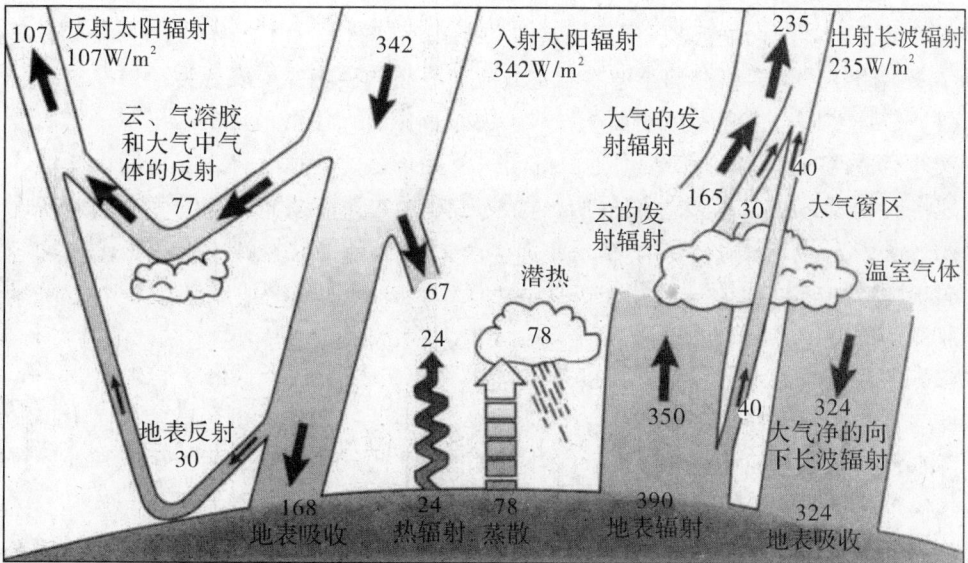

图 3-14　地球—大气系统的能量平衡

（二）温室效应

太阳辐射有 40% 为可见光，太阳辐射能一部分被地球表面、云、大气尘埃和空气分子反射或散射返回宇宙空间，剩余部分进入大气层，被地球表面（陆地和水体）吸收，使地球表面增温，暖的地球表面又向上以长波形式辐射能量。由于大气中存在着作用类似温室中的玻璃而造成温室效应的气体，如 CO_2、CH_4、CFCs（氟利昂类）等（见表 3-16），对短波辐射没有多大影响，可以使其几乎无衰减通过，但对长波辐射的波段却有强烈的吸收作用。这些气体可吸收地球表面发射的长波辐射，并同时向宇宙和地面两个方向辐射波长更长的长波辐射，其中向下到达地面的大气逆辐射将一部分热量又返回地面，从而减少了向外层空间的能量净排放，使大气层温度升高，同时使近地表面的空气温度升高，这就是大气的"温室效应"。

表 3 – 16 主要温室气体种类和作用 (2005 年)

	温室气体种类	增温效应所占比例（%）	留存时间（年）
《京都议定书》气体	二氧化碳（CO_2）	63	数十年至上千年
	甲烷（CH_4）	18	12
	氧化亚氮（N_2O）	6	114
	其他（HFCs + PFCs + SF_6）	<1	$(1.4 \sim 5.0) \times 10^4$
《蒙特利尔议定书》气体	CFCs + HCFCs + Halons + 其他	12	$(0.7 \sim 1.7) \times 10^3$

二、温室效应对人类的影响

1988 年 11 月汉堡"全球气候变化会议"指出：如果"温室气体"剧增造成的"温室效应"不被阻止，世界将在劫难逃。温室效应对人类的影响主要表现为：

（1）气候变暖，雪盖和冰川面积减少，海平面上升，沿海地区的海岸线变化。海平面上升这种渐进性的自然灾害使沿海地区的居民及生态系统受到威胁：① 威胁沿海地区、沿海低地将被淹没，如"水城"威尼斯，低地之国荷兰等；② 海滩和海岸遭受侵蚀冲刷，海岸线后退；③ 土地恶化，地下水位上升，导致土壤盐渍化；④ 海水倒灌与洪水加剧，风暴潮频度增加；⑤ 损坏港口设备和海岸建筑物，影响航运；⑥ 影响沿海水产养殖业和旅游业；⑦ 破坏水的管理系统等。

（2）气温上升导致气候带（温度带和降水带）的移动，降水格局发生改变，一般来说，低纬度地区现有雨带的降水量会增加，高纬度地区冬季降雪也会增多，而中纬度地区夏季降水将会减少。气温上升导致原本温度较低的地区气温升高，相当于原来处于较低纬度的气候带往高纬度地区推移。

全球气温略有上升，就有可能带来频繁的自然灾害，如过多的降雨就会面临着洪涝威胁、大范围的干旱和持续的高温造成供水紧张，严重威胁这些地区的工农业生产和人们的日常生活，进而造成大规模的灾害损失。气候带移动引起的生态系统改变也是不容忽视的：据估计，一方面，气候变暖将使森林所占土地面积从现在的 58% 减到 47%，荒漠将从 21% 扩展到 24%；另一方面，草原将从 18% 增加到 29%，苔原将从 3% 减到 0，又使人类增加了可利用的土地。

气候变暖对农业的影响可以说有利有弊。虽然变暖会使高纬度地区生长季节延长，有些干旱、半干旱地区降雨可能增多，CO_2 的增多能促进作物生长，但是，作物分布区向高纬度移动，有时可能移到现在土壤贫瘠的地区。由于气候变暖地表水蒸发量大，则有可能使干旱加剧。另外，高温闷热天气也会使病虫害变得更严重。

（3）气温上升热带传染病发病区将扩大。全球变暖增加人类乃至动植物发病的可能性。与疾病有关的病毒、细菌、真菌在气温稍升高一点就加快繁殖速度，并通过极端天气和气候事件（厄尔尼诺现象、干旱、洪涝等）扩大疫情的流行。而气温低则妨碍细菌的生长，可临时性地阻止寄生虫的活动。

（4）对农业和生态系统产生难以预料的变化。气温上升影响土壤状况和季节变化，加剧粮食短缺。

（5）气温上升加速物种灭绝速度。地球上 1/3 的物种到 21 世纪末将不复存在。

（6）影响人类健康。高温天气给人群带来心脏病发作、中风和其他疾病的风险，还可以将热带疾病向较冷的地区传播，并使传染病传播更加广泛，疾病和死亡率增加。

三、控制全球变暖的对策

发达国家是温室气体的主要排放国，这些国家应采取有力措施限制温室气体的排放，同时减少向发展中国家提供资金和转让有利环境的技术的障碍，以帮助发展中国家减少 CO_2 排放。发展中国家也有责任避免重复工业化国家所走过的道路，选择持续发展所需要的、与环境相协调的技术。

控制温室气体剧增的基本对策有：

1. 调整能源战略

当今世界各国一次能源消费结构均以矿物燃料为主，全球矿物燃料消费量占一次能源消费总量的 89.8%，燃烧矿物燃料每年排入大气中的 CO_2 多达 50 亿 t，并以每年平均 0.4% 的速度递增。因此，在保持经济增长的情况下，若想抑制 CO_2 排放量，必须大幅度地引进清洁能源并大力推行节能措施。调整能源战略可以从提高现有能源利用率及向清洁能源转化等着手。

（1）提高现有能源利用率，减少 CO_2 的排放可以采取以下几个措施：① 采用高效能转化设备，如电热共生产系统，可调速电动机；② 采用低耗能工艺，如新法炼钢可节能 1/2；③ 改进运输，降低油耗；④ 推出新型高效家电；⑤ 改进建筑保温；⑥ 利用废热、余热集中供暖，可节能 30%；⑦ 加强废旧物资回收利用。

（2）能源消耗转化是指从使用含碳量高的燃料（如煤），转向含碳量低的燃料（如天然气），或转向不含碳的能源，如太阳能、风能、核能、地热能、水力、海洋能发电等。这些选择将使我们向减少 CO_2 排放的方向迈进。

2. 绿化对策

目前热带雨林年损失 1 400 万公顷，每年从空气中就少吸收 4 亿 t CO_2，为了抑制 CO_2 增长，应大面积植树造林。林地可以净化大气，调节气候，吸收 CO_2，每公顷森林年净产氧量为：落叶林 16 t，针叶林 30 t，常绿阔叶林 20～25 t，而消耗 CO_2 为上述值的 1.375 倍。因此，造林 10 公顷，即每年世界净增林地 5 000 万公顷，20 年后新增林地将可以吸收 CO_2 约 200 亿 t，达到阻滞 CO_2 增长的目的。

3. 控制人口，提高粮产，限制毁林

近年来人口的剧增是导致全球变暖的主要因素之一。同时，这也严重地威胁着自然生态环境间的平衡，因此要在全球推行控制人口数量，提高人口素质，使人口发展与环境和经济相适应。解决第三世界的粮食问题，应依靠农业技术进步，发展生态农业，走提高单产之路，摒弃毁林从耕的落后农业生产方式。

4. 加强环境意识教育，促进全球合作

缺乏环境意识是环境灾害发生的重要原因，为此，应通过各种渠道和宣传工具，进行危机感、紧迫感和责任感的教育。使越来越多的人认识到温室灾害已经开始，气候有可能日益变暖，人类应为自身和全球负责，建立长远规划，防止气候恶化。

上述环境污染是没有国界的，必须把地球环境作为整体统一考虑、合作治理，认真对待地球变暖问题，否则各国的发展进步都是无法实现的。

第四节　平流层臭氧耗损

离地面 15~50 km 范围的大气层，称为平流层。臭氧（O_3）是平流层大气的最关键组成，它主要集中在离地面 15~35 km 的范围内，形成大约 20 km 厚的臭氧层，它保存了大气中约 90% 的臭氧。臭氧对太阳紫外辐射具有选择性吸收。因为来自太阳的紫外辐射按照波长的大小一般分为 3 个区：波长在 315~400 nm 之间的紫外光称为 UV-A 区，该区的紫外线不能被臭氧有效吸收，但也不会对地表生物圈造成损害，相反，这一波段少量的紫外线是地表生物所必需的，它可促进人体的固醇类转化成维生素 D。波长为 280~315 nm 的紫外光称为 UV-B 区，这一波段的紫外辐射是可能到达地表并对人类和生态系统造成最大危害的部分，该波段也有 90% 被 O_3 分子吸收，从而大大减弱了它到达地面的强度。如果平流层 O_3 的含量减少，则地面受到的 UV-B 段紫外辐射的强度将会增加，给人类健康和生态环境带来多方面的危害。波长为 200~280 nm 的紫外光称为 UV-C 区，该区紫外线波长短、能量高，但是这一波段的紫外辐射能被大气中的氧气和臭氧完全吸收，即使是平流层的臭氧损耗，该波段的紫外线也不会到达地表造成不良影响。综上所述，平流层中 O_3 的存在对于地球生命物质至关重要，这是因为它阻挡了高能量的太阳紫外辐射到达地球表面，有效地保护了人类免受紫外辐射所造成的危害，所以说臭氧层已成为地球生命系统的保护伞。然而，随着科学和技术的不断发展，人类的许多活动已经影响到平流层的大气化学过程，使臭氧层遭到破坏。

一、平流层臭氧的基本光化学反应

（一）Chapman 机制

Chapman 于 1930 年提出了一个平流层臭氧生成与清除的光化学机制，该机制是考虑在纯氧体系中进行的，故称为纯氧机制。

1. 臭氧的生成反应

该机制认为 O_3 的生成主要发生在离地面 25 km 以上的大气中：

$$①O_2 + hv \ (\lambda \leqslant 240\text{nm}) \longrightarrow 2O \ (^3P)$$

$$\underline{②2O \ (^3P) \ + 2O_2 + M \longrightarrow 2O_3 + 2M}$$

$$总反应：3O_2 + hv \longrightarrow 2O_3$$

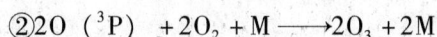

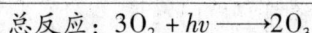

2. 臭氧的清除反应

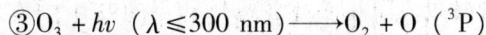

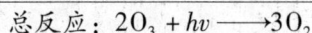

$$③O_3 + hv \ (\lambda \leqslant 300 \text{ nm}) \longrightarrow O_2 + O \ (^3P)$$

$$\underline{④O_3 + O \ (^3P) \ \longrightarrow 2O_2}$$

$$总反应：2O_3 + hv \longrightarrow 3O_2$$

反应③并不能真正消除 O_3，因为光解后产生的 O （^3P）会很快与 O_2 结合反应②重新生成 O_3。但此过程中，O_3 吸收了大量的太阳辐射，有效地保护了地球生命免遭过量辐射的危害。因此，真正起清除 O_3 作用的应是反应④。1974 年 Johnston 作了计算，发现在 45 km 以下的平流层中，通过上述清除反应④消耗及迁移到对流层的 O_3 仅占 O_3 生成量的 20% 左右。由此推测，在大气中一定存在着一些除清除反应④以外的更重要的清除 O_3 的机制。

（二）催化机制

现代理论认为平流层中存在着一些微量成分对 O_3 清除反应④起催化作用，这些微量成分使 O 与 O_3 转换成 O_2，而本身不被破坏。

有物种 X 的催化机制为：

$$X + O_3 \longrightarrow XO + O_2$$

$$\underline{XO + O \longrightarrow X + O_2}$$

$$总反应：O_3 + O \longrightarrow 2O_2$$

已知的 X 物种有 NO_x、（NO、NO_2），$HO_x \cdot$（H·、HO·和 HO_2·）和 $ClO_x \cdot$（Cl·、ClO·）等。这些直接参加破坏臭氧催化的物种被称为活性物种（催化物种），它们在平流层的浓度虽然仅为 ppb 数量级，但是由于它们以循环方式进行反应，往往一个活性分子可导致上百、上千、乃至上万个 O_3 分子的破坏，因此影响很大。

NO_x，$HO_x \cdot$ 和 $ClO_x \cdot$ 等活性物种如果直接产生在对流层地表，它们能通过与其他物种间的相互作用而转化为稳定的（或化学惰性的）分子（如气态硝酸 HNO_3，气态氯化氢 HCl 等），并能很快通过降水从大气中清除。因此，近地面释放出来的 NO_x，$HO_x \cdot$ 或 $ClO_x \cdot$ 不会危及平流层。但是，如果这些催化性物种是由各种不溶于水且寿命长的分子（如 CH_3Cl、N_2O、$CFCl_3$（CFC-11）、CF_2Cl_2（CFC-12）和甲烷 CH_4 等），输送进入平流层后再释放出来，NO_x，$HO_x \cdot$ 和 $ClO_x \cdot$ 就会起催化消除 O_3 的作用。

（三）三种重要的催化反应

1. 平流层中 NO_x 的催化反应

（1）NO_x 的来源。

（2）N_2O 的氧化。N_2O 是对流层大气中含量最高的含氮化合物，主要来自于土壤中硝酸盐的脱氮和铵盐的消化。由于 N_2O 不溶于水，在对流层中比较稳定，停留时间较长，故在对流层中基本是惰性的。当其经扩散进入平流层后约有 90% 的 N_2O 经光解形成 N_2：

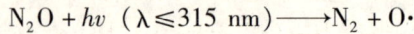

$$N_2O + hv \ (\lambda \leqslant 315 \ nm) \longrightarrow N_2 + O\cdot$$

另外有约 2% 转化成 NO：

$$N_2O + O\cdot \longrightarrow 2NO$$

因此，平流层中 NO_x（NO、NO_2）的主要天然来源是 N_2O 的氧化。

（3）银河系的高能宇宙射线的分解。此过程主要发生在纬度 45° 到极地上空 10 ~ 30 km 的平流层中。

$$N_2 + 宇宙射线 \longrightarrow 2N\cdot$$
$$N\cdot + O_2 \longrightarrow NO + O\cdot$$
$$N\cdot + O_3 \longrightarrow NO + O_2$$

（4）超音速和亚音速飞机排放的 NO_x。一般来说，地面产生的 NO_x 由于受到对流层降水的有效清除，不易进入平流层，故人类对平流层 NO_x 的直接排放主要是超音速和亚音速飞机的排放。

2. NO_x 清除 O_3 的催化循环反应

$$①NO + O_3 \longrightarrow NO_2 + O_2$$
$$②NO_2 + O\cdot \longrightarrow NO + O_2$$
$$\overline{总反应：O_3 + O\cdot \longrightarrow 2O_2}$$

该反应主要发生在高平流层中。如果在较低平流层，由于 $O\cdot$ 的浓度低，反应①生成的 NO_2 更易发生光解，光解产物 $O\cdot$ 与 O_2 作用，进一步形成 O_3：

$$NO_2 \longrightarrow NO + O\cdot$$
$$O\cdot + O_2 + M \longrightarrow O_3$$

因此，在平流层底部 NO 并不会促使 O_3 减少，反而导致了 O_3 的增加。

NO_x 对 O_3 清除的催化反应可能还有：

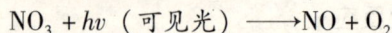

$$NO_2 + O_3 \longrightarrow NO_3 + O_2$$
$$NO_3 + hv \ (可见光) \longrightarrow NO + O_2$$

如果 NO_2 与 $HO\cdot$ 自由基反应生成 HNO_3，会削弱 NO_x 对 O_3 的破坏性：

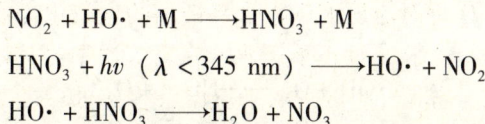

$$NO_2 + HO\cdot + M \longrightarrow HNO_3 + M$$
$$HNO_3 + hv \ (\lambda < 345 \ nm) \longrightarrow HO\cdot + NO_2$$
$$HO\cdot + HNO_3 \longrightarrow H_2O + NO_3$$

NO_2 与 $HO\cdot$ 自由基反应生成的 HNO_3 总量取决于 $HO\cdot$ 自由基的浓度。

3. NO_x 的清除

（1）平流层中 NO_x 分布情况为：25 km 以上的平流层大气中，其主要以 NO 和 NO_2 形式存在；25 km 以下的平流层大气中其主要是以 HNO_3 形式存在。据估计，平流层中 NO_2 与 $HO\cdot$ 的浓度大约是 10 ppb，由于 NO、NO_2 和 HNO_3 都是易溶于水的气体，当它们被下沉气流带到对流层时，就迅速被雨水冲刷掉，这是 NO_x 在平流层大气中最主要的清除方式。

（2）NO 在平流层层顶紫外线的作用下发生光解，生成的 $N\cdot$ 可以进一步与 NO_x 发生反应：

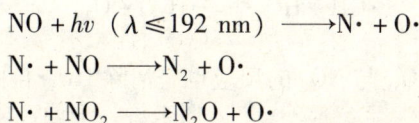

$$NO + hv \ (\lambda \leqslant 192 \ nm) \longrightarrow N\cdot + O\cdot$$
$$N\cdot + NO \longrightarrow N_2 + O\cdot$$
$$N\cdot + NO_2 \longrightarrow N_2O + O\cdot$$

这种清除方式所起的作用较小。

（四）平流层中 $HO_x\cdot$ 的催化反应

1. $HO_x\cdot$ 的来源

平流层中 $HO_x\cdot$ 自由基主要是由甲烷、水蒸气或氢气与激发态原子氧 $O\cdot(^1D)$ 反应而产生的，激发态原子氧 $O\cdot(^1D)$ 的生成则是源于 O_3 的光解：

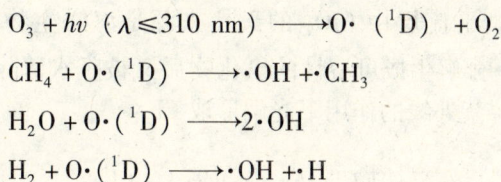

$$O_3 + hv \ (\lambda \leqslant 310 \ nm) \longrightarrow O\cdot(^1D) + O_2$$
$$CH_4 + O\cdot(^1D) \longrightarrow \cdot OH + \cdot CH_3$$
$$H_2O + O\cdot(^1D) \longrightarrow 2\cdot OH$$
$$H_2 + O\cdot(^1D) \longrightarrow \cdot OH + \cdot H$$

2. $HO_x\cdot$ 清除 O_3 的催化循环反应

在较高的平流层（40 km 以上），由于 $O\cdot$ 的浓度相对较大，所以 O_3 可以通过以下两种途径被清除：

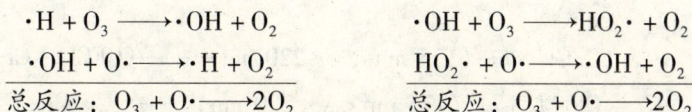

$$\cdot H + O_3 \longrightarrow \cdot OH + O_2 \qquad \qquad \cdot OH + O_3 \longrightarrow HO_2\cdot + O_2$$
$$\underline{\cdot OH + O\cdot \longrightarrow \cdot H + O_2} \qquad \qquad \underline{HO_2\cdot + O\cdot \longrightarrow \cdot OH + O_2}$$
$$总反应：O_3 + O\cdot \longrightarrow 2O_2 \qquad 总反应：O_3 + O\cdot \longrightarrow 2O_2$$

在较低的平流层（40 km 以下），由于 $O\cdot$ 的浓度相对较小，所以 O_3 可以通过以下反应被清除：

$$\cdot OH + O_3 \longrightarrow HO_2 \cdot + O_2$$
$$HO_2 \cdot + O_3 \longrightarrow \cdot OH + 2O_2$$
$$总反应：2O_3 \longrightarrow 3O_2$$

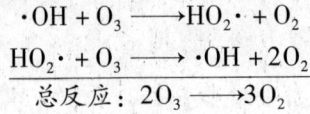

无论哪种途径，与氧原子的反应是决定整个清除速率的步骤。

3. $HO_x \cdot$ 的清除

平流层中 $HO_x \cdot$ 分布情况为：在 40 km 以上的平流层大气中，其主要以 $H \cdot$ 和 $HO \cdot$ 自由基存在；在 40 km 以下的平流层大气中 $HO_x \cdot$ 主要是以 $HO_2 \cdot$ 的形式存在。

（1）自由基复合反应。自由基之间的复合反应是 $HO_x \cdot$ 清除的一个重要途径：

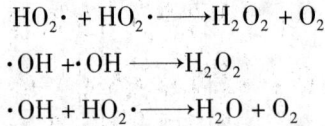

$$HO_2 \cdot + HO_2 \cdot \longrightarrow H_2O_2 + O_2$$
$$\cdot OH + \cdot OH \longrightarrow H_2O_2$$
$$\cdot OH + HO_2 \cdot \longrightarrow H_2O + O_2$$

（2）与 NO_x 的反应。$HO_x \cdot$ 与 NO_x 的反应也是清除 $HO_x \cdot$ 自由基的一个途径：

$$\cdot OH + NO_2 + M \longrightarrow HONO_2 + M$$
$$\cdot OH + HNO_3 \longrightarrow H_2O + NO_3$$
$$总反应：2 \cdot OH + NO_2 \longrightarrow H_2O + NO_3$$

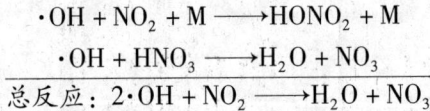

反应生成的硝酸会有一部分进入对流层然后随降水而被清除。

（五）平流层中 $ClO_x \cdot$ 的催化反应

1. $ClO_x \cdot$ 的来源

（1）CH_3Cl 的光解。平流层中 ClO_x 的天然来源是海洋生物产生的 CH_3Cl，大部分 CH_3Cl 在对流层中被 $HO \cdot$ 分解生成可溶性的氯化物后又被降水清除，但仍有少量的 CH_3Cl 会进入平流层，在平流层紫外线的作用下光解形成 $Cl \cdot$：

$$CH_3Cl + h\nu \longrightarrow CH_3 \cdot + Cl \cdot$$

但这种途径产生的 $Cl \cdot$ 数量很少。

（2）$CFCl_3$ 的光解。氟氯烃类化合物在对流层中较稳定，停留时间很长，因而可以扩散进入到平流层中，在平流层紫外线的作用下发生光解：

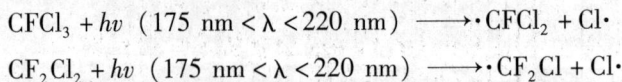

$$CFCl_3 + h\nu \ （175 \ nm < \lambda < 220 \ nm） \longrightarrow \cdot CFCl_2 + Cl \cdot$$
$$CF_2Cl_2 + h\nu \ （175 \ nm < \lambda < 220 \ nm） \longrightarrow \cdot CF_2Cl + Cl \cdot$$

每个氟氯烃类化合物通过光解最终将把分子内全部的 $Cl \cdot$ 都释放出来。

（3）氟氯甲烷与 $O \cdot (^1D)$ 的反应

$$CF_nCl_{4-n} + O \cdot (^1D) \longrightarrow ClO \cdot + \cdot CF_nCl_{3-n}$$

每个氟氯烃类化合物与 $O \cdot (^1D)$ 的反应最终可以把分子内全部的 $Cl \cdot$ 都转化成 $ClO \cdot$。

2. $ClO_x \cdot$ 清除 O_3 的催化循环反应

$$Cl \cdot + O_3 \longrightarrow ClO \cdot + O_2$$
$$\underline{ClO \cdot + O \cdot \longrightarrow Cl \cdot + O_2}$$
总反应： $O_3 + O \cdot \longrightarrow 2O_2$

与氧原子的反应是决定整个清除速率的步骤。在平流层中，如果 $Cl \cdot$、$ClO \cdot$ 与 H_2O、NO_2 等形成 HCl 或 $ClON_2$ 就会减弱 $Cl \cdot$ 对 O_3 的影响。

3. $ClO_x \cdot$ 的清除

平流层中的 $ClO_x \cdot$ 可以形成 HCl，HCl 经扩散进入对流层后即可被降水清除，这是 $ClO_x \cdot$ 的主要去除机制。在 30 km 以上的大气中，$ClONO_2$ 的含量也很显著。

4. 平流层中 NO_x、HO_x 与 $ClO_x \cdot$ 的重要反应

平流层中 NO_x、HO_x 与 $ClO_x \cdot$ 的相互反应或与平流层中其他组分发生反应，生成的产物相当于将这些活性基团暂时贮存起来，在一定条件下会再一次重新释放。

（1）生成 $HONO_2$：

$$\cdot OH + NO_2 \longrightarrow HONO_2$$
$$HONO_2 + hv \ (\lambda \leqslant 345 \ nm) \longrightarrow \cdot OH + NO_2$$
$$HONO_2 + \cdot OH \longrightarrow H_2O + NO_3$$

（2）生成 HO_2NO_2：

$$HO_2 \cdot + NO_2 + M \longrightarrow HO_2NO_2 + M$$
$$HO_2NO_2 + \cdot OH \longrightarrow H_2O + NO_2 + O_2$$

（3）生成 $ClONO_2$：

$$ClO \cdot + NO_2 + M \longrightarrow ClONO_2 + M$$
$$ClONO_2 + hv \longrightarrow Cl \cdot + NO_3$$

（4）生成 N_2O_5：

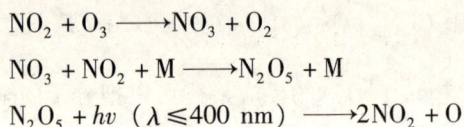

$$NO_2 + O_3 \longrightarrow NO_3 + O_2$$
$$NO_3 + NO_2 + M \longrightarrow N_2O_5 + M$$
$$N_2O_5 + h\nu \ (\lambda \leqslant 400 \ \text{nm}) \longrightarrow 2NO_2 + O$$

（5）生成 HOCl：

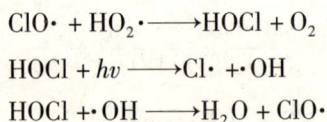

$$ClO\cdot + HO_2\cdot \longrightarrow HOCl + O_2$$
$$HOCl + h\nu \longrightarrow Cl\cdot + \cdot OH$$
$$HOCl + \cdot OH \longrightarrow H_2O + ClO\cdot$$

（6）生成 H_2O_2：

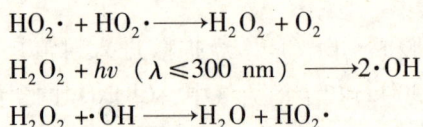

$$HO_2\cdot + HO_2\cdot \longrightarrow H_2O_2 + O_2$$
$$H_2O_2 + h\nu \ (\lambda \leqslant 300 \ \text{nm}) \longrightarrow 2\cdot OH$$
$$H_2O_2 + \cdot OH \longrightarrow H_2O + HO_2\cdot$$

（7）生成 HCl：

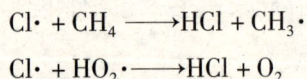

$$Cl\cdot + CH_4 \longrightarrow HCl + CH_3\cdot$$
$$Cl\cdot + HO_2\cdot \longrightarrow HCl + O_2$$

在平流层中已经观测到上述的活性基团和一些原子（O·）或分子化合物如 NO、NO_2、HO·、HO_2·、Cl·、ClO·、$ClONO_2$、N_2O_5、HO_2NO_2，这就进一步证实了臭氧层破坏的机理。

综上所述，平流层中 NO_x、HO_x· 与 ClO_x· 对 O_3 清除的催化循环有着紧密的联系，它们在平流层所发生的一系列反应控制了平流层 O_3 的浓度及分布。

二、人类活动对平流层的影响

正常情况下，O_3 的生成和消除处于动态平衡，O_3 的浓度保持恒定，但由于人类活动的影响，为上述促进 O_3 损耗反应进行的催化剂提供了重要的来源。近年来不少研究表明大气中 N_2O、CO、CH_4、CO_2、CCl_4、CH_3CCl_3 和 CFC 类化合物的浓度在平流层不断增加，并形成了 NO_x、HO_x· 与 ClO_x· 等活性基团，从而加速了 O_3 的消除过程，破坏了 O_3 的稳定状态。

（一）氟氯烃（CFC）类化合物及其他含氯化合物对平流层 O_3 的影响

1974 年，Molona 和 Rowland 两位美国科学家提出了 CFC－11（$CFCl_3$）、CFC－12（$CFCl_2$）等氟氯烃类化合物损耗臭氧层的理论。CFC 类化合物性质较稳定，不溶于水，不易被对流层中雨水冲刷清除，其唯一的大气化学反应是在平流层中光解：

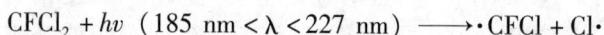

$$CFCl_3 + h\nu \ (185 \ nm < \lambda < 227 \ nm) \longrightarrow \cdot CFCl_2 + Cl \cdot$$

$$CFCl_2 + h\nu \ (185 \ nm < \lambda < 227 \ nm) \longrightarrow \cdot CFCl + Cl \cdot$$

反应继续，直至释放出全部 Cl·，而 Cl· 则是催化消除 O_3 的一个重要的活性物种，此外，在平流层上层，CFC 类化合物又会与由 O_3 光解产生的 $O \cdot (^1D)$ 作用释放出 Cl·：

$$CFCl_3 + O \ (^1D) \longrightarrow 3 \cdot Cl \qquad\qquad CF_2Cl_2O(^1D) \longrightarrow 2 \cdot Cl$$

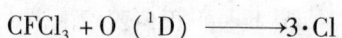

科学家们经过研究，最后得出一致的结论：臭氧层的破坏和臭氧空洞的出现，是人类自身行为造成的，也就是人们在生产和生活中大量生产和使用"消耗臭氧层物质 Ozone Depleting Substances（ODS）"以及向空气中排放大量的废气造成的。ODS 主要包括下列物质：氟氯碳化物（CFCs）、哈龙（Halon）、氯化碳氢化物（CHCs），氢氟碳化物（HFCs）、不完全卤化氟溴化物（HBFCs）、氟氯氢碳化物（HCFCs）、全氟碳化物（PFCs）等，典型的是氟氯化碳。

（二）超音速飞机排放物对平流层 O_3 的影响

超音速飞机的飞行高度可以达到 $16 \sim 20 \ km$，在飞行过程中可以将大量的 NO_x 和水蒸气直接排放到平流层。据估计，由超音速飞机群向平流层排放 NO_x 的速度可达到每年 $1.8 \times 10^6 \ t$，即 7.5×10^{26} 分子/秒，此速度超过了估计的平流层 NO_x 的天然来源（5×10^{26} 分子/s）。据麻省理工学院三维动力学——化学模式计算得出，由此而引起的 O_3 损耗，北半球约为 10%，南半球约为 8%，航线附近约为 25%，此损耗量是相当惊人的。但后来有人发现在低平流层中 NO_x 反而使 O_3 略有增加，其原因在于 NO_x（主要是 NO）能消除自由基 $HO_2 \cdot$、$ClO \cdot$ 等活性物种：$NO + HO_2 \cdot \longrightarrow HO \cdot + NO_2$，$NO + ClO \longrightarrow Cl \cdot + NO_2$，从而抑制了 $HO_2 \cdot$ 和 $ClO \cdot$ 等对 O_3 的损耗，总的结果是有利于减少低平流层中 O_3 的损耗。除上述人为排放的污染物外，其他如 CH_4、Br、CO_2 等均对平流层 O_3 有一定影响。

（三）氮肥

综上所述，NO_x、$HO_x \cdot$ 与 $ClO_x \cdot$ 自由基等活性物种对平流层中 O_3 的含量和分布具有重要的影响，而人类的某些活动又能增加这些活性物种在平流层中的含量。但由于这些物种之间的作用，它们对平流层中 NO_x、$HO_x \cdot$ 与 $ClO_x \cdot$ 对 O_3 的影响很复杂，理论计算的结果与实测结果还不能很好地吻合，因此，平流层臭氧化学的研究还需要进一步深入。

三、南极"臭氧洞"现象及其解释

（一）"臭氧洞"的发现

英国南极考察站的科学家 Farmen 等人在 1985 年报道了 Halley Bay 观察站自 1975 年起每年 10 月份期间观察到总 O_3 的减少大于 30%，而 1957 年到 1975 年间则变化很小。这一现象引起了科学家的极大关注。1986 年，Stolarski 等根据雨云七号（Nimbus 7）卫星上的紫外反散射仪器收集的数据，证实了自 1979 年到 1984 年 10 月份在南极地区的确出现了总 O_3 的减弱，并测得一个"洞"，其面积与美国领土相等，深度相当于珠穆朗玛峰的高度。这样显著的变化已经超出了由气候引起的变化范围。其他季节没有类似的现象。Angell 进一步分析了地面测得的总 O_3 和用臭氧探空仪所获得的资料后提出，在 9、10、11 这 3 个月份中出现了全球性的臭氧降低，而南极地区降低最大，南极上空的臭氧层已是极其稀薄，与周围相比好像是形成一个"洞"，直径达上千公里，"臭氧洞"因此而得名，南极春季（9、10 月份）期间，一个"臭氧洞"（Ozone hole）正覆盖着南极大陆的大部分地区的现象得到了承认，也引起了全世界的高度关注。南极地区总 O_3 的降低显然是与用臭氧探空仪测到的 8～16 km 和 16～24 km（平流层范围）的臭氧的降低有关。2008 年形成的南极臭氧空洞的面积到 9 月第 2 个星期就已达 2 700 万 km^2，而 2007 年的臭氧空洞面积只有 2 500 万 km^2。2000 年，南极上空的臭氧空洞面积达创纪录的 2 800 万 km^2，相当于 4 个澳大利亚。除了南极，臭氧层减弱的问题在其他地区也有所发现。Bowman 等人在 1986 年报道，在北半球高纬度地区 3 月份期间的总臭氧一直在减少。美国国家宇航局（NASA）研究表明：1969 年至 1986 年 17 年间，在北纬 30°～39°地区，臭氧层浓度平均每年减少 2.3%，在北纬 40°～52°地区减少 4.7%，在北纬 53°～64°地区减少 6.2%。中国气象科学院的周秀骥利用地面观测和卫星资料，首次发现了中国在青藏高原上空夏季存在一个臭氧低值中心。中心出现于每年 6 月维持到 9 月，中心区臭氧总浓度平均的年递减率达 0.345%，研究还表明自 1979 年以来，中国大气臭氧总量逐年减少，年平均递减率为 0.077%～0.75%。根据全球总臭氧的观测结果，除赤道地区外，臭氧总浓度的减少情况随纬度的不同而有差异，从低纬度到高纬度臭氧的损耗加剧，1978 年至 1991 年间每 10 年的总臭氧减少率为 1%～5%。图 3-15 绘出的自 1979 年到 1985 年 7 年中 10 月份的总臭氧均值，已充分显示了这一点。

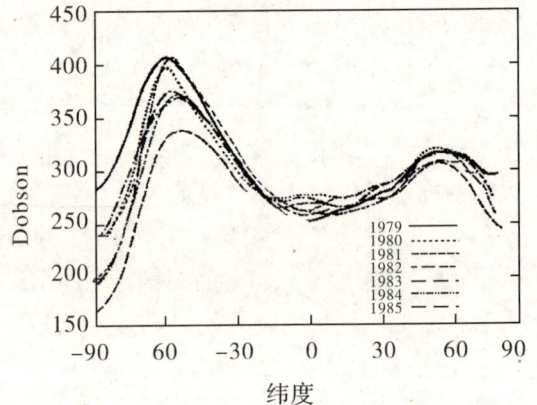

图 3-15　1979—1985 年 10 月份纬向平均总臭氧随纬度的分布

（二）南极"臭氧洞"现象的解释

南极出现臭氧洞的现象目前有几种假说。Farman 等在 1985 年提出南极春季 O_3 的减少是与 ClO_x 浓度增高以及相应的 NO_2/NO 比例的变化有关。从大气模式计算的结果看来，这样的一些化学上的变化尚不足以解释在南极观察到的 O_3 的减少。Soloman 等（1986）提出 O_3 的减少可能是由于在南极春季 ClO_x 和 HO_x 物种的浓度增加的缘故，而这些物种浓度的增加是来自南极地区极夜时极地平流层云中的非均相反应。McElroy 等（1986）认为由上述过程产生的 ClO 可能与 BrO 作用而降低 O_3。Tung 等（1986）则认为，极地存在着逆环流圈，它的不断地加强，造成在极地低平流层有上升运动，将对流层的贫 O_3 的大气带入了平流层，Callis 和 Natarajan（1986）提出太阳循环在低中间层生成的奇氮有可能输送到南极的平流层，而造成当地 O_3 的减少；如果这个假设正确的话，那么，O_3 浓度的变化应和太阳活动有同样的周期性，还有一些假说认为臭氧的减少与火山活动有关，等等。总之，归纳起来，对南极臭氧洞的成因，至少有 4 种推测：① 人为影响——人类活动产生的氯化物进入了大气层；② 与太阳活动周期有关的自然观象；③当地天气动力学过程；④火山活动等。

四、臭氧层破坏的化学机制

为了揭开臭氧"洞"之谜，美国组织了一个由 15 名科学家组成的考察团，于 1986 年 9 月到南极 McMurdo 站进行考察、调查。他们发现，到 9 月中旬，臭氧"洞"果然出现了，并在其后的二三十天里继续发展，直至"洞"里的臭氧量减少约 40%，其位置距地面高度 12 ~ 19 km。该考察团负责人——美国海洋和大气管理局（NOAA）的化学家 Susun Soloman 说，尽管大气动力学无疑有助于臭氧洞的形成，但化学过程还是主要的，尤其是含氯氟烃的存在可能会起更大的作用。为此，于 1987 年在世界范围内签订了限量生产和使用氯氟烷烃等物质的蒙特利尔协定。

为了解释臭氧洞的成因，人们提出了各种各样的化学机制。这些理论多数是将臭氧的减少与平流层中含氯（或溴）化合物浓度的增加相联系。本节选择几种重要的催化反应链作如下介绍：

1. Soloman 提出的机制

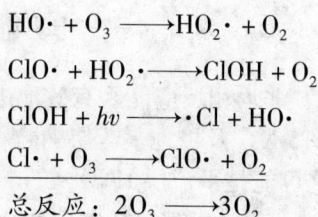

$$HO\cdot + O_3 \longrightarrow HO_2\cdot + O_2$$
$$ClO\cdot + HO_2\cdot \longrightarrow ClOH + O_2$$
$$ClOH + hv \longrightarrow \cdot Cl + HO\cdot$$
$$\underline{Cl\cdot + O_3 \longrightarrow ClO\cdot + O_2}$$
$$总反应：2O_3 \longrightarrow 3O_2$$

2. Molina 等提出的机制

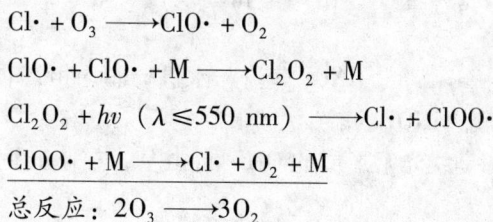

$$Cl\cdot + O_3 \longrightarrow ClO\cdot + O_2$$
$$ClO\cdot + ClO\cdot + M \longrightarrow Cl_2O_2 + M$$
$$Cl_2O_2 + hv \ (\lambda \leqslant 550 \ nm) \longrightarrow Cl\cdot + ClOO\cdot$$
$$\underline{ClOO\cdot + M \longrightarrow Cl\cdot + O_2 + M}$$
$$总反应：2O_3 \longrightarrow 3O_2$$

3. McElroy 提出的机制

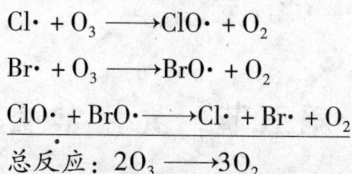

$$Cl\cdot + O_3 \longrightarrow ClO\cdot + O_2$$
$$Br\cdot + O_3 \longrightarrow BrO\cdot + O_2$$
$$\underline{ClO\cdot + BrO\cdot \longrightarrow Cl\cdot + Br\cdot + O_2}$$
$$总反应：2O_3 \longrightarrow 3O_2$$

Solomon 和 McElroy 在 1986 年观察到南极平流层气溶胶的增长和臭氧的减少有很好的

相关性，于是，提出了由于极地平流层中冰晶或过冷水滴表面发生的非均相反应加速了破坏臭氧的催化循环，其反应机制如下：

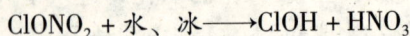

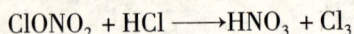

$$ClONO_2 + 水、冰 \longrightarrow ClOH + HNO_3$$

$$ClONO_2 + HCl \longrightarrow HNO_3 + Cl_3$$

在南极的晚冬和早春的日照下，随着 ClOH 和 Cl$_2$ 的快速光解，产生了 Cl·，Cl· 很快与存在的 NO$_2$ 重新结合成 ClONO$_2$。这样，就将 NO$_2$ 从气相中除去，并使其转化为 HNO$_3$。

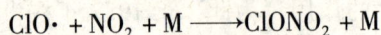

$$ClOH + hv \longrightarrow Cl· + OH·$$

$$Cl_2 + hv \longrightarrow 2Cl·$$

$$Cl· + O_3 \longrightarrow ClO· + O_2$$

$$ClO· + NO_2 + M \longrightarrow ClONO_2 + M$$

上述通过 ClO$_x$ 催化光解，将 NO$_2$ 转化成 HNO$_3$ 的机制，进一步肯定了平流层化学中通常考虑的途径：

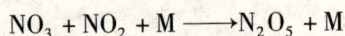

$$NO_2 + O_3 \longrightarrow NO_3 + O_2$$

$$NO_3 + NO_2 + M \longrightarrow N_2O_5 + M$$

$$N_2O_5 + 冰、水 \longrightarrow 2HNO_3$$

这个机制也还是一种推测，非均相反应能否有效地进行，尚待实验证实。人们已经注意到了在南极低温（210～215 K）及极地平流层颗粒物存在下，气态 HNO$_3$ 和 H$_2$O 可相互凝聚转化成 HNO$_3$·3H$_2$O，这可能是平流层 HNO$_3$ 的一个清除过程。

综上所述，"臭氧洞"形成的化学机理包括以下几个过程：

（1）极夜期间，NO$_x$ 向 N$_2$O$_5$ 的转化。

（2）在温度≤215～210 K 下，由离子和（或）气溶胶催化使 N$_2$O$_5$ 和 ClONO$_2$ 转化形成 HNO$_3$。

（3）在温度≤205±5 K 下，HNO$_3$ 蒸汽与水进行非均相、非同类分子的凝聚，产生平流层云颗粒物，导致气态 HNO$_3$ 的减少。

（4）由宇宙射线和臭线光解形成的 OH· 自由基，在阳光返回极地之后，经甲烷的光化学氧化而积累。

（5）HCl 和 HBr 通过与 OH· 反应转化为 ClO$_x$、BrO$_x$；ClONO$_2$ 通过非均相反应等产生了 ClO$_x$、BrO$_x$。

（6）经 ClO$_x$ 和 BrO$_x$ 催化，臭氧被破坏。

第五节　光化学烟雾

光化学烟雾最为著名的是 1940 年出现在美国的光化学烟雾污染。因此，光化学烟雾也称为洛杉矶型烟雾,这次事件被列为"世界八大环境公害"事件之一。继洛杉矶之后,光化学烟雾在世界各地不断出现,如日本的东京、大阪,英国的伦敦以及澳大利亚、德国等的大城市。

一、光化学烟雾的化学特征

光化学烟雾的形成条件主要是大气中含有氮氧化物和碳氢化物,在阳光中紫外线照射下发生反应,从而引起大气中污染物一系列的氧化还原反应,产生较多高反应活性的自由基和二次污染物,这便形成了光化学污染。人们把参与光化学反应过程的一次污染物和生成的二次污染物的混合物所形成的烟雾污染现象称为光化学烟雾。

早在20世纪40年代初,美国洛杉矶的居民首次发现了这种污染,它的特征是烟雾呈蓝色,具有强氧化性,刺激人们眼睛、使喉部疼痛,有的还伴有不同程度的头昏、头痛,伤害植物叶子,加速橡胶老化,并使大气能见度降低;其刺激物浓度的高峰出现在中午或午后,污染区域往往在下风向的几十到几百公里处。光化学烟雾主要发生在强日光及大气相对湿度较低的夏季晴天,白天形成,晚上消失,受气象条件影响,逆温静风会加剧光化学烟雾的污染。

20世纪50年代初,Haggen-Smit 确定了空气中的刺激性气体为臭氧,他认为洛杉矶烟雾是由强烈的阳光照射引发了大气中存在的碳氢化物和氮氧化物之间的化学反应而造成的,并指出城市大气中,碳氢化物和氮氧化物的主要来源是汽车尾气。臭氧浓度升高是光化学烟雾的标志。

二、光化学烟雾形成的机制

光化学烟雾是一个链反应,链引发反应主要是由 NO_2 光解引起。另外,还有其他化合物,如甲醛在光的照射下生成的自由基,这些化合物均可引起链引发反应。Seinfield (1986) 表明光化学烟雾形成的反应机制可概括为以下12个反应:

引发反应:

$$NO_2 + hv \longrightarrow NO + O\cdot$$
$$O\cdot + O_2 + M \longrightarrow O_3 + M$$
$$NO + O_3 \longrightarrow NO_2 + O_2$$

自由基传递反应:

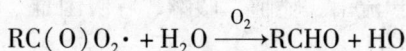

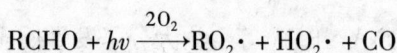

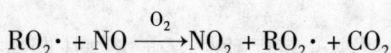

$$RH + HO\cdot \longrightarrow RO_2\cdot + H_2O$$
$$RC(O)O_2\cdot + H_2O \xrightarrow{O_2} RCHO + HO$$
$$RCHO + hv \xrightarrow{2O_2} RO_2\cdot + HO_2\cdot + CO$$
$$HO_2\cdot + NO \longrightarrow NO_2 + HO\cdot$$
$$RO_2\cdot + NO \xrightarrow{O_2} NO_2 + RO_2\cdot + CO_2$$

终止反应：

$$HO\cdot + NO_2 \longrightarrow HNO_3$$

$$RC(O)O_2\cdot + NO_2 \longrightarrow RC(O)O_2NO_2$$

$$RC(O)O_2NO_2 \longrightarrow RC(O)O_2\cdot + NO_2$$

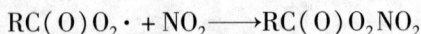

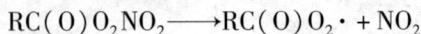

在光化学反应中，自由基反应占很重要的地位，自由基的引发反应主要是由 NO_2 和醛光解而引起的，碳氢化合物的存在也是自由基转化和增殖的根本原因。

三、光化学烟雾的危害

随着汽车在现代生活中占有越来越重要的位置，汽车尾气所造成的污染也越来越严重，当废气在空气中达到一定浓度后，受阳光中紫外线照射发生光化学反应，生成臭氧、过氧乙酰基硝酸酯、醛类、二氧化氮等多种具有很强氧化能力的光化学氧化剂。这些光化学反应产物即使在浓度极低的情况下，也能给生物造成重大的影响。

（一）对人体健康的危害

光化学烟雾对人体健康的影响主要表现在以下几方面：

1. 光化学烟雾影响人的呼吸道功能，特别是会损伤儿童的肺功能

据美国环境部门调查，现在美国空气中的有害气体和物质里，69% 的铅、70% 的 CO、33% 的 CO_2 和 35% 的烃类化合物是车辆排放的。这些排放物每年会导致成千上万的美国人死于肺癌、肺气肿和各种呼吸系统疾病。据报载，目前英国每年有 1 万人由于吸入化学微粒而死亡。这些微粒能够进入肺部，引起心脏病发作、呼吸困难和肺癌，对老人、儿童和体弱多病者尤为严重，而汽车尾气则是这种微粒的主要来源。

2. 对眼睛有强烈的刺激作用

会引起流泪、眼红肿、结膜炎。主要作用物是 PAN、甲醛、丙烯醛、各种自由基及过氧化物等。其中 PAN 是极强的催泪剂，其催泪作用是甲醛的 200 倍。如美国加州在 1970 年发生的光化学烟雾大气污染中，城市的 3/4 人口患了红眼病。

3. 对全身影响

O_3 还能阻止血液输氧功能，造成组织缺氧，并使甲状腺功能受损，骨骼早期钙化。此外还能引起潜在的全身影响，如诱发淋巴细胞染色体畸变、损害某些酶的活性和产生溶血反应，长期吸入氧化剂会影响细胞新陈代谢，加速人体老化。

4. 致敏作用

甲醛是致敏物质，能引起流泪、喷嚏、咳嗽、呼吸困难、哮喘等。

5. 突变作用

臭氧是强氧化剂，可与 DNA、RNA 等生物大分子发生反应，并使其结构受损。

（二）对植物的危害

光化学烟雾能使植物叶片受害变黄以致枯死。植物长期遭受臭氧污染，可导致高产性

能的消失，甚至使植物丧失遗传基础。这是由于臭氧影响细胞的渗透性，降低了光合作用，使植物根部缺乏营养，同时又影响根部向上输送养料和水分。据资料统计，1959 年由于光化学污染使大片树木枯死，葡萄减产 60% 以上、柑橘也严重减产，这年由于光化学污染引起的农作物减产损失达 800 万美元。据美国农业部的一项调查报告称，仅汽车排放物对小麦、玉米、大豆和花生这 4 种作物的侵害，就使美国每年损失 20 亿～46 亿美元。对光化学烟雾敏感的植物还有棉花、烟草、甜菜、莴苣、番茄、菠菜、某些花卉和多种树木。

（三）其他危害

光化学烟雾还会促进酸雨形成，使染料和绘画褪色、橡胶变硬。光化学烟雾还可降低大气的能见度，影响飞机的安全飞行和汽车的安全行使，使交通事故的发生率猛增。此外，汽车废气还会损害大量的陆生动植物，破坏江河的生态系统。

四、光化学烟雾的控制

随着全球工业的发展和大气质量的不断下降，使大量污染物进入大气，随之较多的地方发生了光化学烟雾污染。如何控制光化学烟雾发生及减轻其危害已成为引人注目的研究课题。下面介绍两种有效的控制对策：

（1）控制反应活性高的有机物的排放：有机物反应活性表示某有机物通过反应生成产物的能力。就光化学反应形成机制而言，应该有效地控制碳氢化物和氮氧化物的排放，因为碳氢化物是光化学反应过程中必不可少的重要组分，因此，控制这一类反应活性高的有机物的排放，能够有效控制光化学烟雾的形成和发展。

（2）控制臭氧的浓度：已知 NO_x 和碳氢化物初始浓度的大小会影响 O_3 的生成量和生成浓度。对于不同浓度的 NO_x 和碳氧化物都可以生成一个 O_3 的最大值，因此可以根据反应趋向控制反应物的浓度，以控制 O_3 含量，从而减少光化学污染。

第六节　煤烟型烟雾

又称还原型烟雾或硫酸烟雾、伦敦型烟雾，指由燃煤产生的烟雾。燃煤烟气中主要为还原性物质 SO_2、CO 和颗粒物（其中含有碳粒）。这类烟雾在 20 世纪 50 年代最早出现于英国伦敦。

一、硫氧化物的转化

（一）SO_2 的气相氧化作用

1. SO_2 的直接光氧化

在低层大气中，SO_2 的主要光化学过程是形成激发态 SO_2 分子，而不是直接解离。SO_2 在 290 nm 处和 384 nm 处进行两种电子允许跃迁，产生强、弱吸收带，但不发生光解：

$$SO_2 + hv \ (290\sim340 \ nm) \ \Longrightarrow {}^1SO_2 \ （单重态）$$

$$SO_2 + hv \ (340\sim400 \ nm) \ \Longrightarrow {}^3SO_2 \ （三重态）$$

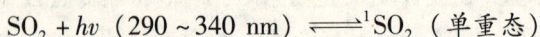

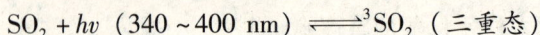

能量较高的单重态分子，可按以下过程跃迁到三重态或基态：

$${}^1SO_2 + M \longrightarrow {}^3SO_2 + M$$

$${}^1SO_2 + M \longrightarrow SO_2 + M$$

在环境大气条件下，激发态 SO_2 主要是以三重态 ${}^3SO_2$ 形式存在，单重态 ${}^1SO_2$ 不稳定，可按上述反应式转化为 ${}^3SO_2$。

在大气中 SO_2 光氧化为 SO_3 的机制为：

$${}^3SO_2 + O_2 \longrightarrow SO_4 \longrightarrow SO_3 + O\cdot$$

$$或 \ SO_4 + SO_2 \longrightarrow 2SO_3$$

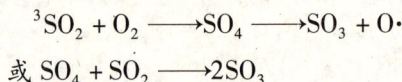

2. SO_2 的间接光氧化（被自由基氧化）

在污染大气中，由于各类有机污染物的光解及化学反应可以生成各种自由基，如 $HO\cdot$、$HO_2\cdot$、$RO\cdot$、$RO_2\cdot$、$RC(O)O_2\cdot$ 等，气态 SO_2 在光化学反应活跃的大气中能与这些强氧化性自由基反应而被氧化，称为 SO_2 的自由基氧化。这些大气中的自由基，主要来自于大气中一次污染物 NO_x 的光解，及光解产物与活性炭氢化合物相互作用过程中的中间产物，也来自光化学污染物及反应产物，如醛、亚硝酸和过氧化氢的光解反应。这些自由基大多都有较强的氧化作用，在光化学反应十分活跃的大气中将 SO_2 分子转化为自由基。

（1）SO_2 与 $HO\cdot$ 的反应。SO_2 与 $HO\cdot$ 的氧化反应是大气中 SO_2 转化的重要反应，首先 SO_2 与 $HO\cdot$ 结合生成一个活性自由基：

$$HO\cdot + SO_2 \longrightarrow HOSO_2\cdot$$

此自由基进一步与空气中 O_2 作用：

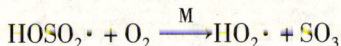

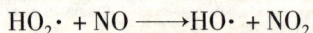

$$HOSO_2\cdot + O_2 \xrightarrow{M} HO_2\cdot + SO_3$$

$$SO_3 + H_2O \longrightarrow H_2SO_4$$

$$HO_2\cdot + NO \longrightarrow HO\cdot + NO_2$$

上述反应使得 $HO\cdot$ 再生，于是上述氧化过程又循环进行。此循环过程的速率决定步骤是 SO_2 与 $HO\cdot$ 的反应。

（2）SO_2 与其他自由基的反应。在大气中 SO_2 氧化的另一个重要反应是 SO_2 与二元活性自由基的反应。

$$SO_2 + CH_3CHOO\cdot \longrightarrow CH_3CHO + SO_3$$

另外，$HO_2 \cdot$、$CH_3O_2 \cdot$、$CH_3(O)O_2 \cdot$ 也易与 SO_2 反应，而将其氧化成 SO_3：

$$HO_2 \cdot + SO_2 \longrightarrow HO \cdot + SO_3$$
$$HO_2 \cdot + SO_2 \longrightarrow HO_2SO_2 \cdot$$
$$CH_3O_2 \cdot + SO_2 \longrightarrow CH_3O \cdot + SO_3$$
$$CH_3O_2 \cdot + SO_2 \longrightarrow CH_3O_2SO_2 \cdot$$
$$CH_3C(O)O_2 \cdot + SO_2 \longrightarrow CH_3C(O)O \cdot + SO_3$$

（3）SO_2 被氧原子氧化。污染大气中的 $O \cdot$ 主要来源于 NO_2 的光解：

$$NO_2 + h\nu \longrightarrow NO + O \cdot$$
$$SO_2 + O \cdot \longrightarrow SO_3$$

（二）SO_2 的液相氧化

SO_2 可溶于云雾、水滴中，也可被大气中的颗粒物所吸附，并溶解在颗粒物表面所吸附的水中，然后被 O_2、O_3 或 H_2O_2 氧化，当有金属离子存在时，SO_2 的氧化速率可大大加快。

1. SO_2 的扩散溶解

$$SO_2\ (g) + H_2O \rightleftharpoons SO_2 \cdot H_2O$$
$$SO_2 \cdot H_2O \rightleftharpoons H^+ + HSO_3^- \qquad\qquad k = 1.32 \times 10^{-2}\ mol$$
$$HSO_3^- \rightleftharpoons H^+ + SO_3^{2-} \qquad\qquad k = 6.42 \times 10^{-8}\ mol$$

2. O_3 对 SO_2 的氧化

在污染空气中 O_3 的含量比清洁空气中要高，这是由于 NO_2 的光解而致。O_3 可溶解于大气中的水，将 SO_2 氧化：

$$O_3 + SO_2 \cdot H_2O \longrightarrow 2H^+ + SO_4^{2-} + O_2$$
$$O_3 + HSO_3^- \longrightarrow HSO_4^- + O_2$$
$$O_3 + SO_3^{2-} \longrightarrow SO_4^{2-} + O_2$$

上述反应中，O_3 与 SO_3^{2-} 反应最快，其次是 HSO_3^-，最慢的是 $SO_2 \cdot H_2O$。这 3 个反应的重要性随 pH 值的变化而不同，pH 值较低时，$SO_2 \cdot H_2O$ 与 O_3 的反应较为重要，pH 值较高时，SO_3^{2-} 与 O_3 的反应占优势。

3. H_2O_2 对 SO_2 的氧化

H_2O_2 对 S（Ⅳ）的氧化在 pH 值为 0~8 范围内均可进行，氧化反应式为：

$$HSO_3^- + H_2O_2 \rightleftharpoons SO_2OOH^- + H_2O$$
$$SO_2OOH^- + H^+ \longrightarrow H_2SO_4$$

4. 金属离子对SO_2的催化氧化

研究证明，水滴中存在Mn^{2+}、Cu^{2+}、Fe^{3+}等离子时，即使没有光照，S（Ⅳ）的氧化速率也可增大。Mn^{2+}对SO_2的催化氧化反应式如下：

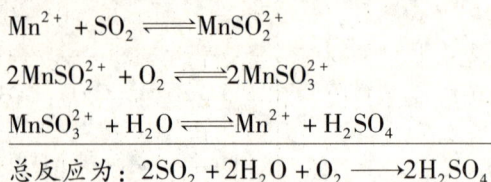

$$Mn^{2+} + SO_2 \rightleftharpoons MnSO_2^{2+}$$
$$2MnSO_2^{2+} + O_2 \rightleftharpoons 2MnSO_3^{2+}$$
$$\underline{MnSO_3^{2+} + H_2O \rightleftharpoons Mn^{2+} + H_2SO_4}$$

总反应为：$2SO_2 + 2H_2O + O_2 \longrightarrow 2H_2SO_4$

二、煤烟型烟雾的化学特征

由于大气中较多氧化性物质和反应活性高的自由基，SO_2可以被氧化成SO_3，同时SO_2和SO_3会与大气中的水蒸气结合生成H_2SO_3和H_2SO_4，与大气颗粒物结合形成硫酸盐颗粒物，从而造成煤烟型烟雾污染。它主要是由于燃煤而排放出来的二氧化硫、大气颗粒物以及由二氧化硫氧化而形成的硫酸盐颗粒物所造成的大气污染，河谷盆地易发生。这种污染多发生在冬季，气温较低、气压高、风速很低、湿度较高和日光较弱、有雾的气象条件下，加上小风或静风并有逆温存在时，烟囱排放煤烟不易扩散而积聚在低空中形成烟雾。煤烟型烟雾的污染物属于还原性混合物，故又称为还原烟雾。而光化学烟雾是由高浓度氧化剂组成的混合物，因此也称为氧化烟雾，表3-17为两种烟雾的差别。目前已发现两种类型的烟雾污染可交替发生。如广州夏季是以光化学烟雾为主，而冬季则以煤烟型烟雾为主。

表3-17 煤烟型烟雾和光化学烟雾的比较

项　目	煤烟型烟雾	光化学烟雾
概　况	发生较早（1873年），至今已多次出现	发生较晚（1943年），发生光化学反应
污染物	颗粒物、SO_2、硫酸雾等	碳氢化合物、NO_x、O_3、PAN、醛类
燃　料	煤	汽油、煤气、石油
气象条件	气温低、气压高、风速很低、湿度大、有雾、有逆温产生	气温高、天气晴朗、紫外线强
季　节	冬季	夏、秋
气　温	低（4℃以下）	高（24℃以上）
湿　度	高	低
日　光	弱	强
O_3浓度	低	高
出现时间	白天夜间连续	白天
毒　性	对呼吸道有刺激作用，严重时导致死亡	对眼和呼吸道有强刺激作用，O_3等氧化剂有强氧化破坏作用，严重时可导致死亡

注：本表摘自王晓蓉，1993

三、煤烟型烟雾的机制

大气中的 SO_2 经光化学氧化、催化氧化等氧化反应而生成硫酸或硫酸盐，这几种氧化反应过程可分为两类，即均相反应过程和非均相反应过程。所谓均相反应又称单相反应，指化学反应是在一种物相（即单相）中进行的。如在气体中发生的，称为气相反应；在液体中发生的，称液相反应。非均相反应又称多相反应，是在一个以上的物相（即多相）中进行的化学反应，如固体和气体，固体和液体的反应等。

第一，均相氧化反应过程。这个气相反应有两个转化过程。第一步是大气中的 SO_2 在常温下氧化成 SO_3。第二步是 SO_3 在一定温度的空气中和水蒸气或雾滴结合，溶于水而生成液态的硫酸溶液：

$$H_2O + SO_3 \longrightarrow H_2SO_4$$

如果水汽或雾滴中含有其他金属离子或铵离子，就会生成固态的硫酸盐微粒。这种微粒直径一般小于 $1\ \mu m$，通常以硫酸铵 $[(NH_4)_2SO_4]$、硫酸钠（Na_2SO_4）、硫酸钙（$CaSO_4$）、硫酸镁（$MgSO_4$）等化合物状态存在。在冶炼厂附近，则有硫酸铅、硫酸锌及硫酸铬等颗粒生成。

由于在无光的情况下，第一步反应进行得很慢，故这种均相氧化反应在污染大气中不是主要的。

第二，非均相氧化反应。气体 SO_2 可以直接与液滴或液相接触进行氧化反应，可以与固体颗粒物（固相）接触而发生氧化反应。

液相中 SO_2 的非均相反应：这是 SO_2 在水或其他液态物质中氧化生成硫酸的反应过程。它可分为 4 种类型：

（1）液相催化氧化。SO_2 与溶解在水中的 O_2，受催化剂如水滴中的过渡金属离子铁（Fe^{2+}）、锰（Mn^{2+}）等发生的氧化反应。由于催化作用使 O_2 与 SO_2 生成 SO_3 的速度大大加快。因此，生成的硫酸或硫酸盐就多。所以，城市及大工业区或沿海地区、污染空气中、雨水雾滴中，这种反应是普遍存在的。

（2）非催化的液相氧化。这种无催化剂作用的氧化反应速率是不大的，与有催化剂时相比要小 10 ~ 100 倍。

（3）水流中有强氧化剂如 O_3、H_2O_2 存在时，可使 SO_2 的氧化反应明显加快发生。虽然，对流层的下层大气中 O_3 的本底浓度为 50 ppb，H_2O_2 为 1 ~ 3 ppb，两者本底值均较低，但在大城市和工业地区，由于光化学反应产生的 O_3 和 H_2O_2 较高，使 SO_2 氧化的速率增大。因此，一般硫酸或硫酸盐的生成，大城市要比农村快而多，白天又比夜晚要快而多。

（4）有氨（NH_3）存在时的液相氧化。NH_3 的浓度在大气中比较高（6 ppb）。它溶解在水滴中形成 NH_4^+，会使水滴的 pH 值升高，加速 SO_2 的氧化。氨的另一个重要作用是使硫酸转化为硫酸铵颗粒状物质，它起了中和的作用。

固相与 SO_2 的非均相反应：SO_2 在固体颗粒物表面上发生的氧化反应是污染大气中较典型的实例。燃煤排放的煤烟颗粒物表面上，含有不少碳黑及金属氧化物（如 Fe_2O_3、

MnO_2 等），它们吸附了 SO_2，使催化氧化生成硫酸盐。现已发现在活性炭表面上 SO_2 的氧化速率可加快 30% 每小时。这也表明在城市中烟尘对 SO_2 转化为 SO_3 是相当重要的途径。

四、煤烟型烟雾的危害

工业革命以来，由于煤的使用量猛增，大量煤烟和工业废气排入大气且得不到充分扩散而造成严重污染。从 19 世纪末开始，就发生过 20 多起烟雾事件。如 1930 年 12 月 3—5 日，比利时马斯河谷出现逆温，10 多个工厂的废气被封闭在近地面上空。SO_2 和氟化物严重污染了大气，几千人发病，病人声音嘶哑、呼吸急促、咳嗽，吐痰由泡沫转为脓样痰块，呕吐、恶心，三天内致 60 人死亡，多死于心力衰竭。1948 年 10 月 26—31 日，美国多诺拉市发生大雾、气温低、有逆温。大量 SO_2 和金属粉尘从工厂排出而笼罩在该市上空，该市位于河谷岸旁，浓雾 5 天不散，空气中充满硫黄味，致 20 人死亡。英国伦敦近百年来多次发生烟雾事件，其中最严重的一次发生在 1952 年 12 月 5—9 日，浓雾持续 5 天，伦敦住户的采暖壁炉排出大量的烟，与浓雾混合，停滞于城市上空，整个城市被浓烟吞没，死亡人数达 3 500~4 000 人。这就是震惊世界的"伦敦烟雾事件"。受害者以呼吸道刺激症状最早出现，咳嗽、胸痛、呼吸困难，并有头痛、呕吐、发绀。死亡原因多为气管炎、支气管炎、心脏病等。对于老年人、婴幼儿、患有慢性呼吸道疾病和心血管疾病等的人群，影响尤为严重，死亡率高。

思考训练题

一、名词解释

酸雨 温室气体 光化学烟雾 硫酸型烟雾

二、选择题

1. 酸雨是指 pH（　　）的雨、雪或其他形式的降水。
   A．＜6.0　　　　　　B．＜7.0　　　　　　C．＜5.6　　　　　　D．＜5.0

2. 气溶胶中粒径（　　）μm 的颗粒，称为飘尘。
   A．＞10　　　　　　B．＜5　　　　　　　C．＞15　　　　　　D．＜10

3. 温室效应属于（　　）。
   A．环境化学效应　　　B．环境生物效应　　C．环境物理效应

4. 硫酸型烟雾污染多发生于（　　）季节。
   A．春季　　　　　　　B．夏季　　　　　　C．秋季　　　　　　D．冬季

三、填空题

1. 我国酸雨的关键性离子组分为＿＿＿＿＿＿＿＿＿＿＿＿＿＿＿＿＿＿＿＿。

2. 大气气溶胶的主要去除过程有＿＿＿＿＿＿和＿＿＿＿＿＿。

3. 能引起温室效应的气体主要有＿＿＿＿、＿＿＿＿、＿＿＿＿、＿＿＿＿。

4. 臭氧层位于大气中的＿＿＿＿＿层。

5. 大气中的主要碳氢化合物有＿＿＿＿、＿＿＿＿、＿＿＿＿和＿＿＿＿，它们是大气中的重要污染物，是形成＿＿＿＿烟雾的主要参与者。

6. 伦敦烟雾事件是由＿＿＿＿和＿＿＿＿引起的。

四、简答题

1. 试述酸雨的主要成分、形成机理及危害，写出有关化学反应式。
2. 试用化学方程式描述臭氧层破坏的原因和机理。
3. 试述光化学烟雾的特征、形成条件。
4. 请写出概括光化学烟雾反应机制的引发反应和终止反应。
5. 试比较伦敦烟雾和洛杉矶光化学烟雾的区别。

参考文献

［1］唐孝炎. 大气环境化学. 北京：高等教育出版社，1990.

［2］戴树桂. 环境化学（第 2 版）. 北京：高等教育出版社，2006.

［3］王晓蓉. 环境化学. 南京：南京大学出版社，1993.

［4］王静. 环境化学导论. 北京：煤炭工业出版社，2007.

［5］展惠英. 环境化学. 兰州：甘肃科学技术出版社，2008.

［6］中国气象局国家中心，气象出版社，中国气象局科技发展司. 气候变化：人类面临的挑战. 北京：气象出版社，2007.

［7］李连山. 大气污染控制工程. 武汉：武汉理工大学出版社，2003.

［8］林培英. 环境问题案例教程. 北京：中国环境科学出版社，2002.

第四章　天然水及其污染

第一节　天然水体环境

一、天然水概况

（一）水的特性

H_2O 分子结构中，是以 O 核为顶的折线形。在水蒸气分子中测定 O—H 距离为 0.956 8 埃，H—H 距离为 1.54 埃，H—O—H 的键角为 105°3′（or 104.5°）。氧的 $2S_2 2P_4$ 等 6 个电子以不等性 SP_3 杂化轨道与两个氢原子的 $1S_1$ 电子结合为 4 对，构成 O—H 共价键及两对孤对电子。氢原子的 S 电子云与氧原子的 P 电子云相重叠，形成整个水分子的统一电子云，其电子云密度主要集中在氧核附近。从而构成氧端带负电、氢端带正电的典型极性分子。水分子的偶极距很大，是强极性分子。分子间除 van der Waals 力外，还存在特殊的作用力——氢键。氢键比化学键的键能小得多，但比 van der Waals 力大。氢键使水分子发生缔合，缔合的水减弱分子的极性，传递离子的能力也降低。由于氢键的存在，水表现出一系列十分特殊的性质（见表 4 -1）。

表 4 -1　水的物理化学特性对环境的效应

性　质	同其他物质比较	物理、化学和生物的各种环境效应
溶解潜热	液体中最大（氨除外）	由于吸收或放出潜热，故在凝固点有恒温作用，可以调节气候
热　容	所有液体和固体中最高（氨除外）	能防止大气温度变化过大；对水体运动的热能传输能力大；能使体温保持均一
蒸发潜热	所有物质中最高	对环境中热量的传递和输送起着非常重要的作用
热膨胀	密度最高时的温度随碱度增加下降，在 4℃ 时体积最小，密度最大	淡水和稀海水最高密度时对应的温度在凝固点以上，在控制湖泊中温度分布和垂直循环中起着重要作用
表面张力	所有液体中最高（汞除外）	控制某些表面现象和液滴的形成及行为；毛细现象和润湿能力强，对生物细胞的渗透和活性等均有重要作用

（续上表）

性　质	同其他物质比较	物理、化学和生物的各种环境效应
溶解能力	比其他液体能溶解更多的物质，并有较大的溶解度	在生物细胞活动过程中传递营养物和排泄废物，并给生物反应和化学反应提供反应介质
介电常数	所有液体中最高	对离子化合物的溶解有重大作用，并能使其发生最大的电离，便于生化反应和溶解吸收营养物质
电离度	很小	是真正的中性物质，并能同时提供微量的 H^+ 和 OH^-，有利于维持生物体液的酸碱平衡
密　度	在液态时最大	使冰可以浮起；控制垂直循环；防止水体分层，保护冰下生物继续生存
透明度	相对的大	对红外和紫外的辐射能吸收大，对可见光的选择吸收比较小，既是无色的又透明度大，这种特征性的吸收，能保护浮游生物等不受紫外线的伤害
热传导	所有液体中最高（汞除外）	在活细胞体里中等尺度范围内有重要作用，其分子热传导过程远不如涡动传导过程剧烈
氢　键	十分容易形成氢键，只有少数液体具有这种性质	不仅对物质在水体中的迁移反应影响很大，而且在生物体内许多生命物质的活性都有赖于氢键的存在
偶极矩	液体中最大	容易形成水化物，有利于生物体内元素的传递和交换
存在状态	在室温 $\pm 20°C$ 左右就能顺利进行固、液、气三态转化	便于水在环境中和生物体内的循环和调节温度，有利于促进细胞的新陈代谢和废物的排泄

（二）天然水体的化学组成

天然水体的化学组成不断变化，其组成成分十分复杂。不同水体所含物质不同，除水本身外，天然水体中含有的其他物质包括离子、可溶性气体、有机质、胶体物质和生物质等。

1. 主要离子成分

天然水中溶解的离子，主要是水流经岩层时所溶解的矿物质，如碳酸钙（石灰石）、碳酸镁（白云石）、硫酸钙（石膏）、硫酸镁（泻盐）、二氧化硅（沙子）、氯化钠（食盐）、无水硫酸钠（芒硝）等。随着天然水在地面或地下所流经的岩层不同，水的酸碱性有所不同，所溶解的离子也有所不同。天然水中含有丰富的离子成分，其中 K^+、Na^+、Ca^{2+}、Mg^{2+}、HCO_3^-、NO_3^-、Cl^-、SO_4^{2-} 八种离子为含量较高的离子，占了天然水中离子总量的 95%~99%。在海水中主要成分一般指浓度大于 1×10^6 mg/kg 的成分，属于此类的阳离子有 Na^+、K^+、Ca^{2+}、Mg^{2+} 和 Sr^{2+} 五种，阴离子有 Cl^-、SO_4^{2-}、Br^-、HCO_3^-（CO_3^{2-}）、F^- 五种，还有以分子形式存在的 H_3BO_3，其总和占海水盐分的 99.9%。湖水中，一般 Na^+、SO_4^{2-}、Cl^- 占优势；地下水一般来说硬度较高，即 Ca^{2+}、Mg^{2+} 含量较高；对于一些苦咸水地区，HCO_3^- 和 Na^+ 含量高。

（1）Ca^{2+}、Mg^{2+}。首先，钙、镁是生命过程必需的元素。钙是动物的骨骼和植物细胞壁的重要组成元素，是水体初级生产不可缺少的营养成分之一，如果水中钙的含量过少，则会影响藻类的繁殖。镁是叶绿素的重要组成部分，各种藻类都需要镁。在缺镁的情况，核糖核酸的合成会停止，同时还会影响对钙的吸收。其次，钙离子可以降低重金属离子和一价离子的毒性。在有钙离子存在的情况下，一些重金属离子的毒性相对它来说会降低。再次，钙离子、镁离子还可以增加水体的缓冲性能。在钙、镁离子含量成分比较高的情况下，水体的缓冲性能都比较好。

Ca^{2+}、Mg^{2+} 是硬水主要成分。Ca^{2+} 在天然淡水中是含量最高的阳离子，一般变化在 $25 \sim 636$ mg/L 之间，其地质来源很多，它通常来自钙长石、方解石、白云石、石膏、无水石膏、萤石等。Mg^{2+} 在天然淡水中变化幅度在 $8.5 \sim 242$ mg/L 之间。水中的镁只要来自镁橄榄石、蛇纹石、镁铁矿、菱铁矿、白云石、水镁石。

（2）Na^+、K^+。Na^+ 是表征高矿化水的主要阳离子，Na^+ 在天然水中变化幅度在 $1.0 \sim 124$ mg/L。在低矿化水中（即溶解性固体总量低的水中），Na^+ 的含量很小，一般仅为每升几毫克；大多数河水每升几十毫克。卤水中 Na^+ 的含量高达 100 g/L。

K^+ 是植物的大量营养元素之一。一般情况下，水体中 Na^+ 和 K^+ 的数量不会低到限制动植物生长的时候。但是过多的 K^+ 如果进入动物体内以后，反而会使动物的新陈代谢活动失常，甚至引起死亡。K^+ 在天然水中的变幅在 $0.8 \sim 2.8$ mg/L 之间。K^+ 和 Na^+ 一样，在环境中很难沉淀。

（3）Al^{3+}、Fe^{3+}、Mn^{2+}。铝是自然界中的常量元素，毒性不大，但过量摄入人体，能干扰磷的代谢，对胃蛋白酶的活性有抑制作用。Al^{3+} 尽管分布很广，但溶解在水中的 Al^{3+} 很少，铝大多以溶解度很小的 Al（OH）Cl_2、Al（OH）$_2$Cl、Al（OH）$_3$ 胶体存在于水体中，一般不超过 0.5 mg/L，世界卫生组织（WHO）对清洁水中铝含量的控制值为 0.2 mg/L。

Fe^{3+} 和 Al^{3+} 一样，在水中很少，多以 Fe（OH）$_3$ 一类胶体或与有机物配合的形式存在。Mn^{2+} 在天然水中一般小于 1 mg/L，它很易氧化形成水合 MnO_2，使水质混浊。

（4）HCO_3^- 和 CO_3^{2-}。它们主要来源于碳酸盐矿物方解石、白云石、文石和菱镁矿等。HCO_3^- 和 CO_3^{2-} 是天然淡水中主要阴离子，它们是 CO_2 与 H_2O 形成的碳酸体系中的组成成分，在调节水体 pH 值方面发挥着非常重要的作用。

（5）SO_4^{2-} 和 Cl^-。天然水体中 SO_4^{2-} 主要来源于沉积物中的蒸发岩矿物，水体的氧化还原条件也影响水体中 SO_4^{2-} 含量。SO_4^{2-} 在天然水中变幅在 $5.6 \sim 8.7$ mg/L 之间。天然水体中 Cl^- 广泛存在，但含量相差较大。在天然淡水中通常为每升几毫克到 100 mg/L，海水中为每升几千毫克，盐湖或有些污水中可达 170 g/L。其矿物来源为方钠石、卤石岩盐、钾盐、水氯镁石和光卤石。在一般淡水中 SO_4^{2-} 的含量显著多于 Cl^- 的含量，但在咸水和卤水中则 SO_4^{2-} 的含量低于 Cl^-。

2. 水中溶解性气体

天然水体中存在溶解的气体主要有 O_2、CO_2、H_2S、N_2、CH_4 等，这些气体主要来自三个方面：大气、水中藻类的光合作用和呼吸作用以及水中的化学反应。

（1）溶解氧。水中的溶解氧（DO），指溶解于水中的分子态氧。氧气在水中溶解度的大小服从亨利定律，即当大气中的气体分子与水中同样形态的分子之间达到平衡时，气体在水中的溶解度与液面上气体的分压成正比。常温（25℃）下清洁的淡水体中 DO 的含量一般在 8~9 mg/L，地表水的溶解氧一般不低于 4 mg/L。氧在水中的溶解度还与水温和水中盐分的含量有关。水体的温度升高和盐分增加，都会造成水中溶解氧的下降。当水体受污染时，其溶解氧逐渐减少，因此水中的溶解氧的浓度是表明水体污染程度的一个重要指标之一。

（2）CO_2 气体。水体中的 CO_2 的来源，除了水对大气中 CO_2 气体的吸收之外，还可以由土壤或岩石中的碳酸盐淋溶到水体中和水生动植物的新陈代谢和呼吸作用产生。CO_2 等气体在水中可进一步发生反应，试剂溶解远大于亨利定律求得的量值。水中 CO_2 的浓度不超过 25 mg/L。

3. 有机质

水体中的天然有机质主要是指腐殖质。腐殖质是有机物在微生物作用下，经过分解转化和再合成形成的、性质不同于原有机物的新的一类物质，在土壤和水体中广泛分布。腐殖质并非单一的有机化合物，而是在组成、结构及性质上既有共性又有差别的一系列有机化合物的混合物，其中以胡敏酸与富里酸为主。水体底泥中的腐殖质含量一般为 1%~3%，某些地区可达 8%~10%。河水中腐殖质含量平均是 10~15 mg/L，在某些情况下，可达 200 mg/L，沼泽水中常含有丰富的腐殖质。湖水中腐殖质含量变化较大，在 1~150 mg/L 之间，干旱地区由含碳酸盐岩石为底所组成的湖泊里，腐殖质含量不高，分布在北方针叶林沼泽地带内湖泊，腐殖质含量极高。

4. 水体中的微生物

水体环境中重要的微生物包括原生动物、藻类、真菌和细菌类微生物等。藻类是典型的水生自养生物，是许多水生生物的营养物质，主要有蓝绿藻、硅藻、褐藻、鱼腥藻、念珠藻、颤藻等。藻类在阳光辐照条件下，通过光合作用合成有机物，并放出氧；无光的条件下，又消耗水中的溶解氧。细菌在水处理过程中降解有机物质，根据氧化过程利用的受氢体种类不同，可分为好氧细菌、厌氧细菌和兼氧细菌。水体中的细菌等微生物的种类和数量直接关系到水体自净能力、废水生物处理效果和水质状况。

水体中的微生物的种类和数量直接关系到水质的好坏。

（三）天然水体的水循环

水循环是指大自然的水通过蒸发、植物蒸腾、水汽输送、降水、地表径流、下渗、地下径流等环节，在水圈、大气圈、岩石圈、生物圈中进行连续运动的过程。水循环分为海陆间循环（大循环）以及陆上内循环和海上内循环（小循环）。从海洋蒸发出来的水蒸气，被气流带到陆地上空，凝结为雨、雪、雹等落到地面，一部分被蒸发返回大气，其余部分成为地面径流或地下径流等，最终回归海洋。这种海洋和陆地之间水的往复运动过程，称为水的大循环。仅在局部地区（陆地或海洋）进行的水循环称为水的小循环。环境中水的循环是大、小循环交织在一起的，并在全球范围内和在地球上各个地区内不停地进行着。在大气圈中水以雨、雪、水蒸气形式存在；生物圈中水存在于体液、细胞内液、生物聚合物结合水中；岩石圈的水则包括地下水、岩浆水、水合作用水等；水圈中的水也称地表水，是地球上水的主要存在形式，主要分陆水和海水。地表水、地下水和大气水，对于环境具有十分重要的作用。水循环是多环节的自然过程，全球性的水循环涉及蒸发、大气水分输送、地表水和地下水循环以及多种形式的水量贮蓄。降水、蒸发和径流是水循环过程的三个最主要环节，这三者构成的水循环途径决定着全球的水量平衡，也决定着一个地区的水资源总量。

天然水在自然循环过程中不断受到污染，混入了各种杂质，使得不同的水系具有不同水质。

1. 海洋

海水是陆地上淡水的来源和气候的调节器，世界海洋每年蒸发的淡水有 450 万立方千米，其中 90% 通过降雨返回海洋，10% 变为雨雪落在大地上，然后顺河流又返回海洋。海水占地球上水的总储量的 97%。海水含盐量较大，化学组成非常复杂。海水中的成分可以划分为五类：

（1）主要成分（大量、常量元素），指海水中浓度大于 1×10^6 mg/kg 的成分。属于此类的阳离子有 Na^+、K^+、Ca^{2+}、Mg^{2+} 等，阴离子有 Cl^-、SO_4^{2-}、Br^-、HCO_3^-、CO_3^{2-}、F^- 等，还有以分子形式存在的 H_3BO_3，其总和占海水盐分的 99.9%，所以称为主要成分。由于这些成分在海水中的含量较大，各成分的浓度比例近似恒定，生物活动和总盐度变化对其影响都不大，所以称为保守元素。

（2）溶于海水的气体成分，如氧、氮及惰性气体等。

（3）营养元素（营养盐、生源要素），主要是与海洋植物生长有关的要素，通常是指 N、P 及 Si 等。这些要素在海水中的含量经常受到植物活动的影响，其含量很低时，会限制植物的正常生长，所以这些要素对生物有重要意义。

（4）微量元素，指在海水中含量很低，但又不属于营养元素者。

（5）海水中的有机物质，如氨基酸、腐殖质、叶绿素等。

2. 河流

河流是地球上水分循环的重要路径，对全球的物质、能量的传递与输送起着重要作用。河流与地下水相比是敞开流动水体；与海洋相比流量又小得多，河流水质变动幅度很大，因地区、气候等条件而异，且受生物和人类社会活动的影响最大。一般来说，河流中主要阳离子中 Na^+、Ca^{2+} 占大多数，阴离子有 HCO_3^-、Cl^-、SO_4^{2-} 等。河流中的主要污染物质有各种重金属污染物和有毒、有害的有机污染物。

3. 湖泊

在地壳构造运动、冰川作用、河流冲淤等地质作用下，地表形成许多凹地，积水成湖。湖泊主要通过入湖河川径流、湖面降水和地下水而获得水量。湖水不同于河水，水流缓慢，蒸发量大，蒸发到的水靠河流及地下水补偿。湖水中含 Ca、Mg、Na、K、Si、N、P、Mn、Fe 等元素，其中 N、P 等元素引起的富营养化问题是湖泊的主要污染物。

4. 降水

地面从大气中获得的水汽凝结物，总称为降水，它包括两部分，一是大气中水汽直接在地面或地物表面及低空的凝结物，如霜、露、雾和雾凇，又称为水平降水；另一部分是由空中降落到地面上的水汽凝结物，如雨、雪、霰雹和雨凇等，又称为垂直降水。形成降水的条件有三个：一是要有充足的水汽；二是要使气块能够抬升并冷却凝结；三是要有较多的凝结核。降雨是当云中水蒸气迅速发生凝结的时候发生的。在不存在大气污染的情况下，一般可以认为雨水是含杂质少的较洁净的水体。大气污染等对降水水质有很大影响。

5. 地下水

地下水是指贮存于包气带以下地层空隙，包括岩石孔隙、裂隙和溶洞之中的水。地下水中分布最广的是 K^+、Na^+、Mg^{2+}、Ca^{2+}、Cl^-、SO_4^{2-} 和 HCO_3^- 7 种离子。地下水中各种离子、分子和化合物的总量称总矿化度，总矿化度小于 1 g/L 的，称淡水；1~3 g/L 的，称微水；3~10 g/L 的，称咸水；10~50 g/L 的，称盐水；大于 50 g/L 的，称卤水。地下水中 Ca、Mg、Fe、Mn、Sr、Al 等溶解盐类的含量称硬度，含量高的硬度大，反之硬度小。

二、水体的酸碱化学平衡

（一）碳酸平衡

天然水体的 pH 值在 6.5~8.5 之间，碳酸系统在调节天然水体的 pH 值、保证生物的正常生活中起着非常重要的作用。在天然水体中碳酸系统包括 CO_2（aq）、H_2CO_3、HCO_3^-、CO_3^{2-} 等形态。

其平衡反应关系为：

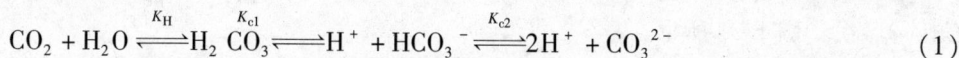

$$CO_2 + H_2O \xrightleftharpoons{K_H} H_2CO_3 \xrightleftharpoons{K_{c1}} H^+ + HCO_3^- \xrightleftharpoons{K_{c2}} 2H^+ + CO_3^{2-} \tag{1}$$

K_H、K_{c1}、K_{c2} 分别为 CO_2 的享利常数，H_2CO_3 的一级、二级电离平衡常数。

$$K_H = \frac{[H^+][HCO_3^-]}{[H_2CO_3]} \tag{2}$$

$$K_{c1} = \frac{[H^+][CO_3^{2-}]}{[HCO_3^-]} \tag{3}$$

$$K_{c2} = \frac{[H_2CO_3]}{P_{CO_2}} \tag{4}$$

电中性关系式为：

$$[H^+] = [HCO_3^-] + 2[CO_3^{2-}] + [OH^-] \tag{5}$$

总无机碳为：

$$C_T = [H_2CO_3{}^*] + [CO_3{}^{2-}] + [HCO_3{}^-] \qquad (6)$$

总碱度为：

$$[Alk] = [HCO_3{}^-] + 2[CO_3{}^{2-}] + [OH^-] - [H^+] \qquad (7)$$

1. 封闭碳酸体系

封闭碳酸水体，是指假定水体中的组分不与大气相交换，$[H_2CO_3{}^*]$ 为不挥发酸。由碳酸的酸碱平衡可知，分子状态的两种碳酸（CO_2 与 H_2CO_3）在平衡时，CO_2 形态占主要成分。因不考虑 CO_2 的溶解和挥发，即水中的碳酸化合物总量为定值，即 C_T。

从碳酸各级平衡反应式来看，如 C_T 值固定，在达到平衡时，三种类型的碳酸量应有一定的比例，而此比例决定于溶液的氢离子浓度。按碳酸各级平衡反应式（1）可见，H^+ 增多，即 pH 值降低时，平衡左移，游离碳酸增加。H^+ 减少，即 pH 值升高时，平衡右移，碳酸氢盐及碳酸盐依次增多。平衡体系中，如果把 $[H_2CO_3{}^*]$、$[HCO_3{}^-]$、$[CO_3{}^{2-}]$ 在总量中所占的摩尔比例分别以 $\alpha_{[H_2CO_3{}^*]}$、$\alpha_{[HCO_3{}^-]}$ 及 $\alpha_{[CO_3{}^{2-}]}$ 表示，则：

$$\alpha_{[H_2CO_3{}^*]} = [H_2CO_3] / C_T = \{1 + K_{c1}/[H^+] + K_{c1}K_{c2}[H^+]^2\}^{-1} \qquad (8)$$

$$\alpha_{[HCO_3{}^-]} = [HCO_3{}^-] / C_T = \{[H^+]/K_{c1} + 1 + K_{c2}/[H^+]\}^{-1} \qquad (9)$$

$$\alpha_{[CO_3{}^{2-}]} = [CO_3{}^{2-}] / C_T = \{[H^+]^2/K_{c1}K_{c2} + [H^+]/K_{c1} + 1\}^{-1} \qquad (10)$$

$$\alpha_{[H_2CO_3{}^*]} + \alpha_{[HCO_3{}^-]} + \alpha_{[CO_3{}^{2-}]} = 1 \qquad (11)$$

在封闭体系中，pH 值决定碳酸在水中存在的形态。$\alpha_{[H_2CO_3{}^*]}$、$\alpha_{[HCO_3{}^-]}$、$\alpha_{[CO_3{}^{2-}]}$ 随 pH 值变化情况如图 4 – 1 所示。

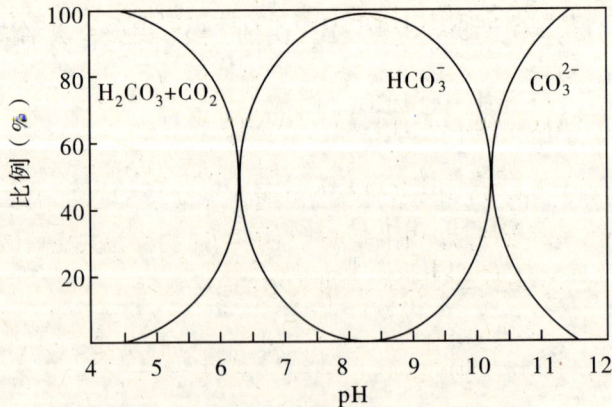

图 4 – 1　封闭碳酸体系化合物分布

当 pH 值远小于 pK_{c1} 值时，水体只存在 $[H_2CO_3 + CO_2]$；当 pH 值远大于 pK_{c2} 值时，

水体只存在 $[CO_3^{2-}]$；中间区域以 $[HCO_3^-]$ 为主。

当 pH 值为 8.3 时，HCO_3^- 的比例最高，CO_3^{2-} 和 CO_2 均可忽略不计。

当水体 pH < 8.3 时，可以只考虑一级碳酸平衡，忽略二级碳酸平衡，即：

$$pH = pK_{c1} + lg[HCO_3^-] - lg[H_2CO_3] \tag{12}$$

当水体 pH > 8.3 时，忽略 $[H_2CO_3^*]$，只存在 $[HCO_3^-]$、$[CO_3^{2-}]$，即：

$$pH = pK_{c2} + lg[CO_3^{2-}] - lg[HCO_3^-] \tag{13}$$

2. 开放碳酸体系

开放碳酸体系指与大气相通的碳酸水溶液体系。CO_2 在气相与液相之间保持平衡态，各种碳酸盐化合物的平衡浓度 p_{CO_2} 和 pH 值相关，即：

$$[CO_2(aq)] = K_H p_{CO_2} \tag{14}$$

$$C_T = [CO_2]/\alpha_{[H_2CO_3]^*} = K_H p_{CO_2}/\alpha[H_2CO_3^*] \tag{15}$$

$$[HCO_3^-] = \alpha[HCO_3^-] K_H p_{CO_2}/\alpha[H_2CO_3^*] = K_{c1} K_H p_{CO_2}/[H^+] \tag{16}$$

$$[CO_3^{2-}] = \alpha[CO_3^{2-}] K_H p_{CO_2}/\alpha[H_2CO_3^*] = K_{c1} K_{c2} K_H p_{CO_2}/[H^+] \tag{17}$$

当 pH < 6 时，体系中主要存在 $[H_2CO_3^*]$；当 pH > 10.3 时，体系中主要存在 $[CO_3^{2-}]$；当 10.3 > pH > 6 时，体系中主要存在 $[HCO_3^-]$。

通过对开放体系与封闭体系的对比可知，封闭体系的 $[H_2CO_3^*]$、$[HCO_3^-]$、$[CO_3^{2-}]$ 值仅随 pH 值变化，C_T 保持不变；开放体系中 $[HCO_3^-]$、$[CO_3^{2-}]$ 和 C_T 随 pH 值变化，$[H_2CO_3^*]$ 则保持与大气相平衡的固定数值。

（二）酸碱平衡

按照酸碱质子理论，酸是能给出质子的物质，碱是能接受质子的物质，对于如下的酸碱反应：

$$HA + B^- \rightleftharpoons HB + A^- \tag{18}$$

在可逆反应过程中，正反应过程 HA 给出质子，逆反应过程 HB 给出质子；系统中 HA、HB 均为酸，A^-、B^- 均为碱。$HA - A^-$、$HB - B^-$ 均称为共轭酸碱对。

共轭酸碱 $HA - A^-$ 的酸平衡常数 K_a，可表示为：

$$HA \overset{K_a}{\rightleftharpoons} H^+ + A^-$$

$$K_a = \frac{[H^+][OH^-]}{[HA]} \tag{19}$$

共轭酸碱的碱平衡常数 K_b 可表示为：

$$A^- + H_2O \xrightleftharpoons{K_b} OH^- + HA$$

$$K_b = \frac{[HA][OH^-]}{[A^-]} \tag{20}$$

很明显，共轭酸碱的酸平衡常数 K_a 和碱平衡常数 K_b 之间存在如下关系：

$$K_a K_b = [H^+][OH^-] = K_w \tag{21}$$

K_w 称为水的离子积，25℃时水的离子积 K_w 等于 10^{-14}。25℃条件下存在：

$$pK_a + pK_b = pK_w = 14 \tag{22}$$

（三）水的酸度和碱度

1. 酸度

水的酸度是指水中所含能提供 H^+ 离子与强碱如（NaOH、KOH）等发生中和反应的物质总量。这些物质能够放出 H^+，或者经过水解能产生 H^+。水中形成酸度的物质有三部分：

（1）水中存在的强酸能全部离解出 H^+，如硫酸（H_2SO_4）、盐酸（HCl）、硝酸（HNO_3）等。

（2）水中存在的弱酸物质，如游离的二氧化碳（CO_2）、碳酸（H_2CO_3）、硫化氢（H_2S）和各种有机酸等。

（3）水中存在的强酸弱碱组成的盐类，如铝、铁、铵等离子与强酸所组成的盐类等。天然水中，酸度的组成主要是弱酸，也就是碳酸。天然水中在一般的情况下不含强酸酸度。

2. 水的碱度是指水中能够接受 H^+ 离子与强酸进行中和反应的物质总量。

水中形成碱度的物质有三部分：

（1）强碱，可在溶液中全部电离形成 OH^-。

（2）弱碱，可在溶液中部分电离形成 OH^-。

（3）强碱弱酸盐，在水解过程中生成 OH^- 或直接接受质子·H^+，在中和过程中不断产生 OH^-，直至中和完成。

水中产生碱度的物质主要由碳酸盐产生的碳酸盐碱度和碳酸氢盐产生的碳酸氢盐碱度，以及由氢氧化物存在而产生的氢氧化物碱度。

碳酸盐、碳酸氢盐、氢氧化物可以在水中单独存在之外，还有两种碱度的组合，所以，水中的碱度有 5 种形式存在，即：

① 碳酸氢盐碱度 HCO_3^-；

② 碳酸盐碱度 CO_3^{2-}；

③ 氢氧化物碱度 OH^-；

④ 碳酸氢盐和碳酸盐碱度 HCO_3^-、CO_3^{2-}；

⑤碳酸盐和氢氧化物碱度 CO_3^{2-}、OH^-。

按滴定终点的指示剂不同，酸度包括总酸度、CO_2酸度、无机酸度，碱度包括总碱度、酚酞碱度和苛性碱度。

表 4-2 酸度、碱度表示方法

		滴定剂	指示剂及滴定终点	表达式
碱度	总碱度	强酸溶液	甲基橙（4.3）	总碱度 $=[HCO_3^-]+2[CO_3^{2-}]+[OH^-]-[H^+]$
	酚酞碱度		酚酞（8.3）	酚酞碱度 $=[CO_3^{2-}]+[OH^-]-[HCO_3^-]-[H^+]$
	苛性碱度			苛性碱度 $=[OH^-]-[HCO_3^-]-2[H_2CO_3]-[H^+]$
酸度	总酸度	强碱溶液		总酸度 $=[H^+]+[HCO_3^-]+2[CO_3^{2-}]-[OH^-]$
	CO_2酸度		酚酞（8.3）	CO_2酸度 $=[H^+]+[H_2CO_3]-[CO_3^{2-}]-[OH^-]$
	无机酸度		甲基橙（4.3）	无机碱度 $=[H^+]-[OH^-]-[HCO_3^-]-2[CO_3^{2-}]$

例：已知水体的 pH 值、碱度、及 $K_平$ 或 α，可计算不同形态的碳酸及 OH^- 在水中的浓度。

例如，水体的 pH 值为 10.0，碱度为 1.00×10^{-3} mol/L，求各形态物质的浓度。

解：总碱度 $=[HCO_3^-]+2[CO_3^{2-}]+[OH^-]-[H^+]$

$K_2=[CO_3^{2-}][H^+]/[HCO_3^-]$

$[HCO_3^-]=4.64\times10^{-4}$ mol/L

$[CO_3^{2-}]=2.18\times10^{-3}$ mol/L

即 $[HCO_3^-]$ 为 4.64×10^{-4} mol/L，$[CO_3^{2-}]$ 为 $2\times2.18\times10^{-3}$ mol/L，$[OH^-]$ 为 1.00×10^{-4} mol/L，合计为 1.00×10^{-3} mol/L。

第二节 天然水体污染

水体污染是指排入水体的污染物在数量上超过了该物质在水体中的本底含量和自净能力即水体的环境容量，从而导致水体的物理特征、化学特征发生不良变化，破坏了水中固有的生态系统，破坏了水体的功能及其在人类生活和生产中的作用。

一、水体污染源

造成水体污染的原因是多方面的，凡排出或释放的污染物能引起水污染的来源和场所称为水体污染源。污染源可按下述原则分类：

1. 按污染物来源划分

可将污染源分为自然污染源和人为污染源。自然污染是指自然界中天然的物理、化学和生物学过程中产生的有毒物质对环境造成的污染或危害。如火山爆发产生的火山灰；海水蒸发时带入空气中的各种盐粒；海洋上浪花飞溅产生的液体微粒及大风扬起的灰尘等。

人为污染是指人类社会活动引起的环境污染。人为污染又包括工业、农业和生活污染三大方面。

2. 按排放污染物的性质划分

可分成物理污染源（如热能、放射性物质等）、化学污染源和生物污染源（如细菌病毒、寄生虫等）。物理污染源是指能产生使水的浑浊度、温度和水的颜色发生变化，水面的漂浮油膜、泡沫以及水中含有的放射性物质增加等物理性污染的污染源；化学性污染包括有机化合物和无机化合物的污染，如水中溶解氧减少、溶解盐类增加、水的硬度变大、酸碱度发生变化或水中含有某种有毒化合物质等；生物性污染是指水体中进入了细菌和污水微生物等。

3. 按产生污染物的行业性质划分

可分成工业污染源、农业污染源、生活污水污染源和交通运输污染源等。

工业污染源是指工业生产中对环境造成有害影响的生产设备或生产场所。它通过排放废气、废水、废渣和废热污染大气、水体和土壤，产生噪声、振动等危害周围环境。农业污染源是指农业生产过程中使用化肥和农药等对环境造成有害影响。

4. 按污染源的时空分布特征划分

可分为连续排放源、间断排放源和瞬时排放源等，以及点污染源和面污染源。

连续排放源是指昼夜内每时每刻不间断地向环境排放污染物的污染源。工业企业生产过程的连续性造成了不间断地向水环境排放工业废水的排污口即属于这类污染源。间断排放污染源是指昼夜间时断时续或呈季节性断续地向环境排放污染物的污染源。如昼夜间不连续生产的工业企业（特别是小型工业）向环境中排放废水的排污口。地区或楼房建筑物取暖锅炉的烟囱等。瞬时排放源是指向环境中排放污染的时间短暂的排污源。如工厂的事故排放或定期排污。一般情况下，这种污染源反复的污染具有突发性和污染浓度高的特点，极易造成环境危害，应采取相应措施减少其危害性。点污染源是指污染物质从集中的地点（如工业废水及生活污水的排放口）排入水体。它的特点是排污经常性，其变化规律服从工业生产废水和城市生活污水的排放规律，它的量可以直接测定或者定量化，其影响可以直接评价。面污染源是指污染物质来源于积水面积的地面上（或地下），如农业施用化肥和农药，灌排后常含有农药和化肥的成分，城市、矿山在雨季，雨水冲刷地面污物形成的地面径流等。面污染源的排放是以扩散方式进行的，时断时续，并与气相因素有关联。

此外，还可以根据污染源是否移动，分为固定污染源和移动污染源；按受纳水体类型分为降水、地表水和地下水的污染源等。

二、水体污染物类型和危害

造成水体水质、水中生物群落以及水体底泥质量恶化的各种有害物质（或能量）都可叫做水体污染物。水体污染物按污染物的性质和形态，可以将水体污染物分为物理污染物、化学污染物、生物污染物和放射性物质四大类。物理污染物包括悬浮物、热污染，放射性物质一般也划归物理污染物一类。化学污染源包括有机污染物和无机污染物。生物污染物包括细菌、病毒和寄生虫等。水体污染物从化学角度又可分为无机有害物、无机有毒物、有机有害物、有机有毒物四类。其中一些常见的水体污染物包括悬浮固体、有机物、酸（碱）性废水、盐性废水、重金属、含氮（磷）化合物、石油类物质、放射性物质等。

（一）悬浮固体

悬浮固体影响水的纯净度，增大水体的浊度，降低水体的透光性。水体中的悬浮固体吸附有害物质和细菌，使细菌滋长，恶化水质，破坏水体。悬浮小颗粒物会堵塞鱼类的鳃，使之呼吸困难，导致死亡；悬浮颗粒物含量高时，水体的透光性下降，水中植物光合作用受到影响，难以生长甚至死亡；悬浮固体物会降低水质，增加净化水的难度和成本。

（二）有机物

有机物按其化学结构和发生危害不同可分为耗氧有机物、有毒有机污染物。

1. 耗氧有机物

耗氧有机物主要来自于城市生活污水及食品、造纸、印染等工业废水中含有的大量烃类化合物、蛋白质、脂肪、纤维素等有机物质，本身无毒性，但在分解时需消耗水中的溶解氧，故称为耗氧（或需氧）有机物。耗氧有机物因分解时大量消耗水中的溶解氧，导致水中缺氧，甚至使水体的溶解氧耗尽，水质恶化，需氧微生物死亡，严重的后果是水体发黑，变臭，毒素积累，危及鱼类的生产和人畜安全。

2. 有毒有机污染物

有毒有机污染物主要包括有机氯农药、多氯联苯、多环芳烃、高分子聚合物（塑料、人造纤维、合成橡胶）、染料等类有机化合物。它们的共同特点是大多数为难降解有机物，或持久性有机物，是对水生动物和人有毒性的物质（致癌、干扰内分泌系统、扰乱生殖行为、影响免疫系统等）。它们进入水体会危害水中生物，尤其是引起生物的繁殖行为发生明显变化，进而影响到整个水体的生态系统；它们在水中的含量虽不高，但因在水体中残留时间长，有蓄积性，可造成人体慢性中毒、致癌、致畸、致突变等生理危害。

（三）酸（碱、盐）性废水

由此引起水体中酸、碱、盐浓度超过正常量使水质变坏的现象称水体的酸碱盐污染。酸性或碱性物质进入水体使水的 pH 值发生变化，酸、碱在水体中可彼此中和，也可分别和地表物质发生反应生成无机盐类。酸性废水降低水体的 pH 值，可能杀死幼鱼和其他水生动物种群，并使成年鱼类无法繁殖，影响其他物种的生存；酸化的水体使金属和其他有毒物质更易溶解于水中，进一步损害水体的生态系统。各种溶于水的无机盐类会造成水体的含盐量增加，硬度增大，同样会影响某些生物的生长，甚至造成农田盐渍化。此外，含盐量的增加还影响工业用水和生活用水的水质，增加处理费用。

（四）植物营养素

植物营养素主要指含磷、含氮化合物，过多的植物营养素进入水体后，也会恶化水质、影响渔业生产和危害人体健康。含氮的有机物中最普遍的是蛋白质，含磷的有机物主要有洗涤剂等。水体植物营养元素的积累易形成水体的富营养化，使水生生态系统遭到破坏。

（五）重金属污染物

重金属污染物包括汞、铅、镉、铬、镍、铜、金、砷等。污染的特点是因其某些化合物的生产与应用的广泛，在局部地区可能出现高浓度的污染。重金属污染物对人、畜有直接的生理毒性；重金属污染物一般又具有潜在危害性，可被水中食物链富集，浓度逐级加大。而人正处于食物链的终端，通过食物或饮水，将有毒物摄入人体。若这些有毒物不易排泄，将会在人体内积蓄，引起慢性中毒。重金属污染物的毒害不仅与其摄入机体内的数量有关，而且与其存在形态有密切关系，不同形态的同种重金属化合物其毒性可以有很大差异。如烷基汞的毒性明显大于二价汞离子的无机盐；砷的化合物中三氧化二砷（As_2O_3，砒霜）毒性最大；六价铬的毒害远大于三价铬。

（六）石油类物质

石油对水体污染的主要污染物是各种烃类化合物——烷烃、环烷烃、芳香烃等。在石油的开采、炼制、贮运、合用过程中，原油和其他石油制品进入环境而造成污染，其中包括通过河流排入海洋的废油、船舶排放和事故溢油、海底油田泄漏和井喷事故等。

石油类物质对水质影响较大。石油中的各种成分都有一定的毒性，石油又比水轻且不溶于水，覆盖在水面上形成薄膜层，既阻碍了大气中氧在水中的溶解，又因油膜的生物分解和自身的氧化作用，会消耗水中大量的溶解氧，致使海水缺氧。它又具有破坏生物的正常生活环境，造成生物机能障碍的物理作用。石油覆盖或堵塞生物的表面和微细结构，抑制了生物的正常运动，且阻碍小动物正常摄取食物、呼吸等活动。

（七）热污染

热污染是工业生产和生活中排放的废热所造成的污染。热污染主要危害是使水温的升高，使水中溶解氧减少，水体处于缺氧状态，水生生物生长受到影响；同时在较高水温条件下，水生生物代谢率增高，需要更多的氧，水生生物在热效力作用下发育受阻或死亡，影响环境和生态平衡。

三、水体的自净能力

（一）水体自净的定义与分类

水体的自净作用是指受污染水体能够在其环境容量范围以内，经过水体的物理、化学和生物作用，使排入污染物质的浓度和毒性随时间的推移在向下游流动的过程中自然降低。水体生物自净包括稀释、扩散、沉降等物理过程，沉淀、氧化还原、分解化合、吸附凝聚等化学和物理化学过程以及生物吸附、降解等生物化学过程。各种过程在水体中同时发生，会相互影响。

1. 按发生机理分类

水体的自净作用按其发生机理分为物理自净、化学自净和生物自净三类。

（1）物理自净：天然水体的稀释、扩散、沉淀和挥发等作用，使污染物质的浓度降低。

（2）化学自净：天然水体的氧化还原、酸碱反应、分解、凝聚等作用，使污染物质的存在形态发生变化和浓度降低。

（3）生物自净：天然水体中的生物活动过程，使污染物质的浓度降低。特别重要的是水中微生物对有机物的氧化分解作用。

水体自净的三种机理往往同时发生，并相互交织在一起。哪一方面起主导作用取决于污染物性质和水体的水文学及生物学特征。一般来说，物理和生物化学过程在水体自净中占主要地位。

2. 按其发生场所分类

水体的自净作用按其发生场所可分为四类。

（1）水中的自净作用：污染物质在天然水中的稀释、扩散、氧化还原或生物化学分解等。

（2）水与大气间的自净作用：天然水中某些有害气体的挥发释放和氧气溶入等。

（3）水与底质间的自净作用：天然水中悬浮物质的沉淀和污染物被底质吸附等。

（4）底质中的自净作用：底质中微生物的作用使底质中有机污染物发生分解等。

天然水体的自净作用包含着十分广泛的内容，它们同时存在、同时发生并相互影响。

（二）水体自净过程的特征

废水或污染物一旦进入水体后，就开始了自净过程。该过程由弱到强，直到趋于恒定，使水质逐渐恢复到正常水平。全过程的特征是：

（1）进入水体中的污染物，在连续的自净过程中，总的趋势是浓度逐渐下降。

（2）一些有毒污染物可经各种物理、化学和生物作用，转变为低毒或无毒的物质。

（3）重金属类污染物以溶解态被吸附或转变为不溶性化合物，沉淀后进入底泥。

（4）部分复杂有机物被好氧、厌氧微生物利用和分解，变成二氧化碳和水。先降解为较简单的有机物，再进一步分解为二氧化碳和水。

（5）不稳定污染物转变为稳定的化合物。如氨转变为亚硝酸盐，再氧化为硝酸盐。

（6）自净过程初期，水中溶解氧含量急剧下降，到达最低点后又缓慢上升，逐渐恢复至正常水平。

（7）随着自净过程及有毒物质浓度或数量的下降，生物种类和个体数量逐渐随之回升，最终趋于正常的生物分布。

（三）水体自净的影响因素

水体自净能力是有限的，如果排入的污染物数量超过自净能力时，就不能恢复到正常的水平，从而危及水的使用和生态系统，便形成水体污染。水体自净作用往往需要一定的时间、一定范围的水域以及适当的水文环境。另外，水体的自净作用还取决于污染物的性质、浓度以及排放方式等。影响水体自净的因素很多，其中主要因素有：受纳水体的地理、水文条件、微生物的种类与数量、水温、复氧能力以及水体和污染物的组成、污染物浓度等。

1. 水文要素

水文要素中流速、流量及水温对水体自净能力有较大影响。流速、流量直接影响到移流强度和紊动扩散强度。流速和流量大，不仅水体中污染物浓度稀释扩散能力随之加强，而且水汽界面上的气体交换速度也随之增大。水温不仅直接影响到水体中污染物质的化学转化的速度，而且能通过影响水体中微生物的活动对生物化学降解速度产生影响，随着水温的增加，BOD（生物耗氧量）的降低速度明显加快。水温高同时也会降低水体中溶解氧的含量，不利于水体富氧。

2. 太阳辐射

太阳辐射对水体自净作用有直接影响和间接影响两个方面。直接影响指太阳辐射能使水中污染物质产生光转化；间接影响指可以引起水温变化和促进浮游植物及水生植物进行光合作用。太阳辐射对水浅的河流的自净作用的影响比对水深的河流大。

3. 底质

底质是指江、河、湖、海等水体底部表层的沉积物，它是矿物、岩石、土壤的自然侵蚀和污水排出物沉积，以及生物活动，物质之间的物理、化学反应等过程的产物。底泥能富集某些污染物质，与河水与河床基岩也有一定物质交换过程。这都可能对河流的自净作用产生影响。此外，底质不同，底栖生物的种类和数量不同，对水体自净作用的影响也不同。

4. 水生物和水中微生物

水中微生物主要包括细菌、原生动物和藻类。这些微生物对污染物有生物降解作用。某些水生物对污染物有富集作用，这两方面都能减低水中污染物的浓度。因此，若水体中能分解污染物质的微生物和能富集污染物质的水生物品种多、数量大，对水体自净过程较为有利。

5. 污染物的性质和浓度

易于化学降解、光转化和生物降解的污染物显然最容易得以自净。如酚类物质，由于它们具有易挥发和氧化分解的特点，而又能为泥沙和底泥吸附，因此在水体中较易净化。难以化学降解、光转化和生物降解的污染物也难在水体中得以自净。如合成洗涤剂、有机农药等化学稳定性极高的合成有机化合物，在自然状态下需十年以上的时间才能完全分解，它们以水流作为载体，逐渐蔓延，不断积累，成为全球性污染的代表性物质。水体中某些重金属类污染物可能对微生物有害，使生物降解能力降低。

四、水体污染的治理

(一)污水处理程度的分类

废水处理的方法很多。一般根据废水的性质、数量以及要求的排放标准,有针对性地选用处理方法或采用多种方法综合处理。按照水质状况及处理后出水的去向可以确定废水处理的程度,一般可以分为一级处理、二级处理和三级处理。

1. 一级处理

一级处理主要是除去粒径较大的固体悬浮物、胶体颗粒和悬浮油类,初步调节 pH 值,减轻废水的腐化程度。一级处理工艺过程一般由筛选、隔油、沉降和浮选等物理过程串联组成,处理的原理在于通过物理法实现固液分离,将污染物从污水中分离。废水经一级处理后,BOD_5 和 SS 的典型去除率分别为 25% 和 50%。

2. 二级处理

二级处理主要是采用一些物理化学方法,如萃取、汽提、中和、氧化还原,并采用耗氧或厌氧生物处理法,分离、氧化及生物降解有机物及部分胶体污染物。废水经二级处理后,BOD 去除率可达 80% ~ 90%,二级处理是废水处理的主体部分。污水生化处理属于二级处理,以去除不可沉悬浮物和溶解性可生物降解有机物为主要目的,生物处理的原理是通过生物作用,尤其是微生物的作用,完成有机物的分解和生物体的合成,将有机污染物转变成无害的气体产物(CO_2)、液体产物(水)以及富含有机物的固体产物(微生物群体或称生物污泥);多余的生物污泥在沉淀池中经沉淀使固液分离,从净化后的污水中除去。

3. 三级处理

三级处理属于深度处理,它将经过二级处理的水进行脱氮、脱磷处理,用活性炭吸附法或反渗透法等去除水中的剩余污染物,并用臭氧或氯消毒杀灭细菌和病毒,然后将处理水送入水中。常采用的方法有化学沉淀、反渗透、电渗析、吸附、离子交换、生物脱氮、氧化塘法、改良接触氧化法等。

(二)污水处理的方法

依据处理方法的基本原理,废水处理技术主要分为物理法、物理化学法、化学法和生物降解法四大类(见表 4 – 3)。物理法主要应用于废水一级处理的工艺过程中,其核心技术是采用一般过滤、隔油、沉降或浮选等处理过程,除去废水中粒径较大的固体悬浮物、胶体颗粒和悬浮油类。物理化学法是利用各种物理化学手段将有机物分离或降解的方法,主要包括汽提法、吸附法、萃取法、膜分离法、超声波法、光降解法、水解法、氧化法等。生物降解法是利用微生物的代谢作用将有机物同化或分解的方法,主要分为好氧生物降解和厌氧生物降解。好氧生物降解就是微生物在氧的存在下,通过自身的代谢作用将有机物分解的过程,完全降解的产物为二氧化碳和水。厌氧生物降解就是微生物在缺氧的条件下将有机物分解的过程，其产物主要是甲烷。

表4-3　污水处理方法分类

基本方法	基本原理	单元技术
物理法	物理或机械的分离过程	过滤、沉淀、离心分离、上浮等
化学法	加入化学物质与污水中有害物质发生化学反应的转化过程	中和、氧化、还原、分解、混凝、化学沉淀等
物理化学法	物理化学的分离过程	汽提、吹脱、吸附、萃取、离子交换、电解电渗析、反渗透等
生物法	微生物在污水中对有机物进行氧化，分解的新陈代谢过程	活性污泥，生物滤池，生物转盘，氧化塘，厌气消化等

表4-4　常用处理废水的化学方法

方法	原理	设备及材料	处理对象
混凝	向胶状浑浊液中投加电解质，凝聚水中胶状物质，使之和水分开	混凝剂有硫酸铝、明矾、聚合氯化铝、硫酸亚铁、三氯化铁等	含油废水、染色废水、煤气站废水、洗毛废水等
中和	酸碱中和，使 pH 值达中性	石灰、石灰石、白云石等中和酸性废水，CO_2中和碱性废水	硫酸厂废水、印染废水等
氧化还原	投加氧化（或还原）剂，将废水中物质氧化（或还原）为无害物质	氧化剂有空气（O_2）、漂白粉、氯气、臭氧等	含酚、氰化物、硫铬、汞废水、印染、医院废水等
电解	在废水中插入电极板，通电后，废水中带电离子变为中性原子	电源、电极板等	含铬、含氰（电镀）废水，毛纺废水等
萃取	将不溶于水的溶剂投入废水中，使废水中的溶质溶于此溶剂中，然后利用溶剂与水的相对密度差，将溶剂分离出来	萃取剂有醋酸丁酯、苯等，设备有脉冲筛板塔、离心萃取机等	含酚废水等
吸附（包含离子交换）	将废水通过固体吸附剂，使废水中溶解的有机或无机物吸附在吸附剂上，通过的废水得到处理	吸附剂有活性炭、煤渣、土壤等，设备有吸附塔、再生装置等	染色、颜料废水，还可吸附酚、汞、铬、氰以及除色、臭、味等

（三）主要污水处理工艺

1. A/O 工艺

A/O（Anoxic/Oxic）工艺，它的优越性是除了使有机污染物得到降解之外，还具有一定的脱氮除磷功能，是将厌氧水解技术用于活性污泥的前处理，所以 A/O 法是改进的活性污泥法。A/O 工艺将前段缺氧段和后段好氧段串联在一起，A 段 DO 不大于 0.2 mg/L，O 段 DO = 2 ~ 4 mg/L。在缺氧段异养菌将污水中的淀粉、纤维、碳水化合物等悬浮污染物和可溶性有机物水解为有机酸，使大分子有机物分解为小分子有机物，不溶性的有机物转化成可溶性有机物，当这些经缺氧水解的产物进入好氧池进行好氧处理时，可提高污水的可生化性及氧的利用率；在缺氧段，异养菌将蛋白质、脂肪等污染物进行氨化（有机链上的 N 或氨基酸中的氨基）游离出氨（NH_3、NH_4^+），在充足供氧条件下，自养菌的硝化作用将 NH_3—N（NH_4^+）氧化为 NO_3^-，通过回流控制返回至 A 池，在缺氧条件下，异氧菌的反硝化作用将 NO_3^- 还原为分子态氮（N_2）完成 C、N、O 在生态中的循环，实现污水无害化处理。

2. A^2/O 工艺

A^2/O 工艺，它是厌氧—缺氧—好氧生物脱氮除磷工艺的简称。该工艺处理效率一般能达到：BOD_5 和 SS 为 90% ~ 95%，总氮为 70% 以上，磷为 90% 左右，一般适用于要求脱氮除磷的大中型城市污水处理厂。

3. 氧化沟

氧化沟又名连续循环曝气池（continuous loop reactor），因其构筑物呈封闭的环形沟渠而得名，是活性污泥法的一种变形，具有出水水质好、运行稳定、管理方便等技术特点。氧化沟的水力停留时间长，有机负荷低，其本质上属于延时曝气系统。氧化沟一般由沟体、曝气设备、进出水装置、导流和混合设备组成，沟体的平面形状一般呈环形，也可以是长方形、L 形、圆形或其他形状，沟端面形状多为矩形和梯形。从运行方式角度考虑，氧化沟技术发展主要有两方面：一方面是按时间顺序安排为主对污水进行处理；另一方面是按空间顺序安排为主对污水进行处理。属于前者的有交替和半交替工作式氧化沟；属于后者的有连续工作分建式和合建式氧化沟。目前应用较为广泛的氧化沟类型包括帕斯韦尔（Pasveer）氧化沟、卡鲁塞尔（Carrousel）氧化沟、奥尔伯（Orbal）氧化沟、T 型氧化沟（三沟式氧化沟）、DE 型氧化沟和一体化氧化沟。

4. SBR 工艺

SBR 工艺是在反应器内预先培养驯化一定量的活性污泥，当废水进入反应器与活性污泥混合接触并有氧存在时，微生物利用废水中的有机物进行新陈代谢，将有机物降解并同时使微生物细胞增殖。将微生物细胞物质与水沉淀分离，废水即得到处理。其处理过程主要由初期的去除与吸附作用、微生物的代谢作用、絮凝体的形成与絮凝沉淀性能几个净化过程完成。

5. CASS 工艺

CASS 生物处理法是周期循环活性污泥法的简称，CASS 池分预反应区和主反应区。在预反应区内，微生物能通过酶的快速转移机理迅速吸附污水中大部分可溶性有机物，经历一个高负荷的基质快速积累过程，这对进水水质、水量、pH 值和有毒有害物质起到较好的缓冲作用，同时对丝状菌的生长起到抑制作用，可有效防止污泥膨胀；随后在主反应区经历一个较低负荷的基质降解过程。CASS 工艺集反应、沉淀、排水功能于一体，污染物的降解在时间上是一个推流过程，而微生物则处于好氧、缺氧、厌氧周期性变化之中，从而达到对污染物的去除作用，同时还具有较好的脱氮除磷功能。

第三节　水体污染评价指标

一、水质评价指标

水质是指水和其中所含的杂质共同表现出来的物理学、化学和生物学的综合特性。水质指标是表示水中杂质的种类、成分和数量，是判断水质的具体衡量标准。天然水（也兼及各种用水、废水）的水质指标，可分为物理、化学、生物、放射性四种。表4-5所列为常见水质指标。

表4-5　水质指标

物理性水质指标	感官物理性状指标	温度、色度、嗅和味、浑浊度、透明度等
	其他物理性水质指标	总固体、悬浮固体、溶解固体、可沉固体、电导率等
化学性水质指标	一般的化学性水质指标	pH值，碱度，硬度，各种阳离子、阴离子，总含盐量，一般有机物质等
	有毒的化学性水质指标	各种重金属、氰化物、多环芳烃，各种农药等
	氧平衡指标	溶解氧（DO）、化学需氧量（COD）、生化需氧量（BOD）、总需氧量（TOD）等
生物学水质指标		细菌总数，总大肠菌数，各种病原细菌、病毒
放射性指标		总α、总β、铀、镭、钍等

（一）物理指标

（1）温度：影响水的其他物理性质和生物、化学过程。

（2）嗅和味：感官性指标，可借以判断某些杂质或有害成分存在与否。

（3）颜色：感官性指标，水中悬浮物、胶体或溶解类物质均可生色。

（4）湿浊度：由水中悬浮物、胶体状颗粒物质引起。

（5）透明度：反应水中杂质对透光度的阻碍程度。

（6）残渣：水样在一定温度下蒸发、烘干后的剩余物，包括溶解固体物和悬浮物。

（二）化学指标

1. 非专一性指标

（1）电导率：表示水样中可溶性电解质总量。

（2）pH 值：水样酸碱性。饮用水的 pH 值应在 6.5~8.5 之间。

（3）氧化还原电位：决定水中变价元素的形态。

（4）硬度：由可溶性钙盐和镁盐组成，引起用水管路中发生沉积和结垢。

（5）碱度：一般来源于水样中 OH^-、CO_3^{2-}、HCO_3^- 等离子。

（6）无机酸度：源于工业酸性废水或矿井排水，有腐蚀作用。

2. 无机物指标

（1）铝：大量铝化合物随污水进入水体时，使水体自净作用受折射。

（2）铁：在不同条件下可呈 Fe^{2+} 或胶粒 $Fe(OH)_3$ 状态，造成水有铁锈味和浑浊，形成水垢、繁生铁细菌。

（3）锰：常以 Mn^{2+} 形态存在，其很多化学行为与铁相似。

（4）铜：影响水的可饮用性，对金属管道有侵蚀作用。

（5）锌：很多化学行为与铜相似。

（6）钠：天然水中主要的易溶组分，对水质不产生重要影响。

（7）硅：以 H_4SiO_4 形态普遍存在于天然水中，含量变化幅度大。

（8）有毒金属：常见的有镉、汞、铅、铬等，一般来源于工业废水。

（9）有毒重金属：常见的有砷、硒等，砷化物有剧毒，砷化物产生臭感和味觉。

（10）氯化物：影响可饮用性，腐蚀金属表面。

（11）氟化物：饮水浓度控制在 1 mg/L 以内可防止龋齿病，高浓度时有腐蚀性。

（12）硫酸盐：水体缺氧条件下经微生物反硫化作用转化为有毒的 H_2S。

（13）硝酸盐氮：通过饮用水过量摄入婴儿体内时，转为亚硝酸盐而致毒。

（14）亚硝酸盐氮：是婴儿高铁血红蛋白的病原物，与仲胺类作用生成致癌的亚硝胺类化合物。亚硝酸盐很不稳定，一般天然水中含量不会超过 0.1 mg/L。

（15）氨氮：呈 NH_4^+ 和 NH_3 形态存在，对鱼有危害，用 Cl_2 处理水时可产生有毒的氯胺，又可引起水体富营养问题。

（16）磷酸盐：基本上有正磷酸盐、多磷酸盐和有机键合的磷酸盐三种形态，是生命必需物质，也可引起水体富营养化问题。

（17）氰化物：剧毒，进入生物体后破坏高铁细胞色素氧化酶的正常作用，致使组织缺氧窒息。

3. 非专一性有机物指标

（1）生化需氧量或生化耗氧量（BOD）水体通过微生物作用发生自然净化的能力标度，是废水生物处理效果标度。

（2）化学需氧量（COD）：有机污染物浓度指标。

（3）高锰酸钾指数：易氧化有机污染物及还原性无机物的浓度指标。

（4）总需氧量（TOD）：近于理论耗氧量值。

（5）总有机碳（TOC）：近于理论有机碳量值。

（6）总溶解性固体（TSD）：通常规定饮用水中 TSD 的最高容许量不超过 500 mg/L。

（7）酚量：多数酚化合物对人体毒性不大，但有臭味（特别是氯化过的水），影响可饮用性。

（8）洗涤剂类：仅有轻微毒性，具发泡性。

（9）石油类：影响空气—水界面间氧的交换，被微生物降解时耗氧，使水质恶化。

4. 溶解性气体

（1）氧气：为大多数高等水生生物呼吸所需，会腐蚀金属，水体中缺氧时又会产生有害的 CH_4、H_2S 等。一般规定水体中的溶解氧不应低于 4 mg/L。

（2）二氧化碳：大多数天然水系中碳酸体系的组成物。

（三）生物指标

（1）细菌总数：对饮用水进行卫生学评价时的依据。

（2）大肠杆菌：水体被粪便污染程度的指标。

（3）藻类：水体营养状态指标。

（四）放射性指标

总 α、总 β、铀、镭、钍等：生物体受过量辐照时（特别是内照射）可引起各种放射病或烧伤等。

二、水质标准

我国目前颁布的水质标准主要有两方面：水环境质量标准和污染物排放标准。

水环境质量标准：《地表水环境质量标准》（GB 3838—2002）、《海水水质标准》（GB 3097—1997）、《生活饮用水卫生标准》（GB 5749—2006）、《渔业水质标准》（GB 11607—89）、《农田灌溉水质标准》（GB 5084—2005）等。

污染物排放标准：《污染水综合排放标准》（GB 8978—1996）、《医院污水排放标准》（GB J48—83）及各种行业水污染物排放标准。

其中《地表水环境质量标准》（GB 3838—2002）依据地表水水域环境功能和保护目标，按功能高低依次划分为五类：

Ⅰ类：主要适用于源头水、国家自然保护区；

Ⅱ类：主要适用于集中式生活饮用水地表水源地一级保护区、珍稀水生生物栖息地、鱼虾类产卵场、仔稚幼鱼的索饵场等；

Ⅲ类：主要适用于集中式生活饮用水地表水源地二级保护区、鱼虾类越冬场、洄游通道、水产养殖区等渔业水域及游泳区；

Ⅳ类：主要适用于一般工业用水区及人体非直接接触的娱乐用水区；

Ⅴ类：主要适用于农业用水区及一般景观要求水域。

对应地表水上述五类水域功能，将《地表水环境质量标准》的基本项目标准值分为五类，不同功能类别分为执行相应类别的标准值。

《地表水环境质量标准》中的相关项目标准限值参见表 4-6、4-7 和 4-8。

表 4-6 地表水环境质量标准基本项目标准限值

单位：mg/L

序号	项目	I 类	II 类	III 类	IV 类	V 类
1	水温（℃）	人为造成的环境水温变化应限制在：周平均最大温升≤1 周平均最大温降≤2				
2	pH 值（无量纲）	6~9				
3	溶解氧≥	饱和率90%（或7.5）	6	5	3	2
4	高锰酸盐指数≤	2	4	6	10	15
5	化学需氧量（COD）≤	15	15	20	30	40
6	五日生化需氧量（BOD_5）≤	3	3	4	6	10
7	氨氮（NH_3-N）≤	0.15	0.5	1.0	1.5	2.0
8	总磷（以P计）≤	0.02（湖、库0.01）	0.1（湖、库0.025）	0.2（湖、库0.05）	0.3（湖、库0.1）	0.4（湖、库0.2）
9	总氮（湖、库，以N计）≤	0.2	0.5	1.0	1.5	2.0
10	铜≤	0.01	1.0	1.0	1.0	1.0
11	锌≤	0.05	1.0	1.0	2.0	2.0
12	氟化物（以F^-计）≤	1.0	1.0	1.0	1.5	1.5
13	硒≤	0.01	0.01	0.01	0.02	0.02
14	砷≤	0.05	0.05	0.05	0.1	0.1
15	汞≤	0.000 05	0.000 05	0.000 1	0.001	0.001
16	镉≤	0.001	0.005	0.005	0.005	0.01
17	铬（六价）≤	0.01	0.05	0.05	0.05	0.1
18	铅≤	0.01	0.01	0.05	0.05	0.1
19	氰化物≤	0.005	0.05	0.2	0.2	0.2
20	挥发酚≤	0.002	0.002	0.005	0.01	0.1
21	石油类≤	0.05	0.05	0.05	0.5	1.0
22	阴离子表面活性剂≤	0.2	0.2	0.2	0.3	0.3
23	硫化物≤	0.05	0.1	0.05	0.5	1.0
24	粪大肠菌群（个/L）≤	200	2 000	10 000	20 000	40 000

表4-7 集中式生活饮用水地表水源地补充项目标准限值

单位：mg/L

序 号	项 目	标准值
1	硫酸盐（以 SO_4^{2-} 计）	250
2	氯化物（以 Cl^- 计）	250
3	硝酸盐（以 N 计）	10
4	铁	0.3
5	锰	0.1

表4-8 集中式生活饮用水地表水源地特定项目标准限值

单位：mg/L

序 号	项 目	标准值	序 号	项 目	标准值
1	三氯甲烷	0.06	41	丙烯酰胺	0.000 5
2	四氯化碳	0.002	42	丙烯腈	0.1
3	三溴甲烷	0.1	43	邻苯二甲酸二丁酯	0.003
4	二氯甲烷	0.02	44	邻苯二甲酸二（2-乙基己基）酯	0.008
5	1,2-二氯乙烷	0.03	45	水合肼	0.01
6	环氧氯丙烷	0.02	46	四乙基铅	0.000 1
7	氯乙烯	0.005	47	吡啶	0.2
8	1,1-二氯乙烯	0.03	48	松节油	0.2
9	1,2-二氯乙烯	0.05	49	苦味酸	0.5
10	三氯乙烯	0.07	50	丁基黄原酸	0.005
11	四氯乙烯	0.04	51	活性氯	0.01
12	氯丁二烯	0.002	52	滴滴涕	0.001
13	六氯丁二烯	0.000 6	53	林丹	0.002
14	苯乙烯	0.02	54	环氧七氯	0.000 2
15	甲醛	0.9	55	对流磷	0.003
16	乙醛	0.05	56	甲基对流磷	0.002
17	丙烯醛	0.1	57	马拉硫磷	0.05
18	三氯乙醛	0.01	58	乐果	0.08
19	苯	0.01	59	敌敌畏	0.05
20	甲苯	0.7	60	敌百虫	0.05
21	乙苯	0.3	61	内吸磷	0.03
22	二甲苯[①]	0.5	62	百菌清	0.01

（续上表）

序　号	项　目	标准值	序　号	项　目	标准值
23	异丙苯	0.25	63	甲萘威	0.05
24	氯苯	0.3	64	溴清菊酯	0.02
25	1，2 - 二氯苯	1.0	65	阿特拉津	0.003
26	1，4 - 二氯苯	0.3	66	苯并［a］芘	2.8×10^{-6}
27	三氯苯②	0.02	67	甲基汞	1.0×10^{-6}
28	四氯苯③	0.02	68	多氯联苯⑤	2.0×10^{-5}
29	六氯苯	0.05	69	微囊藻毒素 - LR	0.001
30	硝基苯	0.017	70	黄磷	0.003
31	二硝基苯④	0.5	71	钼	0.07
32	2，4 - 二硝基甲苯	0.000 3	72	钴	1.0
33	2，4，6 - 三硝基甲苯	0.5	73	铍	0.002
34	硝基氯苯	0.05	74	硼	0.5
35	2，4 - 二硝基氯苯	0.5	75	锑	0.005
36	2，4 - 二氯苯酚	0.093	76	镍	0.02
37	2，4，6 - 三氯苯酚	0.2	77	钡	0.7
38	五氯酚	0.009	78	钒	0.05
39	苯胺	0.1	79	钛	0.1
40	联苯胺	0.000 2	80	铊	0.000 1

注：①二甲苯：指对 - 二甲苯、间 - 二甲苯、邻 - 二甲苯。

②三氯苯：指1，2，3 - 三氯苯、1，2，4 - 三氯苯、1，3，5 - 三氯苯。

③四氯苯：指1，2，3，4 - 四氯苯、1，2，3，5 - 四氯苯、1，2，4，5 - 四氯苯。

④二硝基苯：指对 - 二硝基苯、间 - 硝基氯苯、邻 - 硝基氯苯。

⑤多氯联苯：指PCB - 1016、PCB - 1221、PCB - 1232、PCB - 1242、PCB - 1248、PCB - 1254、PCB - 1260。

思考训练题

1. 什么是水体自净？水体自净的方式有哪几种？举例说明河水自净过程。

2. 简述水体污染物的分类。

3. 封闭的和开放的碳酸体系有何异同？分别适于何种状态？

4. 向某含碳酸的水体中加入重碳酸盐，水体中的总酸度、总碱度、无机酸度、酚酞碱度和 CO_2 酸度会发生什么样的变化？

5. 介绍水分子的结构以及水的化学性质。

6. 水分子之间如何产生氢键？为什么氢键的存在会成为水的诸多特性的决定因素？

7. 酸度、碱度与 pH 值的区别是什么？

8. 天然水体的水循环过程是什么？水循环的环境意义是什么？

9. 水中的碱度有哪五种形式存在？

10. 举例介绍水体污染物类型和危害。

11. 简述水体自净及其作用机理。

12. 请导出总酸度、总碱度、CO_2 酸度、无机酸度、酚酞碱度和苛性碱度的表达式作为总碳酸量和分配系数（α）的函数。

13. 介绍水体自净过程的特征和影响水体自净的影响因素。

14. 对比各种污水处理工艺，简述它们的优点和缺点。

15. 什么是污水处理的生物降解法？常见的好氧生物处理工艺和厌氧生物处理工艺有哪些？

16. 简述水中主要有机物和无机物的分布和存在形态。

参考文献

［1］ 刘绮. 环境化学. 北京：化学工业出版社，2004.

［2］ 戴树桂. 环境化学（第2版）. 北京：高等教育出版社，2002.

［3］ 夏立江. 环境化学. 北京. 中国环境科学出版社，2003.

［4］ 董德明，康春莉，花修艺. 环境化学. 北京：北京大学出版社，2010.

［5］ 刘兆荣，谢曙光，王雪松. 环境化学教程. 北京：化学工业出版社，2010.

［6］ 王宏康等. 水体污染及防治概论. 北京：北京农业大学出版社，1991.

［7］ 樊邦棠. 环境化学. 杭州：浙江大学出版社，1991.

［8］ 陈静生. 水环境化学. 北京：高等教育出版社，1987.

［9］ 赵美萍，邵敏. 环境化学. 北京：北京大学出版社，2005.

［10］ 何燧源. 环境化学（第4版）. 上海：华东理工大学出版社，2005.

［11］ 冯敏. 工业水处理技术. 北京：海洋出版社，1992，489-622.

［12］ 王晓蓉. 环境化学. 南京：南京大学出版社，1993.

［13］ 汪群慧，王雨泽，姚杰. 环境化学. 哈尔滨：哈尔滨工业大学出版社，2004.

［14］ 张宝贵. 环境化学. 武汉：华中科技大学出版社，2009.

［15］ 张瑾，戴猷元. 环境化学导论. 北京：化学工业出版社，2008.

［16］ 奚旦立，孙裕生. 环境监测（第4版）. 北京：高等教育出版社，2010.

［17］ 朱亦仁. 环境污染治理技术. 北京：中国环境科学出版社，2006

第五章　水体污染物化学行为

第一节　水中无机污染物迁移转化

无机污染物，特别是重金属和准金属等污染物，一旦进入水环境，均不能被生物降解，主要通过沉淀—溶解、吸附—解析、氧化还原等一系列物理化学作用进行迁移转化，参与和干扰各种环境化学过程和物质循环过程，最终以一种或多种形态长期存留在环境中，造成永久性的潜在危害。本节将主要介绍重金属污染物在水环境中迁移转化的基本原理。

一、溶解和沉淀

固体的沉淀与溶解在天然水化学和水污染控制化学中都具有重要意义。溶解和沉淀是天然水中无机污染物，特别是重金属污染物迁移转化的重要途径。一般重金属污染物在水环境中的迁移能力，可以直观地用溶解度来衡量。溶解度大的，迁移能力就强；溶解度小的，迁移能力就差。废水处理中也经常使用化学沉淀法去除重金属污染物。在研究这些问题时，溶解与沉淀平衡关系和反应速度两者都是重要的。

（一）溶解和沉淀的平衡计算

溶解反应大多是一种多相化学反应，在固—液平衡体系中，一般需要用溶度积来表征溶解度。天然水中各种矿物质的溶解度和沉淀作用也遵守溶度积原则。

对于一般的溶解和沉淀反应可用下式表示：

$$K_{sp} = (a_{A^{y+}})^z \cdot (a_{B^{z-}})^y$$

其中，K_{sp} 称为溶度积常数；$a_{A^{y+}}$ 与 $a_{B^{z-}}$ 分别为 A 离子和 B 离子的活度。

如果忽略离子强度的影响，则有

$$K_{sp} = [A^{y+}]^z \cdot [B^{z-}]^y$$

环境化学中常见的溶度积常数见表 5 – 1。

表5－1 溶度积常数(25℃)

固 体	pK_{sp}	固 体	pK_{sp}	固 体	pK_{sp}
AgCl	10.0	$Al(OH)_3$	32.9	$Cd(OH)_2$	13.66
AgOH	7.8	$Fe(OH)_3$(无定形)	37.5	CdS	26.10
Ag_2S	49.2	$Fe(OH)_2$	15.0	$PbCl_2$	4.8
$Ba(OH)_2$	2.3	FeS	17.5	$Pb(OH)_2$	14.93
$BaSO_4$	10	$Mg(OH)_2$	10.74	$PbSO_4$	7.8
$Ca(OH)_2$	5.26	$MgCO_3$	5.0	PbS	27.90
$CaCO_3$(方解石)	8.34	$Mn(OH)_2$	12.96	$Cr(OH)_3$	30.2
$CaCO_3$(霰文石)	8.22	MnS	12.60	SnS	12.60
$CaMg(CO_3)_2$(白云石)	16.7	$Cu(OH)_2$	19.30	$Zn(OH)_2$	17.15
CaF_2	10.3	CuS	35.2	ZnS	23.8
$CaSO_4$	4.59	$Hg(OH)_2$	25.32	$Ni(OH)_2$	14.7
SiO_2(无定形)	2.7	HgS	52.4	NiS	18.5

（二）溶解度的计算

区别溶度积和溶解度这两个概念很重要。溶度积是溶解—沉淀平衡反应的平衡常数；而溶解度是在给定的条件下，溶液中某物质能溶解的物质的量，一般以 mol/L 或 mg/L 表示。溶解度不等于溶度积，但两者可以互相换算。

例6－1 求25℃时 CaF_2 在纯水中的溶解度，忽略离子强度的影响。

解：1 mol 的 CaF_2 在溶解后生成 1 mol 的 Ca^{2+} 和 2 mol 的 F^-，故 CaF_2 的溶解度为：

$$S = [Ca^{2+}] = \frac{F^-}{2}$$

由溶度积公式

$$K_{sp} = [Ca^{2+}][F^-]^2$$

即

$$K_{sp} = S \times (2S)^2 = 4S^3 = 10^{-10.3}$$

得

$$S = 2.32 \times 10^{-4} \text{ mol/L} = 18.1 \text{ mg/L}$$

溶度积并不能说明固体溶解后进一步的化学反应。如果固体溶解后的任何一个成分离子参加了配合物的形成，则该固体的溶解度将增加。

（三）氧化物和氢氧化物

金属氢氧化物沉淀有好几种形式，它们在水体中的行为差别很大。氧化物可以看成氢氧化物的脱水产物。根据沉淀—溶解平衡关系式：

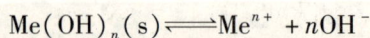

$$Me(OH)_n(s) \Longleftrightarrow Me^{n+} + nOH^-$$

溶度积关系式如下：

$$K_{sp} = [\,Me^{n+}\,][\,OH^-\,]^n$$

$$[\,Me^{n+}\,] = K_{sp}/[\,OH^-\,]^n = K_{sp}[\,H^+\,]^n/K_w^n$$

$$-lg[\,Me^{n+}\,] = -lgK_{sp} - nlg[\,H^+\,] + nlgK_w$$

$$pc = pK_{sp} - npK_w + npH$$

从上式中可以看出，金属离子在水中的浓度与溶度积和 pH 值有直接关系。但上式并不能充分反映出氧化物或氢氧化物的溶解度，由于金属离子还能与羟基形成可溶性的配合物，所以，在研究氧化物或氢氧化物的溶解度时，必须考虑羟基配合物对溶解度的影响。

$$Me_T = [\,Me^{z+}\,] + \sum_1^n [\,Me(OH)_n^{z-n}\,]$$

下面以氧化铅为例来说明氧化物或氢氧化物在水中的溶解度，25℃时，铅各羟基配合形态与氧化铅之间的转换反应如下：

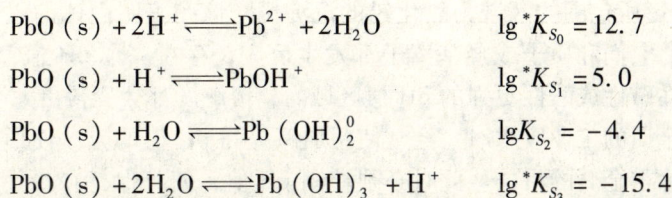

$$PbO\,(s) + 2H^+ \rightleftharpoons Pb^{2+} + 2H_2O \qquad lg\,^*K_{S_0} = 12.7$$

$$PbO\,(s) + H^+ \rightleftharpoons PbOH^+ \qquad lg\,^*K_{S_1} = 5.0$$

$$PbO\,(s) + H_2O \rightleftharpoons Pb\,(OH)_2^0 \qquad lgK_{S_2} = -4.4$$

$$PbO\,(s) + 2H_2O \rightleftharpoons Pb\,(OH)_3^- + H^+ \qquad lg\,^*K_{S_3} = -15.4$$

各种形态物种在水中的浓度如下：

$$[\,Pb^{2+}\,] = \,^*K_{S_0}[\,H^+\,]^2$$

$$[\,PbOH^+\,] = \,^*K_{S_1}[\,H^+\,]$$

$$[\,Pb(OH)_2^0\,] = K_{S_2}$$

$$[\,Pb(OH)_3^-\,] = \,^*K_{S_3}[\,H^+\,]^{-1}$$

二价铅溶于水的总量为：

$$[\,Pb\,(\text{II})_T\,] = \,^*K_{S_0}\,[\,H^+\,]^2 + \,^*K_{S_1}\,[\,H^+\,] + K_{S_2} + \,^*K_{S_3}\,[\,H^+\,]^{-1}$$

各种形态铅浓度表达式求对数：

$$lg[\,Pb^{2+}\,] = lgK_{S_0} - 2pH$$

$$lg[\,PbOH^+\,] = lgK_{S_1} - pH$$

$$lg[\,Pb(OH)_2^0\,] = lgK_{S_2}$$

$$lg[\,Pb(OH)_3^-\,] = lgK_{S_3} + pH$$

根据上述各式，作如图 5 - 1 所示 lg$c$pH 图：

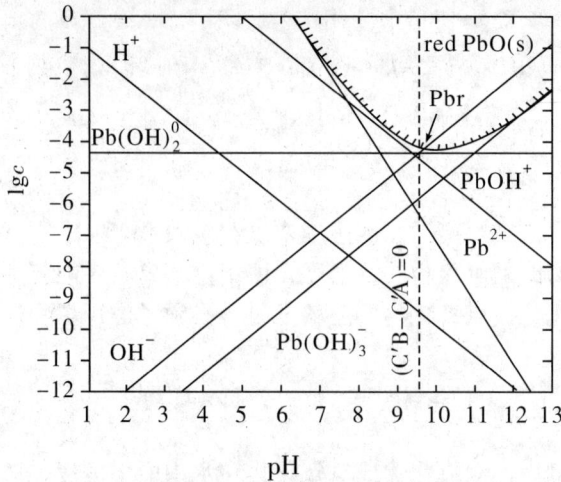

图 5 - 1　PbO 的溶解度

图 5 - 1 中阴影所包围的区域为氧化铅的沉淀区。该图表明固体的氧化物和氢氧化物具有两性的特征。它们和质子或羟基离子都发生反应，存在一个 pH 值，在此 pH 值下溶解度为最小值，在碱性或酸性更强的 pH 值区域内，溶解度都会变得更大。

在处理含重金属的工业废水时，经常使用加碱提高 pH 值的方法使形成不溶性的氢氧化物沉淀达到去除重金属的目的。此时必须控制 pH 值，使其保持在最优沉淀区段内，若加入的碱过量，则因形成各级可溶性羟基配合物而达不到预期目的。利用化学沉淀法去除水中重金属离子，最好是根据溶解区域图计算加碱量，并辅以实际水样相关试验进行确定。

（四）硫化物

金属硫化物是一类溶度积较小的难溶化合物，重金属硫化物在中性条件下实际上是不溶的，因此，当水中有硫化氢气体存在时，几乎所有重金属均可从水体中去除。

对于一个二价金属离子来说，其硫化物的溶度积表达式为：

$$[Me^{2+}][S^{2-}] = K_{SP}$$

在水溶液中，促成硫化物沉淀的是 S^{2-}，下面计算饱和硫化氢溶液中的 $[S^{2-}]$。硫化氢在水中的电离为：

$$H_2S \rightleftharpoons H^+ + HS^- \qquad K_1 = 8.9 \times 10^{-8}$$

$$HS^- \rightleftharpoons H^+ + S^{2-} \qquad K_2 = 1.3 \times 10^{-15}$$

总解离式为：

$$H_2S \Longrightarrow 2H^+ + S^{2-}$$

$$K_{1,2} = [H^+]^2 [S^{2-}] \big/ [H_2S] = K_1 \cdot K_2 = 1.16 \times 10^{-22}$$

在饱和水溶液中，H_2S 浓度总是保持在 0.1 mol/L，则：

$$[H^+]^2 [S^{2-}] = 1.16 \times 10^{-22} \times 0.1 = 1.16 \times 10^{-23} = K_{SP}$$

在任一 pH 值的水中，则：

$$[S^{2-}] = 1.16 \times 10^{-23} \big/ [H^+]^2$$

将上式代入离子积公式中，得：

$$[Me^{2+}] = K_{SP} \big/ [S^{2-}] = K_{SP}[H^+]^2 \big/ K_{SP} = K_{SP}[H^+]^2 \big/ (0.1 K_1 \cdot K_2)$$

（五）碳酸盐

在 Me^{2+}—H_2O—CO_2 体系中，碳酸盐沉淀实际上是二元酸在三相中的平衡分布问题。下面以 $CaCO_3$ 为例加以说明。研究碳酸钙的溶解与沉淀，对于解释自然现象、水处理和给排水的水质控制等具有意义。

1. 封闭体系

例如，沉积物中的 $CaCO_3$ 溶解到分层湖泊的底层水中。

（1）C_T = 常数时，$CaCO_3$ 的溶解度。

$$CaCO_3(s) \Longrightarrow Ca^{2+} + CO_3^{2-}$$

$$K_{SP} = [Ca^{2+}][CO_3^{2-}] = 10^{-8.23}$$

$$[Ca^{2+}] = K_{SP} \big/ [CO_3^{2-}] = K_{SP} \big/ (C_T \alpha_2)$$

对上式取对数，得：

$$\lg [Ca^{2+}] = \lg K_{SP} - \lg C_T - \lg \alpha_2$$

其他金属离子也可得出类似情况。查出不同 pH 值下的 α_2，作 $\lg c$—pH 图（图 5–2）。

（2）$CaCO_3$（s）在纯水中的溶解度。

此种情况下，由于溶解出来的碳酸根离子的解离平衡存在，所以溶液中存在 Ca^{2+}、$H_2CO_3^*$、HCO_3^-、CO_3^{2-}、H^+ 和 OH^- 等离子，根据电中性条件，有：

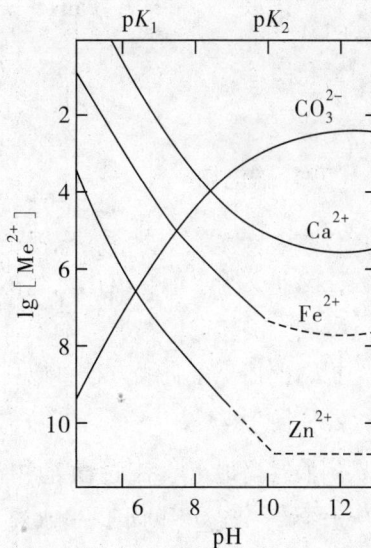

图 5–2 封闭体系中 C_T = 常数时，$MeCO_3$（s）的溶解度（$C_T = 3 \times 10^{-3}$ mol/L）

$$2[Ca^{2+}] + [H^+] = [HCO_3^-] + 2[CO_3^{2-}] + [OH^-]$$

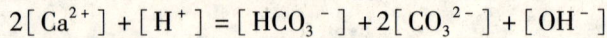

由于为封闭体系,溶解出来的 Ca^{2+} 与 C_T 相等,有:

$$[Ca^{2+}] = C_T$$

溶解平衡时,$CaCO_3$(s)的溶解度为:

$$[Ca^{2+}] = K_{SP}/[CO_3^{2-}] = K_{SP}/(C_T\alpha_2)$$

解上两式联立方程,得:

$$[Ca^{2+}] = (K_{SP}/\alpha_2)^{1/2}$$
$$-lg[Ca^{2+}] = 0.5pK_{SP} - 0.5p\alpha_2$$

对于其他金属离子有:

$$-lg[Me^{2+}] = 0.5pK_{SP} - 0.5p\alpha_2$$

绘制 pc—pH 图,根据不同 pH 区域,可得到如下方程:

$$当 pH > pK_2, \quad \alpha_2 \approx 1$$
$$lg[Ca^{2+}] = 0.5lgK_{SP}$$
$$当 pK_1 < pH < pK_2, \quad \alpha_2 \approx K_2/[H^+]$$
$$lg[Ca^{2+}] = 0.51lgK_{SP} - 0.51lgK_2 - 0.5pH$$
$$当 pH < pK_1, \quad \alpha_2 \approx K_2K_1[H^+]^2$$
$$lg[Ca^{2+}] = 0.5lgK_{SP} - 0.5lgK_1K_2 - pH$$
$$lg[Ca^{2+}] = 0.5lgK_{SP} - 0.5lgK_1K_2 - pH$$

根据上述三条直线方程可以作出 $CaCO_3$(s)在纯水中的溶解曲线。

2. 开放体系

例如,当地下水流过微生物活动频繁的土壤后,水中含有较高的 CO_2 浓度,可使 $CaCO_3$ 溶解,当这样的水以泉水流出地面后,$CaCO_3$ 又可沉淀析出,形成石灰水。

又如,向纯水中加入 $CaCO_3$(s),并将此溶液暴露于含有 CO_2 的气相中,大气中 CO_2 与水中 $CO_2 \cdot H_2O$ 达成平衡,有:

$$C_T \neq [Ca^{2+}]$$
$$C_T = \frac{CO_2 \cdot H_2O}{\alpha_0} = \frac{1}{\alpha_0}K_H p_{CO_2}$$

$$[Ca^{2+}] = \frac{\alpha_0}{\alpha_2} \cdot \frac{K_{SP}}{K_H p_{CO_2}}$$

取对数,有:

$$\lg[Ca^{2+}] = \lg\frac{\alpha_0}{\alpha_2} + \lg\frac{K_{SP}}{K_H} - \lg p\,CO_2$$

此关系式可推广到其他金属碳酸盐,以此绘出 $\lg c$—pH 图,如图 5-3 所示。

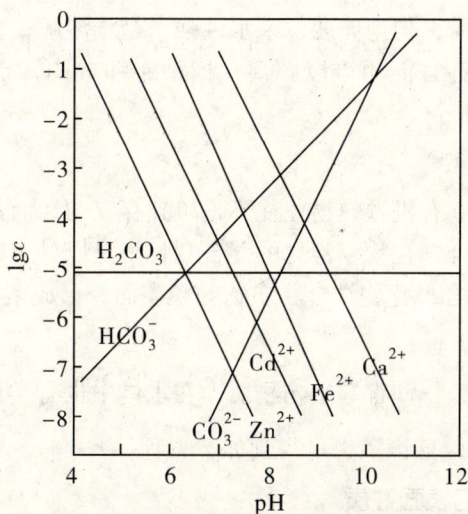

图 5-3 开放体系中的碳酸盐溶解度

二、吸附—解析

天然水体是一个庞大的分散体系,其中,水是分散介质,水中各种溶解状态的离子和分子、胶体、悬浮颗粒物以及较大的粗粒子等是分散相。水中颗粒物按组成可分为无机颗粒物、有机颗粒物、无机—有机复合颗粒物以及生物颗粒物等。这些颗粒物可以吸附水中的各种污染物质,显著地影响各种污染物质在水中的存在状态和迁移转化规律。

(一) 天然水中颗粒物种类

天然水中的颗粒物主要有四类:

1. 无机颗粒物

天然水中的无机颗粒物主要包括矿物颗粒物和铝、铁、锰、硅等水合氧化物颗粒物。天然水中常见的矿物颗粒为石英、长石以及云母、蒙脱石、高岭土等黏土矿物。石英、长石颗粒不易碎裂,颗粒较粗,缺乏黏结性;云母、蒙脱石、高岭土等黏土矿物则是层状结构,易于碎裂,颗粒较细,具有黏结性,具有显著的胶体化学特性。

铝、铁、锰、硅等金属的水和氧化物在天然水中以无机高分子及溶胶的形态存在,在天然水环境中发挥重要的胶体化学作用。

2. 有机颗粒物

天然水中的有机颗粒物主要包括蛋白质、腐殖质等有机高分子，以及由油滴、气泡构成的乳状液和泡沫、表面活性剂等。

腐殖质是天然水中最重要的有机颗粒物，它是由生物体的残体在土壤、水和沉积物中转化而成。腐殖质是有机高分子物质，相对分子量在 300 ~ 30 000 之间。一般认为，腐殖质没有固定的分子组成和化学结构，属于随机聚合的高分子化合物。腐殖质是一种带负电的高分子弱电解质，在碱性溶液中或离子强度较低的情况下，羟基和羧基大多解离，各高分子呈现的负电荷相互排斥，构型伸展，亲水性强，趋于溶解；在酸性溶液中或有较高浓度的金属阳离子存在时，各官能团难以解离，构型蜷缩成团，亲水性弱，趋于沉淀或凝聚，呈现胶体性质。

3. 无机—有机复合颗粒物

天然水中的各种无机、有机颗粒物往往不是单独存在的，而是相互作用结合成为某种聚集体，即无机—有机复合颗粒物。常见的复合颗粒物是以黏土矿物颗粒为核心骨架，有机物（腐殖质）和金属水合氧化物结合在矿物颗粒表面，形成絮状聚集体。

4. 生物颗粒物

天然水中的藻类、细菌、病毒等生物物质，在水体中也有类似的胶体化学性质，属于生物颗粒物。

（二）水中胶体粒子的表面性质

天然水中大部分胶体微粒都带有负电荷，只有少数胶体微粒，如铁、铝水合氧化物等在 pH 值较低时带正电荷，而在 pH 值较高时带负电荷。

黏土矿物微粒的一部分负电荷，可以认为是由其表面上羟基离解以及硅氧基水解形成的硅羟基离解引起的，即：

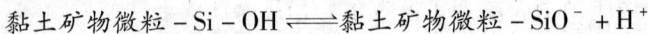

$$黏土矿物微粒 - Si - OH \rightleftharpoons 黏土矿物微粒 - SiO^- + H^+$$

腐殖质微粒的负电荷，主要是由下述过程引起的：

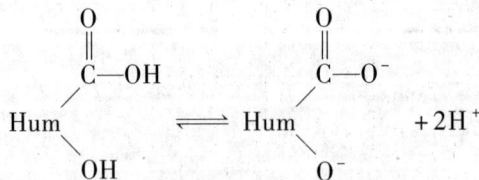

水合氧化硅微粒的负电荷由它表面上分子酸式离解产生，即：

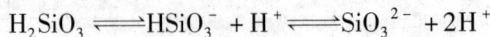

$$H_2SiO_3 \rightleftharpoons HSiO_3^- + H^+ \rightleftharpoons SiO_3^{2-} + 2H^+$$

水合氧化铁、水合氧化铝微粒，在水偏酸条件下，表面上进行下述过程：

$$Al(OH)_3 + OH^- \rightleftharpoons Al(OH)_2O^- + H_2O$$

解离出 OH^- 离子，自身便带上正电荷，而在水偏碱条件下，表面上进行下述过程：

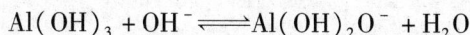

$$Al(OH)_3 + OH^- \rightleftharpoons Al(OH)_2O^- + H_2O$$

解离出 H^- 离子，自身就带上负电荷。

（三）水环境中的吸附作用

水环境中胶体颗粒的吸附作用大体可分为表面吸附、离子交换吸附和专属吸附等。

1. 表面吸附

由于胶体具有巨大的比表面和表面能，因此固液界面存在表面吸附作用，胶体表面积越大，所产生的表面吸附能也越大，胶体的吸附作用也就越强，它是属于一种物理吸附。

2. 离子交换吸附

由于环境中大部分胶体带负电荷，容易吸附各种阳离子，在吸附过程中，胶体每吸附一部分阳离子，同时也放出等量的其他阳离子，因此把这种吸附称为离子交换吸附，它属于物理化学吸附。

这种吸附是一种可逆反应，而且能够迅速地达到可逆平衡。该反应不受温度影响，在酸碱条件下均可进行，其交换吸附能力与溶质的性质、浓度及吸附剂性质等有关。对于那些具有可变电荷表面的胶体，当体系 pH 值高时，也带负电荷并能进行交换吸附。

3. 专属吸附

专属吸附是指吸附过程中，除了化学键的作用外，尚有加强的疏水键和范德华力或氢键在起作用。专属吸附作用不但可使表面电荷改变符号，而且可使离子化合物吸附在同号电荷的表面上。在水环境中，配合离子、有机离子、有机高分子和无机高分子的专属吸附作用特别强烈。例如，简单的 Al^{3+}、Fe^{3+} 高价离子并不能使胶体电荷因吸附而变号，但其水解产物却可达到这点，这就是发生专属吸附的结果。

水合氧化物胶体对重金属离子有较强的专属吸附作用，这种吸附作用发生在胶体双电层的 Stem 层中；被吸附的金属离子进入 Stem 层后，不能被通常提取交换性阳离子的提取剂提取，只能被亲和力更强的金属离子取代，或在强酸性条件下解吸。

（四）吸附等温线和等温式

吸附是指溶液中的溶质在界面层浓度升高的现象。水体中颗粒物对溶质的吸附是一个动态平衡过程，在固定温度的条件下，当吸附达到平衡时，颗粒物表面上的吸附量（G）与溶液中溶质平衡浓度（c）之间的关系，可用吸附等温线来表达。水体中常见的吸附等温线有三类，即 Henry 型、Freundlich 型和 Langmuir 型，简称 H 型、F 型和 L 型。

1. Henry 型

Henry 型为直线型，其等温式为：

$$G = kc$$

式中：k——分配系数。

该等温式表明溶质在吸附剂与溶液之间按固定比值分配。

2. Freundlich 型

Freundlich 型的等温式为：

$$G = kc^{1/n}$$

取对数，得：

$$\lg G = \lg k + \frac{1}{n} \lg c$$

其中，$\lg G$—$\lg c$ 图为一直线，$\lg k$ 为截距。k 值是 $\lg c = 0$ 时的吸附量，可大致表示吸附能力的强弱；$\frac{1}{n}$ 为斜率，表示吸附量随浓度增长的强度。但该等温线不能给出饱和吸附量。

3. Langmuir 型

Langmuir 型的等温式为：

$$G = \frac{G^0 c}{A + c}$$

式中：G^0——单位表面上达到饱和时间的最大吸附量；

A——常数。

G—c 图为双曲线。其渐近线为 $G = G^0$，即当 $c \to \infty$ 时，$G \to G^0$；A 为吸附量达到 $\frac{G^0}{2}$ 时的平衡浓度。

L 型吸附等温式两侧取倒数，得：

$$\frac{1}{G} = \frac{1}{G^0} + \left(\frac{A}{G^0} \right) \left(\frac{1}{c} \right)$$

以 $\frac{1}{G}$ 对 $\frac{1}{c}$ 作图，同样得到一直线。

吸附等温线在一定程度上反映了吸附剂与吸附物的特性，其形式在许多情况下与实验所用溶质浓度范围有关。当溶质浓度很低时，可能在初始区段呈现 H 型等温线，当浓度升高时，可能表现为 F 型等温线，但统一起来仍属于 L 型等温线的不同区段。

影响吸附作用的因素有很多，如溶液 pH 值、颗粒物的粒度和浓度对吸附作用均有影响。一般情况下，颗粒物对重金属的吸附量随 pH 值升高而增大，随粒度增大而减小，并且，当溶质浓度范围固定时，吸附量随颗粒物浓度增大而减小。此外，温度变化、多种离子共存时的竞争作用对吸附作用均产生影响。

三种吸附等温线如图 5-4 所示。

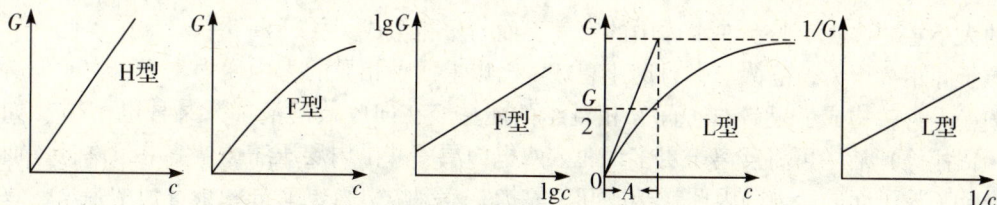

图 5 - 4　常见吸附等温线（汤鸿霄，1984）

（五）水中颗粒物的聚集

水中胶粒大小为 1 ~ 100 nm，所以一般不能用沉降或过滤的方法从水中除去这些颗粒物质。水中胶体颗粒基本有亲水胶粒和疏水胶粒两类。亲水胶粒受溶剂化程度高，颗粒被水壳层所包围，所以在水体中很难凝聚沉降。这一类胶粒多数是生物性的物质，如可溶性淀粉、蛋白质和它们的降解产物以及血清、琼脂、树胶、果胶等。疏水胶粒一般由黏土、腐殖质、微生物等经分散后产生，这些胶粒的表面带电（一般带负电），较容易通过某些天然或人为因素的作用而凝聚沉降下来。

从化学热力学角度看，胶体系统是高度分散的，因而也是一种不稳定体系。这种体系有降低表面能，趋于稳定的自发倾向，而降低表面能又是靠胶粒（尤其是疏水胶粒）发生凝聚和吸附这两种基本过程来达成的。

胶体的凝聚有凝结和絮凝两种基本形式。胶体粒子表面带有电荷，由于静电斥力而难以相互靠拢，凝结过程就是在外来因素（如化学物质）作用下降低静电斥力，从而使胶粒合在一起。而絮凝则是借助于某种架桥物质（如聚合物），通过化学键联结胶体粒子，使凝结的粒子变得更大。

水中胶体颗粒的凝聚机理非常复杂。凝集物理理论说明了凝聚作用的因素和机理，该理论只考虑范德华力和扩散双电层排斥力为作用因素，因此是一种理想化的最简单的模式，只适用于电解质浓度升高压缩扩散层造成颗粒物聚集的典型情况。

天然水体的 pH 值在 4 ~ 9 范围内，水中胶粒表面多带过剩的负电荷。胶粒与它周围的水体间构成了一个双电层。形成双电层的过程，一是由于胶粒表面带负电引起带正电的反离子被吸附在粒子表面；二是部分反离子因热运动而向外扩散。双电层结构如图 5 - 5 所示，双电内层附着在固体颗粒表面上，而外层则位于液相之中，内外两层的界面在 AB。这个界面也就是胶体粒子在溶液中移动时的剪切面。在颗粒表面和 AB 面之间形成的 ξ 电位（动电位），其可用电泳法或电渗法予以测定。

在两个相邻的胶体粒子间一方面受到与 ξ 电位大小相应的静电斥力，另一方面也受到一个相互吸引的范德华力。后一种力存在于任何两邻近胶粒之间而不拘于它们所带电荷的种类（正或负），且

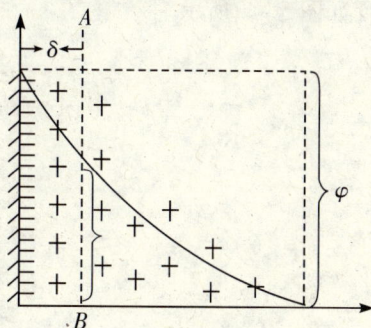

δ——双电内层厚度

AB——剪切面

ξ——动电位（ε 电位）

φ——总电位

图 5 - 5　双电层和 ζ 电位概念图

力的大小主要取决于胶粒在水体中的密度，而与水相组成无关［图5-6（a）］。此外，随着粒子间距离增大，范德华引力迅速衰减。当以上两种相异的力中斥力大于引力时，所产生的净斥力就构成了阻碍粒子间互相凝结的能垒。在向胶体溶液加入某种电解质（如铁盐、铝盐等）后，可将反离子更多地驱入双电内层，并由内层压缩而使 ξ 电位降低，而也就降低了粒子间的斥力，因此粒子能互相靠拢，范德华引力也就进一步得到增强，导致能垒消失［图5-6（b）］，并达到粒子间发生凝结的效果。上述胶体粒子凝结的机理可用于解释一些自然现象，如带有大量胶体粒子的河水流至河海交汇的河口时，由于海水中含盐较高，从而破坏河水胶体的相对稳定性，使大量胶粒凝聚而形成河口沉积物。

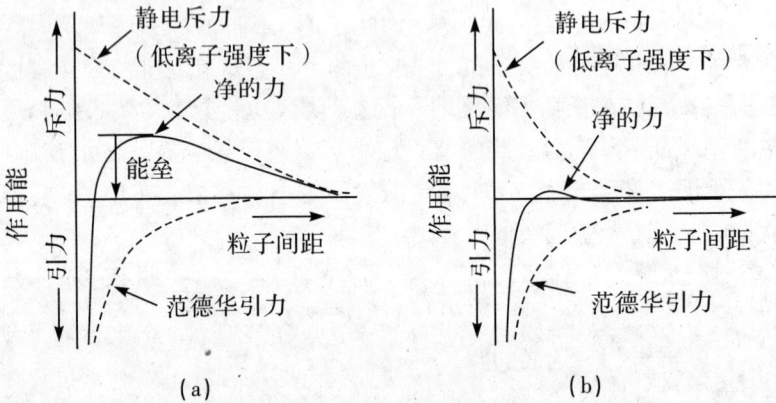

图5-6　离子强度和粒子间距对胶粒间作用力的影响

当水体受纳了一些高分子聚合电解质后，也可能通过架桥絮凝作用而破坏胶体系统的稳定性。这种高分子化合物可能是天然的，如淀粉、丹宁（多糖）、动物胶（蛋白质）等；也可能是人造的，如聚丙烯酰胺及其衍生物等。水体中发生胶粒凝结和絮凝的实际过程如图5-7所示。

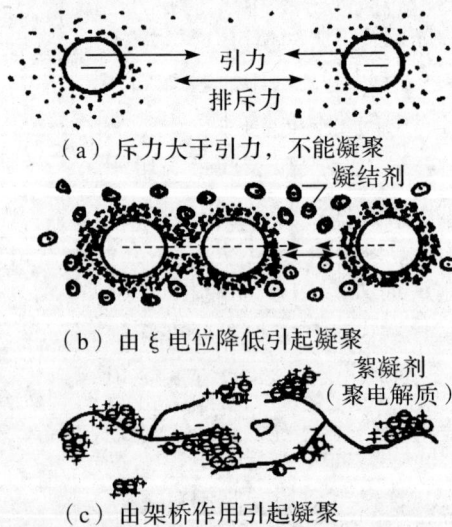

（a）斥力大于引力，不能凝聚

（b）由 ξ 电位降低引起凝聚

（c）由架桥作用引起凝聚

图5-7　胶体凝聚的机理

（六）沉积物中重金属的释放

重金属从悬浮物或沉积物中重新释放属于二次污染问题，不仅对于水生生态系统，而且对于饮用水的供给也是很危险的。诱发释放的主要因素有以下五个方面：

1. 盐浓度升高

碱金属和碱土金属阳离子可将被吸附在固体颗粒上的金属离子交换出来。如水体中 Ca^{2+}、Na^+、Mg^{2+} 离子对悬浮物中铜、铅和锌的交换释放作用。在 0.5 mol/L 的 Ca^{2+} 离子作用下，悬浮物中的铅、铜、锌可以解吸出来，这三种金属被钙离子交换的能力不同，其顺序为 $Zn > Cu > Pb$。

2. 氧化还原条件的变化

在湖泊、河口及近岸沉积物中一般均有较多的耗氧物质，使一定深度以下沉积物中的氧化还原电位急剧降低，并将使铁、锰氧化物可部分或全部溶解，故被其吸附或与之共沉淀的重金属离子也同时释放出来。

3. 降低 pH 值

pH 值降低，导致碳酸盐和氢氧化物的溶解，H^+ 的竞争作用增加了金属离子的解吸量。在一般情况下，沉积物中重金属的释放量随着反应体系 pH 值的升高而降低。其原因既有 H^+ 离子的竞争吸附作用，也有金属在低 pH 值条件下致使金属难溶盐类以及配合物的溶解等。因此，在受纳酸性废水排放的水体中，水中金属的浓度往往很高。

4. 增加水中配合剂的含量

天然或合成的配合剂使用量增加，能和重金属形成可溶性配合物，有时这种配合物稳定度较大，可以溶解态形态存在，使重金属从固体颗粒上解吸下来。

5. 生物化学迁移过程

一些生物化学迁移过程也能引起金属的重新释放，从而引起重金属从沉积物中迁移到动植物体内——可能沿着食物链进一步富集，或者直接进入水体，或者通过动植物残体的分解产物进人体或水体。

三、氧化—还原

天然水体中氧化—还原反应的类型、速率和平衡在很大程度上决定了水中主要溶质的性质，而对水中污染物的迁移转化具有重要意义。由于水体氧化还原电位的不同，溶质的存在形态也有差异，常表现为溶解度、络合物形成能力、酸碱反应性等方面的差异。例如，一个大型湖泊，其表层水可以被大气中的氧饱和，其中的 C、N、S、Fe 元素的存在形态分别为：HCO_3^-、NO_3^-、SO_4^{2-}、$Fe(OH)_3$（悬浮颗粒）；而湖的底层水则处于厌氧状态，上述离子的存在形态分别为：CH_4、NH_4^+、SO_3^{2-}、Fe^{2+} 等。这种情况对水生生物的栖息、生存都具有很大意义。

需要注意的事，本节所介绍的体系都假定处于热力学平衡态。但由于氧化还原反应非常缓慢，很少达到平衡，所以在天然水或无水体系中基本不存在完全的热力学平衡态。在海洋或湖泊中，从接触大气中氧气的表层到沉积物的底层之间，存在着无数个中间区域，各区域氧化还原环境有着显著的差别。实际的天然水体系都存在着多个氧化还原反应的混合行为。但是这种平衡体系的设想，对于用一般方法去认识污染物在水体中发生化学变化趋向会有很大帮助，通过平衡计算，可提供体系必然发展趋向的边界条件。

（一）电子活度和氧化还原电位

1. 电子活度的负对数 pE

酸碱反应与氧化还原反应之间存在着概念上的相似性。在酸碱质子理论中，以氢离子活度来衡量酸碱性。水中的氢离子活度高，称为酸性，水中的氢离子活度低，称为碱性。常以 pH 值表示水溶液的酸碱性，即：

$$pH = -\lg\ (\alpha_{H^+})$$

式中：α_{H^+}——氢离子在水溶液中的活度。

同样，可以用电子活度来衡量氧化还原性。水中电子活度高，称为还原性；水中电子活度低，称为氧化性。与此相似，以 pE 表示水溶液的氧化还原性，即：

$$pE = -\lg\ (\alpha_e)$$

式中：α_e——电子在水溶液中的活度。

因此，pE 越小，电子浓度越高，体系提供电子的倾向就越强，体系为还原性；pE 越大，电子浓度越低，体系接受电子的倾向就越强，体系表现为氧化性。

2. 氧化还原电位 E 与 pE 的关系

对于一个氧化还原半反应：

$$O_x + ne \Longrightarrow Red$$

$$K = \frac{[Red]}{[O_x]\ [e]^n}$$

$$[e]\ = \left\{\frac{[Red]}{K\ [O_x]}\right\}^{\frac{1}{n}}$$

$$pE = -\lg\ [e]\ = \frac{1}{n}\left\{\lg K - \lg\frac{[Red]}{[O_x]}\right\}$$

根据 Nernst 方程：

$$E = E^0 - \frac{2.303RT}{nF} \cdot \lg\frac{[Red]}{[O_x]}$$

$$E^0 = \frac{2.303RT}{nF}\lg K$$

其中，E^0 为标准电极电位，是指在 25℃、有关物种活度均为 1 mol/L 时的电极电位。代入 pE 式中，得：

$$pE = \frac{EF}{2.303RT} = \frac{1}{0.059}E$$

同样有：

$$pE^0 = \frac{E^0F}{2.303RT} = \frac{1}{0.059}E^0$$

将上两式代入 Nernst 方程，得到氧化还原反应的 pE 一般表达式：

$$pE = pE^0 - \frac{1}{n}\lg\frac{[Red]}{[O_x]}$$

$$pE = pE^0 + \frac{1}{n}\lg\frac{[反应物]}{[产物]}$$

对于一个含有 n 个电子的氧化还原反应，其平衡常数为：

$$\lg K = \frac{nF}{2.303RT}E^0$$

$$E^0 = \frac{2.303RT}{F}pE^0$$

此处，E^0 是整个反应的 E^0 值，故平衡常数为：

$$\lg K = n \cdot pE^0$$

同样对于一个含有 n 个电子的氧化还原反应，自由能变化 ΔG 为：

$$\Delta G = -nFE$$

$$E = \frac{2.303RT}{F}pE$$

可得到 ΔG 与 pE 的关系：

$$\Delta G = -2.303nRT \cdot pE$$

同理：
$$\Delta G^0 = -2.303nRT \cdot pE^0$$

（二）天然水体的氧化还原限度

在氧化还原体系中，往往有 H^+ 和 OH^- 离子参与转移，因此，pE 除了与 O_x 浓度有关外，还受 Red 的影响。这种关系可用 pE – pH 图表示。在考虑水体中 pE – pH 关系时，必须考虑水的氧化还原反应限定区域边界。水氧化限定的边界条件是 $1.013\ 0 \times 10^5$ Pa 氧分压（1 atm）；水还原限定的边界条件是 $1.013\ 0 \times 10^5$ Pa 氢分压（1 atm）。

水的氧化限度：

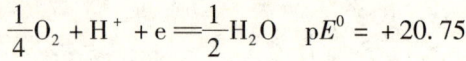

$$\frac{1}{4}O_2 + H^+ + e = \frac{1}{2}H_2O \quad pE^0 = +20.75$$

$$pE = pE^0 + lg\left\{ p_{O_2}^{\frac{1}{4}} \left[H^+ \right] \right\} \quad ①$$

$$pE = 20.75 - pH$$

水的还原限度：

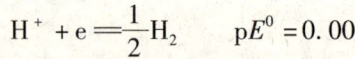

$$H^+ + e = \frac{1}{2}H_2 \qquad pE^0 = 0.00$$

$$pE = pE^0 + lg\left[H^+ \right]$$

$$pE = -pH$$

根据以上水 pE – pH 关系式，可绘制水的氧化还原反应限度的边界图（图 5 – 8）：

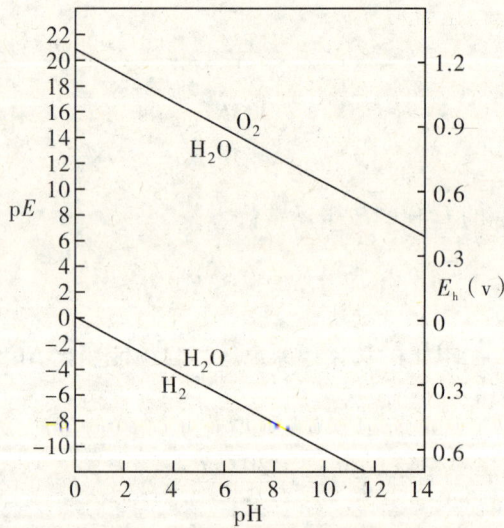

图 5 – 8　水的氧化还原反应限度

图中两条线为水的稳定限制线，当 pE 高于上线时，水倾向于被氧化，产生 O_2；当 pE 低于下线时，水倾向于被还原，产生 H_2。在这两条线之间，H_2O 是稳定的，也是水质各化合态分布的区域。

（三）天然水的 pE 和决定电位

天然水的 pE 值可以通过用电极测量水的 E 值得到，但在实际情况中 E 值不易准确测定。原则上，pE 值也可通过平衡状态下水中有关化学物质的浓度计算得到。

例如，在 $p_{O_2} = 0.21 \times 10^5$ Pa 条件下，计算 pH = 7 的好氧水和厌氧水的 pE 值。

在好氧水中，有：

$$\frac{1}{4}O_2 + H^+ + e \Longrightarrow \frac{1}{2}H_2O \qquad pE^0 = +20.75$$

$$pE = pE^0 + \lg\left\{ p_{O_2}^{\frac{1}{4}} \left[H^+ \right] \right\}$$

$$pE = 20.75 + \lg\left\{ (p_{O_2} / 1.013 \times 10^5)^{0.25} \times \left[H^+ \right] \right\}$$

$$= 20.75 + \lg\left[0.21 \times 10^5 / 1.013 \times 10^5 \right]^{1/4} \times 10 \times 10^{-7}$$

$$= 13.58$$

在厌氧水中、微生物作用下，有如下平衡存在：

$$\frac{1}{8}CO_2 + H^+ + e \Longrightarrow \frac{1}{8}CH_4 + \frac{1}{4}H_2O \qquad pE^0 = 2.87$$

$$pE = pE^0 + \lg p_{CO_2}^{0.125} \cdot \left[H^+ \right] \Big/ p_{CH_4}^{0.125}$$

$$= 2.87 + \lg \left[H^+ \right]$$

$$= -4.13$$

根据限定条件，pH = 7 时，水的氧化界限 pE 值为：

$$pE = 20.75 - pH = 20.75 - 7 = 13.75$$

水的还原界限 pE 值为：

$$pE = -pH = -7.0$$

说明，上述两种情况没有超出水的 pE 值界限。

对于只有一个氧化还原平衡的单体系，该平衡的电位就是体系的电位。至于有多个氧化还原平衡共存的混合体系，它的电位应该介于其中各个单体系的电位之间，而且接近于含量较高的单体系的电位。决定电位：如果某个单体系的含量比其他体系高得多，则其电位几乎等于混合体系的电位，称为该单体系的电位为"决定电位"。

在多数情况下，天然水中起决定电位作用的物质是溶解氧。而在有机物积累的缺氧水中，有机物起着决定电位的作用。显然，在上面两种状况之间的水中，决定电位的体系应该是溶解氧体系和有机物体系的综合。除氧和有机物外，铁和锰是环境中分布相当普遍的变价元素，它们是天然水中氧化还原反应的主要参与者，在特殊条件下，甚至起着决定电位的作用。

天然水的 pE/pH 均在水的稳定存在上、下界限之间。绝大多数天然水的 pH 值在 4~9 之间。各类天然水在 pE—pH 图上的大致位置如图 5-9 所示。

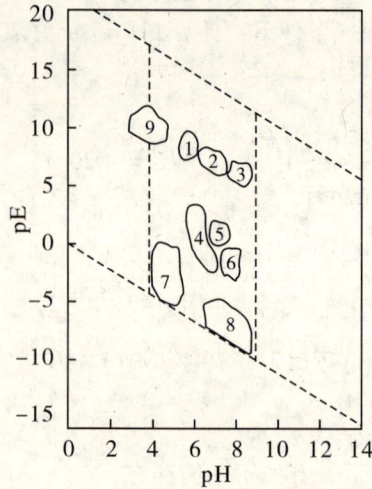

图5-9 各种天然水在 pE—pH 图中的大致位置

1—雨水；2—河水、湖水；3—海洋水；4—地下水；5—深层湖水；

6—深层海洋水；7—土壤水；8—富有机质盐水；9—酸雨

（四）氧化还原平衡图示法

氧化还原平衡图示法有 pE—pH 图和 $\lg c$—pE 图两种类型。

pE—pH 图能反映某一 pE、pH 区域的优势物种，因此是一种优势区域图。在画这种图时，主要是寻找物种之间的边界线，在边界线上相邻两种物种的浓度相等。pE—pH 图除了考虑氧化还原平衡，还涉及酸碱、沉淀和络合平衡。

在酸碱平衡中，常用 pc—pH 图来表达水中各物种浓度随 pH 值变化的变化情况。同样在氧化还原平衡中也可用 $\lg c$—pE 图来表达水中各氧化还原物种的浓度与 pE 的关系。

1. pE—pH 图

以 Fe^{2+}—Fe^{3+} 体系为例，说明 pE – pH 图的作图方法。

在需要建立某元素在水体中各化学形态间平衡关系的 pE—pH 图时，应将该元素的所有氧化还原形态和水体中所有配位体都考虑在内，由此得到的图形是非常复杂的。现在我们对问题作最大限度的简化。假定：① 在水体所含的配位体（OH^-、Cl^-、S^{2-}、SO_4^{2-}、CO_3^{2-} 等）中只考虑 OH^- 配位体的作用；② 体系中的铁只有 Fe^{2+}、Fe^{3+}、$Fe(OH)_2$、$Fe(OH)_3$ 四种存在形态；③ 铁的总浓度为 1.0×10^{-5} mol/L。

在这些假定的基础上，先写出各种形态间相互转化的反应。

氧化还原反应：

$$pE = 13.0 + \lg \frac{[Fe^{3+}]}{[Fe^{2+}]}$$

沉淀溶解反应：

$$Fe(OH)_2(s) + 2H^+ \rightleftharpoons Fe^{2+} + 2H_2O$$

$$K_{S_2} = \frac{[Fe^{2+}]}{[H^+]^2} = 8.0 \times 10^{12}$$

$$Fe(OH)_3(s) + 3H^+ \rightleftharpoons Fe^{3+} + 3H_2O$$

$$K_{S_3} = \frac{[Fe^{3+}]}{[H^+]^3} = 9.1 \times 10^3$$

根据上面的讨论，Fe 的 pE—pH 图必须落在水的氧化还原限度内，绘制 pE—pH 图需根据以上关系式列出下列方程：

① 水氧化限度的边界条件为：

$$pE = 20.75 - pH \qquad (1)$$

② 水还原限度的边界条件为：

$$pE = -pH \qquad (2)$$

③ 根据式（1）在 $[Fe^{3+}] = [Fe^{2+}]$ 处有：

$$pE = 13.0 \qquad (3)$$

④ 考虑 Fe^{2+} 在多大 pH 值条件下开始产生 $Fe(OH)_2$ 沉淀。根据式（2）计算：

$$[H^+]^2 = \frac{[Fe^{2+}]}{K_{sp2}}$$

$$pH = 0.51 \lg K_{sp2} - 0.51 \lg [Fe^{2+}]$$

当 $pE \ll pE^0$ 时，溶液中主要为 Fe^{2+} 形态，则 $[Fe^{2+}] = 1.0 \times 10^{-5}$ mol/L，代入上式，得：

$$pH = 8.95 \qquad (4)$$

⑤ 考虑 Fe^{3+} 在多大 pH 值条件下开始产生 $Fe(OH)_3$ 沉淀。根据式（3）计算：

$$[H^+]^3 = \frac{[Fe^{3+}]}{K_{sp3}}$$

$$pH = \frac{1}{3} \lg K_{sp3} - \frac{1}{3} \lg [Fe^{3+}]$$

当 $pE \gg pE^0$ 时,溶液中主要为 Fe^{3+} 形态,则 $[Fe^{3+}] = 1.0 \times 10^{-5}\,mol/L$,代入上式,得:

$$pH = 2.99 \tag{5}$$

⑥ 考虑 $Fe^{2+} \rightarrow Fe^{3+} \rightarrow Fe(OH)_3$ 的过程。由式(1)和(3)可得:

$$
\begin{aligned}
pE &= 13.0 + \lg \frac{K_{sp_3}[H^+]^3}{[Fe^{2+}]} \\
&= 13.0 + \lg 9.1 \times 10^3 - 3pH - \lg 1.0 \times 10^{-5} \\
&= 21.96 - 3pH
\end{aligned} \tag{6}
$$

⑦ 考虑 $Fe(OH)_2$ 和 $Fe(OH)_3$ 之间的平衡,由式(1)、(2)和(3)可得:

$$
\begin{aligned}
pE &= 13.0 + \lg \frac{[Fe^{3+}]}{[Fe^{2+}]} \\
&= 13.0 + \lg \frac{K_{sp_3}[H^+]^3}{K_{sp_2}[H^+]^2} \\
&= 13.0 + \lg \frac{9.1 \times 10^3}{8.0 \times 10^{12}} - pH \\
&= 4.06 - pH
\end{aligned} \tag{7}
$$

在区域 I,高 $[H^+]$,低 pE,酸性还原态介质,Fe^{2+} 为主要形态;

在区域 II,高 $[H^+]$,高 pE,酸性氧化态介质,Fe^{3+} 为大量的;

在区域 III,低 $[H^+]$,高 pE,低酸性氧化态介质,$Fe(OH)_3$ 含量较多;

在区域 IV,低 $[H^+]$,低 pE,碱性还原态介质,$Fe(OH)_2$ 是很稳定的。

在天然水体系中,pH 值一般在 4~9 之间,铁主要以 Fe^{2+} 和 $Fe(OH)_3$ 的形式存在。在厌氧水体中,pE 较低,会有相当量的 Fe^{2+} 存在,这种水体一旦接触空气,pE 值升高,就会有 $Fe(OH)_3$ 悬浮颗粒物生成。

2. $\lg c$—pE 图

在氧化还原平衡中,如果 pH 值保持恒定,水体中各物种浓度随 pE 变化可由 $\lg c$—pE 图反映出来。下面以天然水中无机氮和无机铁的转化为例分别加以说明。

【例 5.1】水体 pH = 7.00,总无机氮 TN = $1.0 \times 10^{-4}\,mol \cdot L^{-1}$,各存在形态有 NO_2^-、NO_3^-、NH_4^+,作 $\lg c$—pE 图。

(1)各形态间相互转化的反应式为:

① NO_3^-—NO_2^- 之间的关系:

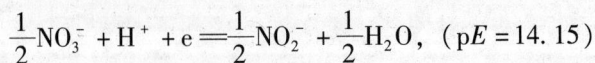

$$\frac{1}{2}NO_3^- + H^+ + e \Longrightarrow \frac{1}{2}NO_2^- + \frac{1}{2}H_2O, \quad (pE = 14.15)$$

$$pE = pE^0 + \lg \frac{[NO_3^-]^{1/2}[H^+]}{[NO_2^-]^{1/2}} = 7.15 + \lg \frac{[NO_3^-]}{[NO_2^-]^{1/2}}$$

在 $pE = 7.15$ 时，$[NO_3^-] = [NO_2^-]$

② NO_3^- —NH_4^+ 之间的关系：

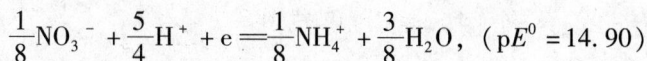

$$\frac{1}{8}NO_3^- + \frac{5}{4}H^+ + e \Longleftrightarrow \frac{1}{8}NH_4^+ + \frac{3}{8}H_2O, \quad (pE^0 = 14.90)$$

$$pE = pE^0 + \lg \frac{[NO_3^-]^{\frac{1}{8}}[H^+]^{5/4}}{[NH_4^+]^{1/8}}$$

在 $pE = 6.15$ 时，$[NO_3^-] = [NH_4^+]$

③ NO_2^- —NH_4^+ 之间的关系：

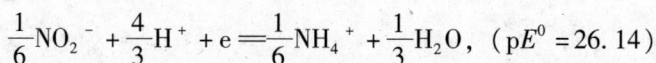

$$\frac{1}{6}NO_2^- + \frac{4}{3}H^+ + e \Longleftrightarrow \frac{1}{6}NH_4^+ + \frac{1}{3}H_2O, \quad (pE^0 = 26.14)$$

$$pE = pE^0 + \lg \frac{[NO_2^-]^{1/6}[H^+]^{4/3}}{[NH_4^+]^{1/6}} = 5.81 + \lg \frac{NO_2^{-1/6}}{NH_4^+}$$

在 $pE = 5.81$ 时，$[NO_2^-] = [NH_4^+]$

（2）推导 $\lg c$ —pE 方程：

① 当 $pE < 5$ 时，$[NH_4^+]$ 形态占绝对优势，可假定：

$$[NH_4^+] = 1.0 \times 10^{-4} \text{ mol} \cdot L^{-1}, \quad \lg [NH_4^+] = -4.00$$

将此式代入 pE 表达式（2）、（3），得：

$$\lg [NO_2^-] = -38.86 + 6pE \qquad \text{（直线 1 的方程）}$$

$$\lg [NO_3^-] = -53.20 + 8pE \qquad \text{（直线 2 的方程）}$$

② 当 $pE = 6.5$ 时，$[NO_2^-]$ 形态占绝对优势，可假定：

$$[NO_2^-] = 1.00 \times 10^{-4} \text{ mol/L}, \quad \lg [NO_2^-] = -4.00$$

将此式代入 pE 表达式（1）、（3），得：

$$\lg [NH_4^+] = 30.86 - 6pE \qquad \text{（直线 3 的方程）}$$

$$\lg [NO_3^-] = 18.30 + 2pE \qquad \text{（直线 4 的方程）}$$

③ 当 $pE > 7$ 时，$[NO_3^-]$ 形态占绝对优势，可假定：

$$[NO_3^-] = 1.00 \times 10^{-4} \text{ mol/L}, \quad \lg [NO_2^-] = -4.00$$

将此式代入 pE 表达式（1）、（2），得：

$$\lg[\text{NH}_4{}^+] = 45.20 - 8\text{p}E \qquad (\text{直线 5 的方程})$$

$$\lg[\text{NO}_2{}^-] = 10.30 - 2\text{p}E \qquad (\text{直线 6 的方程})$$

通过以上方程所作 $\lg c - \text{p}E$ 图如图 5 - 10 所示。

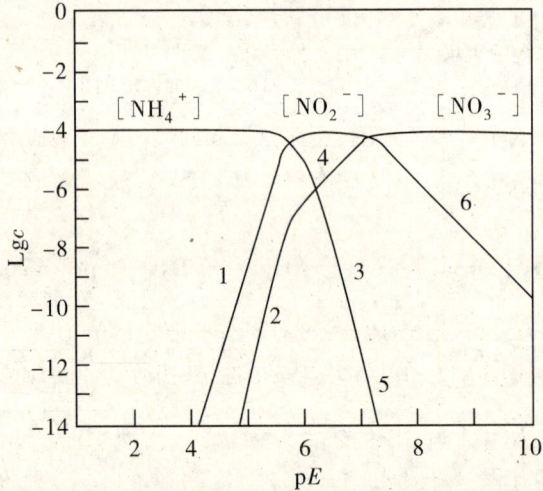

图 5 - 10 $\text{NH}_4{}^+$，$\text{NO}_2{}^-$ 和 $\text{NO}_3{}^-$ 浓度的对数对 $\text{p}E$ 作图（pH = 7.00，氮化物总浓度为 $1.00 \times 10^{-4} \text{ mol/L}$）

氮系统的 $\lg c$—$\text{p}E$ 图对了解受氮化合物污染的水体情况有一定的指导意义。例如，在有机氮化合物排入水体之后即可能发生由微生物作用引起的降解反应和硝化反应：$\text{OrgN} \rightarrow \text{NH}_4{}^+ \rightarrow \text{NO}_2{}^- \rightarrow \text{NO}_3{}^-$，根据水样的实测电极电位 E 值即可对照 $\lg c$—$\text{p}E$ 图求得各种无机形态氮的浓度分布比例（也可用化学分析方法予以各个测定），以此作为判断水质优劣的依据。

【例 5.2】天然水体中的铁主要以 Fe(OH)_3 和 Fe^{2+} 形态存在。讨论总溶解铁浓度为：$10 \times 10^{-3} \text{ mol} \cdot \text{L}^{-1}$ 时，不同 $\text{p}E$ 水体对两种铁形态浓度的影响。

$$\text{Fe}^{3+} + \text{e} = \text{Fe}^{2+} \qquad \text{p}E^0 = 13.05$$

$$\text{p}E = 13.05 + \frac{1}{n}\lg\frac{[\text{Fe}^{3+}]}{[\text{Fe}^{2+}]}$$

当 $\text{p}E \ll \text{p}E^0$ 时，$[\text{Fe}^{3+}] \ll [\text{Fe}^{2+}]$，则：

$$[\text{Fe}^{2+}] = 1.0 \times 10^{-3} \text{mol/L}$$

$$\lg[\text{Fe}^{2+}] = -3.0$$

$$\lg[\text{Fe}^{3+}] = \text{p}E - 16.05$$

当 $\text{p}E \gg \text{p}E^0$ 时，$[\text{Fe}^{3+}] \gg [\text{Fe}^{2+}]$，则：

$$[Fe^{3+}] = 1.0 \times 10^{-3} \, mol/L$$

$$lg [Fe^{3+}] = -3.0$$

$$lg [Fe^{2+}] = 10.05 - pE$$

作 lgc—pE 图如图 5 – 11 所示。

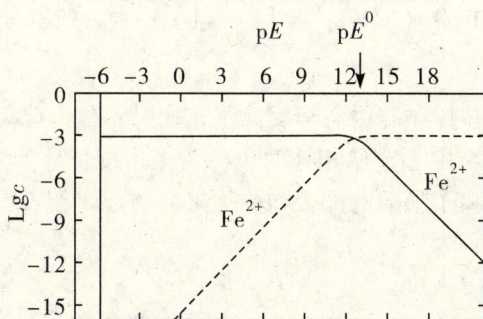

图 5 – 11　Fe^{3+}、Fe^{2+} 氧化还原平衡的 lgc – pE 图

从图 5 – 11 中可以看出，当 $pE < 12$ 时，$[Fe^{2+}]$ 占优势；当 $pE > 14$ 时，$[Fe^{3+}]$ 占优势。

四、配合作用

配合作用对金属化合物的形态、溶解度、迁移和生物效应等均具有重要意义。配合作用的结果使原来不溶于水的金属化合物转变为可溶性的金属化合物，如废水中的配位体可从管道和沉积物中将金属溶出。配合作用可以改变固体的表面性质及吸附行为，可以因为在固体表面争夺金属离子使金属的吸附受到抑制，也可以因为配合物被吸附到固体表面后又成为固体表面新的吸附点。配合作用还可以改变金属对水生生物的营养可给性和毒性。

水体中的溶解态的重金属，大部分以配合物形式存在，因为水体中存在多种有机和无机配位体。天然水体中常见的无机配位体有 OH^-、Cl^-、CO_3^{2-}、HCO_3^-、F^-、S^{2-}、NH_3、PO_4^{3-} 等；常见的有机配位体有天然降解产物：氨基酸、糖、腐殖酸等。另外，一些人为污染物也是配位体，如洗涤剂、清洁剂、NTA、EDTA、农药、大分子环状化合物等。

（一）基本术语

1. 配合物

配合物是由处于中心位置的原子或离子（一般为金属，可称为配合物的核）与周围一定数目的配位体分子或离子键合组成。与中心原子或离子直接键合的原子叫配位原子，配位原子的数目叫配位数。

如 $Co(NH_3)_6^{3+}$，Co 是中心离子，NH_3 是配位体，N 是配位原子，6 是配位数。对该配合物的命名为六氨合钴（Ⅲ）离子。

2. 配合物的命名

在命名时，一般可按以下顺序：配位数—配位体名称—合—金属名称（价态）—离子。当配合物为中性分子时，后面的"离子"两字就不用了。当配位体有多个时，掌握先阴离子后中性分子，先简单后复杂的原则。

例如：　　$Fe(CN)_6^{4-}$　　　　　　六氰合铁（Ⅱ）离子

$Al(H_2O)_6^{3+}$　　　　　　六水合铝（Ⅲ）离子

$CaSO_4^0$　　　　　　　　硫酸根合钙（Ⅱ）

$Co(CN)(H_2O)(NH_3)_4^{2+}$　　一氰·一水·四氨合钴（Ⅲ）离子

3. 配合物的结构

当配位体只有一个配位原子与中心金属离子相连时，称为单齿配位体，当配位体有两个或两个以上的配位原子与中心金属相连时，称为多齿配位体，多齿配位体也即螯合剂。由螯合剂与同一中心金属离子形成的配合物称为螯合物。如乙二胺有两个原子与铬离子形成螯合物，为二齿配位体：

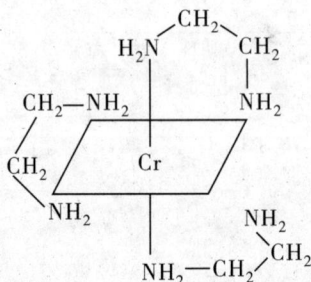

又如，EDTA 有 6 个配位原子与钙离子相连，为六齿配位体：

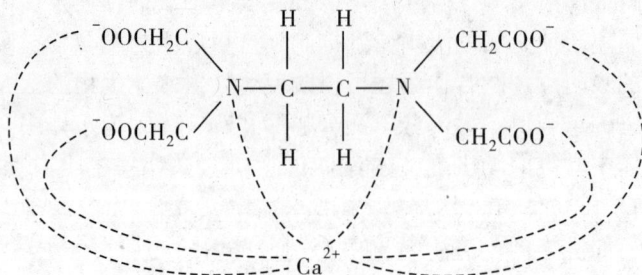

含有一个中心金属离子的配合物称为单核配合物，含有一个以上中心金属离子的配合物称为多核配合物。当 Al^{3+} 作为絮凝剂加入水中，在中性 pH 值缓冲条件下可形成多核配合物，如 $Al_2(H_2O)_8(OH)_2^{4+}$，它的形成过程如下：

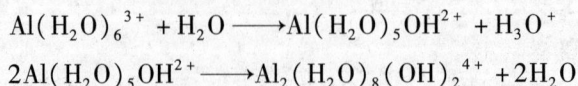

$$Al(H_2O)_6^{3+} + H_2O \longrightarrow Al(H_2O)_5OH^{2+} + H_3O^+$$

$$2Al(H_2O)_5OH^{2+} \longrightarrow Al_2(H_2O)_8(OH)_2^{4+} + 2H_2O$$

即：

$$\left[(H_2O)_4\!-\!\underset{\overset{|}{H_2O}}{\overset{OH}{Al}} \right]^{2+} + \left[\underset{\overset{|}{H_2O}}{\overset{HO}{Al}}\!-\!Al(H_2O)_4 \right]^{2+} \longrightarrow \left[(H_2O)_4Al\underset{\overset{O}{\underset{|}{H}}}{\overset{\overset{H}{|}\ \overset{O}{}}{\diamondsuit}}Al(H_2O)_4 \right]^{4+} + 2\,H_2O$$

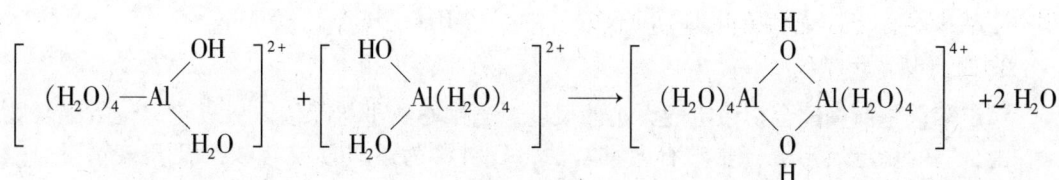

有一类配合物的配位体和中心离子的键合作用较弱，在配位体和中心离子之间有水层相隔，它们相互结合的强度仅比静电作用稍强，这一类配合物称为离子对，如 $CaCO_3^0$、$CaCH_3^+$、$CaSO_4^0$、$CaOH^+$、$MgCO_3^0$、$MgSO_4^0$ 等。

（二）配合物在溶液中的稳定性

配合物在溶液中的稳定性是指配合物在溶液中离解成中心离子（或原子）和配位体达到平衡时离解程度的大小。关于配合物稳定性，可从下面三个方面来说明。

1. 配位体的结构

多齿配位体能与金属离子形成环状配合物即螯合物，所以比单齿配位体形成配合物的稳定性大得多。

多齿配位体与金属离子形成螯合物时，螯合物的稳定性比组成和结构相近似的非螯合物更高。螯合物的特殊稳定性和环形结构的形成有关。一般将这种由于螯合成环而使配合物具有特殊稳定性的作用称为"螯合效应"。一般来说，具有五元环和六元环的螯合物最稳定，它们比较小或较大的螯合物都稳定。当螯合物分子中含有多个环时称为稠环，环越多，螯合物越稳定。

2. 软硬酸碱理论

利用该原理可解释、预测配合物的稳定性。Lewis 酸碱电子理论认为，凡是接受电子对的物质为酸（Lewis 酸），凡是提供电子对的物质为碱（Lewis 碱），因此在配合物中，接受配位体提供电子对的物质为酸，配位体则为碱。

软硬酸碱中的"软"与"硬"，是用来描述对外层电子抓得松还是紧。而电子被抓得松或者紧刚好体现了酸、碱接受或给出电子对的难易程度。凡对外层电子抓得松的酸或碱称软酸或软碱；凡对外层电子抓得紧的酸或碱称硬酸或硬碱。界于软酸与硬酸之间的酸称交界酸；界于软碱与硬碱之间的碱称交界碱。软硬酸碱规则有以下三条：

① 硬酸与硬碱，或软酸与软碱形成的配合物最稳定；

② 硬酸与软碱，或软酸与硬碱，虽能形成配合物，但形成的配合物稳定性很差；

③ 交界酸不管与软碱或硬碱，交界碱不管与软酸或硬酸，均能生成配合物，但稳定性无显著差别。

水体中常见的软硬酸碱有：

硬酸：K^+、Na^+、Ca^{2+}、Mg^{2+}、Al^{3+}、Si^{4+}、Cr^{3+}、Mn^{2+}、Fe^{3+}、Co^{3+}、As^{3+} 等。

交界酸：Fe^{2+}、Co^{2+}、Ni^{2+}、Cu^{2+}、Zn^{2+}、Sn^{2+}、Pb^{2+} 等。

软酸：Ag^+、Cd^{2+}、Pt^{4+}、Pt^{2+}、Au^+、Hg^+、Hg^{2+} 等。

硬碱：H_2O、OH^-、CH_3COO^-、PO_4^{3-}、SO_4^{2-}、CO_3^{2-}、RO^-、NH_3、RNH_2、F^- 等。

交界碱：$C_6H_5NH_2$、NO_2^-、SO_3^{2-}、Cl^-、Br^- 等。

软碱：I^-、S^{2-}、RS^-、RSH、SCN^-、$S_2O_3^{2-}$、R_3P、R_3As、CN^- 等。

3. 配合物稳定常数

稳定常数是衡量配合物稳定性大小的尺度。当中心离子与配位体形成多配位数配合物时，配合物的稳定（形成）常数有两种写法，一种称为逐级形成常数，以 K 表示，另一种称为累积形成常数，以 β 表示。

例如，Hg^{2+} 与 Cl^- 的配合反应，有

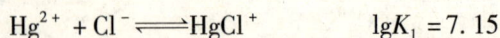

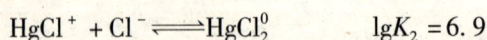

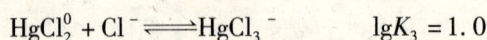

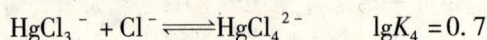

$$Hg^{2+} + Cl^- \Longrightarrow HgCl^+ \qquad \lg K_1 = 7.15$$

$$HgCl^+ + Cl^- \Longrightarrow HgCl_2^0 \qquad \lg K_2 = 6.9$$

$$HgCl_2^0 + Cl^- \Longrightarrow HgCl_3^- \qquad \lg K_3 = 1.0$$

$$HgCl_3^- + Cl^- \Longrightarrow HgCl_4^{2-} \qquad \lg K_4 = 0.7$$

$$K_1 = \frac{[HgCl^+]}{[Hg^{2+}][Cl^-]} = 10^{7.15}$$

$$K_2 = \frac{[HgCl_2^0]}{[HgCl^+][Cl^-]} = 10^{6.9}$$

$K_1 \sim K_4$ 为逐级稳定常数。或：

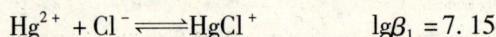

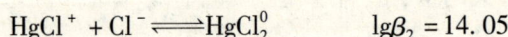

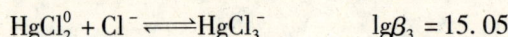

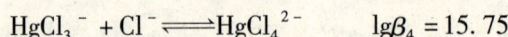

$$Hg^{2+} + Cl^- \Longrightarrow HgCl^+ \qquad \lg \beta_1 = 7.15$$

$$HgCl^+ + Cl^- \Longrightarrow HgCl_2^0 \qquad \lg \beta_2 = 14.05$$

$$HgCl_2^0 + Cl^- \Longrightarrow HgCl_3^- \qquad \lg \beta_3 = 15.05$$

$$HgCl_3^- + Cl^- \Longrightarrow HgCl_4^{2-} \qquad \lg \beta_4 = 15.75$$

$$\beta_1 = \frac{[HgCl^+]}{[Hg^{2+}][Cl^-]} = K_1 = 10^{7.15}$$

$$\beta_2 = \frac{[HgCl_2^0]}{[Hg^{2+}][Cl^-]^2} = K_1 \cdot K_2 = 10^{14.05}$$

$$\beta_3 = K_1 \cdot K_2 \cdot K_3 = 10^{15.05}$$

$$\beta_4 = K_1 \cdot K_2 \cdot K_3 \cdot K_4 = 10^{15.75}$$

对于以下反应：

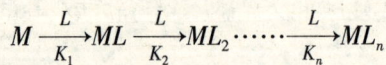

$$M \xrightarrow[K_1]{L} ML \xrightarrow[K_2]{L} ML_2 \cdots\cdots \xrightarrow[K_n]{L} ML_n$$

$$K_n = \frac{[ML_n]}{[ML_{n-1}][L]}$$

$$\beta_n = \frac{[ML_n]}{[M][L]^n}$$

K_n 和 β_n 越大，配合物越难离解，配合物也就越稳定。因此从稳定常数的值可以算出溶液中各级配合离子的平衡浓度。

（三）羟基对重金属离子的配合作用

金属离子，特别是重金属和高价金属离子很容易在水中生成各种氢氧化物，其中包括氢氧化物沉淀和各种羟基配合物，它们的存在状态是影响一些重金属难溶盐溶解度的主要因素。因此，人们特别重视羟基对重金属的配合作用。羟基配合物的含量与累积生成常数和 pH 值的关系如下：

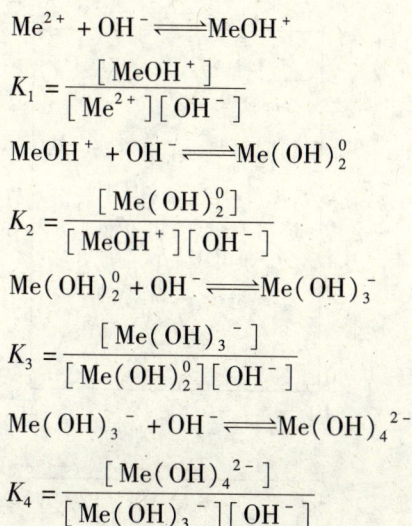

$$Me^{2+} + OH^- \rightleftharpoons MeOH^+$$

$$K_1 = \frac{[MeOH^+]}{[Me^{2+}][OH^-]}$$

$$MeOH^+ + OH^- \rightleftharpoons Me(OH)_2^0$$

$$K_2 = \frac{[Me(OH)_2^0]}{[MeOH^+][OH^-]}$$

$$Me(OH)_2^0 + OH^- \rightleftharpoons Me(OH)_3^-$$

$$K_3 = \frac{[Me(OH)_3^-]}{[Me(OH)_2^0][OH^-]}$$

$$Me(OH)_3^- + OH^- \rightleftharpoons Me(OH)_4^{2-}$$

$$K_4 = \frac{[Me(OH)_4^{2-}]}{[Me(OH)_3^-][OH^-]}$$

其累积平衡常数为：

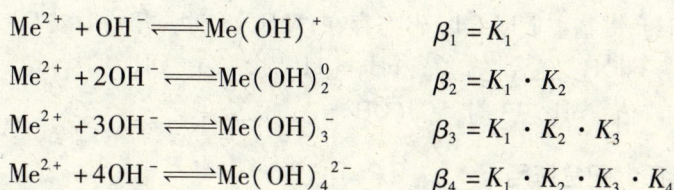

$$Me^{2+} + OH^- \rightleftharpoons Me(OH)^+ \qquad \beta_1 = K_1$$

$$Me^{2+} + 2OH^- \rightleftharpoons Me(OH)_2^0 \qquad \beta_2 = K_1 \cdot K_2$$

$$Me^{2+} + 3OH^- \rightleftharpoons Me(OH)_3^- \qquad \beta_3 = K_1 \cdot K_2 \cdot K_3$$

$$Me^{2+} + 4OH^- \rightleftharpoons Me(OH)_4^{2-} \qquad \beta_4 = K_1 \cdot K_2 \cdot K_3 \cdot K_4$$

金属离子的总量为：

$$[Me]_T = [Me^{2+}] + [Me(OH)^+] + [Me(OH)_2^0] + [Me(OH)_3^-] + [Me(OH)_4^{2-}]$$

将累积常数的表达式代入上式，得：

$$[Me]_T = [Me^{2+}] \left\{ [1 + \beta_1][OH^-] + \beta_2[OH^-]^2 + \beta_3[OH^-]^3 + \beta_4[OH^-]^4 \right\}$$

$$[Me]_T = [Me^{2+}] \cdot \alpha$$

$$\varphi_0 = [Me^{2+}] / [Me]_T = 1/\alpha$$

$$\varphi_1 = \left[Me(OH)^+ \right] / \left[Me \right]_T$$

$$= \beta_1 \left[Me^{2+} \right] \left[OH^- \right] / \left[Me \right]_T$$

$$= \varphi_0 \beta_1 \left[OH^- \right]$$

$$\varphi_2 = \left[Me(OH)_2^0 \right] / \left[Me \right]_T = \varphi_0 \beta_2 \cdot \left[OH^- \right]^2$$

$$\varphi_n = \left[Me(OH)_n^{n-2} \right] / \left[Me \right]$$

$$= \varphi_0 \beta_n \cdot \left[OH^- \right]^n$$

作 $\psi - pH$ 图如图 5 – 12 所示。

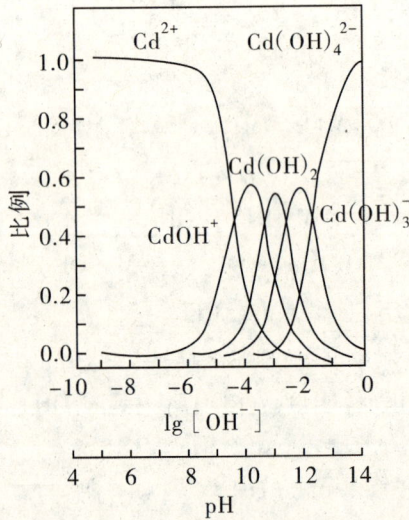

图 5 – 12 Cd^{2+} —OH^- 配合离子在不同 pH 值下的分布

当 pH < 8 时，镉基本上以 Cd^{2+} 形态存在；pH = 8 时，开始形成 $CdOH^+$ 配合离子；pH 大约为 10 时，$CdOH^+$ 达到峰值；pH = 11 时，$Cd(OH)_2^0$ 达到峰值；pH = 12 时，$Cd(OH)_3^-$ 达到峰值；pH > 13 时，$Cd(OH)_4^{2-}$ 占优势。

（四）腐殖质的配合作用

腐殖质是对天然水体水质影响最大的有机物。一般来说，腐殖质首先在土壤中生成。土壤中生物体，特别是植物死亡后，在各种环境条件下分解后残留物就是腐殖质。腐殖质在土壤中广泛存在，由于土壤和水体相通，不难理解，在水体和沉积物中也必然存在着相当数量的腐殖质。但也有研究者指出，海水中所含腐殖质，有部分是在该水体系统中直接生成的。土壤中腐殖质形成的过程如图 5 – 13 所示。作为起始物的植物和动物残体大致通过化学分解和微生物分解最终转为腐殖质。

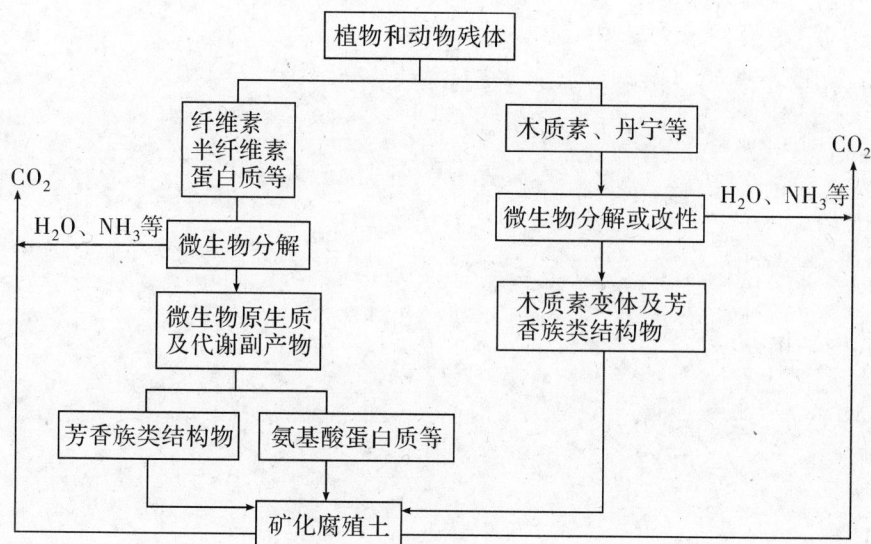

图 5 – 13　土壤中腐殖质形成的过程

　　按腐殖质在酸和碱中的溶解度可将其分为三类：① 腐殖酸：能溶于碱而沉积于酸的组分，相对分子量由数千到数万；② 富里酸：既能溶于酸又能溶于碱的组分，相对分子量由数百到数千；③ 胡敏质（腐黑物）：不能被酸、碱提取的部分。三种组分以下步骤方法进行分离。

　　腐殖质的组成和化学结构非常复杂。表 5 – 2 给出了腐殖质中 C、、O 三种元素的基本组成。图 5 – 14 给出了富里酸和腐殖酸的结构模型。总的来说，腐殖质的结构中含有苯环、羟基、酚基、醇基、羧基等，一般以碳链（苯环）为骨架，以—O—，—N—为交联基团，含有氢键，带有很多含氧官能团，分子内多处带有电荷，具有高度的极性。分子内含蛋白质类和碳水化合物类的部分很容易发生水解；芳香核部分不易发生化学降解和生物降解。

表 5 – 2　腐殖质元素组成

腐殖质	组成（%）		
	C	O	N
腐殖酸和腐黑物	50 ~ 60	30 ~ 35	2 ~ 4
富里酸	44 ~ 50	44 ~ 50	1 ~ 3

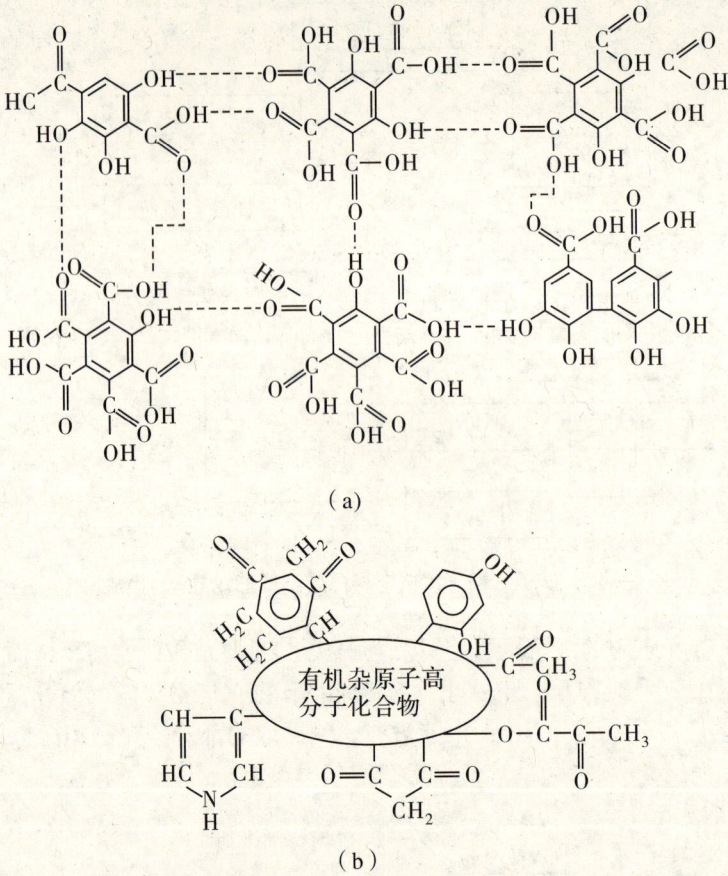

（a）

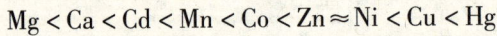

（b）

图 5-14　富里酸（a）和腐殖酸（b）结构模型

腐殖质与金属离子生成配合物是其最重要的环境化学性质之一。腐殖质对环境中几乎所有金属离子都有螯合作用，对过渡金属尤为如此。对金属螯合能力符合下列次序：

$$Mg < Ca < Cd < Mn < Co < Zn \approx Ni < Cu < Hg$$

腐殖质与金属生成的螯合物一般都不溶于水。富里酸与金属生成的螯合物相对易溶些，当富里酸与金属离子物质的量之比［FA］／［Me］＞2 时，倾向于易溶解。腐殖质与金属间的螯合方式有以下几种：可以在羧基和羟基间螯合成键（水杨酸型），也可在两个羧基间螯合（邻苯二甲酸型），或者与一个羧基形成配合物。

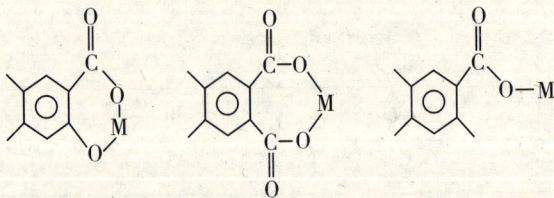

许多研究表明，重金属在天然水体中主要以腐殖酸的配合物形式存在。所以，腐殖酸

与金属离子的配合作用对重金属在环境中的迁移转化有重要影响。腐殖质的存在，明显地抑制了重金属以碳酸盐、硫化物和氢氧化物形式的沉淀，而加速了重金属的迁移。

第二节　水中有机污染物迁移转化

天然水中有机污染物的迁移转化主要取决于有机污染物本身的性质以及水体的环境条件。有机污染物一般通过分配作用、挥发作用、水解、光解、生物降解、氧化等过程进行迁移转化，研究这些过程，将有助于阐明有机污染物在水环境中的归趋。

一、分配作用

近 30 年来，国际上许多学者对天然水体中的吸附分配作用进行了大量研究，结果表明，当各种沉积物的颗粒物大小一致时，其分配系数与沉积物中有机碳含量成正比。说明沉积物从水中吸着疏水性有机物的量与颗粒物中有机质含量密切相关，进而提出了分配理论，即在沉积物—水体系中，沉积物对非离子性有机物的吸着主要是靠溶质的分配过程。

有机物在沉积物—水间的分配情况可用分配系数（K_p）表示：

$$K_p = C_S / C_W$$

式中：C_S、C_W——有机物分别在沉积物和水中的平衡浓度。

有机物在水体中的总量（C_T，$\mu g/L$）可表示为：

$$C_T = C_S \cdot C_P + C_W$$

式中：C_S——有机物在颗粒物上的平衡浓度，$\mu g/kg$；

C_P——水体中颗粒物的浓度，kg/L；

C_W——有机物在水中的平衡浓度，$\mu g/L$。

此时，水中有机物的平衡浓度可表示为：

$$C_W = C_T - C_S \cdot C_P = C_T - K_P \cdot C_W \cdot C_P$$

整理，得：

$$C_W = \frac{C_T}{K_P \cdot C_P + 1}$$

由于沉积物之间差别较大，K_P 受沉积物种类影响，为了在各类型、各种不同组分的沉积物之间找到表征吸着的常数，特引入标化分配系数 K_{OC}。

$$K_{OC} = K_P / X_{OC}$$

式中：X_{OC}——沉积物中有机碳的质量分数。

这样，K_{OC}为只与有机物本身相关的量，而与沉积物特征无关。因此，对于一个确定的有机物，不论遇到何种类型的沉积物，只要知道其有机质含量，便可求得相应的分配系数。若进一步考虑到颗粒物大小产生的影响，分配系数K_P可表示为：

$$K_P = K_{OC} \left[0.2 \ (1-f) \ X_{OC}^S + fX_{OC}^F \right]$$

式中：f——细颗粒的质量分数（$d < 50 \ \mu m$）；

X_{OC}^S——粗沉积物组分的有机碳含量；

X_{OC}^F——细沉积物组分的有机碳含量。

疏水有机物的标化分配系数与该有机物的辛醇水分配系数（K_{OW}）之间存在如下关系：

$$K_{OC} = 0.63 \ K_{OW}$$

通过研究脂肪烃、芳香烃、芳香酸、有机氯、有机磷、多氯联苯等有机物的辛醇水分配系数（K_{OW}）与溶解度之间的关系，得到下述经验公式：

$$\lg K_W = 5.00 - 0.670 \ \lg (S_W \times 10^3 / M)$$

式中：S_W——有机物在水中的溶解度，mg/L；

M——有机物的相对分子质量。

【例5.3】某有机物的相对分子质量为192，溶解在含有悬浮物的水体中，若悬浮物中85%为细颗粒，有机碳含量为5%，其余粗颗粒有机碳含量为1%，已知该有机物在水中溶解度为0.05 mg/L，求分配系数K_P。

解：先求K_{OW}：

$$\lg K_{OW} = 5.00 - 0.670 \lg(0.05 \times 10^3 / 192) = 5.39$$

$$K_{OW} = 2.46 \times 10^5$$

求K_{OC}：

$$K_{OC} = 0.63 \times 2.46 \times 10^5 = 1.55 \times 10^5$$

求K_P：

$$K_P = 1.55 \times 10^5 \left[0.2(1-0.85)(0.01) + 0.85 \times 0.05 \right] = 6.63 \times 10^3$$

二、挥发作用

近年来的研究表明，疏水性有机化合物、低分子量及高蒸气压的化合物（如乙烯、氯乙烯）、分子量较大而水溶解度很小的化合物（如DDT等），它们在水体的蒸发是很快的。因此，从水体向大气的挥发是这类化合物在水环境中迁移的一个重要途径。

挥发速率取决于两个方面：有机物本身的性质和水体的特征。

有机物的挥发速率可用下式预测：

$$\partial_c / \partial_t = - K_v \ (c - p/K_H) \ /Z = - K'_V \ (c - p/K_H)$$

式中：c——溶解相中有机毒物的浓度；

$\quad K_v$——挥发速率常数；

$\quad K_{v'}$——单位时间混合水体的挥发速率常数；

$\quad Z$——水体的混合深度；

$\quad p$——在所研究的水体上面，有机毒物在大气中的分压；

$\quad K_H$——亨利定律常数。

挥发速率公式表明，挥发速率与有机毒物本身的性质相关，同时与有机毒物在溶解相中的浓度相关，随着挥发过程的进行，浓度 c 在降低，当 $c = p/K_H = c_w$（平衡浓度）时，挥发速率为零，达到动态平衡；另外，挥发速率还与水体特征有关，水体越深，挥发速率越慢。

实际自然环境为开放体系，化合物在大气中的分压几乎为零，这样上式可简化为：

$$\partial_c \partial_t = - K'_V c$$

挥发的半衰期为：

$$t_{1/2} = - \ln \frac{1}{2} \cdot \frac{Z}{K_v} = 0.693 \frac{Z}{K_v}$$

当体系中有悬浮固体存在时，半衰期可表示为：

$$t_{1/2} = 0.693Z \ (1 + K_p \cdot c_p) \ /K_v$$

用污染物总浓度计算时，可将 ∂_c / ∂_t 式改写为：

$$\partial_{cT} / \partial_t = - K_{vm} c_T$$
$$K_{vm} = - K_v \alpha_W / Z$$
$$K_{vm} = - K_v \alpha_W / Z$$

三、水解作用

许多有机化合物在进入水体后，在随水迁移的同时会发生水解反应。可能发生水解反应的有机化合物有：

① 有机卤化物：

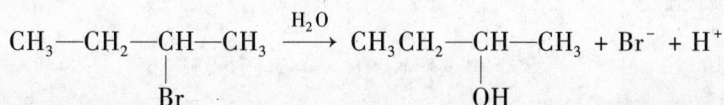

2 - 溴代丁烷

② 环氧化物：

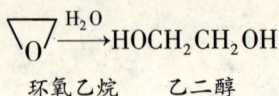

环氧乙烷　　乙二醇

③ 酯类：

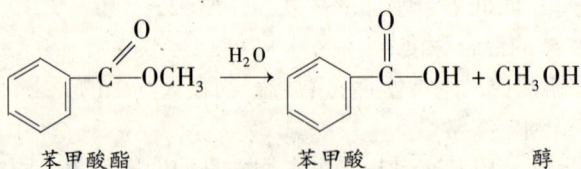

苯甲酸酯　　　　　　苯甲酸　　　　醇

④ 磷（膦）酸酯：

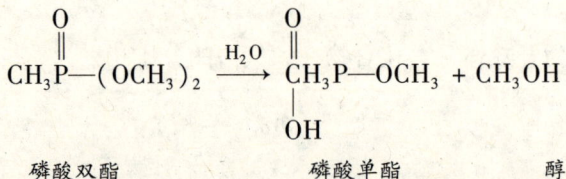

磷酸双酯　　　　　　磷酸单酯　　　　醇

⑤ 酰胺：

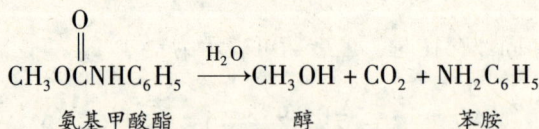

氨基甲酸酯　　　　醇　　　苯胺

⑥ 腈：

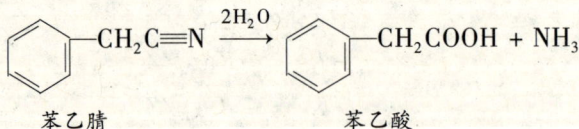

苯乙腈　　　　　　　苯乙酸

　　由于水解作用，使这些化合物发生了转化反应，原化合物消失了，生成了新的化合物。一般情况下，水解产物的毒性降低，但也有毒性增大的情况；水解产物极性增大，挥发性降低，但生成的小分子化合物挥发性增大，可离子化的产物挥发性变为零；水解产物大多比原化合物易生物降解。

　　水解平衡为：

$$RX + H_2O \rightleftharpoons ROH + HX$$

　　在任一 pH 值的水溶液中，总有 H_2O 分子、H^+ 和 OH^- 离子，所以有机化合物的水解速率是中性水解（H_2O）、酸催化水解（H^+）和碱催化水解（OH^-）速率之和：

$$-\frac{d(RX)}{dt} = R_H = K_B[RX][OH^-] + K_A[RX][H^+] + K_N[RX]$$

$$= (K_B[OH^-] + K_A[H^+] + K_N)[RX]$$

式中：K_B、K_A、K_N——分别为碱性、酸性、中性催化水解二级速率常数，单位分别为 K_N：s^{-1}，K_B、K_A：$L \cdot mol^{-1} \cdot s^{-1}$。

经实验观察到，在恒定的 pH 值条件下，化合物的水解反应为准一级反应，K_h 为准一级速率常数，K_h 可写成：

$$K_h = K_A[H^+] + K_N + K_B K_W / [H^+]$$

则水解反应为准一级反应，水解反应速率即 RX 的消失速率与 [RX] 成正比：

$$-\frac{d[RX]}{dt} = K_h[RX]$$

$$t_{1/2} = 0.693 / K_h$$

说明：一级反应有明显的依属性，其半衰期只与水解平衡常数有关。

水溶液的 pH 值对总反应速率是有影响的。在低 pH 值下，K_h 式中第二项占优势，则：

$$K_h = K_A[H^+]$$

取对数，得：

$$\lg K_h = \lg K_A - pH \tag{a}$$

在中性条件下（pH = 7），第三项占优势，则：

$$K_h = K_N$$

取对数，得：

$$\lg K_h = \lg K_N \tag{b}$$

在高 pH 值下，K_h 式中的第一项占优势，则有：

$$K_h = K_B \cdot K_W / [H^+]$$

取对数，得：

$$\lg K_h = \lg K_B \cdot K_W + pH \tag{c}$$

在其他条件不变的情况下，由溶液 pH 变化引起化合物水解速率的变化可由 $\lg K_h$—pH 图表示（见图 5 – 15）。

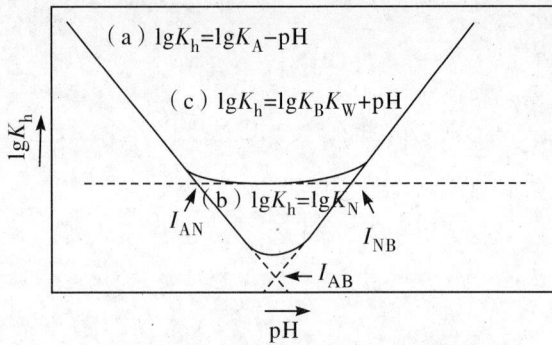

图 5 – 15　水解速率常数与 pH 的关系

K_A、K_B、K_N 可由实验测得。借此，可以判断 pH 值对水解速率的影响：当有机化合物在水溶液中存在三种水解时，则为图 5 – 15 中上部曲线所示；当 pH 值小于 I_{AN} 对应的 pH 值时，酸性水解为主；当 pH 值大于 I_{NB} 对应的 pH 值时，碱催化水解为主；当 pH 值在 I_{AN} 和 I_{NB} 对应的 pH（5~8）范围内时，以中性水解为主；中性水解速率较低，对于环境化学而言，意味着环境 pH 值影响有机毒物的水解转化过程。

另外，温度、离子强度和某些金属离子的催化作用、颗粒物的吸附作用等也能影响水解速率。例如，将吸附作用的影响加进去，水解速率常数可写为：

$$K_h = K_N + \alpha_W (K_A [H^+] + K_B [OH^-])$$

式中：α_W——有机化合物溶解态的分数。

四、光解作用

由于光解作用为不可逆反应，因此光解作用直接影响相当一部分有机污染物的转化归趋。一个有毒化合物光解所得到的产物有的变为无毒化合物，对环境有好的影响；有的并没有起到解毒作用，甚至比原污染物的毒性更大，对环境的影响更大、时间更长。如：

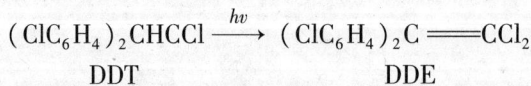

$$(ClC_6H_4)_2CHCCl \xrightarrow{h\nu} (ClC_6H_4)_2C =\!\!=\!\!= CCl_2$$

$$\text{DDT} \qquad\qquad\qquad \text{DDE}$$

DDE 在环境中的滞留时间比 DDT 还长。

影响污染物光解速率的因素有污染物对光的吸收性和反应活性、天然水的光迁移特征、阳光对水体的辐照强度等。

光解过程可分为直接光解、敏化光解、氧化反应三类。

（一）直接光解

直接光解是化合物本身吸收太阳能后发生的光解反应。根据光化学第一定律，只有被吸收的光才能导致光化学反应。光化学反应以一个分子吸收一个光子开始，由于此分子被激发成激发态分子，由此可导致光解反应的发生。在水环境中，污染物光解作用取决于水环境中阳光辐射的光谱，所以我们首先要研究水对阳光的吸收作用。

1. 水环境中光的吸收作用

太阳辐射到水体表面的光强受两个因素影响，一是大气中颗粒物对光的吸收及散射，改变了辐射光的强度与谱线分布，近紫外区（290～320 nm）常常引发光化学反应，其变化较大；二是光强随太阳射角高度降低而降低。

照射到水体表面的光分为两部分：直射光（I_d）和散射光（I_s）。其中有约10%的光被水体表面反射。进入水体的光一部分发生折射，另一部分被可溶性物质和水散射。

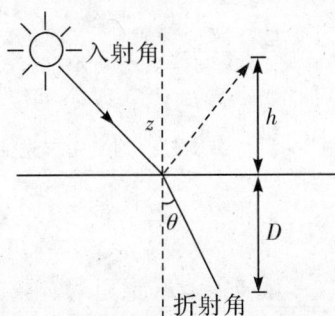

图5-16　太阳光束从大气进入水体的途径

入射角和折射角的关系为：

$$n = \sin z / \sin \theta$$

式中：n——折射率，对于大气与水，$n = 1.34$。

假定一充分混合的水体，根据朗伯定律，单位时间吸收的光量为：

$$I_\lambda = I_{0_\lambda} (1 - 10^{\alpha_\lambda L})$$

式中：$I_{0\lambda}$——波长为 λ 的入射光强；

　　　L——光程，即光在水中走的距离；

　　　α_λ——吸收系数，$L \cdot g^{-1} \cdot cm^{-1}$，$L \cdot mol^{-1} \cdot cm^{-1}$。

单位体积水体光的平均吸收率（I_{α_λ}）：

$$I_{\alpha_\lambda} = \left\{ I_{\alpha_\lambda}(1 - 10^{-\alpha_\lambda L_d}) + I_{s\lambda}(1 - 10^{-\alpha_\lambda L_s}) \right\} \Big/ D$$

式中：D——水体深度；

　　　L_d——直射光程，$L_d = D \cdot \sec\theta$；

　　　L_s——散射光程，$L_s = 2D \cdot n \cdot [n - (n^2 - 1)^{1/2}]$。

2. 光量子产率

虽然光化学反应的前提是分子需要吸收光子变成激发态分子，但并不是所有激发态分子都能发生光解反应，其也可以经过其他过程回到基态，如图 5-17 所示。

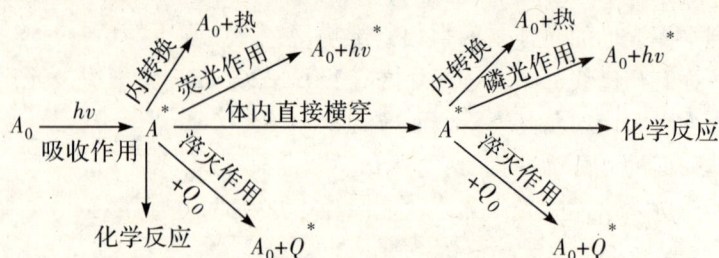

A_0 为基态时的反应分子　A^* 为激发态时的反应分子

Q_0 为基态时的淬灭分子　O^* 为激发态时的淬灭分子

图 5-17　激发分子的光化学途径

光量子产率应为：

$$\Phi = \frac{生成或破坏的给定物种的摩尔数}{体系吸收光子的摩尔数}$$

对于直接光解反应，量子产率：

$$\Phi = \frac{-\dfrac{dc}{dt}}{I_{ad}}$$

式中：c——化合物浓度；

I_{ad}——化合物吸收光的速率。

在太阳光波长范围内，对于一个化合物，Φ_d 是恒定的。这样，光解速率除了考虑吸光速率外，还应考虑 Φ_d，则

$$R_P = \sum K_{\alpha\lambda} \cdot \Phi_d \cdot c$$
$$K_S = \sum K_{\alpha\lambda} \cdot K_P = K_S \cdot \Phi_d$$
$$R_P = K_P \cdot c$$

式中：K_p——光降解速率常数。

（二）敏化光解（间接光解）

一个光吸收分子可能将它的过剩能量转移到一个接受体分子，导致接受体反应，这种反应就是光敏化作用。例如，2，5-二甲基呋喃就是可被光敏化作用降解的一个化合物，

在蒸馏水中将其暴露于阳光中没有反应，但是它在含有天然腐殖质的水中降解很快，这是由于腐殖质可以强烈地吸收波长小于 500 nm 的光，并将部分能量转移给它，从而导致它的降解反应。

光敏化反应的光量子产率（Φ_s）的定义类似于直接光解的光量子产率：

$$\Phi_s = \dfrac{-\dfrac{\mathrm{d}c}{\mathrm{d}t}}{I_{as}}$$

式中：c——污染物浓度；

I_{as}——敏化分子吸收光的速率。

然而，敏化光降解的光量子产率不是常数，它与污染物的浓度有关。即：

$$\Phi_s = Q_s \cdot c$$

式中：Q_s——常数。

（三）氧化反应

天然化合物被辐照产生自由基或纯态氧等中间体，这些光解产物可将水中的有毒物质氧化。例如：

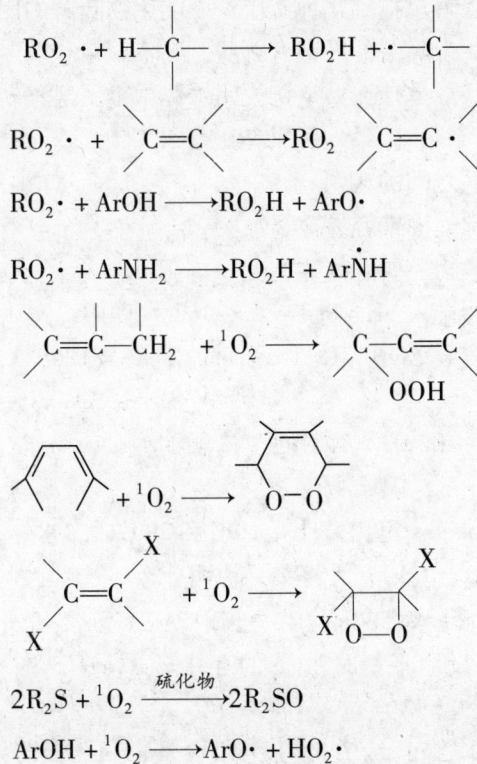

$$2R_2S + {}^1O_2 \xrightarrow{\text{硫化物}} 2R_2SO$$

$$ArOH + {}^1O_2 \longrightarrow ArO\cdot + HO_2\cdot$$

有机物被氧化消失的速率为:

$$R_{OX} = K_{RO_2}[RO_2^{·}]c + K_{O_2}^1c + K_{OX}[OX]c$$

式中:K_{OX}、$[OX]$ ——其他没有确定的速率常数和氧化剂浓度。

思考训练题

1. 水体中发生的吸附作用有哪几种?它们的吸附机理是什么?

2. 试述胶体表面带电和胶体系统稳定的原因。

3. 试述水体中有机污染物的迁移转化途径。

4. 某冶炼厂含铅废水经处理后排入河水中,测得排污口附近河水中铅的含量为 0.4 ~0.5 mg/L,而在下游 500 m 处河水中铅含量仅为 3~4 μg/L,请解释其原因。

5. 水体中常用见的吸附等温线有几类?

6. 试述水体中汞甲基化的途径及影响因素,写出有关反应式。

7. 为什么水体 pH 较低时,鱼体内积累的甲基汞含量较高?

8. 试解释用 BOD_5、COD_{Cr} 评价水环境质量时会掩盖有毒有害有机物污染的风险。

9. 影响水体中胶体微粒聚沉的因素有哪些?

10. 什么是决定电位?水体中起决定电位作用的物质是什么?

11. 有机物的化学降解包括哪几种?

12. 有机物的生物降解包括哪几种反应?影响生物降解的因素有哪些?

13. 影响有机物光化学降解的因素有哪些?

14. 重金属污染的特点是什么?举例说明水体中金属迁移转化的影响因素。

15. 请推导出封闭和开放体系碳酸平衡中 $[H_2CO_3^*]$、$[HCO_3^-]$ 和 $[CO_3^{2-}]$ 的表达式,并讨论这两个体系之间的区别。

16. 为什么在潮湿空气中铁容易被腐蚀?

17. 天然水中的颗粒物主要有哪些类型?

18. 一个有毒化合物排入 pH = 8.4,T = 25oC 水体中,90% 的有毒物质被悬浮物所吸着,已知其 $K_a = 0$,$K_b = 4.9 \times 10^{-7}$ L/(d·mol),$K_h = 1.6 d^{-1}$,计算化合物的水解速率常数。

19. 在厌氧消化池中和 pH = 7.0 的水接触的气体含 65% CH_4 和 35% CO_2,计算 pE 和 Eh。

20. 根据 Streeter—phelps 定律,计算 20℃ 和 29℃ 时,水体中需氧有机物分解掉 50% 所需的时间(已知,$k_{20℃} = 0.1$);计算结果说明什么?

21. 某废水中 Cu^{2+} 含量为 5.0mg/L,经 EDTA 处理后,未络合 EDTA 为 200mg/L,体系 pH = 11,计算后回答反应平衡时,Cu 的存在形式。(已知 $Cu^{2+} + Y^{4-} = CuY^{2-}$,K = 6.3×10^{18},EDTA 分子量为 372。)

22. 若一个天然水体的 pH 为 7.0。碱度为 1.4mmol/L,需加多少酸才能把水体的 pH

降低到 6.0。

23. 已知 Fe^{3+} 与水反应生成的主要配合物及平衡常数如下：

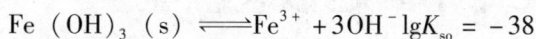

$Fe^{3+} + H_2O \Longrightarrow Fe(OH)^{2+} + H^+ \quad lgK_1 = -2.16$

$Fe^{3+} + 2H_2O \Longrightarrow Fe(OH)_2^+ + 2H^+ \quad lgK_2 = -6.74$

$Fe(OH)_3(s) \Longrightarrow Fe^{3+} + 3OH^- \quad lgK_{so} = -38$

$Fe^{3+} + 4H_2O \Longrightarrow Fe(OH)_4^- + 4H^+ \quad lgK_4 = -23$

$2Fe^{3+} + 2H_2O \Longrightarrow Fe_2(OH)_2^{4+} + 2H^+ \quad lgK = -2.91$

请用 $pc-pH$ 图表示 $Fe(OH)_3(s)$ 在纯水中的溶解度与 pH 的关系。

24. 含镉废水通入 H_2S 达到饱和并调整 pH 为 8.0，计算水中剩余镉离子浓度。$[K_{sp}$ $(CdS = 7.9 \times 10^{-27})]$

参考文献

[1] 刘绮. 环境化学. 北京：化学工业出版社，2004.

[2] 戴树桂. 环境化学（第 2 版）. 北京：高等教育出版社，2002.

[3] 夏立江. 环境化学. 北京. 中国环境科学出版社，2003.

[4] 董德明，康春莉，花修艺. 环境化学. 北京：北京大学出版社，2010.

[5] 刘兆荣，谢曙光，王雪松. 环境化学教程. 北京：化学工业出版社，2010.

[6] 王宏康等. 水体污染及防治概论. 北京：北京农业大学出版社，1991.

[7] 樊邦棠. 环境化学. 杭州：浙江大学出版社，1991.

[8] 陈静生. 水环境化学. 北京：高等教育出版社，1987.

[9] 赵美萍，邵敏. 环境化学. 北京：北京大学出版社，2005.

[10] 何燧源. 环境化学（第 4 版）. 上海：华东理工大学出版社，2005.

[11] 冯敏. 工业水处理技术. 北京：海洋出版社，1992，489 - 622

[12] 王晓蓉. 环境化学. 南京：南京大学出版社，1993.

[13] 汪群慧，王雨泽，姚杰. 环境化学. 哈尔滨：哈尔滨工业大学出版社，2004.

[14] 张宝贵. 环境化学. 武汉：华中科技大学出版社，2009.

[15] 张瑾，戴猷元. 环境化学导论. 北京：化学工业出版社，2008.

[16] 奚旦立，孙裕生. 环境监测（第 4 版）. 北京：高等教育出版社，2010.

[17] 朱亦仁. 环境污染治理技术. 北京：中国环境科学出版社，2006

第六章 水污染化学问题形成机理

第一节 水体富营养化

水体富营养化是指在人类活动的影响下，氮、磷等营养物质大量进入湖泊、河口、海湾等缓流水体，引起藻类及其他浮游生物迅速繁殖和生长，并在一定的环境条件下发生突发性的增殖和聚集，导致水体溶解氧量下降，水质恶化，鱼类及其他生物大量死亡的现象。随着藻类及浮游生物种类和数量的不同，水体反映出不同的颜色，一般由占优势的物种的颜色决定，如蓝色、红色、棕色和乳白色等。这种富营养化现象在江河湖泊中出现称为水华，在海洋中出现称为赤潮。

20世纪以来，富营养化问题已经影响了全球许多的淡水湖泊。亚太地区54%的湖泊富营养化，欧洲、非洲、北美洲和南美洲富营养化的比例分别是53%、28%、48%和41%，而我国富营养化的湖泊比例更是高达60%，其中问题比较突出的有云南滇池、江苏太湖和安徽巢湖等。水体富营养化的危害日益严重，给经济和社会发展、环境保护和人类健康带来越来越大的威胁，因此富营养化问题已经成为当今世界各个国家特别关注的水环境问题。

一、淡水藻类水华

淡水藻类的大部分门类都有形成有害水华的种类，包括属于真核生物的绿藻、甲藻、隐藻、金藻等，以及属于原核生物的蓝藻。有代表性的有害淡水藻类水华见表6-1。

表6-1 有害淡水藻类水华

界	门	属	适宜水华生成条件
原核生物	蓝藻门	鱼腥藻	富含磷、富营养、温暖、分层、长滞留时间、高辐射强度
		束丝藻	
		拟柱胞藻	
		胶刺藻	
		节球藻	

（续上表）

界	门	属	适宜水华生成条件
原核生物	蓝藻门	微囊藻	富含氮磷、富营养、温暖、分层、长滞留时间
		颤藻	
		束球藻	
真核生物	绿藻门	葡萄藻	中度富含氮磷、分层、高辐射强度
		绿球藻	富含氮磷、富营养
		球囊藻	
	甲藻门	角甲藻	富含氮磷、分层、有些狭盐性
		多甲藻	
		异甲藻	
		原甲藻	
	隐藻门	隐藻	富含氮磷、富营养、从淡水到狭盐性、分层
		红胞藻	
	金藻门	单鞭金藻	富含氮磷、高氮富集下有毒、分层
		金色藻	
		锥囊藻	
		鱼鳞藻	
		三毛金藻	

　　能够导致淡水水华的典型藻类大多能产生异味物质，有的能产生藻毒素。其中以蓝藻水华的发生范围最广，危害最大，对人类健康的影响最为严重，已成为世界范围内关注的湖泊富营养化控制的焦点。2007年5月，发生在无锡市的太湖富营养化导致的饮用水危机事件就是蓝藻水华爆发的结果。束球藻和微囊藻是夏季太湖水华爆发中占优势的蓝藻。

　　蓝藻水华受到广泛关注的原因之一就是因为蓝藻能产生各种各样的天然毒素，主要是环肽、生物碱和脂多糖内毒素（见表6-2）。致毒类型包括肝毒性、神经毒性、细胞毒性、遗传毒性、皮炎等，其中以肝毒性的微囊藻毒素危害最大，受到的关注最多。

表6-2　蓝藻毒素及产毒生物

类　　别	毒　　素	毒性或刺激效应	产毒蓝藻
环肽	微囊藻毒素	肝毒性	鱼腥藻、项圈藻、隐球藻、陆生软管藻、微囊藻、念珠藻、颤藻
	节球藻毒素		节球藻
神经毒性生物碱	类毒素-α	神经毒性	鱼腥藻、束丝藻、颤藻
	拟类毒素-α（s）		鱼腥藻、颤藻
	石房蛤毒素		鱼腥藻、束丝藻、拟柱胞藻、鞘丝藻

（续上表）

类　别	毒　素	毒性或刺激效应	产毒蓝藻
细胞毒性生物碱	筒胞藻毒素	细胞毒性、肝毒性、神经毒性、遗传毒性	鱼腥藻、束丝藻、拟柱胞藻
皮炎毒性生物碱	海兔毒素	皮炎毒性	鞘丝藻、裂须藻、颤藻
	鞘丝藻毒素		鞘丝藻
脂多糖内毒素	脂多糖内毒素	刺激暴露组织	所有蓝藻

　　微囊藻毒素主要的结构特征为 N－甲基脱氢丙氨酸及两个 L－氨基酸残基 X 和 Z，根据 1988 年制定的微囊藻毒素命名法则，X、Z 两残基的不同组合由代表氨基酸的字母后缀区分，常见的有 LR、RR、YR 三种毒素，其中 L、R、Y 分别代表亮氨酸、精氨酸和酪氨酸。微囊藻毒素－LR 是最早被阐明化学结构的藻毒素，在对藻毒素的研究中也多以它作为研究对象。它是一个环状的 7 肽分子，分子量约为 1 000。已证实微囊藻毒素是一种肝毒素，能抑制蛋白质磷酸酯酶，从而帮助解除对细胞增殖的正常的制动作用，促进肿瘤的发育。微囊藻毒素主要存在于藻细胞中，但研究表明藻细胞死亡解体后仍不断有藻毒素释放到水体，对人类的饮用水安全造成危害。

　　世界卫生组织 1998 年制定了饮用水中微囊藻毒素－LR 的最大允许浓度为 1.0 μg/L。我国卫生部于 2001 年颁布的《生活饮用水卫生规范》，将 1.0 μg/L 的微囊藻毒素－LR 限值作为"生活饮用水水质非常规检测项目"。2002 年颁布的《地表水环境质量标准》也将 1.0 μg/L 的微囊藻毒素－LR 列入"集中式生活饮用水地表水源地特定项目标准限值"。

二、蓝藻水华的成因

　　在自然条件下，随着河流夹带冲击物和水生生物残骸在底部不断沉降淤积，沉积物不断增多，水体也会从贫营养状态过渡到富营养状态，进而演变为沼泽和陆地。富营养化是水体的一种自然老化现象，在天然水体中普遍存在。但是在没有人为因素干扰的情况下，这种自然过程非常缓慢，常需几千年甚至上万年。

　　20 世纪以来，人类活动大大加速了水体的富营养化过程。随着世界经济的快速发展和人口数量的急剧增加，大量未经处理的生活、工业、农业污水的排入以及水土流失，成为水体营养物质的来源。生活污水中含有大量的可溶性营养盐类和有机质，尤其是生活污水中的洗涤剂含有大量的磷。而工业中如化肥、制革、食品等行业排出的废水，也富含大量的营养物质和无机盐类。现代农业中大量应用了化肥和农药，而多余的化肥、农药也会随排水进入水体。同时，不合理的围湖造田、开山取石，使地壳中的一些盐类被雨水冲刷进入水体，形成水土流失。而这些流失的表层土壤又是富含营养元素的，从而加大了水体的富营养化程度。

　　从生态系统的角度来看，富营养化类似于一种施肥过程。在 N、P 加速输入的情况下，初级生产率超过被无脊椎动物、鱼类等的利用速率，就会导致未被利用或多余的有机质（如蓝藻水华）被积累的可能。水体富营养化是藻类大量繁殖的原因，所以湖水中总磷浓度与叶绿素 a 之间存在很好的正相关关系。通常把总氮（TN）、总磷（TP）和叶绿素 a 含量作为判定水体富营养化程度的指标（见表 6-3）。

表 6-3　湖泊营养类型评判标准

营养状态	总磷（TP）（μg/L）	总氮（TN）（μg/L）	叶绿素 a（μg/L）	透明度（feet）
贫营养	< 15	< 400	< 3	> 12
中营养	15 ~ 25	400 ~ 600	3 ~ 7	8 ~ 12
富营养	25 ~ 100	600 ~ 1 500	7 ~ 40	3 ~ 8
超富营养	> 100	> 1 500	> 40	< 3

在地表淡水系统中，磷酸盐通常是淡水生态系统中主要的限制因子。导致富营养化的物质，往往是这些水生态系统中含量有限的营养物质，例如，在正常的淡水系统中磷含量通常是有限的，因此增加磷酸盐会导致藻类的过度生长。水体中的藻类本来以硅藻和绿藻为主，蓝藻的大量出现是富营养化的征兆。蓝藻和红藻等水华藻类个体数量的迅速增加，会使其他藻类的种类逐渐减少，最后变为以蓝藻为主。这主要是因为蓝藻对 N、P 的亲和力高。实验数据表明，蓝藻对 N、P 的亲和力高于许多其他光合生物，这意味着在 N 或 P 限制的情况下，蓝藻能竞争过其他藻类。藻类繁殖迅速，生长周期短。藻类及其他浮游生物死亡后被需氧微生物分解，不断消耗水中的溶解氧，或被厌氧微生物分解，不断产生硫化氢等气体，从两个方面使水质恶化，造成鱼类和其他水生生物大量死亡。藻类及其他浮游生物残体在腐烂过程中，又把大量的 N、P 等营养物质释放入水中，供新的一代藻类等生物利用。因此，富营养化的水体，即使切断外界营养物质的来源，水体也很难自净和恢复到正常状态。

氮磷限制问题是形成蓝藻水华的重要因素之一，但到底何种元素起主要限制性作用，则取决于外部输入到系统的 N/P 比及系统内部改变 N 和 P 有效性的生物地球化学过程。早在 20 世纪三四十年代，就有学者开始研究 N/P 比在决定藻类水华发生中的重要性。1983 年，Smith 提出了解释蓝藻水华发生的著名的 N/P 比学说，认为湖水中 TN/TP < 29（质量比）时，蓝藻倾向于占优势；当 TN/TP > 29（质量比）时，蓝藻倾向于稀少。N/P 比学说具有重要的实践意义，因为在许多湖泊中可以通过污水分流、除去污水中的 N、P 或者湖泊自身营养盐沉淀等方式来改变 N/P 比。例如，一些湖泊的恢复技术常常导致表层水 N/P 比增加。另外，废水深度处理常除去 N，但如果导致下游湖泊 N/P 比降低的话，反而达不到控制蓝藻水华的目标。同时应该指出的是，N/P 比学说目前并不能解释所有湖泊中蓝藻水华的出现与否，复杂的水生生态系统还有许多其他因素影响藻类等浮游生物对营养盐的响应。

三、影响蓝藻水华的因素

影响蓝藻生长及水华爆发的因素很多，主要包括环境因素和生物作用两个方面，其中环境因子包括温度、光照、pH 值、水滞留时间、微量元素、水的垂直分层和稳定性等；生物因子包括其他竞争性藻类、浮游生物、水生高等植物以及鱼类等。

1. 温度

蓝藻水华更容易在夏季高温环境下产生，这和蓝藻自身的生物特性有关。在生物进化过程中，蓝藻在一定程度上遗留了嗜热细菌的特性，例如，在超过 50℃ 的热泉中生长的生物主要是细菌和蓝藻，在云南 90℃ 的沸泉中仍有铅色聚球藻、极小集胞藻等数种蓝藻生长。蓝藻对高温的适应性来源于一系列特殊的生化调控机制或特性，如类囊体不同脂肪酸比例的变化、DNA 和蛋白质合成系统及光和系统的高热稳定性。温泉蓝藻的类囊体膜中饱和脂肪酸含量很高，而饱和脂肪酸能减少膜在高温中的流动性，从而增加膜的稳定性。大部分蓝藻的最适温度为 25℃～35℃，高于绿藻和硅藻，这使大部分蓝藻水华在夏季更具有竞争优势。

2. 光照

许多形成水华的藻类种属都喜好或耐强光。与其他藻类相比，蓝藻具有较宽的光捕获特性和较好的低光利用效率。与其他藻类一样，叶绿素 a 也是蓝藻的主要光和色素。除此之外，蓝藻还有其他光合色素，如藻胆蛋白、藻蓝蛋白、藻蓝刺酮碱等，这些色素能捕获 500～650 nm 的黄、绿、橙黄光，而这些光很难被其他藻类利用。藻胆蛋白和叶绿素 a 一起，使蓝藻能在仅有绿光的环境中生存。

蓝藻具有良好的能量平衡性，仅需要很少的能量就能维持细胞的结构和功能。在光密度低的情况下，蓝藻能保持比其他藻类高的生长速率。因此，正是由于蓝藻能捕获利用一些特殊波长光的能力以及在低光密度下的生长优势，使蓝藻在其他藻类遮蔽的条件下仍能够生存，并且在浊度高的水体中有更多的机会竞争过其他藻类。

3. pH 值

为证实 pH 值与蓝藻水华的关系，1997 年，Shapiro 在美国的超富营养化湖泊——Squaw 湖进行试验，在南部湖区进行人为混合并注入 CO_2，而将人为混合、未注入 CO_2 的北部湖区作为对照。尽管 CO_2 含量和 pH 值彼此差异很大，但两个湖区的蓝藻几乎同时达到最大，优势种均为束丝藻和鱼腥藻。因此，蓝藻具有适应较宽 pH 值范围的优势。在较低 pH 值范围（4.8～6.0）时，蓝藻可以利用水体中溶解 CO_2；在较高 pH 值范围（6.0～10.0）时，也能显著利用 HCO_3^-。蓝藻具有的适应水体高 pH 值、低 CO_2 能力是蓝藻形成表层水华战胜竞争对手的一种重要生理生态机制。

4. 水滞留时间

蓝藻的生长速率远低于许多其他藻类的生长速率。例如，在 20℃ 和光饱和的条件下，许多常见的浮游蓝藻的生长速率为 0.3～1.4 倍/天，硅藻则可达到 0.8～1.9 倍/天，而单细胞绿藻则高达 1.3～2.3 倍/天。因此，较慢的生长速率需要长的滞留时间才能使蓝藻形成水华。一般湖泊的水滞留周期为数月以上，为蓝藻水华的形成提供了条件。

5. 微量元素

构成藻类的大量元素主要是 C、H、O、N、S、P、K、Na、Ca、Mg 和 Cl，每种大量元素占无灰干重的比例均 $\geqslant 0.1\%$，而藻类还需要各种微量元素，如 Fe、Mn、Cu、Zn、B、Si、Mo、V 和 Co 等，各种微量元素占无灰干重比例一般远小于 0.1%。在大量元素中，N 和 P 往往能通过生物消耗到能限制生物量生产的水平；某些微量元素如果浓度很低也能成为限制因子。

铁是许多生化反应的辅助因子，存在于光合作用、电子传递、能量转移、固氮等作用的相关酶中。长期以来，铁被认为是浮游生物最重要的微量元素。地表水一般处于氧化条件下，大量的铁以氧化态的 Fe^{3+} 形式形成不容的氧化物、氢氧化物或碳酸盐存在于水体沉积物中；在厌氧条件下，会有更多易被利用的还原铁（Fe^{2+}）从沉积物中释放出来，因此，周期性的厌氧条件可以增加铁的可利用性。由于蓝藻水华形成能促进地层水的厌氧环境，因此形成水华的蓝藻又能控制自身的 Fe^{2+} 供给，形成水华蓝藻特有的正反馈机制。

6. 浮游生物

蓝藻的天敌很少。与其他藻类相比，形成群体的蓝藻较少被桡足类、枝角类、轮虫和原生动物所牧食，所以蓝藻种群的损失率一般较低。只有当大型蚤在季节的初始密度很高，并能在蓝藻达到影响大型蚤的临界浓度之前抑制蓝藻水华种群建立时，浮游生物才有可能抑制蓝藻水华的发生。

7. 水生高等植物

蓝藻和大型水生植物都是水体的主要初级生产者，它们竞争各种生存资源，包括光照、营养、空间等，并存在通过化感物质的相生相克作用。在深水湖泊，由于光照的限制，大型水生植物仅限于沿岸带分布，对整个湖泊的初级生产量的贡献有限。而在浅水湖泊中，水生高等植物的分布范围要广得多，对整个湖泊初级生产量的贡献不容忽视。水生植物与蓝藻之间的相生相克作用，至少存在如下可能的机制：① 对营养物质（N、P）的竞争；② 遮光作用；③ 释放化感物质。

蓝藻释放的对水生植物有抑制作用的化感物质主要是微囊藻毒素。微囊藻毒素可以抑制植物体内的蛋白质磷酸酶活性、改变单链 DNA 酶活性和花色素苷含量、引起氧化胁迫、使细胞核固缩和线粒体异常，以及抑制植物幼苗的生长和叶片的光合作用。沉水草本植物穗花狐尾藻能产生没食子酸、鞣花酸等 12 种酚和多酚化合物，抑制藻类生长。

8. 鱼类

鱼类处于水生生态系统食物链的顶端，又是人类的重要食物，并且被大量养殖。在出现蓝藻的水体中，鱼类直接或间接地与水华蓝藻发生联系。例如，一些鱼类可以直接摄食蓝藻，而另一些鱼类可能摄食以水华蓝藻为食的浮游动物等。由于许多形成水华的蓝藻能产生微囊藻毒素，而微囊藻毒素能在鱼体各器官中积累并产生毒性作用。不同的鱼对微囊藻毒素的抗性也存在差异，所以寻找一些可直接摄食蓝藻，并对微囊藻毒素抗性强的鱼类是有毒蓝藻水华的生物控制手段之一。

第二节　赤潮

一、赤潮

（一）赤潮

赤潮是一种自然生态现象，通常指一些海洋微藻、原生动物或细菌在水体中过度繁殖或聚集而令海水变色的现象。由于通常导致海水呈红色，所以又称红潮。但并不是所有的赤潮都表现为红色，因引起赤潮的原因、微藻种类和数量不同可出现绿色、黄色、褐色和砖红色等颜色。某些赤潮生物（如膝沟藻、裸甲藻、梨甲藻等）引起赤潮有时并不引起海水呈现任何特别的颜色。赤潮生物包括浮游生物、原生动物和细菌等。其中有毒赤潮生物以甲藻居多，其次为硅藻、绿色鞭毛藻、定鞭藻和原生动物等。在全世界 4 000 多种海洋浮游藻中有 330 多种能形成赤潮，其中有 80 多种能产生毒素。

（二）赤潮类型

赤潮的种类繁多，按照不同的条件划分，赤潮可划分不同的类型。按赤潮的成因和来源分类，可分为外来型赤潮和原发型赤潮。以赤潮生物种类的组成差异可分为单种型赤潮、双种型赤潮和复合型赤潮。按营养要求可分为氮磷型赤潮、微量元素型赤潮等。按其发生的海域划分为外海型（大洋性）赤潮、近岸型赤潮、河口型赤潮和内湾型赤潮等。按赤潮是否产生毒素，可以分为三种类型：有毒赤潮、无毒赤潮和对海洋动物有害的赤潮。目前，主要依据赤潮发生的空间位置、营养物质来源以及水动力条件，将赤潮灾害划分为以下类型：

1. 河口型

淡水径流在此类赤潮的发生过程中起着重要的作用，为赤潮生物细胞的增殖提供了环境条件和物质基础。尤其在夏季降雨之后，由于河流注入的淡水盐度低、温度高、营养盐和腐殖质、微量元素等的含量大大增加，提供了赤潮发生的物质基础。淡水径流导致河口区水体分层程度增加，使水体更具有潜在的稳定性，利于赤潮的持续发展；河口区水体盐度的大小是河流淡水和海洋盐水相互混合的结果。向口外盐度逐渐增加，表底层盐度的分布存在着极其明显的差异，垂直分布明显。

2. 海湾型

海湾型赤潮的营养物质来源于沿岸的工业、生活污水的排放，水交换能力差，封闭或半封闭型的海湾，水流缓慢，有利于赤潮生物的生长，潮汐的作用大，沿岸有机物随潮汐的反复回荡，使底部营养物质扰动起来，又被推到沿岸，加剧了氮、磷等营养元素在沿岸的积聚，同时沿岸的微量元素也易于进入海域，为赤潮生长提供了所需的营养物质。

3. 岸滩型

岸滩型赤潮主要指沿海滩涂养虾开发利用过度，养虾废水、残饵和排泄物的大量排放使近岸海水污染。动力条件弱，水体运动方向与岸线垂直，以潮汐作用为主，污染物聚集在沿岸，稀释扩散速度慢、底泥易于保存和释放营养细胞。此类赤潮发生的面积小，持续时间短，对水产养殖业的危害大。

4. 上升流型

上升流是指海水缓缓上升的现象。从表层以下垂直上升的海流，其速度为 $10^{-5} \sim 10^{-2}$ cm/s。上升流携带底层营养盐至表层，为浮游生物提供了丰富的营养物质，导致海水的富营养化。上升流区及其边缘海水比较肥沃，往往导致浮游生物大量繁殖。一般在岛屿和海岬的背风侧、暗礁周围和北半球较强的逆时针流旋中都要会产生局部的上升流。

5. 近岸型

近岸水体的流动速度慢，水体的交换程度差，岸线为平直海岸，赤潮藻种和营养物质来源于近岸污水的排放或外部的输入，水体的运动方向与岸线平行。近岸型赤潮主要分布在近岸筏式养殖区。人工养殖的滤食性贝类的大量排泄物和死亡个体堆积在海底，不断分解，在高温、大风等异常环境条件下，加速矿化并进入水体，造成海水的富营养化，为赤潮生物的生长繁殖及赤潮发生提供丰厚的物质基础。大面积的人工水产养殖导致养殖水域食物链趋向简单化，生物多样性降低，生态系统进行自我调节和抵御外界扰动的能力减弱，容易爆发赤潮。

6. 外洋型

此类赤潮远离海岸，主要分布在滨内或滨外区。这类赤潮的主要类型为钙板金藻，被认为是地球上含钙最多的有机质。赤潮发生时水体呈白色，具有较高的反射率，叶绿素含量低。由于离岸较远，对海洋经济不会造成影响，但因其含有大量的钙，这类赤潮的爆发对全球气候变化具有重要的意义。

二、赤潮的危害

根据赤潮造成的危害和后果，可以简单地将赤潮及其危害分为如下三类：

1. 赤潮对海洋生态平衡的破坏

海洋是一种生物与环境、生物与生物之间相互依存、相互制约的复杂生态系统。系统中的物质循环、能量流动都是处于相对稳定，动态平衡的状态。当赤潮发生时，海洋生态环境将发生变化，会出现海水盐度、pH 值、光照度异常、溶解氧降低、氨氮的比例失调等现象，直接影响海洋生态的平衡。同时，赤潮发生时，由于某一种或几种生物的数量突然处于绝对的优势，与其他种类的生物竞争性消耗水体中的营养物质，并分泌一些抑制其他生物生长的物质，造成水体中生物量增加，但种类数量减少。赤潮生物体死亡后，沉积在水体底部并分解，水体中溶氧被严重消耗，同时产生大量有害气体如硫化氢等，使大量海洋生物因缺氧或中毒死亡，进一步破坏了原有的生态平衡。

2. 赤潮对海洋渔业和水产资源的破坏

赤潮发生后，单一种类的赤潮生物异常爆发性增殖，海域生物多样性和生态平衡被破坏，海洋浮游植物、浮游动物、底栖生物、游泳生物相互间的食物链关系和相互依存、相互制约的关系异常或者破裂，严重破坏了经济渔业种类的饵料供应，造成渔业产量锐减；同时许多赤潮生物产生的毒素，直接或间接通过食物链传递，使海洋动物生理失调或死亡，有的可以在海洋动物体中富集。即使不产生毒素，在形成赤潮时高密度的赤潮藻也可以大量吸收水中溶氧使海洋动物窒息死亡。部分可产生黏性物质的赤潮生物，能将大量黏性物质排于细胞质外，当鱼、虾、贝类呼吸时，可使海洋动物呼吸和滤食器官受损，造成大量的海洋动物机械性损伤后窒息死亡。

3. 赤潮对人类健康的危害

有些赤潮生物还能分泌一些可以在贝类体内积累的毒素，统称贝毒。目前世界上已发现的包括麻痹性贝毒（PSP）、腹泻性贝毒（DSP）、神经性贝毒（NSP）、记忆缺失性贝毒（ASP）和西加鱼毒（CFP）等多种。这些毒素可以在某些贝类、鱼体内富集，其含量往往有可能超过食用时人体可接受的水平。这些贝类如果不慎被食用，就会导致人体中毒，严重时可导致死亡。

三、赤潮的形成

（一）诱发赤潮的原因

赤潮形成的原因是很复杂的，不同海域形成赤潮的季节、时间、生物种类和程度都不尽相同。

1. 化学因素

海洋水体的富营养化是赤潮的物质基础和首要条件。具有色素体的赤潮生物在生长、繁殖时，需要吸收营养物质，进行光合作用，氮、磷等盐类是赤潮生物生长、繁殖必须的养分。一旦氮磷达到一定比例，赤潮生物会突然急剧增殖，发生赤潮。有机污染对赤潮影响也很重要。维生素、植物生长刺激素、造纸废水中的木质素、有机磷农药废水、生活污水中的有机氮磷、养殖水域中的过剩饵料、腐烂的海带等均是形成赤潮的重要因素。底泥厚度、底质粒径大小、底泥中有机质含量等与赤潮均有密切关系。

2. 物理因素

物理因素主要包括海水温度与海水盐度。水温是赤潮形成的重要因素，海水水温18℃以上或在24℃~27℃之间，赤潮生物很容易急剧增殖。海水温度突然升高（2℃以上），可视为赤潮的前兆。赤潮海域的海水盐度一般为27‰~37‰。赤潮也与海域的海况如海浪、潮汐、海水密度、水文、地质、气象条件等关系十分密切。

此外，生物因素也是引发赤潮的重要原因之一，赤潮后期大量胞囊的形成也是赤潮消亡的重要特征。大量的赤潮生物胞囊沉积在底泥之中，在环境条件适宜的时候胞囊萌发生成营养体并大量繁殖，可导致赤潮的爆发。

（二）赤潮形成的基本过程

赤潮由形成至消亡的过程，大致可分为四个阶段，包括起始、发展、维持和消亡阶段。

1. 起始阶段

赤潮的形成需满足生物条件、化学条件、物理条件三个条件。生物条件是指海域内具有一定数量的赤潮生物种（包括营养体或胞囊）。此时如果水环境各种化学条件（营养盐、微量元素和赤潮生物生长促进剂等的存在形式和浓度）、物理条件（水体的垂直混合、光照）基本适宜于某种赤潮生物生长、繁殖的需要，赤潮生物将大量繁殖，形成赤潮。

2. 发展阶段（形成阶段）

当海域内的某种赤潮生物种群有了一定个体数量时，且温度、盐度、光照、营养等外环境达到该赤潮生物生长、增殖的最适范围，赤潮生物即可进入指数增殖期，并迅速地发展成赤潮。在这一时期，其中某种环境因素发生改变将影响赤潮的形成，甚至终止赤潮的形成。

3. 维持阶段（持续阶段）

维持阶段是指赤潮出现到消失所持续的时间。这一阶段的长短，主要取决于水体的物理环境（水体的稳定性）和各种营养盐的富有程度（表层内异养过程产生的营养盐），以及当营养盐被赤潮生物消耗后补充的速率和补充量。如果这阶段海区风平浪静，水体铅直混合与水平混合较差，水体相对稳定，且营养盐等又能及时得到必要的补充，赤潮就可能持续较长时间；反之，若遇台风、阴雨，水体稳定性差或因营养盐被消耗殆尽，又未能得到及时补充，那么，赤潮现象就可能很快消失。

4. 消亡阶段

消亡阶段是指赤潮现象消失的过程。引起消失的原因可有刮风、下雨、营养盐消耗殆尽、水体温度不适宜、潮流增强、"捕食压"增强等。赤潮消亡过程包括赤潮生物大量死亡、生物分解耗氧增加、光合放氧降低、水体出现缺氧现象；同时赤潮生物分解可产生多种有害物质。赤潮消亡阶段是对渔业危害的最严重阶段。各阶段的主要物理、化学和生物控制因素如表6-4。

表6-4　赤潮长消过程中各阶段的主要物理、化学和生物控制因素

赤潮阶段	控制因素		
	物理因素	化学因素	生物因素
起始阶段	底部湍流、上升流底层水体温度、水体铅直混合	营养盐、微量元素、赤潮生物生长促进剂	赤潮"种子"群落、动物摄食、物种间的竞争
发展阶段	水温、盐度、光照等	营养盐和微量元素	赤潮生物种群缺少摄食者和竞争者
维持阶段	水体稳定性（风、潮汐、辐合、辐散、温盐跃层、淡水注入）	营养盐或微量元素限制	过量吸收的营养盐和微量元素、溶胞作用、聚结作用、铅直迁移和扩散
消亡阶段	水体水平和铅直混合	营养盐耗尽、产生有毒物质	沉降作用、被摄食分解、孢束形成、物种间的竞争

四、赤潮的防治

目前赤潮的治理主要有化学方法、物理方法和生物方法。

1. 化学方法

化学法是最早使用、发展最快的一种方法，具有针对性强、见效快的特点，主要有硫酸铜、高锰酸钾、次氯酸钠、氯气、过氧化氢、臭氧、黏土、有机除草剂和凝集剂等，采用化学药品杀除法、凝聚剂沉淀法、天然矿物絮凝法杀灭赤潮生物。但化学法造价高，且易造成二次污染。

2. 物理方法

赤潮发生时，赤潮生物一般密集于水体表层（0~3 m），表层以下较少，可以看出赤潮对表层的危害最大。目前国内外消除赤潮常用的物理方法有围隔栅法、气幕法、充氧法、网箱与台筏沉降法、过滤法等。围隔栅法是用围隔栅将表层赤潮与养殖区隔开；气幕法和充氧法是采用设在养殖区周围的通气管向上放出大量气泡来隔离赤潮，同时起到充氧的作用。用超声波或磁力杀死和回收赤潮生物治理赤潮的方法，在理论上可行，但由于赤潮发生面积大，微藻回收困难，实际可操作性不高。

3. 生物方法

海洋浮游植物病毒在赤潮的消亡中发挥着重要的作用，如赤潮异弯藻病毒能够专一性地瓦解赤潮异弯藻，使异弯藻赤潮快速消退。另外，可以利用水生生物的食性不同，在赤潮水体中放养以藻为食的贝类或鱼类，可达到治理赤潮的目的并变害为利；也可以利用光合细菌等有效微生物（EM）抑制赤潮藻的生长等。小面积范围内利用纤毛藻捕食甲藻生物或利用蓝藻分泌物与藻类之间的相互抑制作用治理甲藻，都取得了一定成效。生物法治理赤潮是生态平衡的原理的灵活运用，针对性强，且不必担心对环境造成二次污染，是最有发展前途的一种方法，也是今后赤潮治理的必然方向。

第三节　地下水污染

地下水主要是指出现在已经充分饱和了的土层和地质层组中的地下水位以下的水体。地下水作为天然水资源的重要组成部分，在全球水资源的开发利用中发挥着十分重要的作用。随着社会的不断发展，地下水污染问题日趋严重。

地下水污染主要指人类活动引起地下水化学成分、物理性质和生物学特性发生改变而使质量下降的现象。由于地层复杂，地下水流动极其缓慢等原因，地下水污染具有过程缓慢、不易发现和难以治理的特点。

一、地下水的污染源及污染物种类

（一）地下水的污染源

从产生污染物的行业类型和活动可将污染源分为以下四种：

1. 工业污染源

工业污染源主要是指未经处理的工业"三废"：废水、废气、废渣。工业废渣（钢渣、电石渣、选矿场尾矿等）在露天堆放或地下填埋时发生渗漏，有毒和有害物质随降水直接渗入地下水，或随地表径流向下游迁移时渗入地下水，造成地下水污染；工业废气（二氧化硫、二氧化碳、氮氧化物等）降落到地面后，也会随地表径流形成地下水污染；未经处理的工业废水（电镀行业废水、冶炼行业废水、石化行业废水等）直接流入或渗入地下水中，造成的污染最为严重。

2. 农业污染源

农业活动对地下水的污染主要来源是土壤中残留农药、化肥经淋滤下渗和农业灌溉使用了已污染的地表水，污染物侵蚀土壤，并下渗到地下水。农业施用的化肥和粪肥，会造成大范围的地下水硝酸盐含量增高。农药对地下水的污染较轻，且仅限于浅层。农业耕作活动可促进土壤有机物的氧化，如有机氮氧化为无机氮（主要是硝态氮），随渗水进入地下水。

3. 生活污染源

生活污染源对地下水的污染主要由生活污水和生活垃圾造成。生活污水污染物主要是SS（悬浮固体）、BOD（生化需氧量）、$NH_4 - N$（氨氮）、ABS（合成洗涤剂）、P、Cl、细菌等。生活污水和医院排放的废水中所含污染物多为氨氮、磷、合成洗涤剂、厌氧细菌、挥发性酚、汞、病毒及放射性物质，多数排入河道、沟渠或渗坑，对地下水造成污染。我国的生活垃圾一般用埋填法处理，垃圾埋填产生的渗漏液渗入地下，成为污染地下水的主要污染源之一。生活污水和生活垃圾会造成地下水的总矿化度、总硬度、硝酸盐和氯化物含量的升高，有时也会造成病原体污染。

4. 海水入侵

在沿海地区，由于开采地下水可能引起海水倒灌、盐水入侵而污染地下水源。陆地淡含水层的水位比海水水位高，但经过长期大量抽取陆地淡含水层，会使地下水位低于海水水位，导致海水通过透水层渗入陆地淡含水层，从而污染地下水资源。

（二）污染物种类

造成地下水水质恶化的各种物质都称为地下水污染物。地下水污染物的种类按理化性质可分为：物理污染物、化学污染物、生物污染物、综合污染物；按形态可分为：离子态污染物、分子态污染物、简单有机物、复杂有机物、颗粒状污染物；按污染物对地下水的影响特征可分为：感官污染物、卫生污染物、毒理学污染物、综合污染物。

1. 有机污染物

（1）耗氧有机污染物，当生活污水及部分工业废水中含有的碳水化合物、蛋白质及脂肪和木质素等有机物进入地下水后，在生物化学作用下易于分解而消耗水中的溶解氧，并提供病原微生物所需的营养，从而使地下水水质变差。地下水中耗氧有机物越多，耗氧越多，水质越差，地下水污染越严重。

（2）易分解有机毒物污染，主要指酚类污染物。低浓度的酚主要来自粪便和含氮有机物在分解过程中的产物，高浓度的酚主要来自焦化厂、煤气站、炼油厂、制药厂等工业废水。

（3）难分解有机毒物，主要包括有机氯农药、合成洗涤等。有机氯农药具有剧毒、高效、难分解、易残留等特性。

2. 无机污染物

（1）阴离子污染物，主要指亚硝酸根、硝酸根、硫酸根、磷酸根、氟离子、氰离子、硫离子等对地下水造成的污染。亚硝酸根被吸收进入人体血液后，能与血红蛋白结合形成失去输氧功能的变形血红蛋白致使组织缺氧而中毒，重者可因组织缺氧而导致呼吸循环衰竭。硝酸根是亚硝酸根进一步氧化的产物，因此它可以被还原成亚硝酸根。硫酸根主要来源于硫酸制造选矿场、矿坑水、钢铁酸洗厂、煤加工厂等。氟及其化合物主要来源于磷肥工业、电解制铝、硫酸、冶炼及制含氟农药、塑料等工业废水。如果长期饮用含氟量过高的水，将会引起人体骨骼改变等全身慢性疾病，致人残废。氰化物主要来源于含氰工业废水，包括电镀废水、焦炉和高炉的煤气洗涤液等。氰化物是剧毒物质，经人体消化道或呼吸道进入肌体后，迅速被吸收，与高铁型细胞素氧化酶结合，变成氰化高铁型细胞色素氧化酶，失去传递氧的作用，引起组织缺氧而导致中毒。硫化物污染主要有甲硫醇、二甲硫、硫化氢等。硫化氢有刺激性，进入血液后部分与血红蛋白结合，生成硫化血红蛋白而使人出现中毒症状。

（2）重金属有毒污染物，主要指汞、铬、铅、砷等对地下水的污染。由于重金属污染的特点是不能被生物分解去毒，只有形态变化，而水体中通常被生物富集，这样，即使很低的浓度也能通过动植物的食物链作用，产生极高的浓度。当人类饮用重金属有毒物浓度较高的地下水时，易产生肢体麻木、骨骼软化萎缩、毒害中枢神经、皮肤癌等，并可影响神经系统。

（3）其他金属污染物，主要指钙、镁、锰等金属离子对地下水的污染。钙、镁在水中的含量是构成水硬度的主要成分。饮用高硬度的水，特别是永久高硬度的水，不仅有苦涩味，而且还可引起消化功能紊乱、腹泻。锅炉用永久硬水易结垢，使导热系数减小，能耗成倍增加，并易造成爆炸。锰是人体必须元素之一，但锰也有毒性，人体吸收过多锰会产生慢性中毒，可能引起震颤麻痹、肺炎、记忆力下降、心动过速等病症。

3. 微生物污染

地下水中生物污染物可分为三类：细菌、病毒和寄生虫。受生活污水、医院污水及垃圾等污染的地下水中，常含有各种病原菌、病毒和寄生虫，其所产生污染的特点是数量大、分布广、存活时间长、繁殖速度快、易产生抗药性，传统的二级生化污水处理及加氯消毒后，某些病原微生物仍能大量存活。

4. 放射性污染物

放射性污染物主要因其放射线电离引起致病。放射性废水注入地下含水层，从地面渗透渗入地下以及放射性废物埋入地下可造成放射性污染。地下水中放射性核素也可能迁移扩散到地面水中，造成地面水污染。

二、地下水的污染途径

地下水污染可分为直接污染和间接污染两种。直接污染的特点是污染物直接进入含水层，在污染过程中，污染物的性质不变。这是对地下水污染的主要形式。间接污染的特点是地下水污染并非由于污染物直接进入含水层引起的，而是由于污染物作用于其他物质，使这些物质中的某些成分进入地下水造成的。

地下水的污染途径是指污染物从污染源进入到地下水中所经过的路径。除了少部分气体、液体污染物可以直接通过岩石空隙进入地下水外，大部分污染物是随着补给地下水的水源进入地下水的。按地下水的污染途径与地下水的补给来源的关系，可分为以下几种形式：通过包气带连续渗入；通过包气带断续渗入；由地表的侧向渗入；由井、孔、坑道、岩溶通道等直接注入；含水层之间的垂向越流。

1. 通过包气带连续渗入

此类污染途径的污染对象主要是浅层含水层。其特点是污染物随各种液体废弃物不断地经包气带渗入含水层，如污水池、污水渗坑、排污水库等的渗漏，受污染地表水的渗漏，地下排污管道的渗漏等。

这种情况下或者包气带完全饱水，呈连续渗入的形式（见图 6–1），或者是包气带上部的表土层完全饱水呈连续渗流形式，而其下部（下包气带）呈非饱水的淋雨状的渗流形式渗入含水层。因污染液在达到地下水面以前要经过包气带下渗，由于地层的过滤吸附等自净能力，污染物的浓度将发生一定的变化。特别是当包气带岩层的组成颗粒较细、厚度较大时，可以使污染液中许多污染物的含量大为降低，甚至全部消除，只有迁移性较强的物质才能达到水面污染地下水。因此，这种污染途径的污染程度受包气带岩层厚度和岩性控制。

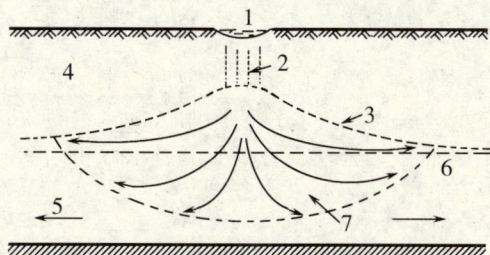

1. 污水坑　2. 向下连续渗透带　3. 补给反漏斗
4. 包气带　5. 含水层　6. 原始水位　7. 污染带

图 6–1　连续渗入形成的污染带

2. 通过包气带断续渗入

通过包气带断续渗入的特点是污染物通过大气降水或灌溉水的淋滤，使固体废物、表层土壤或地层中的有毒或有害物质周期性（灌溉旱田、降雨时）从污染源通过包气带土层渗入含水层，如降雨对固体废弃物的淋滤、矿区疏干地带的淋滤和溶解、灌溉水及降水对农田的淋滤等（见图6-2）。

这种渗入一般是呈非饱水状态的淋雨状渗流形式，或者呈短时间的饱水状态连续渗流形式。此类污染，无论在其范围或浓度上，均可能有明显的季节性变化，受污染的对象主要是浅层地下水。其主要的污染源有地面废物堆、垃圾填埋坑、尾矿坝、污灌的农田等。地下水受污染的程度与污染物的种类和性质、下渗水源量、包气带岩层的厚度和岩性等因素有关。

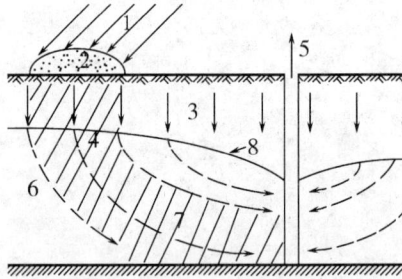

1. 降水　2. 废物堆　3. 未污染的下渗水　4. 污染的下渗水
5. 排水井　6. 含水层　7. 污染带　8. 地下水位

图6-2　断续渗入形成的污染带

3. 由地表的侧向渗入

地表水侧向渗入污染的特点是污染影响带仅限于地表水体的附近呈带状或环状分布（见图6-3）。污染的地表水要通过在含水层中一段距离的渗透才能到达地下水面。在渗透过程中，地表水中所含的某些污染物通过岩石的自净作用，可使其污染物浓度有一定程度的降低。因此，其污染程度取决于地表水污染的程度、沿岸岩石的地质结构、水动水条件以及水源地距岸边的距离。距离岸边越远，污染的影响越弱。

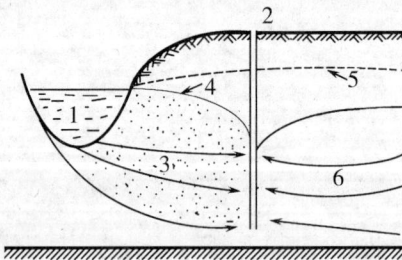

1. 污染的河水　2. 排水井　3. 污染带　4. 排水时的地下水位
5. 原始的地下水位　6. 含水层

图6-3　河水污染形成的地下水污染

4. 由井、孔、坑道、岩溶通道等直接注入

其特点是污染物通过地下水径流的形式进入含水层，即或者通过废水处理井，或者通

过岩溶发育的巨大岩溶通道，或者通过废液地下储存层的隔离层的破裂进入其他含水层。此种形式的污染，其污染物可能是人为来源也可能是天然来源，污染潜水或承压水。注入地下的污水，由于过滤、扩散、离子交换、吸附等自净作用，使污染物的浓度降低。但当污水排入量超过了岩石的自净能力，则会形成十分严重的污染状况。其污染范围开始只限于通道附近，以后逐渐扩散蔓延。如果地下水流速很小，则扩展很慢，地下水流速较大时，则向下游可以延伸到很远的距离，造成地下水的大片污染。

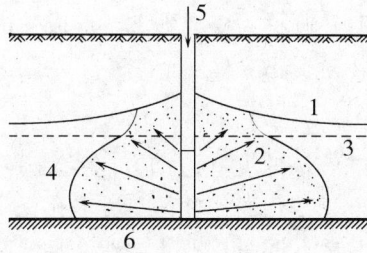

1. 新潜水位　2. 污染带　3. 原潜水位　4. 含水层　5. 废水注入　6. 隔水带

图6-4　井、坑道等形成的地下水污染

5. 含水层之间的垂向越流

其特点是污染物通过层间越流的形式转入其他含水层（见图6-5）。开采封闭较好的承压含水层时，顶板之上如果有被污染的潜水，则对承压水来说是一个潜在的污染源。它可以由于开采承压水时水位下降，与潜水形成较大的水头差，潜水可以通过弱透水的隔水顶板直接越流；可以通过承压含水层顶板的"天窗"流入；也可以通过止水不严的套管与孔壁的间隙向下渗入承压含水层；还可以经由未填死的废弃钻孔流入。其污染来源可能是地下水环境本身的，也可能是外来的，它可能污染承压水或潜水。

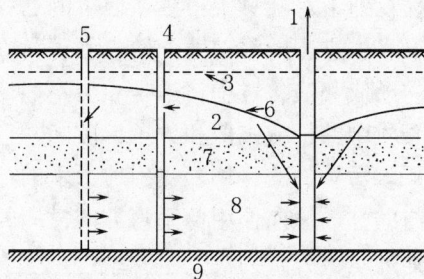

1. 排水井　2. 污染的潜水含水层　3. 污染潜水水位　4. 废弃钻孔　5. 套管腐蚀的钻孔
6. 承压水动水位　7. 弱透水层　8. 承压含水层　9. 隔水层

图6-5　含水层之间的垂向越流

三、污染物在地下水中的迁移转化

受污染的地下水在含水岩石中的分布是时间和空间的函数。由于污染水与洁净水和岩石介质的相互作用，使水中污染物的含量随时间和空间而变化。污染物在地下水中的迁移转化是一个复杂的物理、化学和微生物分解的过程。

（一）弥散理论

弥散是指多孔介质中两种流体相接触时，某种物质从含量较高的流体中向含量较低的流体迁移，使两种流体分界面处形成一个过渡混合带的现象，混合带不断扩大，趋向成为均质的混合物质。这种现象被称为弥散现象。弥散现象仅沿流体运动方向发生时，称为纵向弥散；沿横向运动方向发生时，则称为横向弥散。形成弥散现象的作用是弥散作用，包括分子扩散作用和对流作用（渗透分散）。

1. 分子扩散

在地下水系统中，水分子的流动速度和流动方向受到微小的土颗粒孔隙的很大限制，其流线即平均流动方向在空间上是变化的，这种通过多孔介质流动由于速度的不均而造成的溶质迁移现象，称为机械的分散。同时，即使在地下水停滞时，污染物也将按其浓度梯度方向进行溶质迁移，这种迁移叫分子扩散。分子扩散作用使污染物从浓度高的地方向浓度低的地方迁移，以求浓度趋向均一。扩散作用在地层中进行得很慢，特别是在黏性土层中更慢。一般只有在没有渗流的作用条件下的短距离迁移时，才考虑分子扩散作用。

分子扩散服从 Fick 定律，即：

$$I_d = -D_d \frac{dc}{ds}$$

式中 $\frac{dc}{ds}$ 为污染物的浓度 c 沿方向 s 变化的浓度梯度，比例系数 D_d 为扩散系数。

2. 对流—弥散迁移

对流—弥散迁移是污染物在地下水迁移中占主导地位的迁移方式，它指污染物在地下水系统中以溶解态形式在地下水中进行的水动力弥散，水动力弥散就是多孔介质中成分不同的可混溶液体之间过渡带的形成和演化过程，这是一个不稳定的、不可逆转的过程。水动力弥散是由污染物在多孔介质中的机械弥散和分子扩散同时作用所引起的。

在二维流的情况下，地下水污染物的迁移，受到地下水的流速影响，同时受弥散和分子扩散的影响，对于流向方向的弥散纵向作用比垂直方向横向的弥散作用要强。

地下水污染物的对流—弥散基本方程为：

$$\frac{\partial C}{\partial t} = \frac{\partial}{\partial x}\left(D_{xx}\frac{\partial C}{\partial x}\right) + \frac{\partial C}{\partial y}\left(D_{yy}\frac{\partial C}{\partial x}\right) - V_x\frac{\partial C}{\partial x} - V_y\frac{\partial C}{\partial y} + I$$

式中 C 为污染物浓度，D 为弥散系，V 为水流速度，I 为源汇项。

（二）化学作用

地下水系统是一个包括多种无机物和有机物的复杂水—岩系统，不同污染在迁移过程之间会产生一系列化学反应，如络合反应、氧化还原反应、沉淀—溶解反应及固相与液相之间的吸附—解吸反应，这些反应对污染物的迁移转化有重大影响，这种迁移转化取决于污染物在地下水环境中的存在形式、富集状况以及环境的地球化学特征。

1. 吸附—解吸作用

吸附作用是污染物在地下水中迁移与转化的基本控制因素。污染物在地下水系统中迁移除了液相反应外，还存在液相与固相之间发生的质量交换作用。

污染物在岩层中的自净常常是由于吸附作用所致。吸附作用可使地下水中的污染组分如重金属的浓度减少，减少了重金属可能对地下水的危害，起到自然净化的作用，对重金属在地下水的迁移起到了抑制作用。相反，通过解吸作用，也可使地下水中某些污染组分浓度增加。

地下水系统中固体颗粒对地下水污染物的吸附取决于固相物质的种类、污染物的浓度、污染物的特性及存在形式，总之，取决于地下水系统的水文地球化学环境。

吸附—解吸反应根据固相与液相之间的反应是否瞬时完成，可分为平衡型和非平衡型。污染物吸附—解吸作用可用吸附等温线方程来描述。

2. 沉淀—溶解反应

污染物迁移过程中，溶解—沉淀作用是经常发生的，当不同性质的污染物混合在一起或氧化—还原条件发生变化，污染物的溶解度大于最大允许含量时，就会产生沉淀；反之就会发生溶解作用。污染物的溶解—沉淀作用强弱决定于地下水的 pH 值、氧化—还原条件和污染物的自身物理化学性质以及在地下水中的浓度等。污染物的溶解度不能简单地根据溶度积来评价，而应考虑络合作用的影响。

3. 氧化—还原反应

在污染物的迁移环境中，地下水系统的氧化—还原条件对污染物的迁移转化有重大影响，某些元素如铬、钒、硫在氧化条件下，易形成易溶化合物，具有较强的迁移力，而在还原条件下，易形成金属化合物沉淀，使水中重金属含量减少，抑制了重金属的迁移。另一些污染物组分如铁、锰，在还原条件下形成较易溶的低价化合物（Fe^{2+}、Mg^{2+}），在水中很易迁移。

4. 络合反应

地下水系统中，存在着各种各样的有机配位体和无机配位体，它们与金属元素通过络合反应可生成各种形式的络合物。

络合作用对污染物迁移转化的影响主要表现在以下方面：

（1）由于污染物与水相中各种配位体络合产生不同形式的络合物种，大大提高了污染物的溶解度，使污染物在水中的含量及迁移能力提高。大多数重金属的简单离子形式在水中的溶解度非常低，其在水中的存在形式主要是络合物，形成络合物后重金属则易于迁移。

（2）一些络合物的生成，可使某些污染物的吸附作用减弱。

污染物在地下水中迁移的优势迁移形式主要取决于：

① 污染物的物理化学性质。Pb（Ⅰ）的主要迁移形式是 $PbOH^-$；Cu（Ⅰ）的主要迁

移形式是 $Cu(OH)_2^0$。

② 地下水的 pH 值变化对污染物的优势物种及其分配系数影响较大。

③ 地下水的化学类型。

（三）微生物的分解作用

微生物的分解作用主要指微生物使地下水系统中的有机污染物产生分解，在厌氧或好氧微生物的作用下，许多有毒或有害的成分转变为无毒或无害成分。在最后分解之前也可能产生一些较简单的有机化合物的副产物。

在好氧和厌氧条件下，有机物的微生物代谢产物可以下式表示：

好氧：

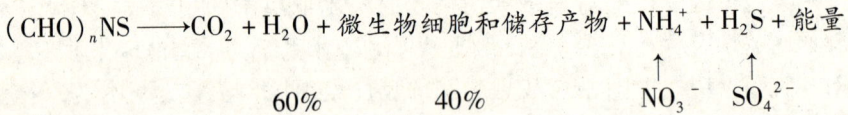

$$(CHO)_nNS \longrightarrow CO_2 + H_2O + 微生物细胞和储存产物 + NH_4^+ + H_2S + 能量$$

$$\quad\quad\quad 60\% \quad\quad 40\% \quad\quad\quad\quad\quad\quad\quad\quad \uparrow\quad\quad\quad \uparrow$$
$$\quad\quad\quad\quad\quad\quad\quad\quad\quad\quad\quad\quad\quad\quad\quad\quad\quad NO_3^-\quad SO_4^{2-}$$

厌氧：

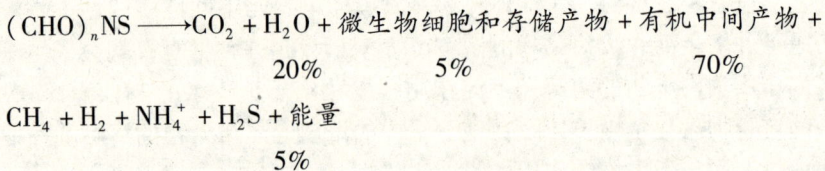

$$(CHO)_nNS \longrightarrow CO_2 + H_2O + 微生物细胞和存储产物 + 有机中间产物 +$$
$$\quad\quad\quad\quad 20\% \quad\quad 5\% \quad\quad\quad\quad\quad\quad\quad\quad\quad 70\%$$

$$CH_4 + H_2 + NH_4^+ + H_2S + 能量$$
$$\quad\quad 5\%$$

上式表明，好氧代谢的主要产物是水、微生物细胞和储存产物；厌氧代谢的主要产物是有机中间产物有机酸、胺类、醇类。

微生物的分解过程在污染源的下游形成水化学分带。

污染最严重的区域是还原带。还原带内以特有的无机化合物还原反应为主，E_h 值为负数。由于生物化学反应的原因，还原带没有溶解的自由氧，二价铁和氨的含量较高。还原带中的微生物总数很高。

还原带的下游是氧化带。水中的有机物在还原带已经有大量被还原，氧化带中的生物分解作用已大为减弱，土壤空气和渗漏水中的氧不再被消耗。氧使无机物氧化，E_h 值上升为正数，形成氧化带。氧化带中的微生物将剩余的有机物全部分解。

还原带和氧化带之间存在着一个过渡带。过渡带中断续出现自由溶解氧，溶解的二价铁发生沉淀。此带中微生物总数急剧下降，到氧化带达到正常值。

四、地下水污染的预防与治理方法

（一）污染的预防

地下水的污染防治应以预防为主。地下水污染一般不易被发现，当发现时污染已持续很长时间，污染范围已经扩大。地下水污染治理涉及受污染的土壤及含水层的治理和恢复，比地表水污染治理难度要大，费用要高。

（1）地下水脆弱性评价工作是保护地下水环境工作的基础。开展地下水环境脆弱性评价，合理利用土地，有效保护地下水资源，防止地下水污染，为地下水可持续利用和环境保护提供决策依据。

（2）改进工业生产工艺，采取无污染或少污染的新工艺，减少污染物的排放量。

（3）严禁采用渗井、渗坑排放污水。

（4）农业生产中合理适当使用农药、化肥，实施节水灌溉，减少农药、化肥的流失。

（5）严禁乱堆乱放垃圾，建设城市垃圾卫生填埋场。

（6）开采海滨及其他水质较差地区的地下水时，应注意开采地下水所引起的水质恶化问题。

（7）在矿产开采过程中应注意尾矿堆放地的水文地质条件。在尾矿堆放地应设置防渗装置，以防止对地下水的污染。

（8）加强水资源保护，严格执法和管理，增强环保意识，自觉保护水资源。

（二）地下水污染处理技术方法

地下水污染治理技术归纳起来主要有物理处理法、水动力控制法、抽出处理法、原位处理法。

1. 物理处理法

物理处理法是用物理的手段对受污染地下水进行治理的一种方法，概括起来又可分为：

（1）屏蔽法。该法是在地下建立各种物理屏障，将受污染水体圈闭起来，以防止污染物进一步扩散蔓延。常用的灰浆帷幕法是用压力向地下灌注灰浆，在受污染水体周围形成一道帷幕，从而将受污染水体圈闭起来。其他的物理屏障法还有泥浆阻水墙、振动桩阻水墙、板桩阻水墙、块状置换、膜和合成材料帷幕圈闭法等，原理都与灰浆帷幕法相似。总的来说，物理屏蔽法只有在处理小范围的剧毒、难降解污染物时才可考虑作为一种永久性的封闭方法，多数情况下，它只是在地下水污染治理的初期，被用作一种临时性的控制方法。

（2）被动收集法。该法是在地下水流的下游挖一条足够深的沟道，在沟内布置收集系统，将水面漂浮的污染物质如油类污染物等收集起来，或将所有受污染地下水收集起来以便处理的一种方法。被动收集法一般在处理轻质污染物（如油类等）时比较有效，它在美国治理地下水油污染时得到过广泛地应用。

2. 水动力控制法

水动力控制法是利用井群系统，通过抽水或向含水层注水，人为地改变地下水的水力梯度，从而将受污染水体与清洁水体分隔开来。根据井群系统布置方式的不同，水力控制法又可分为上游分水岭法和下游分水岭法。上游分水岭法是在受污染水体的上游布置一排注水井，通过注水井向含水层注入清水，使得在该注水井处形成一地下分水岭，从而阻止上游清洁水体向下游补给已被污染水体；同时，在下游布置一排抽水井将受污染水体抽出处理。而下游分水岭法则是在受污染水体下游布置一排注水井注水，在下游形成一分水岭以阻止污染羽流向下游扩散，同时在上游布置一排抽水井，抽出清洁水并送到下游注入。同样，水动力控制法一般也用作一种临时性的控制方法，在地下水污染治理的初期用于防止污染物的扩散蔓延。

3. 抽出处理法

抽出处理法是当前应用很普遍的一种方法，可根据污染物类型和处理费用来选用，大致可分为三类：

(1) 物理法。包括吸附法、重力分离法、过滤法、反渗透法、气吹法和焚烧法等。

(2) 化学法。包括混凝沉淀法、氧化还原法、离子交换法和中和法等。

(3) 生物法。包括活性污泥法、生物膜法、厌氧消化法和土壤处置法等。

受污染地下水抽出后的处理方法与地表水的处理相同，需要指出的是，在受污染地下水的抽出处理中，井群系统的建立是关键，井群系统要能控制整个受污染水体的流动。处理后地下水的去向有两个，一是直接使用，另一个则是用于回灌。用于回灌多一些的原因是一方面可稀释受污染水体，冲洗含水层；另一方面还可加速地下水的循环流动，从而缩短地下水的修复时间。

4. 原位处理法

原位处理法不但处理费用相对节省，而且还可减少地表处理设施，最大程度地减少污染物的暴露，减少对环境的扰动，是一种很有前景的地下水污染治理技术。原位处理技术又包括物理化学处理法及生物处理法。

(1) 物理化学处理法。

① 加药法。通过井群系统向受污染水体灌注化学药剂，如灌注中和剂以中和酸性或碱性渗滤液，添加氧化剂降解有机物或使无机化合物形成沉淀等。

② 渗透性处理床。渗透性处理床主要适用于较薄、较浅含水层，一般用于填埋渗滤液的无害化处理。具体做法是在污染羽流的下游挖一条沟，该沟挖至含水层底部基岩层或不透水黏土层，然后在沟内填充能与污染物反应的透水性介质，受污染地下水流入沟内后与该介质发生反应，生成无害化产物或沉淀物而被去除。常用的填充介质有：a. 灰岩，用以中和酸性地下水或去除重金属；b. 活性炭，用以去除非极性污染物和 CCl_4、苯等；c. 沸石和合成离子交换树脂，用以去除溶解态重金属等。

③ 土壤改性法。利用土壤中的黏土层，通过注射井在原位注入表面活性剂及有机改性物质，使土壤中的黏土转变为有机黏土。经改性后形成的有机黏土能有效地吸附地下水中的有机污染物。

（2）生物处理法。

原位生物修复的原理实际上是自然生物降解过程的人工强化。它是通过采取人为措施，包括添加氧和营养物等，刺激原位微生物的生长，从而强化污染物的自然生物降解过程。

思考训练题

1. 造成水体富营养化的影响因素是什么？水体富营养化有哪些特点和危害？
2. 赤潮形成的基本过程是什么？有哪些危害
3. 影响蓝藻水华的因素有哪些？
4. 依据赤潮发生的空间位置、营养物质来源以及水动力条件，可将赤潮灾害划分为几种类型？
5. 介绍诱发赤潮的原因和赤潮形成的基本要素。
6. 举例说明治理水体富营养化或赤潮的方法。
7. 请按地下水的污染途径与地下水的补给来源的关系，介绍地下水的污染途径。
8. 介绍全球地下水污染的特点。
9. 哪些处理技术可用于地下水污染治理？
10. 试述地下水中主要污染物的种类与来源。
11. 从物理、化学和微生物分解的角度介绍污染物在地下水中的迁移转化。
12. 在引起水体富营养化的各种无机营养物质中，为何磷是最主要的指标？
13. 什么是地下水？为什么说地下水一旦发生污染，其治理较为困难？

参考文献

［1］戴树桂. 环境化学（第 2 版）. 北京：高等教育出版社，2002.

［2］赵美萍，邵敏. 环境化学. 北京：北京大学出版社，2005.

［3］刘绮. 环境化学. 北京：化学工业出版社，2004.

［4］张宝贵. 环境化学. 武汉：华中科技大学出版社，2009.

［5］张瑾，戴猷元. 环境化学导论. 北京：化学工业出版社，2008.

［6］刘兆荣，谢曙光，王雪松. 环境化学教程（第 2 版）. 北京：化学工业出版社，2010.

［7］何燧源. 环境化学（第 4 版）. 上海：华东理工大学出版社，2005.

［8］董德明，康春莉，花修艺. 环境化学. 北京：北京大学出版社，2010.

［9］张正斌，刘莲生. 海洋化学进展. 北京：化学工业出版社，2005.

［10］王长海. 海洋生化工程概论. 北京：化学工业出版社，2004.

［11］［加］R. A. 弗里泽，J. A. 彻里. 地下水. 北京：地震出版社，1988.

［12］李昌静，卫钏鼎. 地下水水质及其污染. 北京：建筑工业出版社，1993.

［13］李宗品，于占国. 变态的海——赤潮. 北京：海洋出版社，2007.

［14］汪群慧，王雨泽，姚杰. 环境化学. 哈尔滨：哈尔滨工业大学出版社，2004.

［15］谢平. 论蓝藻水华的发生机制——从生物进化、生物地球化学和生态学视点. 北京：科学出版社，2007.

第七章　土壤环境及其污染

　　土壤是自然环境要素的重要组成之一，是覆盖于地球陆地表面，能够生长植物的疏松物质层。土壤作为一个独立的历史自然体，以不完全连续状态覆盖于地球陆地表面，是大气圈、生物圈、水圈和岩石圈之间的交界地带，它与大气、水分、生物及岩石相互作用，不断地进行物质、能量转移、循环和交换过程。因此，土壤是生态环境的重要组成部分，是人类拥有的宝贵资源。土壤有其自身发生、发展、长期演变的历史过程，是具有一定的物质组成、形态特征、结构功能的有机与无机复合体。一方面，土壤具有肥力，是能够为人类提供食物的生产资料，是人类最基本的、不可代替的自然资源；另一方面，土壤对环境变化具有高度的敏感性，当污染物进入土壤后，其含量超出土壤的自净能力时，就会破坏土壤正常的功能。

第一节　土壤及其污染

一、土壤环境的物质组成与性质

　　了解土壤环境的组成和性质，是研究土壤环境化学的基础，同时也是分析土壤污染物及其化学行为，进行土壤环境评价和修复的依据。

（一）土壤环境的物质组成

　　土壤是由固、液、气三相物质构成的多相分散的复杂体系，如果按照溶剂百分比计算，较为理想的土壤中固相物质约占总容积的50%，其中矿物质占38%～45%，有机质占5%～12%。土壤气、液相存在于固相物质的孔隙中，各占20%～30%。而按照质量百分比计算，矿物质占固相部分的90%以上，有机质占1%～10%。

　　土壤固相物质包括土壤矿物质、土壤有机质和活的土壤生物。液相部分为土壤溶液，其为土壤水及其所含溶质的总和。土壤气相部分为土壤空气，是指未被水分占据的土壤空隙中的气体。

1. 土壤矿物质

　　土壤矿物质是土壤中化学成分和内部结构比较均一，具有一定形态特征和理化性质的天然物体。其元素主要以硅、铝、铁、钙、钠、钾、镁等元素为主，按其成因可分为原生矿物和次生矿物两类。原生矿物是直接来自岩浆岩或变质岩的残留矿物，是地壳中各种岩石经物理风化作用后形成的碎屑矿物，是在风化过程中未改变化学组成的原始成岩矿物，主要是长石类、角闪石类、云母类等，组成土壤中较粗的砂粒（2~0.05 mm）与粉砂粒（0.05~0.002 mm）。原生矿物受水分、空气或近地面等风化因素的影响，转化成次生矿物，次生矿物是风化过程中化学风化（硅酸盐和铝硅酸盐主要发生水解作用；硫化物和含铁、锰的矿物主要发生氧化作用）的产物，在常温常压下又重新合成矿物，包括各种简单盐类、次生氧化物和铝硅酸盐类矿物。

次生矿物构成了土壤的最主要部分，它的颗粒是土壤矿物质中最细小的部分，其中粒径小于0.001 mm的称为次生黏土矿物或土壤矿物胶体，是土壤矿物质中较为活跃的组分。次生矿物有晶态和非晶态之分，晶态次生矿物主要是铝硅酸盐，如高岭石、蒙脱石、伊利石和蛭石等，是由硅氧四面体和铝氧八面体的层片组成，按组成结晶时这两种层片的比例不同，黏粒矿物通常分为1:2:1型和2:2:1型两种，高岭石是1:2:1型矿物，蒙脱石、伊利石和蛭石都是2:2:1型矿物，后者由于不等价离子的同晶替代而带有永久型负电荷，有膨胀性，有较大的比表面积，较高的阳离子代换量，其吸附作用较1:2:1型矿物大，氧化铝、铁、锰和硅胶等亦是土壤中常见的次生矿物，每一类中还包括其不同水化程度和羧基化程度，从无定形到不同程度的晶质态并存的各种形态。非晶态次生矿物主要呈胶膜状态，包裹于土粒表面，如水合氧化铁、铝及硅等；也有呈粒状凝胶成为极细的土粒，如水铝类石等，后者是一种无固定组成的硅铝氧化物，并有较高的阳离子和阴离子代换量。特别是无定形氧化物具有巨大的比表面和较高的化学活性，在重金属专性吸附中起主要作用，土壤矿物质所含主要元素有 O、Si、Al、Fe、C、Ca、K、Na、Mg、Ti、N、S、P 等。

不同大小的矿物颗粒在化学成分、物理化学性质上差异较大，其构成情况对于土壤环境中的物质与能量交换、迁移与转化的影响十分重要。

2. 土壤有机质

土壤有机质是土壤中含碳有机化合物的总称，包括土壤中的各种动植物残体、微生物体及其分解、合成的产物，是土壤形成的主要标志。土壤有机质是土壤的重要组成部分之一，一般仅占土壤总质量的百分之几，虽然含量很少，但因其具有的多种官能团，对土壤理化性质和土壤中若干化学反应有较大的影响，是土壤中最活跃的组分，在土壤肥力、环境保护以及作物生长等方面都起着极其重要的作用。土壤有机质是土壤肥力的重要物质基础，含有植物生长所需要的各种营养元素，为土壤微生物生命活动提供能源，对土壤物理、化学和生物学性质均有着深刻的影响。同时土壤有机质对重金属、农药、化肥等有机、无机污染物起着明显的抑制和减轻毒害的作用。土壤有机碳被认为是影响全球"温室效应"的主要因素，对全球碳素平衡有着重要意义。

土壤有机质通常可以分为两大类，一类是组成生物残体的各种有机化合物，称为非腐殖物质，占土壤有机质总量的30%~50%；另一类是称为腐殖质的特殊有机化合物，包括腐殖酸、富里酸和胡敏素等，普遍存在于土壤、腐熟的有机肥料、各种地表水体的底泥和煤炭中。土壤腐殖质占有机质总量的60%~70%，对环境影响意义重大，腐殖质的组分为大分子化合物能螯合金属或吸附其他有机分子，进而避免环境污染。

3. 土壤生物

土壤区别于岩石矿物颗粒的显著特点是土壤中生活着一个生物群体，它们积极参与岩石的风化作用，是土壤形成的主要因素。此外，土壤生物还参与土壤养分的转化、促进土壤中物质和能量转化，净化土壤有机污染物、保持土壤肥力。生物群体与其生活的土壤环境间构成了生态系统，土壤生物体系包括微植物区系、微动物区系和动物区系，其中土壤微生物是最重要的土壤生物。土壤生物具有净化土壤的功能，对进入土壤中的污染物（特别是有机化学物）的转化和降解起着重要作用。

土壤微生物是最活跃的生物体，其个体微小，个体直径一般在 $0.5 \sim 2 \, \mu m$ 之间。土壤中的微生物种类多样，包括细菌、真菌、放线菌和各种原生动物以及低等植物（如藻类等）。这些微生物的生长活动对于自然界的生态平衡以及物质能量循环起着重要的作用。土壤细菌占土壤微生物的总量最多，达 $70\% \sim 90\%$，其中杆菌最多，其次是球菌、弧菌和螺旋菌，还有少量的鞘细菌和黏细菌。土壤放线菌的数量仅次于土壤细菌，多发育于有机质含量较高的耕层土壤。土壤真菌数量位居第三，由于其在生长发育中可以积累大量菌丝体，因此可以有效地改善土壤的物理结构。土壤藻类的数量随阳光和水分等环境条件变化，数量差异较大，每克土壤中有几千至几十万个细胞。土壤原生动物的数量因土壤类型而有较大差异，砂质土壤少，而黏土且高有机质土壤多。

4. 土壤溶液

土壤溶液是土壤水分和所含溶质的总称。土壤溶质包括无机胶体、有机胶体、无机盐类、有机化合物、配合物、溶解气体（O_2、N_2、CO_2、NO_2、CO、H_2S、NH_3、H_2、CH_4 等）。土壤的水分根据其赋存状态可分为固态水、气态水、束缚水、自由水。土壤溶液的组成非常复杂，其溶液浓度和成分随土壤种类、利用状况和环境条件的不同而有很大差别，并参与环境中的水循环。土壤除盐碱土和刚施过化肥的土壤外，土壤溶液浓度一般在 $0.1\% \sim 0.4\%$。

土壤溶液是土壤中各种生物的营养来源，土壤中的水分能将土壤和大气中的生物所需养分溶解成营养溶液，提供给生物体，是生物吸收养料的主要媒介，同时也是土壤各种反应（物理、化学和生物反应）的介质，吸附解析与离子交换、溶解和沉淀，化合和分解均受土壤溶液的影响，是影响土壤性质及污染物迁移转化的重要因素。

5. 土壤空气

土壤空气存在于未被水分占据的土壤孔隙中，其成分与大气基本相似，主要成分有 N_2、O_2、CO_2 和微量气体等，还有一些厌氧微生物产生的少量还原性气体（H_2S、NH_3、H_2、CH_4）和污染物等。土壤空气由于存在于土粒间隙之间，因此不连续分布。土壤中由于有机质腐烂分解使得土壤空气中氧比大气中的少，二氧化碳比大气中的多，水汽经常处于近饱和状态，在一定条件下，有害气体含量高于大气。土壤空气是土壤重要的组成之一，土壤肥力的要素之一，土壤空气的状况直接影响土壤中潜在养分的释放，同时也影响着土壤性质及污染物在土壤中的迁移转化。一般在疏松的天然土壤中，土壤空气含量有时可达 50%。

（二）土壤的性质

土壤是一个复杂的三相体系，在这个体系中，不仅土壤与大气、水和生物圈之间进行着物质和能量的交换，土壤三相之间也进行着物质和能量的交换。

1. 土壤胶体的性质

土壤胶体是指土壤中粒径介于 $1 \sim 2 \ \mu m$ 的颗粒，是土壤中最小，但最活跃的部分。土壤胶体可分为三类：一种是无机胶体，主要为成分简单的晶质和非晶质的硅、铁、铝的含水氧化物，成分复杂的各种层状硅酸盐矿物，其中含水氧化物包括水化程度不等的铁和铝的氧化物及硅的水化氧化物，无机胶体很稳定，不易被分解。第二种为有机胶体，主要为腐殖质，还有少量的木质素、蛋白质、纤维素等。腐殖质胶体由于含有很多官能团，一般带负电，对土壤中阳离子的吸附性能影响较大，但有机胶体较易被微生物分解。第三种是有机—无机复合体，土壤中的有机胶体以薄膜状紧密覆盖于黏粒矿物的表面或晶层之间与无机胶体结合，形成有机—无机复合体，其中主要是二、三价阳离子（如钙、镁、铁、铝等）或官能团（如羟基、醇羟基等）与带负电荷的黏粒矿物和腐殖质的连接。

土壤胶体具有极大的比表面积和表面能。比表面是单位质量物质的表面积，表面能是由处于表面的分子受到的引力不平衡而具有的剩余能量，物质的比表面越大，表面能也越大。且其半径越小，比表面越大。土壤胶体有较大的表面能，这使得其能吸持各种重金属等污染元素，并有很大的缓冲能力，这对土壤中的元素的保持和耐受酸碱变化以及减轻某些毒性物质的危害有重要意义。

土壤胶体的电性。土壤胶体微粒具有双电层，微粒的内部称作微粒核，大部分带负电荷，形成一个负离子层（即决定电位离子层），其外部由于电性吸引，而形成一个正离子层（又称反离子层，包括非活动性离子层和扩散层），合称为双电层。在一般情况下，自然界的大部分土壤胶体（黏粒体、有机胶体等）带负电荷，只有少数胶体，如氧化铁、氧化铝等在酸性条件下带正电荷。

土壤胶体所带的电荷分为永久电荷和可变电荷两种，电荷来自于黏土矿物中晶层低价金属离子置换高价阳离子的同晶置换作用，使得土壤胶体带有永久负电荷。一些矿物的晶层表面由羟基原子团组成，当土壤溶液的 pH 值升高时，羟基基团中的氢离子解离出来，使土壤胶体带负电荷，因为这种负电荷的产生与周围介质的条件密切相关，因此为可变负电荷。土壤胶体由于带有电荷，能与土壤溶液中的离子、质子、电子发生互相作用，这种作用表现为各种吸附。土壤的吸附性是土壤的重要的化学特性，按照产生机理不同可分为交换性吸附、专性吸附和负吸附及化学沉淀等类型。

土壤胶体的凝聚性和分散性。一方面，由于土壤胶体微粒带负电荷，胶体粒子相互排斥，具有分散性，负电荷越多，负的电动电位越高，分散性越强。另一方面土壤溶液中含有阳离子，可中和负电荷使胶体凝聚，同时由于胶体比表面能很大，为减少表面能，胶体也具有相互吸引、凝聚的趋势。土壤胶体的凝聚性主要取决于其电动电位的大小和扩散层的厚度，此外，土壤溶液中的电解质和 pH 值对其也有影响，阳离子改变土壤凝聚作用的能力与其种类和浓度有关，一般常见阳离子凝聚力的强弱顺序为：$Na^+ < K^+ < NH_4^+ < H^+ < Mg^{2+} < Ca^{2+} < Al^{3+} < Fe^{3+}$。

2. 土壤的酸碱性

土壤的酸碱性是土壤的重要化学性质之一，是土壤在形成过程中受生物、气候、地质、水文等因素的综合作用所产生的重要性质。

（1）土壤酸度。根据土壤中 H^+ 存在的形式，土壤酸度可分为活性酸度和潜在酸度两大类。

① 活性酸度又称为有效酸度。土壤溶液中游离氢离子浓度直接反映出来的酸度，通常用 pH 值（酸碱度）来表示。pH 值越小，表示土壤活性酸度越强。

土壤溶液中的氢离子主要来源于土壤空气的 CO_2 溶于水形成的碳酸和有机质分解生成的有机酸，土壤矿物质氧化作用产生的多种无机酸，以及施肥时残留的无机酸（如硝酸、硫酸、磷酸等）。此外，大气污染产生的酸雨也会使土壤酸化。

② 潜性酸度由土壤胶体吸附的可代换性 H^+、Al^{3+} 离子造成的。H^+、Al^{3+} 致酸离子只有通过离子交换作用产生 H^+ 离子才显示酸性，因此称潜性酸度。只有盐基不饱和土壤才有潜性酸，其大小与土壤盐基交换量和盐基饱和度有关。

根据测定潜性酸度所用提取液的不同，可把潜性酸度分为交换性酸度和水解性酸度。

a. 交换性酸度。用过量中性盐溶液（如 KCl 或 NaCl）淋洗土壤，溶液中的金属离子（如 K^+、Na^+）与土壤中的 H^+ 和 Al^{3+} 发生离子交换作用呈现的酸度，为交换性酸度。H^+ 在溶液中与 Cl^- 结合成 HCl，Al^{3+} 在溶液中生成 $AlCl_3$，$AlCl_3$ 再水解产生 $Al(OH)_3$ 和 HCl [$Al(OH)_3$ 是弱碱，解离度很小，故溶液中的 OH^- 很少]。

上述交换反应是可逆反应，不能把土壤胶体上的 H^+ 和 Al^{3+} 全部交换出来，所测得的交换性酸度只是潜性酸度的大部分，而不是它的全部。有研究表明，交换性酸是矿质土壤中潜性酸度的主要来源。例如，红壤的潜在酸度 95% 以上是由交换性酸产生的。

b. 水解性酸度。用弱酸强碱盐溶液（如醋酸钠）淋洗土壤，溶液中的金属离子（如 Na^+）可将绝大部分土壤胶体吸附的 H^+、Al^{3+} 交换出来，同时生成弱酸（如醋酸）。此时所测得的该弱酸的酸度称为水解性酸度。以醋酸钠为例，它首先发生水解，水解生成解离度很小的醋酸；而同时生成的 NaOH 可完全离解，得到高浓度的 Na^+，能交换出绝大部分吸附性 H^+ 和 Al^{3+}。代换性酸度只是水解性酸度的一部分，因此水解性酸度高于代换性酸度。

③ 活性酸度和潜性酸度两者的关系。活性酸度与潜性酸度是存在于同一平衡体系的两种酸度，两者可以相互转换，一定条件下可处于暂时平衡状态，活性酸度是土壤酸度的现实表现。土壤胶体是 H^+、Al^{3+} 的储存库，因此潜性酸度是活性酸度的储备。一般情况下，潜性酸度远大于活性酸度。

（2）土壤碱度。土壤溶液中的 OH^- 离子，主要来源于碱金属和碱土金属的碳酸盐类，即碳酸盐碱度和重碳酸盐碱度的总量称为总碱度，可用滴定法测定。总碱度是土壤碱性的容量指标，而不是强度指标（pH 值）。溶解度小的碳酸盐和重碳酸盐对土壤碱性的贡献也小，如碳酸钙和碳酸镁，在正常的 CO_2 分压下，它们在土壤溶液中溶解的浓度很低，故含 $CaCO_3$ 和 $MgCO_3$ 的石灰性土壤呈弱碱性（pH = 7.5 ~ 8.5）；而溶解度大的 Na_2CO_3、$NaHCO_3$、$Ca(HCO_3)_2$ 在土壤溶液中浓度较高，故使土壤溶液的总碱度很高，如含 Na_2CO_3 的土壤，其 pH 值可达 10 以上。此外，当土壤胶体上吸附的 Na^+、K^+、Mg^{2+}（主要是 Na^+）等离子的饱和度增加到一定程度时，会引起交换阳离子的水解作用，使土壤溶液中产生了 NaOH 而呈碱性。土壤的酸碱性直接或间接影响污染物在土壤中的迁移转化，因此，pH 值是土壤的重要指标之一。

（3）土壤的缓冲性。由于土壤复杂的特性，其不同成分具有对外界变化引起 pH 值变化的缓冲作用。土壤缓冲性能是指土壤具有缓解土壤溶液 H^+ 或 OH^- 浓度变化的能力。如果施入生理酸性、碱性肥料时或当土壤在发生发展过程中产生碱性或酸性物质时，它可缓冲土壤 pH 值，而不至于发生剧变，保持在一定范围内。

① 土壤溶液的缓冲作用（土壤溶液 pH 值为 6.2~7.8）。

缓冲体系包括 HCO_3^-、CO_3^{2-}、蛋白质、氨基酸、胡敏酸等两性物质。

② 土壤胶体的缓冲作用（代换性阳离子存在于土壤胶体中）。

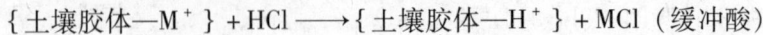

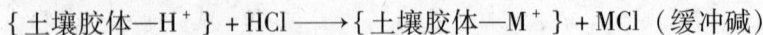

{土壤胶体—M^+} + HCl —→ {土壤胶体—H^+} + MCl （缓冲酸）

{土壤胶体—H^+} + HCl —→ {土壤胶体—M^+} + MCl （缓冲碱）

土壤胶体的数量和盐基代换量越大，土壤溶液的缓冲能力越强；代换量相当时，盐基饱和度越高，土壤对酸的缓冲能力越大；反之，盐基饱和度减小，土壤对碱的缓冲能力增加。

③ 铝离子对碱的缓冲作用。有些学者认为酸性土壤中单独存在的 Al^{3+} 也起着缓冲作用，酸性土壤（pH < 5）中 $Al(H_2O)_6^{3+}$ 与碱作用：

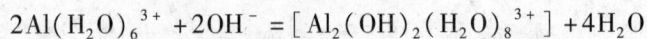

$$2Al(H_2O)_6^{3+} + 2OH^- = [Al_2(OH)_2(H_2O)_8^{3+}] + 4H_2O$$

当 OH^- 继续增加时，Al^{3+} 周围水分子继续离解 H^+，将 OH^- 中和，使土壤 pH 值不致发生大的变化。而且带有 OH^- 基的铝离子容易聚合，聚合体越大，中和的碱越多。

当 pH > 5.5，Al^{3+} 失去缓冲作用。

3. 土壤的氧化还原性

土壤中存在着多种多样的有机和无机的氧化还原性物质，这些物质的氧化态和还原态在溶液中形成一系列的平衡体系，从而使土壤既具有氧化性，又具有还原性。氧化还原反应是土壤中一种基本的化学和生物化学过程，它可以改变离子的价态，如 Fe^{3+}—Fe^{2+} 体系、SO_4^{2-}—H_2S 体系、NO_3^-—NH_4^+ 体系等，这些体系的存在，对土壤的氧化性、还原性有极大的影响，进而影响到土壤中各种物质的存在形态、迁移转化。

（1）土壤的氧化还原电位。土壤环境氧化或还原某种元素的能力可用土壤的氧化还原电位值（E_h）来衡量。由于土壤中氧化态物质和还原态物质的组成十分复杂，因此计算土壤的氧化还原电位很困难，主要是以实际测量的土壤氧化还原电位来衡量土壤的氧化还原性。土壤的氧化还原电位是以氧化态物质和还原态物质的浓度比为依据的。当土壤 E_h > 700 mV，氧化态，土壤中有机物迅速分解；当土壤 E_h < 400 mV，还原态，土壤中有机物反硝化。旱地土壤的 E_h 值为 +400 ~ +700 mV，而水田土壤大致为 +300 ~ +200 mV。但是在土壤中的不同位置，E_h 值是不同的，表层土壤 E_h 值较高，而底层土壤的 E_h 值较低。根据土壤的 E_h 值可以确定土壤中有机物和无机物处于何种价态。

（2）影响因素。

① 土壤含水量。土壤的 E_h 值随着土壤含水量的变化而变化。这与土壤含水量影响土壤通气状况密切相关，同时，土壤水分影响土壤生物的活性，对土壤空气亦发生改变。土

壤水分状况会影响离子的赋存状态，在干旱季明显的地区，土壤中的铁易氧化脱水而沉积，因此，土壤表层和中层富有铁。而在渍水土壤中，E_h 值降低到 $-100\ mV$，土壤中的铁主要以 $Fe(II)$ 的形态存在，当 E_h 值进一步降低到 $-200\ mV$ 以下时，H_2S 大量产生，就会生成 FeS 沉淀，其迁移能力降低。

② 土壤通气状况。一般而言，通气良好，E_h 值高；反之，通气不好，E_h 值低。土壤的空气状况直接影响土壤的 E_h 值。土壤通气良好，土壤空气含氧量高，和它相平衡的土壤溶液中氧的浓度也相应提高，土壤的 E_h 值显著增大；通气不良时，土壤 E_h 值明显下降，土壤呈还原状态。同时，土壤中的微生物活动也会通过调节空气的含氧量而影响土壤 E_h 值，微生物活动越强烈，耗氧增多，土壤溶液中的氧压降低，或使还原物质的浓度相应增加，土壤的 E_h 值会明显降低。

③ 土壤 pH 值。土壤 pH 值对 E_h 值具有重要影响。由于土壤的氧化还原总有氢离子参加，即

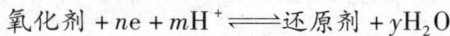

$$氧化剂 + ne + mH^+ \rightleftharpoons 还原剂 + yH_2O$$

在 25℃时，其关系式为

$$E = E^0 + \frac{0.059}{n} \lg \left[\frac{氧化剂}{还原剂} \right] - 0.059\ pH$$

即 E_h 值随 pH 值的增大而降低，pH 值每增大一个单位，E_h 值约下降 0.06 mV。

④ 土壤有机质状况。土壤中还原性有机物质会影响土壤的 E_h 值，一般含量增大，土壤 E_h 值下降。这与有机质的分解主要是耗氧过程有关，当易分解有机物含量增加，耗氧增加，土壤 E_h 值相应降低。通过植物根系分泌产生的有机酸等有机物质，亦影响土壤的 E_h 值，并且分泌物本身也有一部分直接参与根际土壤的氧化还原反应。因此，一般旱作物的根际土壤 E_h 值要低于根际外土壤 50～100 mV；而水生作物如水稻，根系具有分泌氧的能力，因此，根际土壤的 E_h 值反高于根际外土壤。

氧化还原状况也会影响有机物在土壤中的转化过程，含碳有机物经微生物分解时，一般转化为丙酮酸，视氧化还原条件而发生不同的变化。氧化条件下，可继续氧化成为 CO_2 和 H_2O；在无氧条件下进行酸性发酵，形成简单的有机酸、醇和二氧化碳；而在绝对无氧的条件下进行甲烷发酵，生成 CH_4。

对含氮有机物，当土壤 E_h 值在 400～700 mV 时，土壤中氮素主要以 NO_3^- 形式存在；当 E_h 值小于 400 mV 时，反硝化开始发生；当 E_h 值小于 200 mV 时，NO_3^- 开始消失，出现大量的 NH_4^+，标志土壤从氧化体系转变为还原体系。

⑤ 土壤无机物状况。一般易氧化的无机物多，则因耗氧多，多形成还原条件，E_h 值下降；反之，易还原的无机物多，则易形成氧化环境，E_h 值升高。同时，土壤中无机物的氧化还原的能力也存在一定差异。例如，锰与铁在土壤中发生的氧化还原过程类似，锰的标准电位为 1.5 V，铁的标准电位 0.73 V。依据氧化还原原理，电位越大，本身越易还原。故相对而言，锰易被还原，而铁易被氧化。在排水良好的土壤中，当 pH 值为 7.0 时，由

于标准电位的差异，Mn^{2+} 浓度比同条件下 Fe^{2+} 浓度高 100 倍。

二、土壤环境污染

（一）土壤环境污染概述

土壤污染是全球三大环境要素（大气、水体和土壤）的污染问题之一，也是全世界普遍关注和研究的主要环境问题。土壤环境污染直接涉及人类的生存和生活。人类活动一方面受环境的制约，另一方面又在不断地影响和改变着环境。人类通过生产活动从自然界取得各种自然资源和能源，最终再以"三废"形式排入环境，直接或间接通过大气、水体和生物向土壤环境输入。土壤污染对环境和人类造成的影响与危害在于它可导致土壤的组成、结构和功能发生变化，进而影响植物的正常生长发育，造成有害物质在植物体内累积，并可通过食物链进入人体，以致危害人体健康。土壤污染的最大特点是，一旦土壤受到污染，特别是受到重金属或有机农药的污染，其污染物是很难消除的。

1. 土壤环境污染的概念

土壤污染是指人类活动所产生的污染物通过多种途径进入土壤，其数量和速度超过了土壤的容纳能力和净化速度，土壤污染可使土壤的性质、组成及性状等发生变化，使污染物质的积累过程逐渐占据优势，破坏了土壤的自然动态平衡，从而导致土壤功能失调，土壤质量恶化，影响作物的生长发育，以致造成产量和质量的下降，并可通过食物链对生物和人类直接产生危害。

由于土壤环境的组成、结构、功能、特性以及在自然生态系统中的特殊地位和作用，使得土壤环境污染比大气污染、水体污染要复杂得多。如土壤黏土矿物的表面积和表面电荷，土壤有机质的羧基、羟基和酚羟基等官能团通过配位、吸附、离子交换等物理化学作用，都会影响污染物的形态、分布、迁移和转化。研究土壤环境污染源和污染物的分类，污染物在土壤环境中的迁移、转化、降解、残留，以及研究土壤环境污染的控制和消除，对保护人类环境来说具有十分重要的意义。

2. 土壤环境污染的特点

（1）隐蔽性。土壤污染不像大气、水体污染那样容易被人们发现和觉察，因为各种有害物质在土壤中总是与土壤相结合，有的有害物质被土壤生物分解或吸收，从而改变了其本来性质和特征，它们可被隐藏在土壤中或者以难被识别、发现的形式从土壤中排出。土壤的污染往往是通过农作物，如粮食、蔬菜、水果以及家畜、家禽等食物污染，再通过人食用后身体的健康状况来反映，而土壤本身可能还会继续保持其生产能力。因此，土壤污染具有隐蔽性强的特点，既看不到，也闻不着，受到污染很难直接观察出来，从开始污染到导致后果，有一段很长的间接、逐步、积累的隐蔽过程。因此，土壤污染是一个隐藏的"环境定时炸弹"。

（2）累积性。当污染物进入土壤后，通过土壤对污染物质的物理吸附、过滤阻留、胶体的物理化学吸附、化学沉淀、生物吸收等过程，使污染物不断在土壤中积累，当其含量达到一定数量时，便引起土壤发生污染。

（3）难治理性。如果大气、水体受到污染，切断污染源后通过稀释作用和自净作用，其污染状况可以得到改善或消除，但土壤一旦受污染即使切断污染源，长期积累在土壤中的难降解的污染物很难靠稀释作用和自净作用来消除，往往需要淋洗土壤或换土才能解决问题。因此土壤污染常常是不可逆转的过程，治理污染土壤通常成本高、周期长。

（4）间接性。土壤污染主要是通过它的产品——植物表现其危害性。植物从土壤中吸取它所必须的营养物质以外，同时也被动地吸收土壤中的有害物质，使有害物质在植物体内富集以至达到危害生物自身或人、畜的含量水平。即使没有达到有害水平的含毒植物性食物，只要被人、畜食用，当它们在人或动物体内排出率较低时，也可以日积月累，最后引起病变。

（二）土壤环境污染源和污染物分类

1. 土壤环境污染源

土壤环境污染物的发生特征主要是与土壤的特殊地位和功能相联系的。其主要污染源有以下三个方面：

（1）工农业和城市的废水及固体废物。污水灌溉和污泥作为肥料施用，常使土壤受到重金属、无机盐、有机物和病原体的污染。工业废物和城市垃圾的堆放场，往往也是土壤的污染源。禽畜饲养场的厩肥和屠宰场的废物，其性质近似人粪尿。利用这些废物作肥料，如果不进行物理和生化处理，则其中的寄生虫、病原菌和病毒等可引起土壤和水域污染，并通过水和农作物危害人群健康。

（2）农药和化肥。为了提高农产品的数量和质量，大量施用化肥和农药，它们的残留物在土壤中累积起来，会直接污染土壤，其主要方式有：一是直接的施用；二是通过浸种、拌种等施药方式进入土壤；三是漂浮在大气中的农药随降雨和降尘落到地面进入土壤，如有机氯杀虫剂、DDT、六六六等能在土壤中长期残留，并富集生物体内。氮、磷等化学肥料也是潜在的环境污染物，当它们未被植物吸收利用和未被根层土壤吸附固定的时候，养分都在根层以下积累或转入地下水，土壤侵蚀也是使土壤污染范围扩大的一个重要原因，这是因为凡是残留在土壤中的农药和氮、磷化合物，在发生地面径流或土壤风蚀时，会向其他地方转移，进而扩大土壤污染范围。

（3）大气沉降物。大气中的二氧化硫、氮氧化物和颗粒物，通过沉降和降水而降落到地面。大气层核试验的散落物也可造成土壤的放射性污染。放射性散落物中 ^{90}Sr、^{137}Cs 的半衰期较长，易被土壤吸附，滞留时间也较长。

2. 土壤污染物的分类

土壤的污染源十分复杂，以土壤的化学污染最为普通、严重和复杂。化学污染物具体可分为无机污染物和有机污染物两大类。

（1）无机污染物。土壤中的无机污染物主要是土壤中的重金属元素和硝酸盐、硫酸盐、氯化物、氟化物、可溶性碳酸盐等化合物。重金属如汞、镉、铅、砷、铜、锌、镍、钴、钒、铍、锶等，均会引起土壤污染。砷作为类金属，被大量用作杀虫剂、杀菌剂、杀鼠剂和除草剂，因而易引起土壤的砷污染，是常见而大量的土壤无机污染物。还有就是汞，主要来自厂矿排放的含汞废水，在土壤中的存在形态有多种，且土壤组成与汞化合物之间有很强的相互作用，使得汞能在土壤中长期存在。镉、铅污染主要来自冶炼排放和汽车废气沉降。公路两侧的土壤易受铅的污染。硫化矿产的开采、选矿、冶炼也会引起砷对土壤的污染。铯、锶等为放射性元素。无机化合物如硫酸盐过多会使土壤板结，改变土壤结构；氯化物和可溶性碳酸盐过多会使土壤盐渍化，肥力降低；硝酸盐和氟化物过多会影响水质，在一定条件下并导致农作物含氟量升高。

（2）有机污染物。土壤中的有机污染物主要是化学农药，包括有机氯类、有机磷类、氨基甲酸酯类、苯氧羧酸类、苯酰胺类等。此外，石油、多环芳烃、多氯联苯、甲烷、有害微生物都是常见的有机污染物。

①有机氯类农药。该类农药大部分是含一个或几个苯环的氯素衍生物，最主要的品种是 DDT（二氯二苯基三氯乙烷）和六六六（六氯环己烷），其次是艾氏剂（六氯—六氢化—二甲萘）、狄氏剂、异狄氏剂（六氯—环氧—八氢化—二甲萘）和氯丹七氯等。有机氯类农药目前许多国家都已禁止使用，我国已于 1985 年全部禁止生产和使用。其化学性质稳定，在环境中存留时间长，短期内不易分解，易溶于脂肪中，并在脂肪中蓄积，是造成环境污染的最主要农药类型。

②有机磷类农药。有机磷类农药是含磷的有机化合物，有的也含硫、氮元素，大部分是磷酸酯类或酰胺类化合物。一般有剧烈毒性，但较易分解，在环境中残留时间短，在动植物体内，因受酶的作用，磷酸酯进行分解不易蓄积，因此常被认为是较安全的一种农药。有机磷农药对昆虫及哺乳类动物均可呈现毒性，破坏神精细胞分泌的乙酰胆碱，阻碍刺激的传送机能等生理作用，使之致死。所以，在短期内有机磷类农药的环境污染毒性仍是不可忽视的。近年来许多研究报导，有机磷农药具有烷基化作用，可能会引起动物的致癌、致突变作用。

③氨基甲酸酯类农药。该类农药均具有苯基－N－烷基氨基甲酸酯的结构，具有抗胆碱酯酶作用。在环境中易分解，在动物体内也能迅速代谢，而代谢产物的毒性多数低于其本身毒性，因此属于低残留的农药。

④除草剂（除莠剂）。除草剂是一种选择性的农药，只能杀伤杂草，而不伤害作物。最常用的除草剂有 2，4－D（2，4－二氯苯氧基醋酸）和 2，4，5－T（2，4，5－三氯苯氧基醋酸）及其脂类，它们能除灭许多阔叶草，但对许多狭叶草则无害，是一种调解物质。多数除草剂在环境中会被逐渐分解，对哺乳动物的生化过程无干扰，对人、畜毒性不大，也未发现在人畜体内有累积。

⑤有害微生物。有害微生物类，如肠细菌、炭疽杆菌、破伤风杆菌、肠寄生虫（蛔虫）、霍乱弧菌、结核杆菌等。

（三）土壤环境背景值和环境容量

1. 土壤环境背景值

（1）土壤环境背景值的概念。受到自然过程和人为因素的影响。土壤含有差不多所有天然的元素。土壤环境背景值是指土壤未受或很少受人类活动及污染影响的土壤环境本身化学元素组成及其含量。影响土壤背景值的因素很复杂。包括数万年以来人类活动的综合影响，风化、淋溶、淀积等地球化学作用的影响，生物小循环的影响，母质成因、质地和有机物含量的影响等。因此，土壤背景值不是一个不变的量，而是随成土因素、气候条件和实践因素变化而变化的。

（2）研究土壤背景值的意义及应用。土壤环境背景值是环境科学的一项基础性工作，是土壤环境质量评价，特别是土壤污染综合评价的基本依据，如评价土壤环境质量、划分质量等级或评价土壤是否已发生污染，均须以区域土壤环境背景值作为对比的基础和评价的标准，并用以判断土壤环境质量改善和污染程度，以制定防治土壤污染的措施；它还是研究和确定土壤环境容量，制定土壤环境标准的基本数据，土壤环境背景值也是研究污染元素和化合物在土壤环境中的分布和迁移、地方病的土壤环境病因和防治探讨的依据，因为污染物进入土壤环境之后的组成、数量、形态和分布变化，都需要与环境背景值比较才能加以分析和判断；在土壤利用及其规划等方面，在研究土壤生态、合理施肥、地球化学探矿、污水灌溉、种植业规划，农、林、牧业生产的合理规划和产品质量及食品卫生、环境医学时，土壤环境背景值也是重要的参比数据。因此，土壤环境背景值是土壤学、地球化学、化学地理学、环境生态学和生物学的重要参考资料。

2. 土壤环境容量

（1）环境容量。环境容量的概念是根据环境管理的需要提出的，1968年日本学者首先采用这个概念来控制污染物排放总量。环境容量是指某一环境区域内对人类活动造成影响的最大容纳量，它是一个变量，由两个部分组成，即基本环境容量（或称差值容量）和变动环境容量（或称同化容量）。前者可通过拟定的环境标准减去环境本底值求得，后者是指该环境单元的自由能力。

环境单元容量的大小，与该环境单元本身的组成、结构及其功能有关。在地表不同区域内，环境容量的变化具有明显的地带性规律和地区性差异。通过人为的调节，控制环境的物理、化学及生物学过程，改变物质的循环转化方式，可以提高环境容量，改善环境的污染状况。如环境空间的大小，气象、水文、地质、植被等自然条件，生物种群特征，污染物的理化特性等。

环境容量可分成整体环境单元的容量和单一环境要素的容量。若按照环境要素，又可细分为大气环境容量、水环境容量（其中包括河流、湖泊和海洋环境容量等）、土壤环境容量和生物环境容量等。此外，还有人口环境容量、城市环境容量等。如果按照污染物划分的话，可分为有机污染物（包括易降解的和难降解的）环境容量和重金属与非金属污染物的环境容量。

（2）土壤环境容量。土壤环境容量，或称土壤负载容量，是指一定环境单元，一定时限内遵循环境质量标准，既保证农产品质量和生物学质量，同时也不使环境污染时，土壤能容纳污染物的最大负荷量。不同土壤其环境容量是不同的，同一土壤对不同污染物的容量也是不同的。土壤环境容量不仅取决于土壤生态系统的结构和功能，而且与进入土壤环境的污染物的性质有关。某些可呈离子态的污染物质，如重金属、化学农药进入土壤后，土壤胶体的吸附作用可以大大改变其有效含量，成为土壤污染物，特别是重金属自净和富集的关键因子。

土壤本身的性质对于污染物的迁移转化具有显著影响。土壤中有许多天然的有机和无机配位体，使得土壤是一个络合—螯合体系，这一过程的存在，显著影响着污染物质在天然环境中的环境效应。土壤的氧化还原作用可以影响有机物质分解的速度和强度，也影响有机物质存在的状态（可溶性和不溶性），从而影响到它们的迁移转化，特别是对某些变价元素，如铁、硫、砷、汞、铬等尤为重要。土壤中存在种类繁多、数量巨大的土壤微生物，使得土壤对有机污染物质具有强大的生物降解作用，这与土壤微生物在土壤有机质分解和合成、有机污染物分解转化及其他土壤过程中起着巨大作用密切相关。污染物质在土壤中可进行挥发、稀释、扩散和浓集以至移出土体之外。这一过程与土壤温度和含水量的变化、土壤质地和结构及层次构型相关。

3. 土壤的自净作用

土壤环境的自净作用，即土壤环境的自然净化作用，是指在自然因素的作用下，通过土壤自身的吸附、分解、迁移、转化作用，使污染物在土壤环境中的数量、浓度或毒性、活性降低的过程。

土壤环境自净作用的机理既是土壤环境容量的理论依据，又是选择土壤环境污染调控与防治措施的理论基础，其强度的总和构成了土壤环境容量的基础。自净作用按其作用机理的不同，可划分为物理净化作用、物理化学净化作用、化学净化作用和生物净化作用四个方面，其过程互相交错，共同提高土壤环境的净化能力。但是，随着各种污染物的排放量不断增加，土壤的净化能力是有限的，其他环境要素中的污染物又可通过多种途径输入土壤环境。

（1）物理净化作用。土壤物理净化作用是指进入土壤中的难溶性固体污染物可被土壤机械阻留；可溶性污染物可被土壤水分稀释，减小毒性，或被土壤固相表面物理吸附，或随水迁移至地表水或地下水层，特别是那些呈负吸附的污染物（如硝酸盐、亚硝酸盐），以及呈中性分子态和阴离子形态存在的某些农药；某些污染物可挥发或转化成气态物质在土壤孔隙中迁移、扩散，以至迁移入大气等物理过程。物理净化只能使污染物在土壤中的浓度降低，而不能从整个自然环境中消除，其实质只是对污染物的迁移。

（2）物理化学净化作用。土壤环境的物理化学净化作用是指污染物的阳、阴离子与土壤胶体表面原来吸附的阴、阳离子之间通过离子交换吸附得到浓度降低的作用。物理化学净化作用为可逆的离子交换反应，服从质量作用定律。净化能力的大小用土壤阴、阳离子交换量来衡量。土壤胶体可以交换吸附污染物的阳、阴离子，进而降低土壤溶液中这些离子的浓（活）度，以至减轻有害离子对植物生长的不利影响。一般土壤对阳离子或带正电荷的污染物的净化能力较强，这与土壤胶体带有较多的负电荷有关。利用土壤的物理化学净化以后，可以对离子浓度较低的污水得到很好的净化效果。

值得注意的是，物理化学净化作用只能使污染物在土壤溶液中的离子浓（活）度降低，相对地减轻危害，不能从根本上将污染物从土壤中消除。特别是经交换吸附到土壤胶体上的污染物离子，还可以被其他相对交换能力更大的，或浓度较大的其他离子交换下来，重新转移到土壤溶液中去，恢复原来的毒性、活性。因此，物理化学净化作用只是暂时性的、不稳定的。对土壤本身而言，物理化学作用也是污染物在土壤中的积累过程，具有潜在性和不稳定性。

（3）化学净化作用。化学净化作用是指污染物进入土壤以后，通过一些化学反应或者使污染物转化成难溶性、难解离性物质，使危害程度和毒性减小；或者分解为无毒物或营养物质的作用。化学反应包括凝聚与沉淀反应，氧化还原反应，络合—螯合反应，酸碱中和反应，同晶置换反应，水解、分解和化合反应，或者发生由太阳辐射能和紫外线等能流而引起的光化学降解作用等。

土壤环境的化学净化作用反应机理复杂，影响因素较多，不同的污染物有着不同的反应过程。化学降解和光化学降解作用可以将污染物分解为无毒物，从土壤环境中消除。而其他的化学净化作用，如重金属在土壤中只能发生凝聚沉淀反应、氧化还原反应、络合—螯合反应、置换反应等，而不能被降解。只是暂时降低污染物在土壤溶液中的浓（活）度，或暂时减小活性和毒性，起到了一定的缓冲作用，但并没有从土壤中消除。当土壤 pH 值或氧化还原电位（E_h 值）发生改变时，沉淀了的污染物可能又重新溶解，或氧化还原状态发生改变，恢复原来的毒性、活性。另外，同时输入土壤环境的几种污染物相互之间也可能发生化学反应，从而在土壤中沉淀、中和、络合、分解或化合等，这些过程也看作是土壤环境的化学净化作用。

（4）生物净化作用。土壤生物净化作用是利用土壤中存在着大量微生物氧化分解有机物的作用。由于土壤中的微生物种类繁多，各种有机污染物在不同条件下的分解形式是多种多样的。主要有氧化还原反应、水解、脱烃、脱卤、芳环羧基化和异构化、环破裂等过程，并最终转变为对生物无毒性的残留物和 CO_2。一些无机污染物也可在土壤微生物的参与下发生一系列化学变化，以降低活性和毒性。土壤的生物降解作用是土壤环境自净作用中最重要的净化途径，它通过微生物体内酶或分泌酶的催化作用实现污染物的分解。其净化能力的大小与土壤中微生物的种群、数量、活性以及土壤水分、土壤温度、土壤通气性、pH 值、E_h 值、适宜的 C/N 比等因素有关。但是，微生物的分解仅限于有机物，对重金属可能引起其在土体中富集，这是重金属成为土壤环境的最危险污染物的根本原因。此外，土壤中天然有机物的矿质化作用也是一种生物净化过程，在这个过程中淀粉、纤维素等糖类物质最终转变为 CO_2 和 H_2O；蛋白质、多肽、氨基酸等含氮化合物转变为 NH_3、CO_2 和 H_2O；有机磷化合物释放出无机磷酸等。这些降解作用是维持自然系统碳循环、氮循环、磷循环等必经的途径之一。

第二节　土壤环境污染评价与修复

一、土壤环境污染评价

环境评价是按照不同的目的要求，根据一定的原则和方法，以国家颁布的环境质量标准或环境背景值为评价依据，对一定区域的某些环境要素的质量好坏进行单项的或综合的客观评价和分级。

土壤环境污染评价是环境评价的重要组成部分。通过污染评价一方面可以正确反映过去和现在的土壤环境质量，确定是否污染，污染物的种类、程度和范围，指导土壤环境管理和污染治理工作；另一方面，对土壤环境质量的将来趋势作出预测，评价拟建项目对环境的影响，从而为保护环境、发展生产提供科学的规划和决策。

（一）土壤污染评价的概念

土壤污染评价是在全面掌握土壤及其环境特征、主要污染源和污染物、土壤背景值等基础资料之后，选择适当的评价参数和评价标准，建立评价模式和指数系统，再进行研究分析，评定土壤的污染级别。对土壤环境污染的现状（包括污染程度、范围和污染物的分布等）作出定量或半定量的评价。

（二）土壤污染评价的分类

土壤污染评价可以按评价时间、评价范围、评价要素和评价规模进行分类（见下图）。

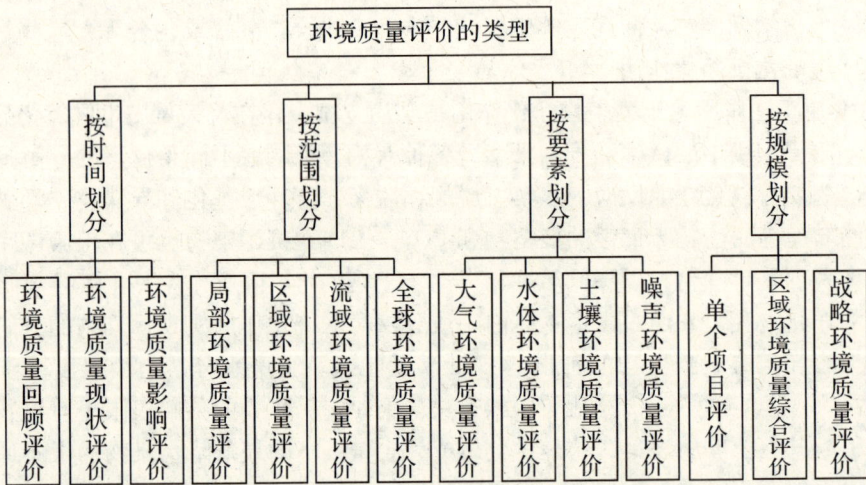

环境质量评价的类型

按时间划分
环境质量回顾评价
环境质量现状评价
环境质量影响评价

按范围划分
局部环境质量评价
区域环境质量评价
流域环境质量评价
全球环境质量评价

按要素划分
大气环境质量评价
水体环境质量评价
土壤环境质量评价
噪声环境质量评价

按规模划分
单个项目评价
区域环境质量综合评价
战略环境质量评价

环境质量评价的类型

（三）土壤污染评价的方法

土壤环境质量评价主要的评价方法有单因子评价和多因子评价。

1. 单因子评价

分为指数法和土壤—农作物相关指数法。

指数法是以土壤污染指标的实测值和评价标准值之间的比值来评价土壤污染物的污染指数。

$$P_i = \frac{C_i}{S_i}$$

式中：P_i——土壤中污染物 i 的污染指数；

C_i——土壤中污染物 i 的实测浓度；

S_i——污染物 i 的评价标准。

当 $P_i \leqslant 1$ 时，表示土壤未受污染；$P_i > 1$ 时，表示土壤已经被污染。P_i 的具体值还可以进一步依据其数值大小进行划分，反映污染超标的具体情况。该方法简便易行，意义也比较明确。

土壤—农作物相关指数法是根据土壤和农作物中的污染物积累的相关数量计算污染指数。涉及几个土壤与作物中污染物积累的相关数值，分别为：

土壤污染起始值：指土壤中某污染物质超过评价标准的数值，以 X_a 表示。

土壤轻度污染起始值：指土壤中某污染物质超过一定限度，使作物开始污染。即作物中的污染物含量超过其背景值，以 X_b 表示。

土壤重度污染起始值：指土壤中某污染物质的含量严重地影响植物的生长，以致植物体内某污染物质的含量达到或超过食品卫生标准，以 X_c 表示。

依据污染物实测值与 X_a、X_b、X_c 等数值的比较，可以确定污染等级和污染指数范围。

非污染，土壤中某污染物质实测值小于 X_a，即 $P_i < 1$。

轻度污染，土壤中某污染物质实测值等于或大于 X_a，但是小于 X_b，即 $1 \leqslant P_i < 2$。

中度污染，土壤中某污染物质实测值等于或大于 X_b，但是小于 X_c，即 $2 \leqslant P_i < 3$。

重度污染，土壤中某污染物质实测值等于或大于 X_c，即 $P_i \geqslant 3$。

根据上述污染指数范围，再求具体的污染指数，这样可以清除在计算时由于各种污染物的评价标准的数量级不同，P_i 可能相差极大的现象。具体计算如下：

$$当 C_i < X_a 时，则 P_i = \frac{C_i}{X_a};$$

$$当 X_a \leqslant C_i < X_b 时，则 P_i = 1 + \frac{C_i - X_a}{X_b - X_a};$$

$$当 X_b \leqslant C_i < X_c 时，则 P_i = 2 + \frac{C_i - X_b}{X_c - X_b};$$

$$当 C_i \geqslant X_c 时，则 P_i = 3 + \frac{C_i - X_c}{X_c - X_b}。$$

2. 多因子评价

尽管单因子计算简单、指数意义明确，但是实际在评价土壤污染的时候几乎没有单纯的一项因子引起污染，大部分土壤污染都是由多项污染造成的。多因子评价法是对单因子评价法下评价和测定出的污染指数进行统计计算，对土壤环境污染进行较为综合的评价。多项评价法主要有以下几种方法：

（1）均权叠加法：指土壤中的各项污染物对土壤的污染程度是相同的。

$$P = \sum_{i=1}^{n} P_i$$

式中：P——土壤综合质量指数；

P_i——土壤中污染物 i 的污染指数；

n——污染物的种类。

（2）加权叠加法：在土壤污染中，各项污染物的作用是有差别的，不同污染物在土壤污染中的权值表示其作用大小。计算公式如下：

$$P = \sum_{i=1}^{n} P_i W_i$$

式中：W_i——污染物的权值。

（3）内梅罗指数法：这种方法可以突出污染较严重的污染物的作用。计算公式如下：

$$P = \sqrt{\frac{\max\,(P_i)^2 + \overline{P_i}^2}{2}}$$

式中：$\overline{P_i}$——土壤中各污染指数平均值。

（4）修正的内梅罗指数法：

$$P = \sqrt{\max(P_i) \times \left(\frac{1}{n} \sum_{i=1}^{n} \overline{P_i} \right)}$$

式中各参数的意义与内梅罗法相同。

（5）均权平方根法：

$$P = \sqrt{\sum_{i=1}^{n} P_i^2}$$

（6）均权均值平方根法：

$$P = \sqrt{\frac{1}{n} \sum_{i=1}^{n} P_i^2}$$

（7）基数叠加法：

$$P = \sum_{i=1}^{n} (P_i - 1)$$

二、土壤污染修复

（一）土壤污染修复的概念和分类

1. 土壤污染修复的概念

土壤污染修复是指利用土壤本身的自净能力或各种修复技术降低土壤中污染物的浓度、固定土壤污染物、将土壤污染物转化成毒性较低或无毒的物质、阻断土壤污染物在生态系统中的转移，从而减小土壤污染物对环境、人体或其他生物体的危害。土壤本身的自净能力是通过植物吸收、土壤固定或其他方式而从土壤中消失或降低其生物有效性和毒性。污染物在土壤矿物质、有机质和土壤微生物的作用下，通过土壤吸附、沉淀、配位、氧化还原等作用转变为难溶性化合物或者化学、生物学等降解作用使其活性降低，在一定条件下转变为无毒或低毒物质。近年，随着污染给环境造成的压力，土壤自身的净化能力和速率已经无法解决土壤污染的修复，还需要通过土壤污染治理和修复技术的研究解决土壤污染问题。为此，土壤污染修复的概念可一般理解为通过技术手段促使受污染的土壤恢复其基本功能和重建生产力的过程。

2. 土壤修复的分类

土壤修复技术是使遭受污染的土壤恢复正常功能的技术措施。土壤污染修复方法从土壤修复原理考虑可分为物理方法、化学方法以及生物方法三种类型。物理修复是指以物理手段为主体的移除、覆盖、稀释、热挥发等污染治理技术。化学修复是指利用外来的或土壤自身物质之间的或环境条件变化引起的化学反应来进行污染治理的技术。生物修复是指一切以利用生物为主体的环境污染治理技术，它分为植物修复、动物修复和微生物修复三种类型。土壤修复中，人们很难将物理、化学和生物修复截然分开，这与土壤中所发生的反应复杂，每种反应基本上均包含了物理、化学和生物学过程有关。

根据处理土壤位置是否改变，污染土壤修复技术可以分为原位修复技术和异位修复技术。原位修复是指受污染土壤在原地处理，处理期间土壤基本不被搅动，原位修复分为自然修复和工程修复两种过程。异位修复是指将污染土壤挖出或输送到他处进行修复处理，具有环境风险较低、系统可预测性较高的优点。与异位修复相比，污染土壤原位修复更为经济有效，对污染物就地治理，不需要建设造价高昂的工程基础设施，也不需要远程运输，且操作和维护都很简单，另外原位修复还可以对深层次污染的土壤进行修复。

（二）土壤污染的物理修复

污染土壤的物理修复主要是利用污染物与土壤颗粒之间、污染土壤颗粒与非污染土壤颗粒之间各种物理特性的差异，借助物理手段达到污染物从土壤中去除、分离的目的。主要包括物理分离修复法、改土法、热处理、电动修复法、热处理法、冰冻法等。这些措施治理效果通常较为彻底、稳定，但其工程量较大，投资大，易导致土壤肥力减弱，因此目前它仅适用于小面积的污染区。物理修复主要包括以下七种方法：

1. 物理分离修复法

物理分离修复技术是指借助于物理手段将污染物从土壤胶体中分离的技术。基于土壤介质及污染物物理特征不同可采用不同的操作方法：

（1）依据污染物粒径的大小，采用干筛分、湿筛分和摩擦—洗涤等过滤法进行分离。

（2）依据污染物分布、密度的不同，采用离心设备或加入絮凝剂沉淀的方法进行分离。

（3）依据污染物有无磁性，采用磁分离的方法。

（4）依据污染物表面特性，采用添加合适的化学试剂的浮选法进行分离。

以上处理效果通常并不理想，不能充分达到土壤修复的要求。

2. 改土法

改土法是用未受污染的土壤替换或部分替换污染土壤，以稀释原土壤污染物浓度，增加土壤环境容量的方法。改土法可分为翻土法、换土法和客土法三种方法。翻土法是深翻土壤，使表层污染物分散到较深的土层，达到稀释的目的。该法适用于土层深厚的土壤，且需要配合增加施肥量，以弥补根层养分的减少。换土法是把污染土壤取走，换入新的干净土壤。该方法适用于小面积严重污染土壤的治理，对换出的土壤必须进行治理，在操作过程中，操作人员直接接触污染土壤，一般仅适用于事故后的简单处理。客土法是向污染土壤内加入大量的洁净土壤，使土壤污染物浓度降低或减少污染物与植物根系接触的方法。对于水稻等浅根作物和铅等移动性较差的污染物，可以采用客土法使干净土壤覆盖在表层进行土壤污染修复。新加入的土壤应尽量选择黏重或有机质含量高的土壤，以增加土壤对污染物的负荷容量，增强土壤的自净能力。对于重金属污染，改土法治理效果显著，不受土壤条件限制。但工程费用高，需要大量人力、物力，恢复土壤结构和肥力所需时间长，对替换出的土壤应妥善处理，防止二次污染。

3. 电动修复法

电动修复技术是刚发展起来的一种新兴原位土壤修复技术，是从饱和土壤层、不饱和土壤层、污泥、沉积物中分离提取重金属的过程。通常在污染土壤两侧施加直流电压形成电场梯度，土壤中的污染物质在电场作用下通过电迁移、电渗流或电泳的方式被逮到电极两端，从而使污染土壤得以修复的方法。该方法适用于大部分重金属污染物，也可用于对放射性物质及吸附性较强的有机物的治理。电动修复技术具有经济效益高、后处理方便、二次污染少等一系列优点，在修复污染土壤方面将有着良好的应用前景。

4. 热处理法

热处理法是通过向土壤中通入热蒸气或用红外线辐射、微波、射频加热等方法把已经污染的土壤加热，使污染物产生热分解或将挥发性污染物赶出土壤并收集起来进行处理的方法，如处置石油污染等。除有机污染物之外，热处理技术也可用于挥发性的重金属，如汞污染土壤的修复。通过加热的方法能将汞从土壤中解吸出来，然后再回收利用。热处理法工艺简单、成熟，但能耗过大、操作费用高，同时可能破坏土壤有机质和结构水，容易造成二次污染。

5. 冰冻法

冰冻法是一门新兴的污染土壤修复技术，是通过降到0℃以下冻结土壤，形成地下冻土层以防止土壤中的污染物质扩散的方法。土壤冰冻修复技术原理是在地下以等间距的形式围绕已知的污染源垂直安放管道，然后将对环境无害的冷冻剂送入管道使土壤中的水分冻结，形成地下冻土屏障，防止污染物的扩散。该技术具有冻土层容易去除和复原、冷冻剂对环境无害的优点。土壤冷冻修复技术适用于中短期的修复项目，否则需要辅助措施联合使用，且修复完后需要及时将冻土层去除。

6. 真空/蒸气抽提法

土壤蒸气抽提技术是通过降低土壤孔隙内的蒸气压把土壤介质中的化学污染物转化为气态而加以去除的方法。该技术适于去除不饱和土壤中的挥发性或半挥发性有机污染物。该技术通过固态、水溶态和非水溶性液态之间的浓度差，以及通过土壤真空浸提过程引入的清洁空气进行驱动，是把清洁空气连续通入土壤介质中和把污染物以气体形式排出同时进行的过程，也称为"土壤真空浸提技术"。

7. 固化/填埋法

固化技术是将重金属污染的土壤按一定比例与固化剂混合，经熟化最终形成渗透性很低的固体混合物。填埋是将固化后的污染土壤挖掘出来填埋到经过防渗处理的填埋场中，从而使污染土壤与未污染土壤分开，以减少或阻止污染物扩散到其他土壤中。固化剂种类主要有水泥、硅酸盐、高炉矿渣、石灰、窑灰、粉煤灰、沥青等。固化技术不仅可以减轻土壤重金属污染，而且其产物还可用于建筑、铺路等用途。缺点在于会破坏土壤，而且需要使用大量的固化剂，因此只适用于污染严重但面积较小的土壤修复。水泥被认为是一种有效、易得和价廉的产品。采用水泥作黏结剂，固化后的土壤可用于建筑公路的路基材料。

（三）土壤污染的化学修复

化学修复应用化学方法，基于污染物土壤化学行为，针对污染物的吸附、释放性，选择适用的表面活性剂通过脱吸、溶解等方法清除环境污染物的过程。如添加改良剂、抑制剂等化学物质来降低土壤中污染物的水溶性、扩散性和生物有效性，从而使污染物得以降解或转化为低毒性或移动性较低的化学形态，以减轻污染物对生态和环境的危害。化学修复法可分为原位化学修复和异位化学修复。原位化学修复是指在污染土壤的现场加入化学修复剂，使其与土壤中的污染物发生各种化学反应，从而使污染物得以降解或通过化学转化机制去除污染物的毒性，以及对污染物进行化学固定，使其活性或生物有效性下降的方法。原位化学修复法可细分为农耕法、中耕法、螺钻法、灌溉法和喷雾法等。异位化学修复主要是把土壤中的污染物通过一系列化学过程，甚至通过富集途径转化为液体形态，然后把这些含有污染物的液态物质送到专门的处理场所加以处理的方法。化学修复的机制主要包括沉淀、吸附、氧化—还原、催化氧化、质子传递、脱氯、聚合、水解和 pH 值调节等。目前，污染土壤的化学修复技术主要有溶剂浸提技术、化学氧化技术和土壤改良技术及固定/稳定化技术。

1. 溶剂浸提技术

溶剂浸提技术通常也称为化学浸提技术，是运用化学溶剂与土壤中的污染物相互作用，形成溶解性络合物，最后从提取液中分离出污染物的一种方法，且提取液可再循环利用。该方法除了可用于被重金属污染土壤的修复之外，还可以处理一些不溶于水但易于被土壤吸附的污染物质。

溶剂浸提技术是在提取箱内进行，提取箱是一个容量为 $12 \sim 13 \ m^3$，除排出口外密封很严的罐子，在其中进行溶剂与污染物的离子交换等化学反应过程，以浸提土壤内的污染物。当土壤中的污染物完全溶解于浸提的溶剂中时，借助于泵的力量将浸出液排出提取箱。按照这种方式重复提取，直到目标土壤中污染物水平降低到预期标准。处理过的土壤可以就地填埋。该技术优势在于可快捷地处理难以去除的有机污染物。同时，该技术通常在原地进行，处理费用较低，且浸提溶剂可以循环再利用。溶剂浸提技术一般只适用处置有机物污染的土壤，如 PCBs、有机物类碳氢化合物、氯代碳氢化合物、多环芳烃以及多氯二苯呋喃等污染的土壤。该技术使用中，所用溶剂的类型依赖于污染物的化学结构和土壤特性进行选择，浸泡时间取决于土壤的特点和污染物的性质。

2. 化学氧化技术

化学氧化技术是通过向土壤中加入化学氧化剂，使其与污染物发生氧化反应而降低土壤污染物毒性的一项土壤修复技术。该技术不需要挖掘污染土壤，只需在污染区的不同深度钻井，通过泵将氧化剂注入土壤，使氧化剂与污染物发生反应，通常一个井注入氧化剂，另一个井抽提废液。化学氧化技术常用的氧化剂为 K_2MnO_4 和 H_2O_2，氧化剂以液体形式泵入地下污染区。在应用氧化剂的同时也可以加入催化剂，强化氧化能力，加快化学反应速率。例如，将 H_2O_2 和铁混合，产生大量自由基，它与有害有机物的反应能力高于 H_2O_2。化学氧化反应还可以产生大量的热量，而使土壤中污染物挥发或变成气态逸出地表，而后通过地表气体收集系统进行集中处理。

化学氧化技术可以原位处理污染土壤，且修复完成后，二次污染较少。该技术还可用来修复其他处理方法无效的污染土壤，如在污染区位于地下水深处的土壤等。该技术主要用来修复被油类、有机溶剂、多环芳烃、POP、农药以及非水溶态氯化物污染的土壤。

3. 土壤改良技术

土壤改良技术是一种原位处理的方法，主要是针对重金属污染土壤而言，部分措施也适用于有机污染的土壤修复。由于原位处理不需要建造复杂的工程装备，是土壤修复较为经济的方法。

（1）施用改良剂。施用改良剂可以有效地降低重金属的水溶性、扩散性和生物有效性，从而降低它们进入植物体、微生物体和水体的能力，减轻它们对生态环境的危害。通常加入的改良剂包括石灰性物质、有机物质、离子拮抗剂和化学沉淀剂。石灰性物质包括熟石灰、硅酸钙、硅酸镁钙和碳酸钙等。石灰性物质可以中和土壤酸性，提高土壤 pH 值，降低重金属污染物的浓度。还可以利用钙离子，改变污染土壤固相中的阳离子组成，增加土壤的阳离子交换量，改善土壤结构，增加土壤胶体凝聚性。一般而言，该类物质粒径越小，与金属离子充分接触和反应的比表面积越大，有助于提高改良效果。其缺点是土壤施入石灰性物质后可能导致某些植物营养元素的缺乏。

治理土壤重金属污染的有机物质主要有未腐熟稻草、牧草、紫云英、泥炭、富淀粉物质、家畜粪肥以及腐殖酸等。增加有机质可以增强土壤对污染物的吸附能力，参与土壤离子的交换反应。有机物质还可以稳定土壤结构，提供微生物活性物质，为土壤微生物活动提供基质和能源，间接影响土壤重金属离子的行为。有机物质中的含氧功能团，如羟基、羧基等，能与重金属氧化物、金属氢氧化物及矿物的金属离子形成化学和生物学稳定性不同的金属—有机配合物，而使污染物分子失去活性，减轻土壤污染对植物和生态环境的危害。

利用离子拮抗作用，可向因某一重金属元素轻度污染的土壤中施入少量的与该金属有拮抗性的另一重金属元素，以减少植物对该重金属的吸收，减轻重金属对植物的毒害。例如，锌和镉的化学性质相近，被镉污染的土壤，比较便利的改良措施之一是按一定比例施入含锌的肥料，缓解镉对农作物的毒害作用。对重金属污染的土壤，可以施加一些可以与重金属发生沉淀反应的物质，来改变重金属离子形态和生物有效性。

（2）调节土壤氧化还原电位。土壤中重金属的活性受土壤氧化还原状况的影响，因而可通过调节土壤氧化还原电位的方法来控制重金属迁移。由于水田的淹水状况与土壤氧化还原电位有很大关联，因此，通过调节土壤水分也可以调控土壤氧化还原电位，比如可将汞或砷的水田改成旱地，铬污染的旱地改成水田等方法改变土壤氧化还原电位，从而减轻变价金属元素毒性。

4. 固定/稳定化技术

固定/稳定化技术指防止或降低污染土壤释放有害化学物质的一组修复技术，通常用于重金属和放射性物质污染土壤的无害化处理。固定/稳定化技术包括异位固定/稳定化，即将土壤挖掘出来，投放到模具中或放置到空地上进行稳定化处理，以及在污染土地原位进行处理的原位固定/稳定化。

固定/稳定化技术中的固化是将污染物包被起来，使之呈颗粒状或大块状存在，是将污染物封装在结构完整的固态物质中，使污染物相对稳定的过程；稳定化是将污染物转化为不易溶解、迁移能力或毒性变小的状态和形式。固定化和稳定化处理紧密相连，两者都涉及利用化学、物理或热力学过程使有害物质无毒害化，涉及将特殊添加剂或试剂与污染土壤相混合以降低污染物的物理、化学溶解性或在环境中的活泼性。但固定化不涉及固化物与污染物之间的化学反应，没有改变污染物的性质。而稳定化则将毒性大的污染物转化成毒性较小或移动性较差的物质，其结果使土壤中的污染物具有较低的泄露、淋失风险。固定/稳定化技术具有可以处理多种复杂金属废物、费用较低、加工设备易于转移、所形成的固体毒性低，稳定性强和凝结在固块中的微生物很难生长，不会破坏固块结构的优点。

（四）土壤污染的生物修复

土壤污染的生物修复技术指一切以利用生物为主体的环境污染治理技术。它包括利用植物、动物和微生物吸收、降解、转化土壤和水体中的污染物，使污染物的浓度降低到可接受的水平，或将有毒有害的污染物转化为无害的物质，也包括将污染物稳定化，以减少其向周边环境的扩散。一般分为植物修复、动物修复和微生物修复三种类型。根据生物修复的污染物种类，它可分为有机污染生物修复和重金属污染的生物修复和放射性物质的生物修复等。污染土壤的生物修复技术主要有两类：原位生物处理技术和地上处理技术又称异位处理技术。原位修复技术包括投菌法、生物培养法、农耕法、植物修复法等多种修复技术。原位生物修复不需将土壤挖走，其优点是费用较低易实施。通常采用向污染区域投放氮、磷等营养物质或供氧，促进土壤中依靠有机物作为碳源的微生物的生长繁殖，或接种经驯化培养的高效微生物等方法，利用其代谢作用达到消耗某些有机污染物的目的。原位修复技术也包括通过种植特种植物有针对性地吸收和富集某些重金属污染物的方法。地上生物处理法包括生物反应器法、预制床法、土壤堆肥法和生物泥浆法。地上生物处理法需要把污染土壤挖出，集中起来进行生物降解，通过设计和安装各种过程控制器或生物反应器以产生生物降解的理想条件。地上生物处理法由于处理成本高，一般只适合于污染含量极高，面积较小的土壤。

1. 土壤污染的植物修复

植物修复是以植物忍耐和超量积累某种或某些化学元素的理论为基础，利用某些可以忍耐和超富集有毒元素的植物及其共存微生物体系清除污染物的一种环境污染治理技术。植物修复的过程既包括对污染物的吸收和清除，也包括对污染物的原位固定或分解转化，一般是将植物种植于被污染的土壤中，然后收获其地上部分。土壤中的污染物在种植过程中或被转化为低毒或无毒的形态或化合物，或被植物吸收随收获而从土中带走，然后再将收获的植物进行利用和处理。植物修复按照治理的污染物类型，可分为金属、有机污染物和放射性元素三大类。从原理上植物修复又可分为植物萃取技术、植物钝化技术、植物挥发、植物降解、植物转化和植物刺激六种类型。

（1）重金属污染土壤的植物修复。植物修复是解决重金属污染问题的一个有效手段。重金属不同于有机物，它不能被生物所降解，只有通过生物吸收才能够从土壤中去除。植物具有生物量大且易于后处理的优势，因此植物可以通过植物提取、植物挥发和植物钝化、稳定等方式去除土壤中重金属离子或降低其生物活性。

① 植物萃取。又叫植物提取技术，是利用重金属超积累植物从土壤中吸收重金属，并将其转运到可收割的部位，然后收割植物富集部位，吸取一种或几种重金属，并将其转移、贮存到植物的上部分，通过收割地上部分物质并经过热处理、微生物、物理或化学的集中处理，使土壤中重金属含量降低到可接受水平的一种方法。

超富集植物是指能超量吸收重金属并将其运移到地上部分的特殊植物。一般是普通植物在同一生长条件下积累量的 100 倍，其临界含量分别为锌 10 000 mg/kg，镉 100 mg/kg，金 1 mg/kg，铜、铅、镍、钴均为 1 000 mg/kg，且植物地上部的重金属含量高于根部该种重金属含量，对土壤中重金属具有较强的吸收和向地上部转运的能力。同时植物的生长没有出现明显的毒害症状。

目前报道较多的超富集植物主要包括能富集镍、锌、镉、铅和砷的植物。镍超富集植物是发现最早的超富集植物，主要包括大戟科、十字花科、紫菀属、大风子科、黄杨科和茜草科等植物。在人工栽培条件下，超富集植物体内镍的富集能力最高可达 25 000 mg/kg。镍超量积累植物在南欧、东南亚、美洲、非洲和大洋洲均有分布，主要生长在蛇纹岩发育的土壤。在镍超量积累植物中，以庭荠属植物最为著名。锌超富集植物主要是十字花科遏蓝菜属（又称菥蓂属）植物，其中以 T. caerulescens 最为著名，对其吸收和富集机制、解毒机制、根系分布、实际修复能力等方面已进行了广泛的研究，并获得了很多有价值的研究结果。锌超量积累植物 T. caerulescens 对其他重金属（镉、钴、锰和镍）（铝、铬、铜、铁和铅主要积累在根系）也有较高的积累能力，可以利用这一特性实现复合污染土壤的植物修复。目前报道的铅超富集植物有 14 种，野外的最高铅含量超过 10 000 mg/kg。但是这些植物并没有经过植物萃取实验证实，还需要进一步确认。另外，一些本不具有重金属超富集特性的植物可以通过诱导过程形成超富集能力，一些超富集植物能同时超量吸收、积累两种以上重金属元素。例如印度芥菜和玉米在 EDTA 强化条件下，表现出对铅的超富集能力，印度芥菜地上部铅含量可以超过 15 000 mg/kg。由于这种植物的生物量大，而且对镉、镍、铜、锌都具有一定的富集能力，因而成为植物修复领域研究较为广泛的植物材料之一。凤尾蕨属的蜈蚣草具有极强的砷耐性和富集能力，其治理砷污染土壤的费用远低于其他物理和化学修复方法，具有可操作性和良好的应用前景。

②植物挥发。植物挥发是利用植物根系吸收污染元素并将其转化为气态物质释放到大气中，以减轻土壤污染的方法。目前的研究主要针对一些植物能将土壤中的硒、汞和砷等甲基化，从而形成可挥发的分子，释放到大气中去。

许多植物可从污染土壤中吸收硒并将其转化成可挥发态的二甲基硒或二甲基二硒，从而降低硒对土壤生态系统的毒性。硒挥发的主要形态是基本无毒的二甲基硒，其毒性仅相当于无机硒的 1/700～1/500。在一般土壤或沉积物中，在厌氧细菌的作用下可使离子态汞转化为毒性很强的甲基汞（MeHg），其毒性比 Hg^0 高两个数量级。汞的挥发是借助污染土壤中的抗汞细菌，通过酶的作用将甲基汞和离子态汞还原成相对毒性小得多的可挥发态的元素汞（Hg^0），这成为一种降低汞毒性的生物途径。在普通植物体内，砷主要积累在根系中，较少向地上部运输。植物代谢或者植物与微生物复合代谢，也可形成甲基砷化物或砷气体，挥发到生物体外。

由于植物挥发修复技术只适用于挥发性污染物，所以应用范围很小，并且将污染物转移到大气中对人类和生物仍有一定的风险，因此其应用受到一定程度的限制。

③植物钝化/稳定化。植物钝化是利用特殊植物来固定或沉淀土壤中的有毒金属，以降低其生物有效性，并防止其进入地下水和食物链，从而减少对环境和生物的危害。植物枝叶中分解物、根系分泌物以及腐殖质对重金属离子的螯合作用等都可以实现固定土壤中重金属。植物通过在根部累积和沉淀污染物实现钝化或稳定化作用，进而保护污染土壤不受侵蚀，减少土壤渗滤以防止污染物的淋溶迁移。值得注意的是，植物钝化/稳定化是利用植物来促进重金属转变低毒性形态的过程。在这一过程中，改变的仅是土壤重金属的形态，其含量并不减少。因此，植物钝化/稳定化只是暂时将其固定/钝化，使其对生物的毒害作用降低，但没有彻底解决环境中的重金属污染问题。当环境条件变化，重金属的生物有效性可能又会发生改变。因此植物钝化/稳定化不是一个彻底去除重金属污染的方法。

（2）有机物污染土壤的植物修复。有机物污染的植物修复技术起步较晚，涉及的有机物污染包括石油化工污染、炸药废物、燃料泄漏、氯代溶剂、填埋场淋滤液和农药等。土壤有机物污染的处理方法通常有原位修复和异位修复，前者如生物通气法、原位冲洗法、投菌法、农耕法，后者包括生物反应器和堆肥法。按照有机污染物处理方法的性质分类，修复技术可分为物理、化学和生物方法。物理方法包括挖掘填埋法、气提吹脱法、电解法、冲洗法和隔离控制法等；化学方法包括氧化剂氧化法、光化学降解法、热分解法、萃取法和化学栅法；生物方法包括农耕法和微生物法。

其修复机制有三种：一是植物直接吸收有机污染物，这些污染物或不经代谢而直接在植物组织中积累，或将污染物的代谢产物积累在植物组织中，或将有机污染物完全矿化成无毒或低毒的化合物（如二氧化碳、硝酸盐、氨和氯等）；二是从植物体中释放出促进生物化学反应的酶，将有机污染物分解成毒性较小的化合物；三是植物刺激效应，即强化根际（根—土壤界面）的矿化作用，通过植物提高微生物（细菌和真菌）的活性来促进有机污染物的降解。

利用植物去除土壤中有机物污染涉及有机污染物性质、土壤环境条件和植物种类。土壤中有机污染物浓度是影响植物修复效率的直接因素，而有机污染物的生物有效性是决定植物—微生物系统中污染物吸收和代谢效率的关键。生物有效性与化合物的相对亲脂性有关。亲脂性常用辛醇—水分配系数 K_{ow} 或 lgK_{ow} 表示，其值越小，表示该化合物的水溶性越高，而亲脂性越小。亲脂性高的化合物一般容易通过细胞膜。土壤中有机污染物通过在水中的扩散和质流过程到达根系表面。植物对位于浅层土壤中的中度疏水有机物（$lgK_{ow} = 0.5 \sim 3.0$）有很高的去除效率，这包括一些苯系化合物（苯、甲苯、乙苯和二甲苯）、氯化溶剂和短链的脂肪族化合物等。污染物分子量的大小也影响其通过渗透而进入植物细胞的速度，利用植物修复有机污染土壤时，植物根系对有机污染物的吸收往往局限于小分子极性化合物，并且吸收速率通常很低。

除有机污染物的性质之外，土壤对有机污染物的吸附也会影响其生物有效性，与土壤颗粒紧密吸附的污染物不易被植物或微生物吸收和分解。影响污染物吸附的土壤理化特性主要有土壤质地、黏粒矿物类型、有机质含量、阳离子交换量、含水量及 pH 值等。此外，污染时间长短也是影响其生物有效性的重要因素。土壤含有的可生物降解的污染物，会因污染时间较长而转变为难降解的污染物。与土壤颗粒紧密吸附的污染物、微生物或植物难吸收的污染物不易被植物降解。植物种类及其他性质：

① 不同植物对同一种有机污染物的吸收能力存在很大差异。植物根对化学物质的吸收速率不仅取决于该物质在土壤溶液的浓度及其物理、化学特性，还与植物本身的特性有关。其中，植物的蒸腾作用是决定植物修复工程中污染物吸收速率的关键变量，它又与植物种类、叶面积、养分、土壤水分、风力条件和相对湿度有关。植物吸收有机污染物之后，可以通过木质化作用将污染物储藏在新的植物结构中；或转化为对植物无毒的代谢物，储藏于植物细胞中；也可以将其代谢或矿化，将其挥发到大气中。

② 酶的作用。某些植物根系释放到土壤中的酶可直接降解有机化合物，且降解速度快。在这一降解过程的快慢取决于有机污染物从土壤中的解吸和质流过程。植物死亡后，释放到环境中的酶还可以继续发挥分解作用。同时，环境条件会影响酶的作用，如当 pH 值较低、金属浓度和细菌毒性较高时，游离的酶系有可能被破坏或钝化。

③ 根际的生物降解。某些"特异"植物的根系能释放出有利于有机污染物降解的化学物质，其中包括单糖、氨基酸、脂肪酸、维生素、酮酸等低分子化合物以及多糖、聚乳酸和黏液等大分子有机物，它们与植物脱落的死亡细胞以及植物向土壤释放的光合产物共同构成一个特殊系统，即根际，由此增加土壤有机质含量，改变有机污染物的吸附特性，从而促进它们与腐殖酸的共聚作用。在植物根际内，污染物的降解过程实际上还包含了一些由植物—微生物的联合作用的过程，涉及微生物好氧代谢过程、微生物厌氧代谢过程和腐殖化作用过程。好氧代谢过程是指单一的好氧菌与根际内其他微生物群落混合，组成共栖关系后，可显著提高对这些难降解污染物的矿化能力，防止有机污染物中间体的生成与积累。厌氧代谢过程是指一些有机污染物（苯和其相关污染物）在厌氧条件下可完全矿化为 CO_2，尤其可以对一些环境持久性污染物（POPs）具有较强的去除能力，如 PCBs、DDT 和 PCE（五氯乙烯），根际微生物可以加速腐殖化进程，减少污染物的暴露时间，从而减轻有害物质对植物的潜在毒性。以微生物作用为主要方式的生物修复对治理土壤中有机污染十分有效，但也有其局限性，特别是对重金属污染的清除效率较低。近年发展起来的植物—微生物联合修复技术，利用植物的独特功能，并与根际微生物协同作用，从而发

挥生物修复的更大效能。

（3）放射性核素污染土壤的植物修复。核爆炸以及核反应等过程所产生的核裂变副产物是一类特殊的污染物。这些放射性核素长期存在于土壤中，对人类及生物的健康造成很大的威胁。治理放射性核素污染的方法有挖掘与填埋、复合剂提取、离子交换、反渗透等。用这些方法对大面积的放射性核素污染土壤进行修复，其成本极其昂贵。目前已有不少研究探讨用真菌和植物来净化核污染土壤，一些特殊植物可从污染土壤中吸收并积累大量的放射性核素，利用这类植物去除土壤环境中的放射性污染是一种经济、有效的方法。在植物修复方面，目前研究较多的放射性核素主要包括 U、^{137}Cs 和 ^{90}Sr 等。

① 真菌作为生物修复剂。丝状真菌占土壤生物量的 25% ~ 82%，土壤真菌对放射性核素具有一定的吸收能力，在野外和实验室条件下均可以由菌丝的某些部分富集核素，并最终将核素转移至果实中。果实可以进行收获和处理。旱地草原土壤真菌是土壤中放射性铯的潜在富集库，可以利用土壤真菌将放射性核素固定在表土中，从而防止地下水的污染。

② 植物提取修复技术体系。植物提取修复技术是指用植物来净化有毒化学品污染的土壤或废弃物，植物修复技术体系的成功与否主要取决于植物种类的筛选，实地土壤修复需要所选植物在该环境中能正常生长，选用能够大量积累放射性核素的植物材料是利用植物修复放射性污染的关键。植物对放射性核素的吸收不仅与植物种类有关，还与土壤的性质有密切的关系。土壤的离子交换能力越强，植物对放射性核素的吸收能力就越大。因此，利用植物修复放射性污染的另一项关键措施就是增加污染元素在土壤中的可溶性和生物有效性。

2. 土壤污染的动物修复

土壤动物是指生活史全部时间都在土壤中生活的动物，土壤动物修复技术则是利用土壤动物及其肠道微生物在人工控制或自然条件下，在污染土壤中生长、繁殖、穿插等活动过程中对污染物进行破碎、分解、消化和富集，从而使污染物降低或消除的一种生物修复技术。土壤动物在土壤中的活动、生长、繁殖等都会直接或间接地影响到土壤的物质组成和分布。特别是土壤动物对土壤中的有机污染物的机械破碎、分解作用，还可以分泌许多酶等，并通过肠道排出体外。与此同时，大量的肠道微生物也转移到土壤中来，它们与土著微生物一起分解污染物或转化其形态，使得污染物浓度降低或消失。

土壤动物对有机污染物的处理主要是通过对生活垃圾及粪便污染物进行破碎、消化和吸收转化，把污染物转化为颗粒均匀、结构良好的粪肥。而且这种粪肥中还有大量有益微生物和其他活性物质，其中原粪便中的有害微生物大部分被土壤动物吞噬或杀灭。另外，土壤动物肠道微生物转移到土壤后，填补了土著微生物的不足，加速了微生物处理剩余有机污染物的处理能力。土壤动物对重金属的处理可以是直接富集重金属，还和微生物、植物协同富集重金属，改变重金属的形态，使重金属钝化而失去毒性。同时土壤动物把土壤有机物分解转化为有机酸等，使重金属钝化而失去毒性。

目前，土壤动物的研究中，如蚯蚓、蝇蛆等已经很成熟，而对于其他也具有很强修复能力的动物的研究还有待深入。随着生物技术和基因工程技术的发展，土壤生物修复技术研究与应用将不断深入并走向成熟，特别是微生物修复技术、植物生物修复技术的综合运用将实现真正修复有毒、难降解、有机物污染土壤，重建稳定的土壤生态系统。

3. 土壤污染的微生物修复

污染土壤的微生物修复技术就是利用土壤中的某些微生物的作用降解土壤中的有机污染物，或者通过生物吸附和生物氧化、还原作用改变有毒元素的存在形态，降低其在环境中的毒性和生态风险的技术。

根据对污染土壤的扰动情况进行分类，微生物修复可以分为原位修复和异位修复两大类型。从污染物的角度来看，微生物修复既可以用于修复受有机物污染的土壤，也可以用于修复某些受重金属污染的土壤。

有机物污染土壤的微生物修复是利用在土壤中存在能够降解或转化污染物的微生物和有机化合物大部分具有可生物降解性这两个特点实现的。重金属污染土壤的微生物修复主要是依靠微生物降低土壤中重金属的毒性，或者通过微生物来促进植物对重金属的吸收等其他修复过程。

（1）原位微生物修复。原位微生物修复是指在不经搅动、挖出的情况下，通过向污染土壤中补充氧气、营养物或接种微生物对污染物就地进行处理，以达到污染去除效果的生物修复工艺。原位微生物修复方法适用于不宜挖取污染土壤或采用 P/T 法进行异位处理时采用。这类修复一般多采用土著微生物进行处理，有时也加入经过驯化和培养的微生物，以加速修复的过程；需要不断向污染土壤补充氧气，添加营养物质，以增强微生物的降解能力。该方法具有工艺路线和处理过程相对简单，不需要复杂的设备，处理费用相对较低，对周围环境影响和生态风险较小的优点。在实际运用中，经常采用各种工程化措施来强化处理效果，包括泵处理技术、生物通气、渗滤、空气扩散等。

（2）异位微生物修复。该技术是将受污染的土壤、沉积物移动到另外的位置，采用生物和工程手段进行处理，使污染物降解，恢复污染土壤原有的功能。主要包括堆肥化处理、挖掘堆置处理和土地耕作等。

① 堆肥修复技术。堆肥修复技术是传统处理固体废物的方法，将污染土壤与有机废物（木屑、秸秆、树叶等）、粪便等混合起来，在人工控制条件下进行好氧生物分解和稳定化的过程，依靠堆肥过程中微生物的作用来降解土壤中难降解的有机污染物，是一种与土地处理技术相似的生物处理方法。该方法适宜于易挥发、高浓度的石油污染土层的处理与修复。方法的最大特点是通过添加土壤改良剂为微生物的生长和石油类物质的降解提供能量，微生物既消耗改良剂又消耗石油类物质作为能源和碳源。同时添加的改良剂（树枝、树叶、秸秆、稻草、粪肥、木屑等）增大了土壤的通透性，提高了氧气的传输效率，而且还提供了快速繁殖微生物群落所需要的基本能源。堆肥过程自身可以产生热量，使系统温度保持在较高的水平，即使在冬季低温条件下也能保证降解过程的正常进行。该方法包括风道式堆肥处理、好气静态堆肥处理和机械堆肥处理。

② 挖掘堆置技术。挖掘堆置技术是为防止污染物向地下水或邻近土壤扩散，将受污染的土壤从污染地区挖掘起来，并运输到其他地点堆放，形成上升的斜坡，在此进行生物修复处理的技术。处理后的土壤再运回原地。堆放之前，该地点必须经过各种工程准备，包括布置衬里、设置通气管道等。因此，该法所形成的斜坡又称处理床或预备床。简单的挖掘堆置处理工艺只是露天堆放，复杂的还可以用温室封闭起来并铺设管道。从系统中渗流

出来的渗滤液必须收集，重新喷散或另外处理。此外，也可以根据需要在污染土壤中补充一些树皮或木片之类的添加剂，一方面可以改善土壤结构、保持湿度、缓冲温度变化，另一方面也能够为一些高效降解菌提供适宜的生长基质。这种技术的优点是可以在土壤污染初期限制污染物的扩散和迁移，减少污染范围。但由于需要挖土方和运输，因此其费用显著高于原位修复方法；同时也会使原地点的土壤生态条件遭到严重破坏。

③ 土地耕作技术。土地耕作技术是在非透性垫层和砂层上平铺厚度为 $10 \sim 30$ cm 的污染土壤，并淋洒营养物和水及降解菌株接种物，定期翻动充氧，以满足微生物生长的需要。处理过程产生的渗液，回淋于土壤，以彻底清除污染物。该工艺可用于处理受五氯酚、杂酚油、石油废水污泥、焦油或农药等污染的土壤。

思考训练题

1. 土壤的物质组成包括什么？土壤有哪些性质？
2. 土壤的缓冲性指什么，包括哪些类型？
3. 土壤氧化还原反应的影响因素有哪些？
4. 什么是土壤环境污染？其有哪些特点？
5. 阐述土壤污染物的分类。
6. 试结合土壤背景值概念论述研究土壤背景值的意义？
7. 试述土壤环境的自净作用和分类。
8. 土壤污染评价的类别有哪些？
9. 试说明土壤—农作物相关指数法的评价过程？
10. 土壤污染修复的概念是什么？有哪些类别？
11. 土壤污染的物理修复方法有哪些？
12. 土壤化学修复方法有哪些，其主要原理是什么？
13. 试说明重金属污染土壤的植物修复方法。
14. 试分析原位和异位微生物修复的异同和原理。

参考文献

［1］陈怀满. 环境土壤学（第2版）. 北京：科学出版社，2010.

［2］戴树桂等. 环境化学（第1版）. 北京：高等教育出版社，1997.

［3］邓南圣，吴峰. 环境化学教程（第2版）. 武汉：武汉大学出版社，2006.

［4］何燧源. 环境化学（第4版）. 上海：华东理工大学出版社，2005.

［5］李天杰等. 土壤环境学：土壤环境污染防治与土壤生态保护. 北京：高等教育出版社，1996.

［6］刘兆荣等. 环境化学教程. 北京：化学工业出版社，2003.

［7］孙英杰等. 冶金企业污染土壤和地下水整治与修复. 北京：冶金工业出版社，2008.

［8］陶秀成. 环境化学. 合肥：安徽大学出版社，1999.

［9］汪群慧，王雨泽，姚杰. 环境化学. 哈尔滨：哈尔滨工业大学出版社，2004.

［10］叶安珊. 环境科学基础. 南昌：江西科学技术出版社，2009.

［11］展惠英. 环境化学. 兰州：甘肃科学技术出版社，2008.

［12］张从等. 污染土壤生物修复技术. 北京：中国环境科学出版社，2000.

［13］周密等. 环境容量. 长春：东北师范大学出版社，1987.

第八章　土壤污染物化学行为

　　农田土壤受有害物质的污染，并由此而产生对农作物和人体健康的威胁，是当今世界上人们普遍关注的环境问题。由于土壤污染具有隐蔽性和难排除性，因此，人类所处的生态环境在不知不觉中恶化了，以至屡屡出现森林衰退、草原退化、农田毁损和人畜罹病等严重后果。挽救人类的生态环境，缓解或消除土壤污染的严重问题，我们应该了解主要污染物的来源以及在土壤中的迁移转化规律，以便为预防和治理设计可行的途径。

　　作为农业生产基地的土壤，它的污染首先是来源于农、林、牧、副、渔业的生产过程。化肥与农药的施用是最直接的污染源，它们除了带给土壤与植物的营养与抗病虫药物之外，同时也带进了杂质，其中包含不少的污染物质，而且农药本身就是有害物，有时污染物浓度较高，足以毒害土壤生态系统，并危及植物和动物。土壤污染的第二个来源是生活废水和废弃物。在城市、工矿附近，问题更为突出。在近郊农村，由于燃料结构的特点，产生大量的煤灰、煤渣，它们伴随不少的养分和毒质，以"改土材料"、填埋、堆置等方式大量投入土壤。第三种污染来源，是工业的废气、废水和废渣通过直接与间接的途径进入农田。污染的范围就是"三废"排放的渠道周围，所以较集中于工矿附近。废气扩散范围受风向与风力的影响，故影响面较宽。工业废水的污染，有些是直接排入或用以灌田而致污染，有些是沿排放渠道所产生的浸染。

　　所有的污染源所含污染物都不是单纯的成分，要对不同污染源所带进土壤的污染物种类进行归类是困难的。但是，将污染物成分归类，并按其来源进行归纳，对于掌握土壤污染的类型，设计防治污染的对策是有益的（见图 8-1）。图中将污染物分为无机物与有机物两大类型，无机物中再分为重金属、无机化肥和其他；有机物再分为七种，其中包括有机农药、石油及石油制品、有机洗涤剂、苯及苯系物、农用塑料薄膜、有害微生物等。

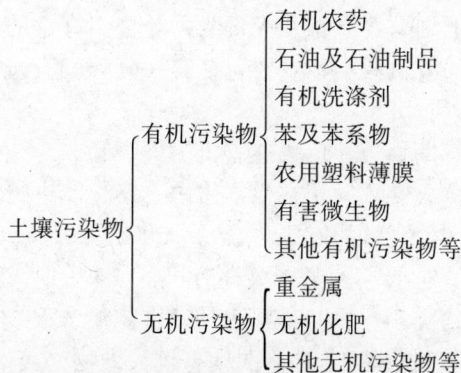

```
                              ┌ 有机农药
                              │ 石油及石油制品
                              │ 有机洗涤剂
                   有机污染物 ┤ 苯及苯系物
                              │ 农用塑料薄膜
                              │ 有害微生物
       土壤污染物 ┤            └ 其他有机污染物等
                              ┌ 重金属
                   无机污染物 ┤ 无机化肥
                              └ 其他无机污染物等
```

图 8-1　土壤污染物分类

237

第一节　有机污染物在土壤中迁移转化

有机污染物是指以碳水化合物、蛋白质、氨基酸以及脂肪等形式存在的天然有机物质及某些其他可生物降解的人工合成有机物质为组成的污染物。根据其形成，可以分为天然有机污染物和人工合成有机污染物两类，前者主要是由生物体的代谢活动及其他化学过程产生的；后者则是随着现代化学工业的兴起而产生的。有机污染物污染环境，进而影响人类健康和动植物的正常生长，干扰或破坏生态平衡。有机污染物种类繁多，但是基本上都属于疏水性化合物，具有较强的亲脂性。这些物质在土壤中残留，被作物和土壤生物吸收后，通过食物链积累、放大、传递，对人体健康十分有害。土壤污染具有复杂性、缓变性和面源污染的特点。土壤中有机污染物在土壤中通过复杂的环境行为进行吸附解吸、降解代谢，通过挥发、淋滤、地表径流携带等方式进入其他环境体系中。同时，土壤中的有机污染还是大气、水等环境污染的污染源，并且很容易造成二次污染。受环境因素的影响，二次污染物比原污染物毒性更强，对环境将造成再次污染，危害人类健康和生态环境。

由于可能造成食物链、地下水和地表水污染，土壤中的有机污染物日益受到人们的特别关注。有机污染物可被作物吸收富集，污染食品和饲料，而一些水溶性的有机污染物可随土壤水渗滤到地下水，使地下水受到污染；一些有机污染物可吸附于悬浮物随地表径流迁移造成地表水的污染，甚至渗入地下水；许多污染物能够挥发进入大气造成大气污染，所以土壤污染常常成为重要的二次污染源。

一、土壤有机污染物的种类及来源

1. 土壤有机污染物的种类

土壤有机污染物包含非常多的种类和数量，每一种化合物都具有不同的名称、分子式、理化性质和反应性，都发生在不同的环境过程，表现不同的环境行为。同时，每年有越来越多的有机污染物被制造和使用，所以目前尚没有一个统一的标准来划分土壤中的污染物，只是根据各个学科的研究目的和研究方向来进行简单的归类和划分。根据有机污染物对土壤环境的危害，有以下几种划分方法。

有机物的性质从毒性上划分为有毒和无毒两种类型。有毒的有机污染物主要包括有机农药、苯及衍生物；无毒的有机污染物主要包括容易分解的有机物，如油脂、糖、氨基酸和蛋白质等。

根据在环境中残留半衰期划分为持久性有机污染物和非持久性有机污染物。持久性有机污染物是指具有毒性、持久性、易于在生物体内富集、能进行长距离迁移和沉积、对源头附近或远方环境与人体产生损害的有机化合物。2001 年 5 月包括中国在内的世界绝大多数国家在瑞典斯德哥尔摩签署了《关于持久性有机污染物的斯德哥尔摩公约》，公约决定禁止或限制使用艾氏剂、狄氏剂、异狄氏剂、DDT、氯丹、灭蚁灵、毒杀芬、七氯、六氯苯、多氯联苯、二噁英和苯并呋喃 12 种持久性有机污染物，其中前 8 种为有机氯杀虫剂，后 4 种为工业化学品及副产品。这 12 类物质大多具有高急性毒性和水生生物毒性，其中有 1 种已被国际癌症研究机构确认为人体致癌物，7 种为可能人体致癌物。它们在水体中的半衰期大多在 20 天至几十天，个别长达 100 天；在土壤中半衰期大多在 1 ~ 12 天，个别长达 600 天，生物富集系数值为 4 000 ~ 70 000。生物富集系数是指生物体中污染物母体及其代谢物的浓度与水中该污染物母体及其代谢物的浓度的比值。比值越大，生物富集性就越高。

土壤中的有机污染物种类繁多，具体来说，对土壤影响较大的污染物主要有苯和苯的衍生物，如苯、苯酚、二甲苯、苯胺、3，4 - 苯并芘等多环芳烃；有机氯、有机磷等农药，三氯乙醛，各种有机合成表面活性剂；农用化学品，主要是化肥、农药、植物生长调节剂和农用塑料；氰化物，包括氰化钠、氰化钾及氢氰酸。

2. 有机污染物的来源

土壤中的有机污染物的来源主要包括工业污染源、交通运输污染源、农业污染源、生活污染源等。另外根据污染源的数量和面积以及影响范围可划分为面源污染和点源污染。

根据污染物质的来源又可以划分为一次污染源和二次污染物源。土壤中的有机污染物主要包括人为生产加工使用造成的污染以及自然界产生从而形成的污染。有机污染物在土壤中的积累是在下列情况下产生的：有机污染物（如农药）直接施入、污水灌溉或者污泥的使用；预定用来处理植物地上部分的药剂大量沉降在土壤上；含残留农药的动植物遗体停留在土壤上或进入土壤中；随气流、大气尘埃和降水沉陷在土坡上或进入土壤中的有机污染物。

从具体的污染物来看，苯和苯的衍生物来自于钢铁、炼焦、合成、化肥、农药、炼油、塑料、染料、医药、合成橡胶以及离子交换树脂等工业的废水；有机氯、有机磷等农药、三氯乙醛来自农药制造的废水；氰化物来自电镀、黄金冶炼、塑料、印染、化肥及使用氰化物为原料的生产过程。此外，在生产有机玻璃、炼焦及电解银等行业中还排放含氢氟酸的废水。

二、有机污染物的土壤环境行为

有机污染物在土壤中的环境行为首先是由其自身性质决定的，如疏水性、挥发性和稳定性。同时，环境因素也会产生重要的影响，如土壤的结构和组成、土壤中微生物的状况、温度、降雨及灌溉等。进入土壤的有机污染物可能发生吸附、解吸、挥发、渗滤、生物降解、非生物降解等，这些过程往往同时发生，相互作用。

土壤是一个复杂、多介质、多界面的体系，既是环境污染物的重要载体，也是污染物的一个重要的自然净化场所。进入土壤的污染物能够同土壤中的化学物质和土壤生物发生各种反应，产生降解作用。土壤污染的增加和去除，主要决定于污染物的输入量与土壤净化力之间的消长关系。当污染物的输入量超过土壤净化能力时，会造成土壤污染，反之，则可以通过土壤的自净能力逐渐降解土壤中的污染物。

土壤有机污染物在土壤中的环境行为主要包括吸附、解吸、挥发、淋滤、降解残留、生物富集等。主要的影响因素包括有机污染物的特性（化学特性、水溶解度、蒸汽压、吸附特性、光稳定性和生物可降解性等）、环境特性（温度、日照、降雨、湿度、灌溉方式和耕作方式）、土壤特性（土壤类型、有机质含量、氧化还原电位、水分含量、pH 值、离子交换能力等）。

（一）有机污染物在土壤中的吸附与解吸

1. 吸附作用

有机污染物一旦进入土壤，就会产生物理、化学、生物等一系列作用。在污染物运移的诸多机制中，污染物在水相与固体颗粒间的吸附—解吸过程最为重要，吸附—解吸作用是有机污染物与土壤固相之间相互作用的主要过程，直接或间接影响着其他过程，对有机污染物在土壤中的环境行为和毒性有较大影响。土壤对有机污染物的吸附作用可分为：

（1）离子交换作用。离子型有机污染物在土壤溶液中能离解为阳离子的形式，可被土壤中带负电荷的胶体吸附。有些弱碱性农药可发生质子化，转化成带正电荷的离子，也可被带负电荷的胶体吸附。例如，有些有机污染物的官能团（—OH、—NH$_2$、—NHR、—COOR）解离时产生负电荷，成为有机阴离子，则被土壤带正电荷的胶体所吸附。

（2）范德华力。非离子型的有机污染物在土壤中以分子态存在，通过范德华力作用被土壤颗粒吸附，其吸附力较弱，如有机磷类、氯代烃类。

（3）配位交换作用。在土壤及其组成中，可进行配位交换的通常是有机质或黏土键合在一起的带多价正电荷的配位水或弱配位体。被适宜的吸附分子交换其必要条件是吸附质分子被置换的配位体具有更强的配合能力。

（4）疏水性结合。非极性有机污染物与水的作用极小，和水分子相比，更易被腐殖物质（HS）的疏水基吸留，其本质相当于农药分子在土壤有机质和水分子之间的一种分配作用。腐殖物质上的疏水基包括含碳多、极性组分少的支链脂烃或类脂部分，如木质衍生物部分。

（5）氢键结合。两个负电粒子间形成氢键桥叫氢键结合。大部分有机污染物中都含有可形成氢键的基团，相对于吸附剂，农药更易于与 H$_2$O 形成氢键。许多非离子型农药在有机质的吸附中，氢键起着重要作用。

（6）电荷转移。土壤有机质中既有缺电子结构，如醌类，又有富电子结构，如联苯酚类。所以，可通过电荷转移与农药中的给电子或受电子基团形成复合物。

（7）共价键结合。农药本身或作用中间体及降解产物也可通过光化学或酶催化作用与腐殖物质中的羰基、醌、羧基水解或非水解键形成多数不可逆的稳定共价键。

（8）电荷—偶极和偶极—偶极。吸附物所带电荷和交换离子可以吸引极性分子而形成电荷偶极键，大的有机分子易极化，故在诱导力很小的情况下，电荷—偶极键或偶极—偶极形成吸附作用。

在污染物吸附—解吸的诸多机制中，离子交换起着主要的作用，实际上土壤与有机污染物之间的吸附—解吸过程并不是单一的一种作用方式，往往是多种作用共同影响着有机污染物在土壤中的分配过程。诸多的因素影响着这种复杂的分配过程，主要包括土壤类型、有机物特性、耕作方式、有机质含量、离子交换能力、氧化还原电位、水分含量、温度、pH 值等方面。

天然土壤中土壤颗粒常具有次级结构，如团聚体或裂隙结构，不同类型土壤的空隙度差别较大。即使在较干燥的情况下，由于小孔隙的毛细作用，团聚体内的小孔隙都为静止的水所充满，而团聚体间的大孔隙则为流动相（水相、气相或水气共存）所占据。由于天然土壤的这种次级结构，污染物在水相与团聚体间的吸附—解吸过程不仅包括水与团聚体内小空隙壁间的物质交换，而且还包括污染物在团聚体内小空隙静止的水中的扩散过程。

土壤中存在着一个由无机胶体（黏土矿物）、有机胶体（腐殖酸类）以及有机—无机胶体组成的胶体体系，在酸性条件下，带正电荷在碱性条件下带负电荷。进入土壤的化学农药，在土壤中一般解离为阳离子，为带负电荷的土壤胶体所吸附。据研究，土壤有机质和各种黏土矿物对农药吸附的顺序是：有机胶体 > 蛭石 > 蒙脱石 > 伊利石 > 绿泥石 > 高岭石。有机质在农药吸附中的重要作用在许多实验中都已被证实，尤其是对于非离子型农药，当土壤有机碳含量大于 0.1% 时，通过腐殖物质的吸附量远远超过其他土壤成分的吸附量。腐殖质可通过疏水作用、配位交换和氢键作用吸附有机污染物，如腐殖酸在用漆酶去除多氯联苯方面的作用研究显示，在腐殖酸浓度为 150 mg/L 时，羟基的多氯联苯可以被漆酶快速降解。腐殖质与有机污染物结合成大分子或极性很强的分子后就难以进入生物体的细胞膜，从而达到降低有机污染物的毒性。

土壤黏土矿物主要是铝硅酸盐及其氧化物，并以各种晶体或无定形的形式存在。黏土矿物的比表面积通常是由金属氧化物和羟基氧化物决定的，它的表面有大量的吸附位，对有机污染物有一定的吸附能力。在有机质含量较低的土壤中，无机矿物表面对离子型农药的吸附是主要的，且吸附机理较为复杂，一般通过静电相互作用、离子交换反应和表面络合作用与具有低有机碳含量的吸附剂表面位相互作用。就土壤本身而言，对有机污染物的吸附实际上是由土壤中的矿物组分和土壤有机质两部分共同作用的结果，由于有机质和黏土矿物均是土壤的活性成分，因此两者必然存在缔合互作，也说明土壤中的有机质与黏土矿物不是单纯地与农药发生作用。同时，有机质与黏土矿物缔合后，还会引起土壤一些表面性质的改变，如比表面积、pH 值等，从而影响对农药的吸附。

2. 吸附—解吸的影响因素

土壤中有机污染物种类多，结构复杂，有机物的化学特性、形状构造、水溶性、分子大小、极性、分子的酸度或碱度、极化度、阳离子上的电荷分布等均能影响其在土中吸附特性。在土壤—水体系中，表面活性剂与其他有机物的互作是个很复杂的过程。有研究表明，表面活性剂通过提高疏水化合物的溶解度，显著地降低了疏水化合物在土壤中的吸附。另外，表面活性剂被吸附到土壤上而影响了土壤对有机物的吸附。较低浓度的表面活性剂可以显著地改变土壤的物理和化学性质，如土壤水的表面张力、持水量、毛细管扩散、渗滤作用、pH 值、离子交换容量和氧化还原电位等，从而影响有机物在土壤中的吸附行为。

土壤 pH 值是影响有机污染物在土壤上吸附的另一个重要因素。大部分农药在高的 pH 值或低的 pH 值条件下都很不稳定。通常 pH 值降低，农药的吸附量升高。尤其对于离子型及有机酸类农药，pH 值的影响更大，且当 pH 值趋近农药的 pKa 时，吸附最强。而对于非离子型农药 pH 值则影响不大，但当非离子农药是通过氧键与土壤发生吸附时，pH 值则也会对其产生影响。

温度可以改变农药的水溶性和表面吸附活性，从而影响农药在土壤环境中的吸附—解吸特性。农药的吸附过程是个放热过程，通常农药的吸附量随温度的升高而减弱。

3. 吸附—解吸方程

有机污染物在土壤—水体系中被吸附主要指有机化合物（尤其是非离子性有机物）通过溶解作用，分配到土壤有机质、水生生物脂肪以及植物有机质中去，经过一定的时间达到分配平衡这一过程，而两相中有机化合物的浓度之比称为分配系数。在土壤—水体系，通常用吸附系数（K_d）来表示有机物被土壤吸附的程度。

$$K_d = \frac{被吸附的农药量（mol/kg）}{溶液中的农药量（mol/L）}$$

在一定温度下，吸附量和吸附平衡浓度的关系曲线称为吸附等温线，其相应的数学方程式称为吸附等温式。有机污染物在土壤中常用的吸附等温线有线性吸附、Langmuir 以及 Freundlich。大量实验证明，多数农药在土壤中的吸附符合 Freundlich 吸附等温式，例如，将一定量的风干土和若干不同浓度的有机物溶液，按一定的水土比在恒温条件下振荡达到平衡后，离心测定清液中有机物的余量，以 $\lg C_s$（X 轴）和 $\lg C_w$（Y 轴）作图时（C_s 表示土壤吸附的有机物的浓度，mg/kg；C_w 表示平衡时水中有机物的浓度，mg/L），多数情况下溶液中有机物的吸附等温线都是线性的，即 Freundlich 吸附等温线：

$$C_s = K_d C_w^{1/n} \text{ 或 } \lg C_s = \lg K_d + （1/n）\lg C_w$$

式中：

K_d——有机物的土壤吸附系数；

$1/n$——关系曲线的斜率。

Freundlich 方程是一个经验公式，仅适用于低浓度范围。当土壤中黏土比重较大，而且有机质含量不太高时，可用 Langmuir 吸附等温式描述农药的吸附。Langmuir 吸附等温式为：

$$C_s = C_s^0 C_w / （A + C_w）$$

式中：

C_s^0——饱和吸附土壤有机物的浓度；

A——半饱和吸附量时农药的平衡浓度。

4. 吸附等温线

化合物由溶液吸附到固体上不仅仅是 Freundlich 或 Langmuir 方程所描述的两种状态。通常包括四种类型的经验吸附等温线：L 型、S 型、C 型和 H 型，见图 8-2。

L 型：最普遍，代表吸附的最初状态，固体和溶质之间的亲和力相当高。当吸附位被填满时，溶质分子寻找孔隙位置的难度增大了。S 型：表示协同吸附，即溶质分子在等温线起始部分浓度增加时，水分强烈地和溶质竞争吸附位。C 型：代表溶液和吸附体表面之间划分均衡部分，表示当溶质被吸附时新位置变成有效的，吸附总是和溶液浓度成正比。H 型：代表溶质和固体间的亲和力非常高，是十分罕见的。化合物在土壤中的吸附—解吸特性决定了这种物质在环境中的行为。

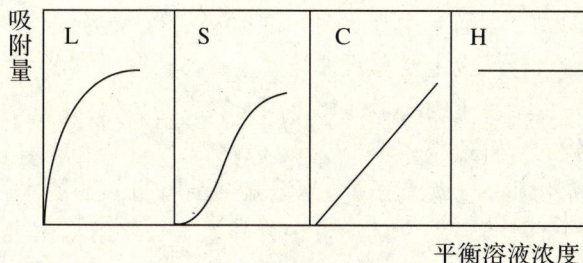

图 8-2 吸附等温线的类型

解吸方程通常较难描述。解吸等温线一般也符合 Freundlich 线，但常落后于吸附线，这是由吸附物的分解及吸附物与吸附剂之间的长时间作用导致的吸附物迁移引起的，这种现象称为滞后现象。目前，有机污染物在土壤的吸附—解吸研究主要集中在黏土矿物—水界面的吸附—解吸，以及它们在土壤腐殖物质中的吸附—解吸行为。有机污染物在土壤中吸附机理的研究是有机污染物环境行为研究的重要组成部分。通过吸附机理的研究可以了解有机污染物在土壤中吸附的主要类型、吸附的强弱以及可逆性。明确污染物在环境中的迁移、挥发和生物降解等环境行为。

蒋新明和蔡道基（1987）以呋喃丹、甲基对硫磷、Y-666 三种农药，以及东北黑土、太湖水稻土、广东红壤三种类型的土壤进行了农药在土壤中吸附与解吸性能的比较试验。结果表明：影响农药吸附与解吸的主要土壤因素为有机质的含量，以呋喃丹为例，其吸附常数 k 与土壤有机质含量的关系式为 $y = 0.020\ 5 + 0.444\ 26x$，利用该方程式可预测呋喃丹在其他土壤中的吸附状况，农药在水体中的溶解度对吸附作用影响很大，其影响程度大于土壤性质的影响因素。

有机污染物被土壤吸附后，由于形态的改变，其迁移转化能力和生理毒性也随之变化。所以，土壤对有机污染物的吸附作用在某种意义上讲就是土壤对污染有毒物质的净化和解毒作用，土壤的吸附能力越大，农药在土壤中的有效度越低，净化效果越好，但是这种净化作用只是相对稳定的，只能在一定条件下，起到净化和解毒作用。

（二）有机污染物在土壤中的降解和代谢

有机污染物在土壤中的降解及代谢包括非生物降解与生物降解两大类，其中非生物降解是指水解、光降解和化学降解，而生物降解主要指通过微生物与酶的作用将有机污染物转化为其他物质的过程。有机污染物在土壤中的降解方式与自身结构、理化性质和土壤环境条件相关。

1. 水解

水解反应是许多有机污染物降解的主要步骤。一些农药的水解在土壤中的速度比在相应的无土的水系中要快，这主要是由于土壤对农药的吸附催化作用。许多研究证明，黏土可以催化几种农药的分解。有机污染物的水解过程如下：$RX + H_2O \longrightarrow ROH + HX$，在反应中，有机污染物（RX）中的 X 基团与 OH 基团发生交换，水解作用改变了有机污染物的结构。OH 基对农药降解有重要的影响，由于农药含有苯环结构，OH 基容易与苯环上的 H 原子进行亲电加成，从而有利于解环（苯环被打破），促进水解反应的进行与农药降解。有机农药水解与水合反应主要有两种类型，一种是有机农药在土壤中有酸催化或碱催化的反应；另一种是由于黏土的吸附催化作用而发生的反应。

农药等有机污染物的水解速率主要取决于污染物的结构、pH 值、温度、土壤扰动状况及其他化合物（腐殖物质、金属离子等）。溴氟菊酯有机农药的水合与水解作用速率受 pH 值影响很大，在 pH 值为 5、7、9 的溶液中，其水合与水解作用半衰期分别为 15.6 d、8.3 d、4.2 d。

2. 光降解

（1）光降解类型。有机污染物接受太阳辐射能和紫外线光谱以后会发生异构化作用、取代作用和裂解作用，具体反应类型将取决于自身性质、光照强度与波长、土壤环境等因素。有机污染物生光学反应已有许多报道，有机化合物对光化学的敏感性说明，光化学反应在降解土壤中的农药方面有着潜在的重要性。

有机污染物在环境中的光反应类型可以分为直接光解、间接光解（敏化光解）和光氧化。直接光解是指有机污染物分子直接吸收太阳能而进行的分解反应，不少有机污染物在环境中都能发生直接光解，表 8-1 列出了一些有机污染物直接光解的量子产率和半衰期。根据反应过程，有机物的直接光解又可以分为光解、分子内重排、光异构化、光二聚合以及氢的提取五种反应类型。对于有机污染物在环境的光解来说，光二聚合反应极少发生。间接光解是指一个光吸收分子可能将它的过剩能量转移给一个接受分子，导致接受分子发生反应。对于有机污染物的间接光解来说主要指环境中存在的天然物质或人工合成的生色基团被太阳能激发，激发态的能量又转移给有机污染物而导致其发生的分解反应；在自然水环境中，由于阳光的照射，水中存在一定量的单重态氧、烷基过氧自由基、烷基自由基和羟基自由基，这些自由基具有很强的氧化性，可以和水相中的有机污染物发生氧化反应，这就是所谓的光氧化反应。直接光解和间接光解都是直接利用光能发生的反应，因此又叫初级光化学反应/过程；光氧化是由初级光化学过程的产物发生的反应，因此又叫次级光化学反应/过程。

表 8-1　某些农药在水中直接光解的和半衰期

农药	光解波（nm）	量子产率	半衰期（d）
西维因	313	0.005	50
2，4-D，丁氧乙酯	313	0.05	288
2，4-D，甲基酯	290	0.06	1 488
DDE	阳光	0.30	22
甲氧氯	>280	0.30	696
甲基对硫磷	313	0.000 17	720
N-硝基阿特拉津	阳光	0.30	720
对硫磷（1）	313	0.000 2	240

（续上表）

农药	光解波长（nm）	量子产率	半衰期（d）
对硫磷（2）	>280	<0.001	220.80
对硫磷（3）	阳光	0.000 15	—
氟乐灵	阳光	0.002 0	0.94
马拉硫磷	—	—	0.94

根据有机污染物光化学反应过程和反应产物不同，把有机污染物的光化学反应分为光氧化、光还原、光水解及分子重排和异构化四种。光氧化是农药光解的最重要、最常见的途径之一。在氧气充足的环境中，一旦有光照，许多农药比较容易发生光氧化反应，生成一些氧化中间产物。例如，丁叉威、灭虫威等农药分子中的硫醚可光氧化生成亚砜和砜。一些农药可进行光还原反应，同时得到多数分解产物。例如，农药的脱羟基反应，含氯原子的农药在光化学反应中能被还原脱氯。光水解指土壤表面含有酯、醚基团的农药在有紫外光和有水或水汽存在时可发生光水解反应。水解部位往往发生在最具有酸性的酯、醚基团上，如哌草丹除草剂光照后在硫醚位发生的裂解。一般认为农药光解过程有自由基参与。有机污染物光分解后本身会产生自由基，在一定条件下发生重排，光异构化总是形成对光更加稳定的异构体。例如，一些有机磷农药光照下会发生异构化现象，分子的硫逐型（P＝S）转化为硫赶型（P—S）。在有机磷的光降解过程中，有可能生成比其自身毒性更强的中间产物，如图8-3为辛硫磷在253.7 nm的紫外光照射30 h的光解产物，经鉴定一硫代特普的毒性较高，照射80 h后，一硫代特普又逐渐光解消失。

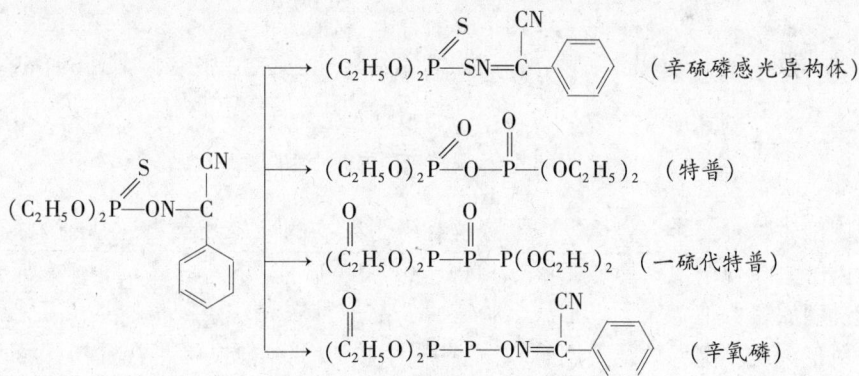

图8-3 辛硫磷的光解

（2）光降解影响因素。土壤有机污染物的反应产物往往有多种，可以同时发生多种光化学反应。因此，土壤有机污染物光解是多种类型反应在一定条件下的共同作用。影响有机污染物光解的因素有很多，主要包括土壤质地、土壤水分、共存物质、土层厚度和矿物组分等。不同类型质地的土壤团粒、微团粒结构影响光子在土壤中的穿透能力和有机分子在土壤中的扩散移动性。含有适量水分的土壤在光照条件下表面容易形成大量的自由基，如过氧基、羟基、过氧化物和单重态氧，可加速土壤有机物污染物的光解。同时，水分增加能增强农药在土壤中的移动性，有利于农药的光解。土壤颗粒的屏蔽使到达土壤下层的光子数急剧减少，因而土壤中农药的光解通常局限在土表 1 mm 范围内。有研究表明，在通氧条件下，在光照下土壤中生成活性氧基，引起的间接光解，可以使光解到达表土以下 3～5 mm 的土层。土壤有机质中的胡敏酸和富里酸作为光敏化物质，可加快农药的光解。土壤黏粒矿物具有相对高的表面积和电荷密度，能通过催化光降解作用使所吸附的农药失去活性。

3. 生物降解

生物降解是指通过微生物、高等植物和动物将有机污染物分解为小分子化合物的过程，其中微生物的降解最重要。有机污染物对土壤微生物（包括有益微生物）有抑制作用。同时，土壤微生物也会利用有机污染物为能源，在体内酶或分泌酶的作用下，使有机污染物发生降解作用，彻底分解成无机物质（CO_2、H_2O 和矿物质）。微生物降解是最重要的生物脱毒过程，因为微生物对能量的利用更有效，具有较高的遗传变异性、较快的繁殖速率和强大的适应外界条件变化的能力，因此对各种各样有机污染物总会有相应的微生物种类去降解它们，使污染物分子结构发生改变，起到解毒的作用。

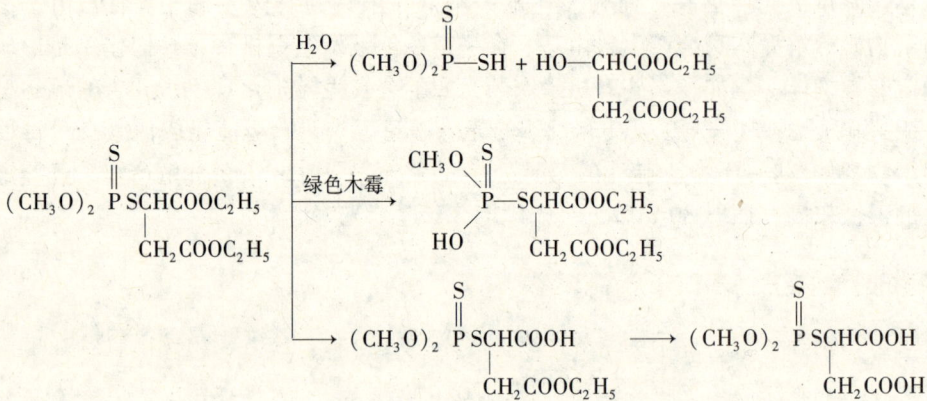

图 8-4　马拉硫磷的微生物降解

土壤微生物种类繁多，已发现能降解有机污染物的微生物类群包括细菌（假单胞菌、芽孢杆菌属、黄杆菌属、产碱菌属）、真菌（曲霉属、青霉属、根霉属、木霉属、镰刀菌属、交链菌属、头孢菌属、毛霉属、胶霉属、链孢霉属）、放线菌（诺卡氏菌属、放线菌属、小单孢菌属、高温放线菌属等）。这些微生物以多种方式代谢有机物，目前主要有两种降解途径：

（1）酶促作用。土壤微生物降解用有机污染物为能源，在体内酶或分泌酶的作用下，将有机污染物分解成小分子化合物的过程，这是农药在土壤环境中的主要降解过程，降解可分为三个阶段：① 初级生物降解：有机污染物在微生物的作用下，本来的结构发生部分变化，改变原污染物分子的完整性；② 环境容许的生物降解：微生物除去有机污染物的毒性；③ 最终生物降解：污染物通过生物降解，从有机物向无机物转化，完全被降解为二氧化碳、水和其他化合物，并被微生物同化。

（2）非酶促作用。包括以下七个方面：① 脱卤作用。许多微生物对有机氯农药有脱卤作用，它是某些脂肪酸生物降解的起始反应。②脱烃作用。作用发生在某些有烃基连接在 N、O 或 S 原子上的有机污染物。③酰胺及酯的水解。如对硫磷、磷酸酯类杀虫剂，酰胺类如苯胺类除草剂等，有些微生物可水解这些化合物中的酰胺和酯键。④还原作用。如微生物将有机化合物中的硝基（—NO_2）还原成为氨基（—NH_2），将醌类还原成酚类。⑤环裂解。土壤中的许多细菌和真菌能引起芳香环破裂，这是环状有机物在土壤环境中彻底降解的关键性步骤。⑥氧化作用。许多农药的生物降解属氧化反应，形成羧基、羟基或过氧化物。⑦缩合或共轭形成。将有毒分子或其一部分，与另一有机化合物结合，从而使农药或其衍生物失去活性。

综上所述，土壤微生物对有机污染物的降解是最重要、最彻底的净化。但是，由于各种农药的结构、性质不同，各有各的分解过程，其降解过程又很复杂，影响降解速度的因素也很多。例如，在土壤有机质含量较高且微生物繁殖活跃的土壤中，农药的降解速度较快。此外，影响土壤微生物活跃程度的土壤环境因子，如 pH 值、水分、通气性等也可间接影响到农药的降解速度。

人工合成的有机化合物与天然有机化合物相比，稳定性较强，一般不易被化学作用和生物化学作用所分解。但是不管其稳定性有多强，最终都会被逐渐分解，转化为无机物。水解、光降解与生物降解等几种类型的降解过程，或同时发生，或互相补充，其中以微生物降解作用最为重要。降解速度快的有机污染物在环境中残留时间短，如绝大多数有机磷农药、氨基甲酸酯类，称为低残留农药；降解速度慢的有机污染物，在环境中残留时间长，如有机氯农药等，称为高残留农药。有机污染物进入土壤的行为是极其复杂的。只有在一定条件下，土壤对有机污染物才具有解毒、净化作用，否则，土壤将遭受有机污染物残留及污染毒害。

（三）有机污染物在土壤中的迁移和吸收

迁移是指污染物在环境中发生的空间位置的相对移动过程，可分为机械性、物理—化学性和生物迁移，如有机污染物在土壤中的移动或者被水、生物载体迁移，通过挥发、扩散而迁移入大气、水体等。

1. 有机污染物的挥发

由于分子热能引起分子的不规则运动而使物质分子发生转移的过程就是挥发。不规则的分子运动使分子不均匀地分布在系统中，因而，引起分子由浓度高的地方向浓度低的地方迁移运动。挥发以气态为主，但也可发生在溶液中、气—液或气—固界面上。

有机污染物在土壤中挥发作用的大小，与有机污染物的性质（如蒸气压、水溶解度）以及从土壤中到达挥发表面的移动速率有关。多数农药具有一定的挥发性，因挥发作用产生的气相输送是其向大气环境归趋的主要过程。像 DDT 等一些持久性农药，也会通过缓慢的挥发而影响全球环境。农药从土壤中挥发实际上是其化学位降低后向气相迁移的过程，该过程不仅取决于农药的热力学性质、物理性质和环境温度，同时也取决于土壤特性。农药蒸汽在土壤中的扩散受孔隙度、土壤结构、土壤含水量、土壤吸附作用、空气流动速度等多种因素影响，其中吸附作用是决定农药在固相、气相和液相中分配的重要因素，农药吸附在土壤颗粒后会降低自身活性（化学位），从而影响污染物在土壤气相中的蒸汽密度和挥发速率，因此农药在土壤中的挥发要比在简单水体中的挥发复杂得多。

2. 有机污染物的扩散

有机污染物在土壤中的移动是通过扩散和质体流动两个过程进行的。扩散是控制有机污染物挥发的主要过程，有机污染物在土壤的扩散决定于土壤特性，如含水量、紧实度、充气孔隙度、湿度以及某些有机污染物的化学特性，如溶解度、蒸汽密度和扩散系数。有机污染物在土壤中的扩散既能以气态发生，也能以非气态发生。

土壤中有机污染物的扩散主要是以水为介质进行的。有机污染物可直接溶于水中，也能悬浮于水中，或吸附于土壤固体微粒表面，或存在于土壤有机质中，随渗透水在土壤中沿土壤剖面向深层土壤不断扩散。扩散作用是有机污染物在水与土壤颗粒之间吸附—解吸或分配的一种综合行为，它甚至能使有机污染物进入地下水，造成污染。

3. 有机污染物在土壤中的吸收

吸收是指外源物质经各种途径透过有机体的生物膜进入生物体而脱离土壤的过程。植物从土壤中直接吸收有机物，然后将没有毒性的代谢中间体储存在植物组织中，这是植物去除环境中亲水性有机污染物的一个重要机制。疏水有机化合物易于被根表面强烈吸附而难以运输到植物体内，相比较容易溶于水的有机物则不易被根表面吸附而易被运输到植物体内。化合物被吸收到植物体后，植物根对有机物的吸收直接与有机物的相对亲脂性有关。

植物对有机污染物的直接吸收需要有发达的根系，较多的根、枝能提高植物对有机污染物的吸收性能。具有发达根系的植物能同时满足对亚表层土壤污染物的吸收，不同种植物对有机污染物的吸收与富集能力也有很大的差异，同种作物对不同品种有机污染物的吸收与富集也不同。如 Lichtenstein 等人注意到五种不同品种的胡萝卜对艾氏剂、七氯的吸收差别很大。许多作物种子中的含油量可以影响有机氯的残留量，另外，作物生长阶段也影响它们对有机氯的吸收量，不同品种影响程度不同。大豆在整个生长期间对有机氯的吸收量逐渐增高，到种子成熟时吸收减少，而棉花则在苗期吸收量最高，然后逐渐降低。

植物通过根部吸收有机污染物的途径有三条：质外体、共质体和质外体—共质体。这些化合物一旦被吸收后，会有多种去向：植物可将其分解，并通过木质化作用使其成为植物体的组成部分，也可通过挥发、代谢或矿化作用使其转化成 CO_2 和 H_2O，或转化成为无毒性的中间代谢物如木质素，储存在植物细胞中，达到去除环境中有机污染物的目的。环境中大多数苯系物化合物、含氯溶剂和短链的脂肪化合物都是通过这一途径去除的，只有很少一部分不能降解或降解不完全，物质在植物体内积累。例如，利用胡萝卜吸收二氯二苯基—三氯乙烷（DDT），然后收获胡萝卜，晒干后完全燃烧以破坏污染物。在此过程中，亲脂性污染物离开土壤进入胡萝卜中。环境中大多数苯系物（BTEX）化合物、有机氯化剂和短链脂肪族化合物都可以通过植物直接吸收途径去除。

有机污染物直接被植物吸收取决于植物的吸收效率、蒸腾速率以及污染物在土壤中的浓度。而吸收率反过来取决于污染物的物理化学特征、污染物的形态以及植物本身特性。蒸腾速率是决定污染物吸收的关键因素，其又决定于植物的种类、叶片面积、营养状况、土壤水分、环境中风速和相对湿度等。

（四）有机污染物在土壤中的残留和积累

有机污染物在土壤中残留的含义是指残存于土壤中的有机污染物原体、有毒代谢物、在毒理学上有意义的降解产物和杂质的总称。虽经迁移、降解等作用而使一部分污染物消失，但仍有一些残留在土壤中。积累是指有机污染物持久地保持其分子完整性，以及通过在环境中运输和分配，维持其理化性质和功能特性的能力。有机化合物如果在某一介质中的输入速率超过它的降解速率，就会导致污染物残留和累积。但如果输入的速率低于降解的速率，或者这种化合物的扩散和移动的能力很强，则不太可能形成残留。

虽经挥发、淋溶、降解等作用而使一部分农药消失，但仍有一些残留在土壤中。化学农药污染土壤的程度可以用其残留特性表示，即残留量和残留期。残留的数量称为残留量。在一般情况下主要是指农药原体的残留量和具有比原体毒性更高或相当毒性的降解残留物的残留量。农药在土壤中的残留期常用半衰期和残留期表示。半衰期是指施药后存在于土壤的农药，由于降解等原因致使含量减少一半所需的时间。残留期是指施于土壤的农药因降解等原因含量减少75%～100%所需的时间。表8-2列出若干农药的半衰期。

表8-2　不同类型农药在土壤中的（大致）残留时间

农药品种	（大致）半衰期（a）	农药品种	（大致）半衰期（a）
含铅、砷、铜、汞的农药	10～30	三嗪类除草剂	1～2
有机氯杀虫剂	2～4	苯酸类除草剂	0.2～2
有机磷杀虫剂	0.02～0.2	磺酰脲类除草剂	0.3～0.8
氨基甲酸酯杀虫剂	0.02～0.1	氯化除草剂	0.1～0.4

按照污染物在环境中的存在形式，可以将其划分为结合态、轭合态和游离态三种类型。国际原子能利用委员会（IAPC）于1986年确定"用甲醇连续萃取24 h后仍残存于样品中的农药残留物为结合残留"。由于提取分析方法的发展，农药品种的更新换代，常规的甲醇提取方法已不能有效应用于所有的农药残留物分析，因此，Robert（1984）提出，结合态农药残留是存在于土壤和植物体中，源于农业生产中使用的，只有用显著改变残留物化学性质的方法才能提取出来的农药残留物。

研究表明，结合残留物既可以是农药母体化合物，也可以是其代谢产物。结合残留主要存在于样品的具有多种功能基团的网状结构组分中，结合残留物同环境样品的结合可能包括化学键合和吸附过程及物理镶嵌等作用。农药残留物与土壤结合可以暂时降低其毒性，但随着田间重复使用，结合残留量逐渐增加，在过去相当长的时间里，人们认为土壤中农药结合残留物被环境生物吸收很有限，土壤、植物体内的农药结合残留物对动物的毒性很低，不易为动物消化系统吸收，进入动物体后大部分可以被排出体外。但最近的研究发现，土壤中结合态的农药母体及降解中间产物，在一定条件下可因土壤动物、微生物的活动或其他环境因子变化而逐渐转化为游离态残留物，进而影响土壤动物和后茬农作物的正常生长，最终形成迟发性的环境问题。人们对结合残留的环境意义，虽然还存在不同观点，但有关土壤和植物体中生物可利用的农药结合残留对环境生物，尤其是对动物和作为动物饲料的植物的作用，已逐渐成为结合残留物环境评价的重要方面。农药与土壤不同组分的结合，将影响土壤的物质循环和各种土壤学过程，其中受影响最大的应当是农药的生物有效性和生态环境行为。我们应该对土壤中农药结合残留物归趋及其环境意义进行辩证、全面的评价，从而为将来更好地控制土壤农药结合残留，更好地维护环境生态创造条件。

对于土壤中农药结合残留的影响因素可以大致归结为以下几个方面：农药自身的化学结构特性、土壤理化性质、土壤植物、动物和微生物产生的影响和土壤环境所产生的影响。土壤有机污染物在土壤环境中经历了吸附—解吸、降解—代谢、迁移—吸收等多种复杂过程的同时作用后，结合残留物遗留到了土壤，通过食物链对人体的健康产生危害，对土壤农药结合残留的分析将成为今后研究的热点。

农药结合残留的研究需要高精度分析仪器和技术，分析土壤中的结合残留物一直是一个挑战性的问题，结合残留的测定通常采用的是同位素示踪技术和超临界萃取技术。放射性同位素标记示踪技术以其独特的优势成为国际公认的研究农药环境行为及其残留污染等最有效的手段之一，利用该技术进行农药的环境评价是新农药创制和注册登记的必要手段。联合国粮农组织与国际原子能机构联络处（FAO/IAEA）制定的《土壤中农药结合残留量测定的标准方案》中称："应用放射性标记化合物是目前定量分析结合残留的唯一行之有效的方法"。最早应用结合态农药残留分析的超临界萃取技术是甲醇法，由于超临界状态的甲醇能导致被提取的结合残留物化学性质的改变，也能和一些农药及代谢物发生反应。目前主要用 CO_2 代替，CO_2 的极性很低，只能用于萃取低极性和非极性的化合物，对于极性较大的化合物，通常用 NH_3 或 N_2O 为超临界流体萃取剂。

第二节　重金属在土壤环境中迁移转化

一、土壤中重金属的存在形态及特点

重金属是土壤无机污染物中比较突出的一类。土壤污染中所关注的重金属，主要是指汞、铜、铬、铅和类金属砷五种生物毒性显著的元素，也包括有一定毒性的锌、铜、钴、钼、镍、锡等常见的元素。进入土壤中的重金属的归宿由一系列复杂的化学、物理与生物过程所控制。然而不同重金属之间某些化学行为有相似之处，但它们并不存在完全的一致性。当它们进入土壤后，最初的迁移转化将在很大程度上依赖重金属的形态，也就是说这将依赖于重金属的来源。随着时间的流逝，土壤组成的复杂性和土壤物理化学性状的可变性，造成了重金属在土壤环境中的存在形态的复杂性和多样性。重金属大多属于过渡性元素，而过渡性元素原子特有的电子层结构使其具有可变价态，能在一定范围内发生氧化还原反应。不同价态的重金属，其活性和毒性是不同的，例如，As^{3+}、Cr^{6+} 的毒性分别比 As^{5+}、Cr^{3+} 的毒性大得多。

最近，大多数研究工作者在进行土壤中重金属形态分级分析时，普遍采用不同的浸提剂连续浸提，将土壤环境中重金属存在形态分为：① 水溶态（以去离子水浸提）；② 交换态（如以 $MgCl_2$ 溶液为浸提剂）；③ 碳酸盐结合态（如以 NaAc – HAc 为浸提剂）；④ 铁锰氧化物结合态（如以 NH_2OH – HCl 为浸提剂）；⑤ 有机结合态（如以 H_2O_2 为浸提剂）；⑥ 残留态（如以 $HClO_4$ – HF 消化，1∶1 HCl 浸提）。由于水溶态一般含量较低，又不易与交换态区分，常将水溶态合并到交换态之中。

不同存在形态的重金属，其生理活性和毒性均有差异。其中以水溶态和交换态的活性、毒性最大，残留态的活性、毒性最小，而其他结合态的活性、毒性居中。研究资料表明，在不同的土壤环境条件下，包括土壤的重金属类型、土地利用方式（水田、旱地、果园、林地、草场等）、土壤的物理化学性状（pH 值、E_h 值、吸附作用、络合作用等）等因素的差异，都可以引起土壤中重金属元素存在形态的变化，从而影响重金属的转化和作物对重金属的吸收。

重金属在土壤中的存在形态随着土壤环境条件的变化而发生转化。在一定的条件下，这种转化处于动态平衡状态，基本上是符合一般的溶解与沉淀平衡、氧化还原平衡、络合—螯合平衡，以及吸附与解吸平衡原理的。但是，由于土壤环境的复杂性，应用溶液化学的某些理论，常有偏离现象。例如，一些难溶化合物在土壤溶液中的实际浓度，常常偏离溶度积原理。这是因为土壤分散体系是一高度异相介质，土壤液相中离子浓度除受溶度积原理控制外，还受发生在固液相界面上的交换吸附和解吸的影响，不易形成"纯"的相，或离子浓度不易达到溶度积所允许的浓度。同时，还因土壤溶液中组分的复杂性，常易发生共沉淀现象，导致某种离子浓度受另一种离子浓度所控制。但是，水溶液化学的基本原理仍然是研究土壤溶液化学的理论基础。

二、重金属的土壤环境行为

（一）土壤胶体对重金属的吸附作用

1. 吸附作用

土壤中含有丰富的无机和有机胶体。土壤胶体对进入土壤中的重金属元素具有明显的固定作用。一般来说，在土壤中重金属元素呈两种存在形式。

（1）重金属元素在土壤溶液中呈胶体状态。这主要发生在湿润气候地区和富含有机质的酸性条件下，如铁、锰、铬、钴、钒、砷等元素可呈胶体形式存在，铜、铅、锌等也部分呈胶体形态迁移。

（2）土壤中存在的有机和无机胶体对金属离子的吸附固定。它是许多金属离子和分子从不饱和溶液中转入固相的主要途径，是重金属在土壤积累而被污染的重要原因，也是重金属重要的迁移转化方式之一。

土壤胶体对金属离子的吸附能力与金属离子的性质及胶体种类有关。同一类型的土壤胶体对阳离子的吸附与阳离子的价态及离子半径有关。阳离子的价态越高，电荷越多，土壤胶体与阳离子之间的静电作用力也就越强，吸附力也越大。具有相同价态的阳离子，离子半径越大，其水合半径相对越小，较易被土壤胶体所吸附。在胶体对金属离子吸附时，如金属元素吸附在胶体表面的交换点上，则较易释放；若重金属离子被同晶替代作用吸附在晶格中，则很难释放。

有机胶体属于无定形胶体，比表面大，因此其吸附容量比无机胶体的大，有机胶体对金属离子的吸附顺序是：$Pb^{2+} > Cu^{2+} > Cd^{2+} > Zn^{2+} > Hg^{2+}$。土壤中各种胶体对重金属的吸附影响极大，以 Cu^{2+} 的吸附为例，土壤中各类胶体的吸附顺序为：氧化锰 > 有机质 > 氧化铁 > 伊利石 > 蒙脱石 > 高岭石。

2. 吸附类型

土壤胶体对重金属的吸附作用通常分为非专性吸附和专性吸附。

（1）非专性吸附。又称极性吸附，主要是指离子与土壤表面电荷的静电吸附作用，这种作用的发生与土壤胶体微粒带电荷有关。因各种土壤胶体所带电荷的符号和数量不同，对重金属离子吸附的种类和吸附交换量也不同。应当指出，离子从溶液中转移到胶体上是离子的吸附过程，而胶体上原来吸附的离子转移到溶液中去是离子的解吸过程，吸附与解吸的结果表现为离子相互转换，即所谓的离子交换作用。重金属阳离子多数为二价（如镉、铅、铜、锌等），在通常情况下，对吸附的竞争性大于土壤中通常存在的 Ca^{2+}、Mg^{2+}、NH_4^+ 等离子，较易被吸附；在酸性土壤中，由于对吸附位竞争力较强的某些阳离子浓度较高，如 H^+、Fe^{3+}、Al^{3+} 等，外源重金属团离子趋向游离，增加了活性；在环境改变时，吸附的离子容易被解吸。

（2）专性吸附。重金属离子能进入土壤胶体氧化物的金属原子的配位壳中，并通过共价键或配位键结合在固体表面。与非专性吸附的根本区别在于，被专性吸附的重金属离子是非交换态的，通常不被氢氧化钠或醋酸钙等中性盐所置换，其只能被吸附亲和力更强的离子或有机络合剂解吸，也可在 pH 值较低的条件下解吸。由于专性吸附较牢固，可以减少重金属对植物的有效性，对决定土壤容量的意义很大。在重金属浓度很低的情况下，专性吸附量的比例较大。一般认为，当土壤 pH > 6.5 时，土壤重金属含量低于土壤阳离子代换量（CEC），不表现污染危害。

（二）土壤中重金属的配合作用（与氧化）

重金属可与土壤中的各种无机和有机配位体发生配合作用，生成的配位化合物的性质影响着土壤中重金属离子的迁移活性。配合作用主要分为表面配合作用和晶间配合作用两种。红外光谱分析证明，硅酸盐中有大量 SiO_4^{4-}、AlO_4^{5-} 基团，在固—液体系中硅酸盐颗粒表面可以与水形成水合氧化物盖层，表面呈负电性，有利于配合作用产生。在黏土矿物层与层之间是分子引力相联结，重金属离子可以进入层间与 SiO_4^{4-} 发生配合作用。

土壤配位体分为无机配位体和有机配位体两种，其中无机配位体包括 OH^-、Cl^-，羟基离子对重金属的络合作用实际上是重金属离子的水解反应。重金属在较低的 pH 值条件下可以水解。汞、镉、铅、锌等离子的水解作用表明，羟基与重金属的络合作用可大大提高重金属氢氧化物的溶解度。氯络合重金属离子的形式只会出现在含盐土壤中氯离子浓度较高时。一般土壤中氯离子浓度很低，则不会形成重金属离子的氯络合物。黏土矿物羟基化表面可以通过静电作用与溶液中的离子发生表面配合反应，如 Pb^{2+} 能与高岭石表面进行配合反应。由于层状硅酸盐矿物结构单元层外层存在着羟基基团，结构单元层之间的键力联结较弱，重金属离子可以进入层间与羟基发生配合作用，因此在其晶体内部的相邻两结构单元层之间，也存在显著的配合作用。如高岭石为 T－O 型层状硅酸盐矿物，重金属离子可以进入层间与八面体片中的羟基发生配合作用。

有机配位体包括腐殖质、蛋白质、多糖类、本质素、多酸类、有机酸等，其中最重要配位体是腐殖质。重金属通过与腐殖质中的氨基、亚氨基、羟基、羧基、羰基、硫醚等基团配位，而形成稳定的配合物和螯合物。一般认为，腐殖质中的富里酸与重金属离子形成的螯合物，溶解度较大，易于在土壤中迁移，而腐殖质中的腐殖酸与重金属形成的螯合物溶解度小，不易在土壤中迁移。

（三）土壤中重金属的沉淀和溶解

沉淀和溶解是重金属在土壤环境中迁移的重要途径。其迁移能力可直观地以重金属化合物在土壤溶液中的溶解度来衡量。溶解度小者，迁移能力小；溶解度大者，迁移能力大。而溶解反应时常是一种多相化学反应，是各种重金属难溶化合物在土壤固相和液相间的多相离子平衡，其变化规律遵守溶度积原则，并受土壤环境条件的显著影响。

土壤 pH 值直接影响重金属的迁移转化。例如，石灰施入土壤可提高土壤 pH 值，进而促使土壤中 Cd、Hg、Pb、Zn 等污染物形成氢氧化物或碳酸盐结合态沉淀，土壤中磷酸根离子也可与金属离子直接形成溶解度很小的金属磷酸盐沉淀，从而降低重金属污染物在土壤中的生物有效性和毒性。利用 X－射线衍射、傅立叶变换红外光谱、扫描电镜等技术研究发现，磷酸盐对镉的钝化作用主要受 pH 值影响，而几乎不受磷酸盐种类的影响。在磷酸根的作用下，镉污染物主要形成稳定的磷酸盐沉淀，当 pH 值逐渐升高，沉淀反应产物的晶格结构逐渐变差。

土壤的氧化还原状况（E_h 值）也会影响重金属的存在形态，使重金属的溶解度发生变化，从而影响重金属在土壤中的迁移和对植物的有效性。例如，在富含游离氧、E_h 值高的土壤环境中，Hg、Pb、Co、Sn、Fe、Mn 等重金属常以高价存在，高价金属化合物一般比相应的低价化合物溶解度小，迁移能力低，对作物危害也轻；而呈高氧化态的重金属铬、钒，由于形成了可溶性的铬酸盐、钒酸盐，则具有很高的迁移能力。在不含硫化氢的还原性土壤中（E_h 值约为 100 mV），砷酸铁可还原为亚铁形态、E_h 值进一步降低，砷酸盐可还原为易溶的亚砷酸盐，使砷的移动性增高。而在含硫化氢，$E_h < 0$ 的还原性土壤中，重金属大多与硫离子形成金属硫化物，溶解度大大降低，迁移能力变小，危害减轻。

土壤水溶性有机质也会影响土壤重金属的沉淀与溶解作用。水溶性有机质可以与重金属形成螯合物，从而影响沉淀颗粒的生长、絮凝、凝结和溶解等表面反应，进而提高重金属在土壤中的溶解度。例如，水溶性有机质可以抑制 HgS 的沉淀，提高其溶解度。另外，土壤中的水溶性有机质也会因为絮凝反应和微生物作用影响重金属的溶解度。在富里酸浓度较高时，容易形成难溶性胶体，进而形成更大的絮状物，导致有机—铜复合体的沉淀。

（四）土壤重金属的生物作用

1. 植物作用

土壤生物对重金属的转化起着重要的作用。植物可以吸收、挥发、活化、稳定土壤中的重金属。

（1）植物提取作用。利用植物大量吸取土壤中的金属元素，通过收获植物体并加以适当处理，达到去除或降低土壤中元素污染物的目的。这些植物就是特指的超积累植物。超积累植物是指对重金属元素的吸收量超过一般植物 100 倍以上的植物。它积累的 Cr、Co、Ni、Ca、Pb 的含量一般在 0.1% 以上，积累的 Mn、Zn 含量一般在 1% 以上。根据从世界各地所收集的植物分析结果表明，植物超富集体茎叶中的重金属浓度可达其干重的 1%。这些重金属主要是 Zn、Ni、Se、Cu、Co 或 Mn，对 Cd 的积累为 0.1% 以上。其超富集状况见表 8-3。

表 8-3　某些植物对重金属的超富集状况

重金属元素	植物名称	叶片中重金属（mg/kg）	发现地点
Zn	遏蓝菜属	39 600	德国
Cd	遏蓝菜属	1 800	宾夕法尼亚
Ni	叶下珠属	38 100	新喀里多尼亚
Se	黄芪属	14 900	怀俄明
Mn	串珠藤属	11 500	新喀里多尼亚

（2）植物活化作用。植物吸收土壤重金属的关键之一在于对这些金属的活化，使其进入土壤溶液。一般说来，植物对土壤结合态金属的活化主要有以下三种方式：

① 金属—螯合分子分泌进入根际螯合、溶解"土壤结合态"金属。根系分泌物中某些金属结合蛋白和某些特殊的有机酸能螯合重金属。根分泌的粘胶物质与根际中的 Pb^{2+}、Cu^{2+}、Cd^{2+} 等重金属离子络合，形成稳定的螯合体，将污染物固定在污染土壤中。某些金属结合蛋白（可能类似于金属硫蛋白或植物螯合肽）可作为植物的离子载体，部分植物还可能分泌某些化合物，促进土壤中金属溶解。② 植物的根通过专性原生质膜结合的金属还原酶来还原"土壤结合态金属离子"。③ 植物通过根部释放质子来酸化土壤环境，从而溶解重金属。在 pH 值较低时，"土壤—结合态"的重金属离子进入土壤溶液的量增加。现已有报道指出超积累植物根系能分泌特殊有机物，或者其根毛直接从土壤颗粒上交换吸附重金属，以促进土壤重金属元素的溶解和植物对其的吸收。如 Reeves 和 Brooks 认为遏蓝菜属植物具有活化土壤中其他植物不能吸收利用的 Zn 形态的能力。

（3）植物挥发作用。利用一些植物根系吸收重金属、类金属及有机污染物，转变为可挥发的形态，从而让其离开土壤和植物表面。有人研究了利用植物挥发去除土壤环境中的 Hg，即将细菌体内的汞还原酶基因转入模式植物拟南芥中，这一基因在该植物体内表达，将植物从土壤环境中吸收的汞还原为 Hg，使其成为气体而挥发。另有研究表明，利用植物也可将环境中的 Se 转化为气态形式二甲基硒 $[(CH_3)_2Se]$ 和二甲基二硒 $[(CH_3)_2Se_2]$，但挥发进入大气的污染物有可能产生二次污染问题。

（4）植物稳定作用。植物稳定是利用耐重金属植物降低土壤中有毒金属的移动性，从而减少重金属被淋滤到地下水或通过空气扩散，进一步污染环境的可能性。植物的稳定作用主要有两种功能：① 保护污染土壤不受侵蚀，通过减少土壤渗漏来防止重金属污染物的淋移；② 通过重金属在根部积累和沉淀或根表吸收来加强土壤中污染物的固定。研究发现，一些植物可降低 Pb 的生物可利用性，缓解 Pb 对环境中生物的毒害作用。植物根分泌的有机物质对土壤中金属离子的可溶性与有效性方面起着重要作用。

2. 微生物作用

土壤生物对重金属的转化起着重要的作用。土壤微生物能够通过烷基化、去烷基化、氧化、还原、配位和沉淀作用转化重金属，并影响它们的迁移能力和生物的有效性。土壤微生物对重金属的作用机理包括细胞代谢（专一性的代谢途径可使金属生物沉淀或通过生物转化使其低毒或易于回收）、表面生物大分子吸收转运、生物吸附（利用活细胞、无生命的生物量、金属结合蛋白和多肽或生物多聚体作为生物吸附剂）、空泡吞饮、沉淀和氧化还原反应等。土壤微生物是土壤中的活性胶体，它们比表面大、带电荷、代谢活动旺盛。受到重金属污染的土壤，往往富集多种耐重金属的真菌和细菌，微生物可通过多种作用方式影响土壤重金属的毒性。

微生物对土壤中重金属活性的影响主要体现在以下四个方面：

（1）生物吸附和富集作用。微生物可通过带电荷的细胞表面吸附重金属离子，或通过摄取必要的营养元素主动吸收重金属离子，将重金属离子富集在细胞表面或内部。

（2）溶解和沉淀作用。微生物对重金属的溶解主要是通过各种代谢活动直接或间接地进行的，如土壤微生物的代谢作用能产生多种低分子量的有机酸，如甲酸、乙酸、丙酸和丁酸等。

（3）氧化还原作用。土壤中的一些重金属元素可以多种价态存在，它们呈高价离子化合物存在时溶解度通常较小，不易迁移；而以低价离子形态存在时溶解度较大，易迁移。微生物的氧化作用能使这些重金属元素的活性降低。微生物能还原土壤中多种重金属元素。微生物还可以通过对阴离子的氧化，释放与之结合的重金属离子。

（4）菌根真菌与土壤重金属的生物有效性关系。菌根真菌与植物根系共生可促进植物对养分的吸收和植物生长。菌根真菌也能借助有机酸的分泌活化某些重金属离子。菌根真菌还能以其他形式如离子交换、分泌有机配体、激素等间接作用影响植物对重金属的吸收。

重金属在土壤中的迁移转化一般会受到植物和微生物的同时作用，植物在生长过程中，根系向生长介质分泌质子和大量有机物质，这些物质可以加强土壤中微生物的活性。大量活跃的微生物一方面可以把大分子化合物转化为小分子化合物，活化根际重金属；另一方面微生物也可以分泌出质子、有机质，保护植物的生长，同时活化植物根际重金属。

第三节　氮、磷肥料在土壤环境中迁移转化

肥料是农业的重要生产资料，充分、合理地使用化学肥料，是促进作物增产，加速农业发展的一条行之有效的途径。长期过量施用化肥或施用不当会造成明显或潜在性的环境污染。化肥使用过程中存在的主要问题有：化肥用量大、利用率低、化肥施用不合理等等，使环境受到污染，农产品品质下降，尤其在集约化高产地区或农村经济发达地区更加明显。食品、饮用水中硝酸盐含量超标，主要是氮素化肥过量施用所致。化肥污染对生态

和人体健康的影响越来越受世界各国的重视。

氮、磷素是构成生命体的重要元素。在作物生产中，作物对氮、磷的需要量较大，土壤供应不足是引起农产品下降和品质降低的主要限制因子。同时，氮、磷素肥料施用过剩会造成江湖水体富营养化、地下水硝态氮积累及毒害等。了解氮、磷素循环及其来源、形态、转化特性是现代农业和环境保护面临的有挑战性的问题。

常用化肥类别及品种如下：① 氮肥，主要包括铵（氨）态氮肥（硫酸铵等）、硝态氮肥（硝酸铵等）、酰胺态氮肥（尿素）。② 磷肥，主要有水溶性磷肥（过磷酸钙）、弱酸溶性磷肥（钙镁磷肥等）、难溶性磷肥（磷矿粉等）。

一、土壤中氮素的迁移转化

（一）氮在土壤中的形态

土壤中氮的含量范围为 $0.02\% \sim 0.50\%$ ，表层土壤含氮量远比心、底土的含氮量高。除了肥料氮的施入，分子氮的生物固定也已成为土壤氮素累积的主要途径之一。据估计，全球生物固氮量每年可达 1.22×10^8 t，远远超过人们使用的化肥中的氮量，生物固氮作用在自然界氮循环和农业生产中都具有重要的意义。土壤中的固氮菌能够直接利用土壤气体中的分子态氮，同化为自身所需的氮源，这些细菌死亡后，又被其他微生物分解，氮素又被释放出来，在土壤中不断累积。雨水和灌溉水也可以把氮素带入土壤，大气中的一些含氮化合物，如 NO_2、N_2O、NO 和 NH_3 可随降水进入土壤，随着环境的污染、水资源的紧张，污水灌溉的现象越来越严重，同时也把氮素带入了土壤中。

土壤中氮素形态可分为无机态和有机态两大类。无机氮又称为矿质态氮，主要指土壤中未与碳结合的含氮化合物，包括铵态氮、亚硝态氮、硝态氮、氮气及气态氮氧化物，一般多指铵态氮和硝态氮。大多数情况下，土壤中无机氮含量很少，表土中一般只占全氮量的 $1\% \sim 2\%$ 。土壤中无机氮是微生物活动的产物，它易被植物吸收，而且也易挥发和流失，所以其含量变化很大。

土壤有机物结构中的结合氮称为土壤有机氮。土壤有机氮一般可占全氮量的 95% 以上，按其溶解度和水解难易程度可分为以下三类：

（1）水溶性有机氮。主要是一些较简单的游离态氨基酸、铵盐及酰胺类化合物，在土壤中数量很少。它们分散在土壤溶液中，很容易水解释放出铵根离子，成为植物的有效性氮源。

（2）水解性有机氮。用酸、碱或酶处理能水解成简单的易溶性氮化合物。它是土壤中氮素数量最多的一类化合物，主要存在于微生物体内，水解后分解成多种氨基酸和氨基。

（3）非水解性有机氮。这类含氮有机物质结构极其复杂，不溶于水，用一般的酸、碱处理也不能水解。主要有杂环氮化合物；糖类与铵类的缩合物；铵或蛋白质与木质素类物质作用形成复杂结构态物质等。

（二）土壤中氮素的迁移转化

1. 氮素的矿化与生物固定作用

在微生物的作用下，土壤中的含氮有机质分解形成无机氮的过程，称为有机氮的矿化作用。矿化过程主要可分为两个过程：第一过程先把复杂的含氮有机质，通过微生物的作用逐级简化而形成含氨基的简单有机化合物。这个过程也可以称为氨基化过程，其作用称为氨基化作用。第二过程是通过微生物的作用，把所产生的各种氨基化合物分解成氨，称为氨化作用。在氨化过程中，由于条件的不同，还可以产生有机酸、醇、醛等较简单的中间产物，最后完全矿化，所有有机质成分都变成了无机化合物形态，如碳变成了 CO_2，氨变成 NH_3 等。以蛋白质为例，过程如下：

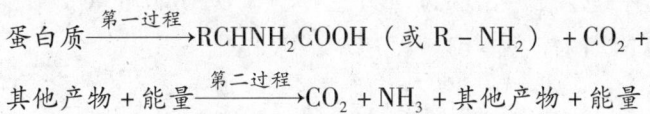

$$蛋白质 \xrightarrow{第一过程} RCHNH_2COOH（或 R-NH_2）+CO_2+$$
$$其他产物+能量 \xrightarrow{第二过程} CO_2+NH_3+其他产物+能量$$

由肥料施入的 NH_4^+ 或 NO_3^- 和矿化后释放的无机氮可被微生物吸收，发生生物固定，也可被黏土矿物吸附固定，或与有机质结合，这些统称为氮素的固定。土壤中铵离子的离子半径和 2:1 型黏粒矿物晶架表面孔穴的大小相近，所以它可能陷入晶穴内而被固定。土壤有机质中的木质素及其衍生物和腐殖质等，能与亚硝酸产生化学反应，使亚硝态氮固定为有机质成分中的一部分，这种作用一般在微酸性条件下更易产生。由矿质化所生成的铵态氮、硝态氮和某些简单氨基态氮，通过微生物和植物的吸收同化，转化成有机态氮。从氮素营养的角度来看，这里植物和微生物之间在短时期内是存在着一定的竞争现象的，但从土壤氮素循环的总体来说，微生物对速效氮的吸收同化，有利于土壤整个氮素的保存和周转。

2. 土壤中氨态氮和硝态氮的转化

土壤中的铵离子在硝化细菌的作用下氧化为硝酸的过程称为硝化作用。这一作用包括两个过程：第一过程是铵离子在亚硝化细菌的作用下氧化为亚硝酸，称为亚硝化作用；第二过程是亚硝酸在硝化细菌的作用下氧化为硝酸，称为硝化作用。反应式如下：

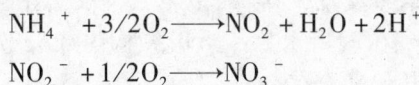

$$NH_4^+ +3/2O_2 \longrightarrow NO_2+H_2O+2H^+$$
$$NO_2^- +1/2O_2 \longrightarrow NO_3^-$$

在一般土壤中，由于亚硝酸盐极少积累，因而硝化作用的主要产物是硝酸盐。但是在碱性环境中，由于硝酸细菌的活性受抑制，亚硝酸盐可能有所积累。亚硝酸盐的积累可能对作物产生毒害，硝化作用形成的硝酸盐是植物氮素供养的重要来源。但是，硝酸盐的移动性和流失性比铵盐大得多，这些损失既减少了土壤中可供作物利用的氮素，又可导致土壤酸化、水体富营养化等环境问题。因此，适当控制施入土壤中的铵态氮肥和尿素肥料的硝化作用是十分有益的。

影响硝化作用的因素很多，其中主要的有土壤的水、气、热条件，pH 值，施入肥料的种类和数量，耕作制度和植物根系等。在土壤相对含水量为 50% ~60% 时，土壤中硝化作用往往最为旺盛。硝化作用的最适土温为 20℃ ~25℃，但长期处于不同气候条件下土壤中的硝化细菌对温度的需求是不一致的。土壤 pH 值在 5.6 ~8.0 范围内，随着 pH 值上升硝化速率成倍增加。土壤 pH 值不仅影响硝化活性，而且还影响其进程，即影响到铵氧化成亚硝酸根及亚硝酸根继续氧化为硝酸根这两个过程的快慢。另外，增施有机肥，可以促进硝化作用；土壤中植物根系的生长，则抑制硝化作用。

由硝酸根离子还原为铵离子的作用称为硝酸还原作用。硝酸还原作用稍慢于反硝化作用，但比微生物同化铵离子的过程快。硝酸还原作用的大小主要受土壤氧化还原电位的影响，土壤氧化还原电位越低，生成的铵离子越多，有机氮也越多。

3. 土壤氮素的气态挥发

土壤中无机氮在一定条件下可形成 NH_3、N_2、N_2O、NO 和 NO_2 等气态氮而从土壤中挥发损失。其机制为 NH_3 的挥发、NO_3^- 和 NO_2^- 的反硝化作用。

（1）NH_3 的挥发。土壤中施入铵态氮肥或尿素，或土壤本身的铵离子含量高时，可使土壤 pH 值升高并发生一系列变化形成氨（NH_3），随后挥发到空气中。影响 NH_3 挥发的主要因素有：① pH 值。一般当 pH < 7.5 时，氨的损失较小，随着 pH 值的增加，NH_3 损失量增多。② 土壤 $CaCO_3$ 的含量。NH_3 的损失与 $CaCO_3$ 含量呈正相关。铵盐施入土壤后，就与 $CaCO_3$ 反应生成（NH_4）$_2CO_3$，（NH_4）$_2CO_3$ 不稳定，很容易分解造成 NH_3 的挥发。NH_3 损失的多少除与土壤 pH 值有关外，还与铵盐伴随阴离子与 Ca^{2+} 形成的钙盐溶解度有关，钙盐溶解度低的如硫酸钙，则 NH_3 的挥发损失越大，反之形成的钙盐溶解大，NH_3 损失就小一些。③ 温度。温度影响 NH_3 在水中的溶解性和在土壤中的扩散速率，温度高，水中的溶解性减少，而在土壤中的扩散速率增大，因而 NH_3 的挥发损失增加。④ 施肥深度。大量试验表明，铵态氮肥深施于表土下 10 cm 左右肥效较好，且随深度加深 NH_3 挥发明显减少。此外，土壤水分、NH_4^+ 和 NH_3 的浓度都影响 NH_3 的挥发损失。

（2）反硝化作用。土壤中的亚硝态氮或硝态氮通过微生物作用或化学作用还原为 N_2、N_2O、NO 等的过程，称为反硝化作用。反硝化作用实质上是硝化作用的逆过程，主要由反硝化细菌引起。在通气不良的条件下，反硝化细菌可夺取硝态氮及其还原产物中的化合氧，使硝态氮变为氮气而挥发至大气中。试验表明，随着土壤溶液中的溶解氧浓度减少，反硝化的强度逐渐加强，当氧浓度减少到 5% 以下时，反硝化强度明显增高。普通土体在一般含水量情况下，即使达到田间持水量，土壤结构内或分散土粒间的小孔隙中已充满水，但其结构间的非毛管孔却仍然充有空气。因此，在这种土壤中硝化作用和反硝化作用往往可以同时并存（图 8-5）。但也有例外，有些土壤的排水条件并不恶劣，因为含有大量的易分解有机质，使土壤产生了局部的厌氧环境，也会产生强烈的反硝化作用。

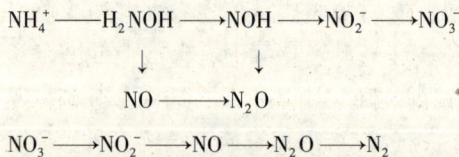

$$NH_4^+ \longrightarrow H_2NOH \longrightarrow NOH \longrightarrow NO_2^- \longrightarrow NO_3^-$$
$$\downarrow \qquad\qquad \downarrow$$
$$NO \longrightarrow N_2O$$

$$NO_3^- \longrightarrow NO_2^- \longrightarrow NO \longrightarrow N_2O \longrightarrow N_2$$

图 8-5　硝化作用与反硝化作用

4. 土壤氮素的淋洗迁移

铵离子和硝酸根离子在水中溶度很大，铵离子因带正电荷，易被带负电的土壤胶体表面所吸附，硝酸根离子带负电荷，是最易被淋洗的氮形态。随着渗漏水的增加，硝态氮随着水从上层土壤剖面淋至较深的土层，进入地下水（图 8-6）。自然条件下，硝态氮的淋失受到土壤剖面构型、耕作、灌溉、降雨、施肥的影响，例如，在湿润和半湿润地区的土壤的淋洗量较多，半干湿地区较少，而在干湿地区除少数砂质土壤外，几乎没有淋洗。地表覆盖亦与硝酸盐的淋洗有密切关系，植物生长的旺盛季节，土壤根系密集，吸氮强烈，即使在湿润地区，氮的淋失也较弱；相反，休闲地、裸露地的氮淋失则较强。

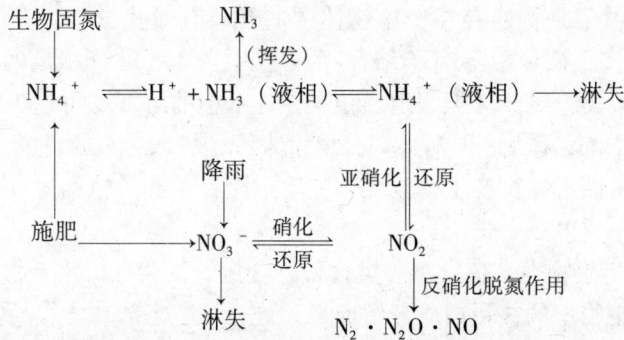

图 8-6　土壤中的氮的补给和损失过程

土壤氮还可以随地表径流进入河流、湖泊等水体中，由地表水径流带走的氮，除硝酸盐外，还有土壤黏粒表面铵离子和部分的有机氮。通过淋洗或径流进入地下水或河、湖的氮，能引起水体富营养化。

二、土壤中磷素的迁移转化

（一）磷在土壤中的形态及特点

我国土壤中磷含量（以 P_2O_5 计）一般在 $0.5 \sim 4.6$ g/kg，平均为 1.28 g/kg。全国由北向南逐渐减少，南岭以南的砖红壤全磷含量最低；其次是华中地区的红壤；而东北地区和由黄土性沉积物发育的土壤，含磷一般较高。耕地土壤的全磷含量，变幅很大，主要受其原来土壤类型、地形部位、耕作制度和施肥等因素的影响。土壤中的磷素主要分无机态和有机态两大类。

土壤中无机磷的种类较多，成分十分复杂，根据磷与土壤结合程度可以分为矿物态、吸附态和水溶态三种形态，其中以矿物态为主。含磷矿物主要是石灰性土壤中的磷灰石与酸性土壤中的磷酸铁铝两大类。磷灰石包括氟磷灰石 $[Ca_{10}(PO_4)_5F_2]$、羟基磷灰石 $[Ca_{10}(PO_4)_5OH_2]$ 和碳酸磷灰石三种类型的混合物或中间产物。三种磷灰石中磷的有效性以氟磷灰石最低，碳酸磷灰石最高，羟基磷灰石居中。除磷灰石外，土壤中还有诸如磷酸一钙、磷酸二钙、磷酸三钙、磷酸八钙和磷酸十钙等多种磷酸盐的化合物，以及一系列的水化和含羟基的磷酸钙。其中，磷酸一钙、磷酸二钙和磷酸三钙有效性较高，磷酸八钙为缓效性磷源，磷酸十钙只是一种潜在性磷源。

吸附态磷是土壤中为黏土矿物或有机物所吸持的那部分磷酸盐。土壤中吸附态磷的含量一般很低，且随 pH 值下降而升高，能通过 pH 值调节而释放。在相同 pH 值条件下，胶体吸附磷的数量因胶体种类而异，如氧化铁、铝吸附量最大，蒙脱石最少，高岭石介于其间。土壤水溶态磷是可供植物直接吸收利用的磷，其含量极低，一般只有 $0.1 \sim 1$ mg/kg。它的补给主要依赖于磷酸盐矿物的溶解和吸附固定态磷的释放。

有机磷在总磷中所占的比例及其变化范围是十分宽的，可占表土全磷的 $20\% \sim 80\%$。一般来说，有机磷随土中有机质的含量的增加而增加，而表层土又较次层土有机磷含量高，有机磷在表层土的含量变化较大。土壤中有机态磷主要有三类：

（1）植素类。植素是普遍存在于植物体中的含磷有机化合物，是由植酸（又称环己六醇磷酸）与钙、镁、铁、铝等离子结合而成，占土壤有机磷总量的 $20\% \sim 50\%$ 之间，是土壤有机磷的主要类型之一。据报道，植素在纯水中的溶解度可达 10 mg/L 左右，并且随溶液 pH 值升高溶解度增大。但对大部分植素来说，一般须先通过微生物的植素酶的水解，产生 H_3PO_4，从而对植物产生有效性。土壤中还有一部分植素呈铁盐状态，其溶解度比钙、镁盐小。

（2）核酸及其衍生物类。核酸是一类含磷、含氮的复杂有机化合物，多数认为是从动植物残体特别是微生物中的核蛋白质分解而来，这类核酸态磷在土壤有机态磷中所占比例一般在 $5\% \sim 10\%$，除了核酸外，土壤中还存在少量核蛋白质，也属有机态磷化合物，它们都是通过微生物酶系作用，分解为磷酸盐后才能为植物所吸收。

（3）磷脂类。这是一类醇溶性、醚溶性的含磷有机化合物，其中较复杂的还含氮，普遍存在于动植物及微生物组织中。土壤中磷脂类含量通常不到总有机磷量的 1%，须经过微生物的分解，才能成为有效磷。

（二）土壤中磷的迁移转化

1. 土壤中有效磷的固定

土壤中各种磷化合物从可溶性或速效性状态转变为不溶性或缓效性状态，统称为土壤的固磷作用。据统计，我国施用化学磷肥的有效率都不到30%，较氮肥、钾肥低得多，其重要原因之一就是土壤具有强大的固定作用。

土壤中磷的固定形式主要有以下四种：

（1）沉淀固定。在石灰性和中性土壤中，磷的固定主要由钙镁体系所控制，土壤溶液中磷酸根离子与钙离子以及土壤胶体上的交换性钙离子经化学作用产生一系列磷酸钙盐，大致以下列模式转化：

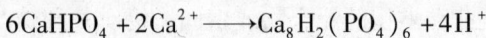

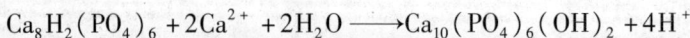

$$Ca(H_2PO_4)_2 + Ca^{2+} \longrightarrow 2CaHPO_4 + 2H^+$$
$$6CaHPO_4 + 2Ca^{2+} \longrightarrow Ca_8H_2(PO_4)_6 + 4H^+$$
$$Ca_8H_2(PO_4)_6 + 2Ca^{2+} + 2H_2O \longrightarrow Ca_{10}(PO_4)_6(OH)_2 + 4H^+$$

即由磷酸二钙转化为磷酸八钙，进一步生成磷酸十钙。随着这一转化的进行，生成物的溶度积常数相继增大，溶解度变小，生成物趋于稳定。酸性土壤中的磷酸根离子与活性铁、铝或交换性铁、铝以及赤铁矿等化合物作用生成一系列溶解度较低的 Fe－P 或 Al－P 化合物，如磷酸铁铝（$FePO_4 \cdot AlPO_4$）等固定下来。

（2）吸附固定。由于土壤固相性质的不同，吸附固定分为非专性吸附和专性吸附。非专性吸附是由带正电荷的土壤胶粒通过静电引力（库仑力）产生的吸附，它发生在胶粒的扩散层，故这种结合较弱，极易被解吸，随着土壤 pH 值的降低，非专性吸附增加。专性吸附是由化学力作用引起的，不易发生逆向反应，又称为化学吸附。例如，磷酸根离子与氢氧化铁、铝，氧化铁、铝的 Fe－OH 或 Al－OH 发生配位基因交换，为化学力作用，比库仑力强。

（3）闭蓄固定。闭蓄固定是指磷酸盐被溶度积很小的无定形铁、铝、钙等胶膜所包蔽的过程（或现象）。这种被包蔽的磷酸盐化合物称闭蓄态磷（O－P 表示）。闭蓄态磷在干旱条件下难以被作物吸收利用，但在淹水还原条件下氧化铁发生还原，铁的溶解度增加，磷可释放出来。

（4）生物固定。由于土壤中微生物本身需要磷才能生长繁殖，当土壤中有机磷含量不足或 C/P 比值大时，微生物与作物竞争磷，发生磷的生物固定。磷的生物固定是暂时的，当生物分解后磷又被释放出来供作物利用。

2. 难溶性无机磷的释放

在一定条件下，土壤中的难溶性磷酸盐和有机态含磷化合物转化水溶性磷酸盐的过程，称为土壤难溶性磷的释放过程。土壤难溶性无机磷的释放主要依靠 pH 值、E_h 值的变化和螯合作用。在石灰性土壤中，难溶性磷酸钙盐可借助于生物与微生物的呼吸作用和有机肥分解所产生的二氧化碳和有机酸的作用，逐步溶解为有效性较高的磷酸盐和磷酸二钙。螯合作用：植物、微生物和有机肥料分解时产生的螯合物，促使难溶性磷溶解。

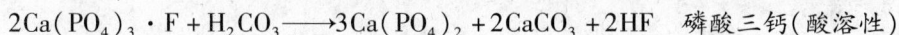

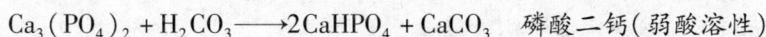

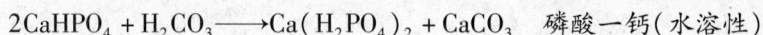

$$2Ca(PO_4)_3 \cdot F + H_2CO_3 \longrightarrow 3Ca(PO_4)_2 + 2CaCO_3 + 2HF \quad 磷酸三钙(酸溶性)$$
$$Ca_3(PO_4)_2 + H_2CO_3 \longrightarrow 2CaHPO_4 + CaCO_3 \quad 磷酸二钙(弱酸溶性)$$
$$2CaHPO_4 + H_2CO_3 \longrightarrow Ca(H_2PO_4)_2 + CaCO_3 \quad 磷酸一钙(水溶性)$$

土壤氧化还原电位的下降，使高价铁还原成低价铁，磷从其中释放出来。土壤淹水后，pH 值升高，E_h 值下降，促进磷酸铁水解、提高无定形磷酸铁盐的有效性，使一部分闭蓄态磷胶膜溶解而变成非闭蓄态磷，活性提高。所以在水旱轮作田，淹水种稻后，土壤供磷能力提高。

3. 土壤有机态含磷化合物的分解转化

土壤中含磷的化合物（植素、核酸、磷脂等）需经磷细菌的分解转化为无机磷或被根际的磷酸酶脱磷酸后，以供作物吸收利用，或与土壤中的金属离子结合，形成溶解度较低的磷酸盐，而降低其有效性。因此在有机磷化合物转变为无机磷化合物的过程中，微生物分泌的酸性和碱性磷酸酶、肌醇六磷酸酶等发挥着重要的作用。微生物对有机磷的作用主要是酶促作用，许多微生物能够分泌多种磷酸酶、蛋白酶等，水解有机磷化合物，释放出磷酸盐，见图 8－7。土壤中分解有机磷能力强的微生物种类很多，细菌中主要有假单胞菌属（*Pseudomonas*）、杆菌属（*Bacillus*）、埃希氏菌属（*Escherichia*）、欧文氏菌属（*Erwinia*）、沙雷氏菌属（*Serra tia*）、肠细菌属（*Enterbacter*）、微球菌属（*Micrococcus*）和根瘤菌属（*Rhizobium*）中的部分菌种，真菌中主要有青霉属（*Penicillium*）、曲霉属（*Aspergillus*）和根霉属（*Rhizopus*），放线菌中主要是链霉菌属（*Streptomyces*）。

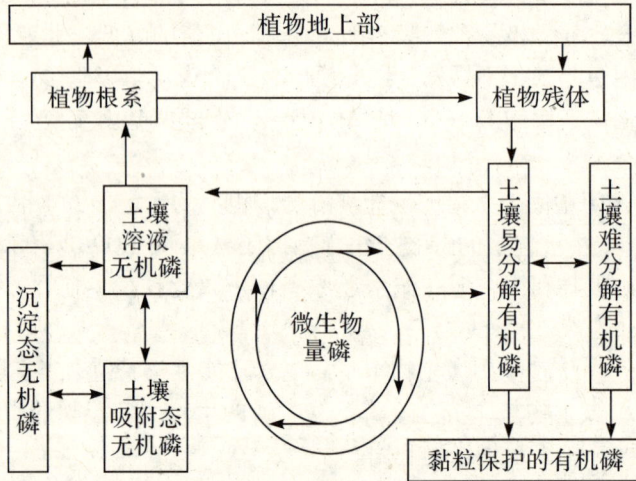

图 8-7 土壤中磷的转化过程

第四节 土壤中温室气体的形成及释放机理

在地球大气层中有一些含量很少的微量气体，它们在太阳可见光（短波）辐射波段不具有或很少具有强辐射吸收带，但在红外（长波）波段却具有强烈的辐射吸收带，因此它们对于入射到地球大气系统的太阳短波辐射基本上是透明的，强烈吸收地面和大气发射的红外（长波）辐射。由于大气层中本来就存在水蒸气、CO_2 等强烈吸收红外（长波）辐射的气体成分，它们能使太阳光透过，吸收地面向空间发射的辐射，从而维持着地球表面温暖舒适的温度。它们的作用相当于给整个地球建造了一个巨大的"温室"，故称之为"温室效应"，将这些具有温室效应的气体统称为"温室气体"。它们对气候变化有重要影响，如果大气中没有这些温室气体来吸收热量，地球表面的温度将要低至零下18℃，地球上也就不可能有高等生物存在。我们把地球表面的这种增温效应称为温室效应，把可以吸收红外（长波）辐射而产生温室效应的气体成分称为温室效应气体或温室气体，显而易见，大气中各种温室气体浓度的变化将影响地球—大气系统的辐射平衡和能量平衡。大气温室效应的强弱和温室气体的浓度的关系非常密切。

"温室效应"是近年来的热门话题，它是由于大气层中的二氧化碳和水蒸气等物质吸收的热量多于散失的热量而造成的。它使地球保持相对稳定的气温，是地球上生命赖以生存的必要条件。近年来人口激增、人类活动频繁，矿物燃料用量的猛增，森林植被遭到破坏，使得大气中二氧化碳和各种温室气体含量不断增加，造成了温室效应增强，导致全球性气候变暖，从而引起了人们对它的重视。温室气体中最重要的是水蒸气，但水蒸气是由自然决定的，不受人类活动的影响。直接受人类活动影响的主要温室气体有二氧化碳（CO_2）、甲烷（CH_4）、氧化亚氮（N_2O）、氟氯烷烃（CFCs）、臭氧（O_3）等。其中大气中 CO_2 浓度的增加对增强温室效应的贡献最大，大约占 50%，无疑是最重要的温室气体；其次是 CH_4，贡献约占 19%，N_2O 约占 4%。大气中不断增多的 CO_2 是导致全球变暖的主要原因。与 CO_2 相比，CH_4 在大气中停留时间更长，具有更强的红外线吸收能力，其增温潜势大约是 CO_2 的 23 倍。N_2O 的增温效应是 CO_2 的 150～200 倍，具有更强的增温潜势。并且，N_2O 易通过光化学反应与臭氧层中的 O_3 发生反应，引起臭氧层破坏，增大了地球表面的紫外辐射，使人类的生存环境受到威胁。

地球大气中 CO_2 的排放源主要是化石燃料的燃烧、土地利用和覆盖变化，CH_4 主要来源于天然湿地、稻田、化石燃料开采和反刍动物肠胃发酵等，N_2O 的排放源主要有土壤释放、生物物质燃烧和化石燃料的燃烧等。在所有排放源中，土壤是温室气体产生的重要排放源。深入了解三种主要温室气体的土壤排放机制及其影响因素，对控制土壤温室气体排放、遏制地球温室效应有重要意义。

一、土壤二氧化碳的产生及释放机理

1. 产生及释放机理

陆地生态系统碳循环是全球碳循环的重要组成部分，土壤是陆地生态系统中最大的碳库，对全球气候变化和人类生存环境有着重要的影响。据估计，全球陆地土壤碳库量是陆地植被碳库的 2～3 倍，是全球大气碳库的 2 倍多，因此土壤碳库在全球碳平衡及循环中起着举足轻重的作用。在温室气体中除了 N_2O 外，均与碳的循环有关。

土壤是陆地生态系统的重要组成成分，它与大气以及陆地生物群落共同组成系统中碳的主要贮存库和交换库。据估计，全球有 1.4×10^{12}～1.5×10^{12} t 的碳是以有机质形式储存于土壤中，土壤贡献给大气的 CO_2 量是化石燃料燃烧贡献量的 10 倍。土壤 CO_2 是土壤呼吸作用的结果。土壤呼吸作用严格意义上将是指未受扰动的土壤中产生 CO_2 的所有代谢过程，包括三个生物学过程和一个非生物学过程，前者主要是植物根系呼吸、土壤微生物呼吸及土壤动物呼吸，后者主要是土壤中含碳矿物质的化学氧化作用。其中，土壤植物呼吸和微生物呼吸是土壤呼吸的关键过程。土壤中 CO_2 的产生是土壤生物代谢和生物化学过程等因素的综合产物。在生态系统中，绿色植物通过光合作用合成有机物质，植物枯死后凋落于土壤表面，形成凋落物层，其中的有机碳被土壤微生物及土壤动物利用，以 CO_2 形式重新释放到大气中。此外，植物光合作用固定的有机碳，还有一部分通过植物自身的呼吸作用，如根呼吸，将碳重新释放到大气中。

2. 影响因素

温度、土壤水分、农业管理在一定程度上影响着土壤 CO_2 的排放。在一定范围内环境温度升高可加速土壤中有机质的分解和微生物活性，从而增加土壤中 CO_2 的浓度，温度对 CO_2 释放量的影响可以通过多种途径起作用的。温度影响微生物细胞的物理反应及化学反应速率，而且也影响环境的物理化学特征。土壤有机质在微生物的参与下分解成简单的有机化合物，其中一部分进一步矿化成 CO_2、CH_4 等，该矿化过程受温度的控制。研究表明，CO_2 排放速率的日均值与气温、地表温度呈显著的相关关系。

土壤水分不仅影响生物体的有效水分含量，也影响土壤通气状况、可溶物质的数量和 pH 值等。在一定的水分含量范围内，CO_2 释放量与水分含量呈极显著相关关系。相关研究表明，有效的排水会引起约一倍的 CO_2 排放增长。这可能是因为 CO_2 在水中能被离子化，溶解度高，约为 $0.9\ cm^3/L$，有效的排水会减少土壤中 CO_2 的溶解，从而导致 CO_2 排放增长。农业生产中的水肥管理及耕作方式直接影响土壤 CO_2 的释放量。一般培肥土壤和调节农田小气候的措施，都有增加土壤 CO_2 释放的作用。土壤 CO_2 排放强度还取决于土壤中有机质的含量及矿化速率、土壤微生物类群的数量及其活性、土壤动物的呼吸作用等。

二、土壤甲烷的产生及释放机理

1. 产生及释放机理

土壤中 CH_4 的产生主要取决于两个条件：一是厌氧条件，即丰富的水分；二是碳源，即丰富的有机质。在厌氧条件下，土壤有机物、根系分泌物、死亡的作物根系或作物残茬、死亡的土壤动物及微生物、施入的有机肥等有机物在厌氧细菌的作用下逐步降解为有机酸、醇、CO_2 等小分子化合物，然后，在强烈渍水的还原条件下（氧化还原电位 $E_h <$ $-200\ mV$），产 CH_4 菌再将小分子化合物转化为 CH_4。反应式如下：

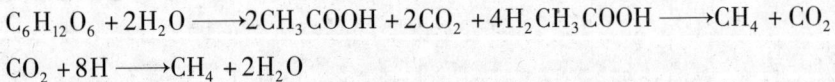

$$C_6H_{12}O_6 + 2H_2O \longrightarrow 2CH_3COOH + 2CO_2 + 4H_2 CH_3COOH \longrightarrow CH_4 + CO_2$$
$$CO_2 + 8H \longrightarrow CH_4 + 2H_2O$$

土壤同时也是大气 CH_4 的一个重要汇。好气的自然土壤如森林土壤、草原土壤等都具有吸收大气中 CH_4 的作用，即使是冻原和沼泽土，在无水层覆盖时也具有对大气 CH_4 的吸收作用。但在好气条件下，CH_4 又会被甲烷氧化菌所氧化，从而使土壤成为 CH_4 的汇。观测表明，稻田 CH_4 排放量只占 CH_4 产生量的很少一部分，大部分（82% ~ 84%）在输送到大气前又被土壤微生物氧化。反应路径如下：

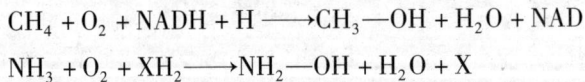

$$CH_4 + O_2 + NADH + H \longrightarrow CH_3—OH + H_2O + NAD$$
$$NH_3 + O_2 + XH_2 \longrightarrow NH_2—OH + H_2O + X$$

土壤中的 CH_4 传输通过三个路径向大气排放，即湿地植物体内部的通气组织、水田冒气泡和水中液相扩散。例如，水稻植物体排放 CH_4 的能力随水稻的生长呈线性增长趋势，抽穗中期达到最大，后随水稻的成熟不断下降。整个季节平均排放的 CH_4 中，通过水稻植株传输的占 73%（早稻）及 55%（晚稻）；气泡的作用占总排放的 24%（早稻）及 41%（晚稻）；液相扩散可以忽略。

2. 影响因素

质地、温度、pH 值、E_h 值、农业管理措施等在一定程度上影响着土壤 CH_4 的排放。不同质地的土壤，CH_4 排放量有明显的不同，壤质稻田的 CH_4 排放量显著大于黏质稻田土壤，但砂质和壤质上壤CH$_4$平均排放通量的比较结果在年际不一致。黏质土壤排放较少的原因可能是其对有机质有较强的保持作用，对氧化还原电位（E_h值）变化的缓冲作用较强，同时气体扩散也较慢的缘故。

产生CH$_4$微生物活动的适宜温度在30℃～40℃范围内，土壤CH$_4$的产生量随着土壤温度的升高而增长；意大利对稻田CH$_4$排放的研究表明，当温度从20℃增加到35℃时，CH$_4$排放量增加1倍。

大多数已知CH$_4$氧化菌生长的最适pH值为6.6～6.8。它和土壤Eh控制着CH$_4$形成的微生物过程。因生成CH$_4$的反应处于土壤氧化还原系列的还原端，只有当土壤E_h值低于-100～-150 mV时才有CH$_4$产生。因此，土壤还原状态是生成CH$_4$的前提，当E_h值低于上述数值时，CH$_4$排放量随E_h值的下降而呈指数增加。此外，施肥、灌溉、耕作都会影响到CH$_4$的排放。

三、土壤一氧化二氮的产生及释放机理

（一）产生及释放机理

土壤N$_2$O的产生要经历一个复杂的物理、化学和生物学过程，主要是在微生物的参与下，通过硝化和反硝化作用完成的。在透气条件下，氨或铵盐通过微生物，如硝化微生物、亚硝化微生物等的作用，被氧化成硝酸盐和亚硝酸盐，这一过程称为硝化作用。硝化作用是好氧过程，广泛存在于土壤、水体和沉积物中。

反硝化作用是在厌氧条件下，多种微生物将硝态氮还原成氮气（N$_2$）和氧化氮（N$_2$O、NO）的生化反应过程，结果造成土壤中氮元素以N$_2$、N$_2$O和NO的形态向大气逸失。

NO$_2^-$作为硝化作用和反硝化作用的中间产物，在某些微生物的作用下可以被继续分解，生成N$_2$O和N$_2$，这个过程称为硝化—反硝化作用。例如，亚硝化单胞菌能够进行反硝化作用，将NO$_2^-$转化为N$_2$O。其反应过程如图8-5所示。

在硝化作用的发生过程中，从土壤表层过渡到亚表层，由于土壤的通风条件发生变化，导致土壤的氧化还原电位发生变化，从而使得硝化作用产生的NO$_2^-$不能继续被氧化成NO$_3^-$，而是发生硝化—反硝化作用生成N$_2$O和N$_2$。

（二）影响因素

土壤含水量、pH值、温度、质地、肥料和耕作方式等影响着土壤N$_2$O的排放。土壤含水量影响土壤的通气状况和氧化还原状况，并且通过影响NH$_4^+$-N和NO$_3^-$-N在土壤中的分布及其对微生物的有效性，作用于土壤中的硝化作用和反硝化作用，从而对土壤N$_2$O的排放产生影响。当土壤含水量较低时，硝化作用和反硝化作用均随土壤含水量的增大而增加，表现为N$_2$O的排放随土壤含水量的增大而增加。当土壤含水量处于某一临界范围时，硝化作用和反硝化作用同时达到最大，表现为N$_2$O排放达最强，且随着土壤含水量的增大，土壤中的O$_2$越来越少，硝化作用受到抑制，反硝化过程也逐渐向不利于产生N$_2$O的生物化学平衡态移动，表现为N$_2$O的排放越来越弱。研究表明，当土壤含水量处于某一临界范围时，N$_2$O的排放最强。这一临界范围值由于微生物种群结构、土壤物理化学性质

以及田间耕作管理方式等存在地域差异，一般发生在土壤湿度为 90%～100% 的田间持水率或 77%～86% 的饱和含水率之间。

　　土壤 pH 值能够影响硝化和反硝化速率和最终的产物比例。对于反硝化作用，pH 值为 7～8 时其反应速率最高，但 N_2O/N_2 很小；当 pH 值降为 6 时，反硝化速率随 pH 值的下降而降低，但 N_2O/N_2 会增大；当 pH 值降为 5 时，N_2O 成为主要产物。而对于硝化作用，pH 值在 3.4～8.6 范围内时，N_2O 的释放量与土壤 pH 值呈负相关关系。

　　土壤温度通过调节影响土壤微生物活动和土壤中 N_2O 传输速率的物理化学参数，从而对 N_2O 产生的生物学过程产生影响。

　　土壤质地主要通过影响土壤的通透性和水分含量来影响土壤 N_2O 排放通量。在其他条件相同的情况下，不同质地的土壤氧化还原条件一般不同，因而土壤硝化作用和反硝化作用的相对强弱会有所差异，最终会影响 N_2O 的产生。不同的通透性还会影响 N_2O 向大气中的扩散。氮肥的类型、施用量、施肥方式以及施肥时间都会影响农田土壤 N_2O 的排放。一般而言，稻田深施氮肥会减少氮素损失，少量多次，分期分批施用氮肥、包膜型控释肥等均可减少 N_2O 的排放。

思考训练题

1. 试述土壤污染物的种类。
2. 对土壤影响较大的有机污染物有哪些？
3. 简述有机污染物的土壤环境行为。
4. 简述土壤对有机污染物的吸附作用。
5. 简述四种经验吸附等温线。
6. 请回答 Freundlich 方程、Langmuir 方程式中各字母代表的含义。
7. 简述有机污染物在土壤中的降解和代谢的类型。
8. 试述有机磷农药在环境中的主要转化途径，并举例说明其原理。
9. 非酶促作用包括哪几个方面？
10. 植物吸收有机污染物的途径有哪些？
11. 有机污染物在土壤中残留是指什么？何为半衰期？
12. 土壤环境中重金属存在形态有哪些？
13. 土壤胶体对重金属的吸附作用有哪些？
14. 试述土壤 pH 值、E_h 值、水溶性有机质如何影响重金属的沉淀和溶解。
15. 试述植物对土壤结合态金属的活化方式。
16. 微生物对土壤中重金属的活性有哪些作用？
17. 简述硝化作用与反硝化作用过程。
18. 影响 NH_3 挥发的主要因素有哪些？
19. 土壤氮素的矿化可分为哪些过程？
20. 土壤中磷的固定有哪些形式？
21. 简述土壤的呼吸作用。
22. 影响土壤 CH_4 排放的因素有哪些？

23. 植物修复去除重金属污染物的方式有哪几种？
24. 简述土壤中氮素的形态和流失。
25. 请回答土壤的固磷作用指什么？
26. 植物修复重金属的主要过程是什么？
27. 试描述植物修复有机污染物的根区效应。

参考文献

［1］汪群慧，王雨泽，姚杰. 环境化学. 哈尔滨：哈尔滨工业大学出版社，2004.

［2］夏立江. 环境化学. 北京：中国环境科学出版社，2003.

［3］刘兆荣，陈忠明，赵广英，陈旦华. 环境化学教程. 北京：化学工业出版社，2003.

［4］王晓蓉. 环境化学. 南京：南京大学出版社，1993.

［5］陈怀满. 环境土壤学. 北京：科学出版社，2005.

［6］戴桂树. 环境化学（第2版）. 北京：高等教育出版社，2006.

［7］洪坚平. 土壤污染与防治（第2版）. 北京：中国农业出版社，2005.

［8］展惠英. 环境化学. 兰州：甘肃科学技术出版社，2008.

［9］王静. 环境化学导论. 北京：煤炭工业出版社，2007.

［10］吕小明. 环境化学. 武汉：武汉理工大学出版社，2005.

［11］黄昌勇. 土壤学. 北京：中国农业出版社，2000.

［12］李天杰等. 土壤环境学：土壤环境污染防治与土壤生态保护. 北京：高等教育出版社，1996.

［13］谢德体. 土壤肥料学. 北京：中国林业出版社，2004.

［14］汪立刚，蒋新. 土壤结合态农药残留生物有效性研究进展. 农业环境科学学报 2003，22（3）：376~379.

［15］罗玲，欧晓明，廖晓兰. 农药在土壤中的吸附机理及其影响因子研究概况. 化工技术与开发，2004，33（1）：12~16.

［16］张利红，李培军，李雪梅，巩宗强，张海荣，许华夏. 有机污染物在表层土壤中光降解的研究进展. 生态学杂志，2006，25（3）：318~322.

［17］刘世亮，骆永明，丁克强，曹志洪. 土壤中有机污染物的植物修复研究进展. 土壤，2003，35（3）：187~192.

［18］徐卫红，黄河，王爱华，熊治廷，王正银. 根系分泌物对土壤重金属活化及其机理研究进展. 生态环境，2006，15（1）：184~189.

［19］杨秀敏，胡振琪，胡桂娟，杨秀红，李宁. 重金属污染土壤的植物修复作用机理及研究进展. 金属矿山，2008（7）：120~123.

［20］徐礼生，吴龙华，高贵珍，曹稳根，陈志兵，徐德聪，骆永明. 重金属污染土壤的植物修复及其机理研究进展. 地球与环境，2010，38（3）：372~377.

［21］林青，徐绍辉. 土壤中重金属离子竞争吸附的研究进展. 土壤，2008，40（5）：706~711.

［22］李非里，刘丛强，宋照亮. 土壤中重金属形态的化学分析综述. 中国环境监测，2005，21（4）21～27.

［23］孙志强，郝庆菊，江长胜，王定勇. 农田土壤 N_2O 的产生机制及其影响因素研究进展. 土壤通报，2010，41（6）：1524～1530.

［24］彭世彰，杨士红，丁加丽，徐俊增. 农田土壤 N_2O 排放的主要影响因素及减排措施研究进展. 河海大学学报（自然科学版），2009，37（1）：1～5.

［25］陈槐，周舜，吴宁，王艳芬，罗鹏，石福孙. 湿地甲烷的产生、氧化及排放通量研究进展. 应用与环境生物学报，2006，12（5）：726～733.

［26］刘杏认，董云社，齐玉春. 土壤 N_2O 排放研究进展. 地理科学进展，2005，24（6）：50～58.

［27］周存宇. 大气主要温室气体源汇及其研究进展. 生态环境，2006，15（6）：1397～1402.

［28］李海防，夏汉平，熊燕梅，张杏锋. 土壤温室气体产生与排放影响因素研究进展. 生态环境，2007，16（6）：1781～1788.

［29］翟胜，高宝玉，王巨媛，董杰，张玉斌. 农田土壤温室气体产生机制及影响因素研究进展. 生态环境，2008，17（6）：2488～2493.

［30］谢军飞，李玉娥. 农田土壤温室气体排放机理与影响因素研究进展. 中国农业气象，2002，23（4）：47～52.

［31］李世朋，汪景宽. 温室气体排放与土壤理化性质的关系研究进展. 沈阳农业大学学报，2003—2004，34（2）：155～159.

第九章 生物圈的污染生态化学

本章主要介绍环境污染物在生物圈的迁移和转化规律，包括污染物对生物的毒害作用及其机制，以及生物对污染物的转化过程。重点了解污染物在生物体内的迁移规律及其影响因素，掌握污染物与生物之间的相互作用机制。

第一节 生物圈及其污染

一、生物圈组成与特征

（一）生物圈组成与结构

生物圈是地球上出现并受到生命活动影响的地区，是地表有机体包括微生物及其自下而上环境的总称，是行星地球特有的圈层，也是人类诞生和生存的空间。

生物圈的概念是由奥地利地质学家休斯（E. Suess）在 1375 年首次提出的，是指地球上有生命活动的领域及其居住环境的整体。它在地面以上达到大致 23 km 的高度，在地面以下延伸至 12 km 的深处，其中包括平流层的下层、整个对流层以及沉积岩圈和水圈。但绝大多数生物通常生存于地球陆地之上和海洋表面之下各约 100 m 厚的范围内，这里是生物圈的核心。

生物圈主要由生命物质、生物生成性物质和生物惰性物质三部分组成。生命物质又称活质，是生物有机体的总和；生物生成性物质是由生命物质所组成的有机矿物质相互作用的生成物，如煤、石油、泥炭和土壤腐殖质等；生物惰性物质是指大气低层的气体、沉积岩、黏土矿物和水。

（二）生物圈的基本特征

生物圈是一个复杂的、全球性的开放系统，是一个生命物质与非生命物质的自我调节系统。它的形成是生物界与水圈、大气圈及岩石圈（土圈）长期相互作用的结果，生物圈存在的基本条件是：

（1）可获得来自太阳的充足光能。因一切生命活动都需要能量，而其基本来源是太阳能，绿色植物吸收太阳能合成有机物而进入生物循环。

（2）存在可被生物利用的大量液态水。几乎所有的生物都含有大量水分，没有水就没有生命。

（3）要有适宜生命活动的温度条件。在此温度变化范围内的物质存在气态、液态和固态三种变化。

（4）提供生命物质所需的各种营养元素。包括 O_2、CO_2、N、C、K、Ca、Fe、S 等，它们是生命物质的组成或中介。

总之，地球上有生命存在的地方均属生物圈。生物的生命活动促进了能量流动和物质循环，并引起生物的生命活动发生变化。生物要从环境中取得必需的能量和物质，就得适应环境，环境发生了变化，又反过来推动生物的适应性，这种反作用促进了整个生物界持续不断地变化。

二、污染物在生物体内的迁移规律

生物体对污染物吸收、迁移是研究污染物在生物体内富集、毒害以及生物体解毒、抗性作用的基础，是污染物对生物体产生生理、生态、遗传及分子毒性效应的第一步。下面介绍污染物的基本概念、性质、分类以及生物对污染物的吸收、迁移规律。

（一）污染物种类与性质

污染物在《辞海》中的定义是："进入环境后能直接或间接危害人类的物质，如火山灰、二氧化硫、汞等。"《中国大百科全书·环境科学卷》解释为："进入环境后使环境的正常组成发生直接或间接有害于人类的变化的物质。"

这两种解释都把污染物的作用对象仅指向于人类，但其作用对象应包括人在内的所有生物。因而污染物可作如下定义：进入环境后使环境的正常组成发生直接或间接有害于生物生长、发育和繁殖的变化的物质。这类物质有自然排放的，也有由人类活动产生的。环境科学研究的主要是人类生产和生活排放的污染物。

1. 污染物的分类

污染物可有多种分类方法，按《中国大百科全书·环境科学卷》的分类方法可作如下分类：

（1）按污染物的来源分：可分为自然来源和人为来源的污染物。

（2）按受污染物影响的环境要素分：可分为大气、水体和土壤污染物等。

（3）按污染物的形态分：可分为气体、液体和固体污染物。

（4）按污染物的性质分：可分为化学、物理和生物污染物。化学污染物又可分为无机和有机污染物；物理污染物又可分为噪声、微波辐射、放射性污染物等；生物污染物又可分为病原体、变应原污染物等。

（5）按污染物在环境中物理、化学性状的变化分：可分为一次和二次污染物。

此外，为了强调某些污染物对人体的有害作用，还可划分出致畸物、致突变物和致癌物、可吸入颗粒物以及恶臭物质等。

2. 污染物的性质

（1）一种物质成为污染物，必须在特定的环境中达到一定的数量或浓度，并且持续一定的时间。污染物原本是生产中的有用物质，有的甚至是人和生物必需的营养元素。生物是通过吸收、同化环境中非生物的物质演化来的，因而，环境中的物质特点和各元素的组成能深刻地反映在生物体的组成成分中；同时，由于长期适应的结果，生物对环境中各元素形成依赖和共存的关系，因此环境中化学元素及其比例和生物体内所含的元素及其比例有其相似性。某污染物的数量或浓度低于某个水平或只短暂存在，就不产生毒害，甚至还可能有益处。例如，微弱的 X 射线能使水蚤的生命延长 1~2 倍；低剂量的 DDT 能延长雄性大鼠的生命；硒是阻氧化剂；铬能减缓动脉硬化过程，能协助胰岛素改善糖和脂肪的代谢。但是，若这些物质排放量过大，超过了环境的承受负荷，便会转变为污染物。

（2）污染物会在环境中发生转化，即具有易变性。污染物进入环境后并非一成不变，它们会发生一系列复杂的物理、化学或生物的反应而生成其他物质，生成的新物质可能危害更大，但也可能无害或毒性减轻。如人体吸收的硝酸盐会转变成毒性更大的强致癌物——亚硝酸盐，汞转变成甲基汞或亚甲基汞后毒性增强，一些污染物（如农药）通过生物体降解后毒性降低。不同污染物共存时，相互间会发生加和、协同、拮抗等作用使毒性增大或降低。

（二）生物对污染物的吸收与迁移

1. 植物对污染物的吸收与迁移

（1）植物对气态污染物的黏附和吸收。植物能黏附和吸收气态污染物。植物黏附污染物的数量，主要决定于植物表面积的大小和粗糙程度等。例如，云杉、侧柏、油松及马尾松等枝叶能分泌油脂、黏液；杨梅、榆、木槿及草莓等叶表面粗糙、表面积大，具有很强的吸滞粉尘的能力；女贞、大叶黄杨等叶面硬挺，风吹不易抖动，也能吸附尘埃。而加拿大杨等叶面比较光滑、叶片下倾，叶柄细长、风吹易抖动，滞尘能力较弱。叶片吸附粉尘，能减少空气中含尘量，再经雨水淋洗后，又能重新吸附粉尘。氟化物是一种积累性的大气污染物，能通过叶片气孔或茎部皮孔进入植物体。气孔是叶片吸收污染物的主要部位。SO_2 伤害植物的过程首先是通过气孔进入叶片，之后被叶肉吸收，高浓度的 SO_2 可导致植物气孔张开和关闭的机能瘫痪。光化学烟雾的主要成分之一——臭氧，能进入气孔损害叶片的栅栏组织。

（2）植物对水溶态污染物的吸收。植物吸收污染物的主要器官是根，但叶片也能吸收污染物。对于水溶态污染物到达植物根（或叶）表面主要有两条途径：一条是质体流途径，即污染物随蒸腾拉力，在植物吸收水分时与水一起到达植物根部；另一条是扩散途径，即通过扩散而到达根表面。通常污染物移动速度（扩散）是很慢的，只有靠近根部的才能通过扩散作用到达根表面。因而，污染物主要通过质体流途径到达根表面。到达根表面的污染物不一定被植物根所吸收。植物吸收土壤中污染物的种类和数量除了决定于土壤特性、污染物的种类和数量外，还决定于植物的特性。

环境中有机污染物占有一定比重，特别是近年来农药在农业生产中的大量施用，使植物面临一个新的生活环境，植物对有机污染物的吸收与迁移也就成了许多研究者关注的对象。大量的农药被喷施在植物叶片上，叶片对农药的吸收经两种途径进行，即气孔吸收与角质层吸收。农药喷施在茎叶表面时，药液在植物叶面的附着性能是影响药效的重要因素。表面活性剂能显著降低水溶液的表面张力，可极大地改善药液在植物叶面的附着性。

水溶态污染物进入细胞的过程中，植物的细胞壁是污染物进入植物细胞的第一道屏障，在细胞壁中的果胶质成分为结合污染物提供了大量的交换位点。有研究发现，从溶液中吸收的铅首先沉积在根表面，然后以非共质体方式扩散进入根冠细胞层。在根的成熟区域，在皮层细胞壁和表皮细胞壁都可发现铅的沉积。在环境中，当铅浓度较低和吸收的开始阶段，铅首先是被细胞壁吸附，与细胞壁上带有负电荷的"道南"牢固结合。当这种结合达到平衡后，才有粗颗粒的铅沿细胞壁的水分自由沉积、迁移。同时从电镜图像上可看到，当外界铅浓度相当大时，也有部分细颗粒铅透过细胞壁，穿过质膜进入细胞质中。这说明细胞壁、质膜是铅进入细胞内部的障碍，由于它们的保护，铅较难进入细胞内部。因而，这也是细胞对重金属的一种排斥机制。

细胞膜调节物质进出细胞的过程，并与细胞壁一起构成了细胞的防卫体系。污染物通过植物细胞膜进入细胞的过程，目前认为有两种方式：一种是被动的扩散，物质顺着本身的浓度梯度或细胞膜的电化学势流动；一种是物质的主动传递过程，这种传递需要能量。这两种过程都与细胞膜的结构有关。

生物膜是非极性的类脂双层膜，在脂质双分子层内外表面镶嵌着蛋白质的特异载体分子，正常情况下对物质的吸收具有选择性。Park 把细胞膜透过机制归纳为以下几个主要方面：

（1）流动输送。生物膜有许多孔隙和细孔，水溶性的化学物质和难脂溶性的微粒子化合物随水流通过细胞膜。如果水溶性和难脂溶性化合物的粒子直径在 8.4 nm 以上就不能通过膜。

（2）脂质层受控扩散。脂溶性化合物受这类扩散的影响。脂溶性化合物在水中扩散是以乳液状态存在，当与生物体细胞膜接触，部分脂溶性化合物溶解在细胞膜中，借助于扩散作用而进入细胞内。脂溶性化合物进入细胞的速度受水—生物膜之间的分配系数与相对分子质量制约。若分配系数相同，则相对分子质量越小，通过速度越快。

（3）媒介输送与能动载体输送。担任化合物输送任务的是生物膜内的载体，它使化合物在生物体内得以输送。促使媒介输送的能量为浓度比（扩散）；促使能动载体输送的能量来自生物化学作用。因此，前者称为被动输送，后者称为主动输送。

植物细胞能对环境胁迫进行适应性调节，从而在一定范围和程度上阻止有害物质进入细胞。但如果污染物毒性强，使膜脂中不饱和脂肪酸氧化降解（即脂质过氧化），产生多种自由基如脂过氧自由基 LOO·、脂氧自由基 LO·和脂自由基 L·，以及小分子产物如丙二醛（MDA），就能造成多种细胞功能的损伤。

污染物在植物体内的迁移，从根表面吸收的污染物能横穿根的中柱，被送入导管，进入导管后随蒸腾拉力向地上部移动。一般认为穿过根表面的无机离子到达内皮层可能有两种通路：第一条为非共质体通道，即无机离子和水在根内横向迁移，到达内皮层是通过细胞壁和细胞间隙等质外空间；第二条是共质体通道，即通过细胞内原生质流动和通过细胞之间相连接的细胞质通道。用扫描电子显微镜与 X 射线显微分析的研究结果证明，不同重金属在玉米根内的横向迁移方式不同。镉主要是以共质体方式在玉米根内横向迁移，而铅主要以非共质体方式在玉米根内移动。

污染物可以从根部向地上部运输，通过叶片吸收的污染物也可从地上部向根部运输。

不同的污染物在植物体内的迁移、分布规律存在差异。由于污染物具有易变性，可通过不同的形态和结合方式在植物体内运输和储存。根吸收的部位不同，向地上部移动的速率也有差异。如小麦根尖端 $1 \sim 4$ cm 区域吸收的离子最易向地上部转移；由更成熟的部位吸收的离子，移动速度就慢得多。向地上部移动还和植物的发育阶段有关，禾谷类在抽穗前 10 天左右吸收的离子最易向地上部转移。在水稻不同发育阶段施硝酸铅，结果以拔节期施铅的地上部含铅量最高。

此外，土壤或培养液中离子浓度的高低，能直接影响离子的运输速率。浓度过高时，离子向地上部运输的速率相应变小。土壤中离子浓度高低还影响离子的形态。根据导管分泌液的电泳实验证明，在高浓度的 Ni 影响下，分泌液中除含有众多的有机复合物外，还存在离子态 Ni。这是因为在根部没有足够多的有机物和重金属离子结合而使部分 Ni 保持离子态进入导管。若浓度更高，根的组织被破坏，以离子态进行移动的比例就更高。简言之，环境中重金属元素浓度低时，则以络合成有机络合物的形态迁移，并按第二种通路进行高效移动；在高浓度情况下，是以游离的离子态形式存在，主要是按非代谢的第一种通路移动。当离子进入内皮层中柱周围的细胞内，就会在这里沉积，使移动速度变慢。

很多研究结果表明，根是植物吸收重金属的主要器官，大量的重金属分布在根部。流动性大的元素则可向上运输到茎、叶、果实中。对农作物耐 Cd 性的种间差异研究结果表明，粮食作物对 Cd 的耐性普遍高于蔬菜类，在一般情况下，作物吸收 Cd 量及自根部向地上部的转运比率是决定其耐受性的重要机制。吸收量相对较低，并且大部分累积在根部，较少向地上部移动的作物，耐受性相对较强；反之易向地上部输送的作物，耐受性差。Cd 在几种蔬菜中的分配规律：小白菜根 > 地上部分；萝卜地上部分（叶）> 直根；莴苣根 > 叶 > 茎；辣椒和豇豆的食用部分（果实），Cd 含量较其他营养器官低；萝卜和莴苣的食用部分分别为肉质根和肉质茎，在植株中含 Cd 量相对较低，较少受污染的影响。植物对 Cr 的吸收和迁移能力比 Hg、Cd 弱得多，作物中各部位的含量一般是根 > 茎叶 > 籽粒；水稻根部吸收的 Pb 分布于根部的占 90% ~ 98%，分布于糙米的仅占 0.05% ~ 0.5%；不同元素在水稻体内迁移、积累特性不同，Zn、Cd 迁移能力强，Pb、As 大部分积累在根部，难以向地上部迁移。

重金属的物理形态不同，植物对其吸收、迁移的方式也不同。有研究表明，植物可吸收大气汞，也可吸收土壤汞。当植物汞源于大气汞时，其地上部汞含量高于根部；源于土壤汞时，则根汞高于地上部汞。

尽管很多实验表明重金属主要分布在植物根部，但还可以通过导管向上迁移到叶片。有研究发现，在较低浓度铅处理时（100 mg/L 处理玉米 5 天），玉米叶肉细胞内只沉积少量铅；而经高浓度铅处理（1 000 mg/L），在叶片维管束内的导管中有大量铅沉积。在透射电镜下，发现铅主要沉积在导管壁上，导管内沉积铅量较少。还发现从导管向外直到周围的叶肉细胞，铅的沉积量大为减少。叶肉细胞壁的部分铅进入细胞后，沿叶绿体外膜沉积，少数进入叶绿体，沉积在类囊体上。因此，铅主要通过木质部导管到达叶片。进入叶导管的铅跨过维管束鞘，进入叶肉细胞；在叶肉细胞中沉积的铅，有一部分通过筛管进入可食部分。有实验证明，豆科植物根吸收的锌经导管输送到成熟叶片，经沉淀后，有一部分进入筛管而运到可食部分。而水稻的锌经根的导管上升似乎是通过茎节直接转移到筛管，再转移到幼嫩器官。

叶片吸收的重金属也能向下移动。通过模拟大气污染（Pb）的试验，用不同浓度的硝酸铅涂在蔬菜（白菜、萝卜、莴苣）叶片上，结果证明叶片中的铅能向下移动。

2. 动物对污染物的吸收与迁移

包括人体在内的动物机体都能吸收和迁移污染物。与植物细胞不同，动物细胞缺乏细胞壁，因此细胞膜起着很大的屏障作用。

（1）污染物通过动物细胞膜的方式。污染物通过动物细胞膜的方式有两大类：被动运输与特殊转运。被动运输又包括简单扩散和滤过作用；特殊转运又可分为载体转运、主动运输、吞噬和胞饮作用。可见，这些方式与植物体有类似之处，体现了生物膜结构与功能的高度统一。下面简要介绍吞噬和胞饮作用。

某些固态物质与细胞膜上某种蛋白质有特殊亲和力，当其与细胞膜接触后，可改变这部分膜的表面张力，引起细胞膜外包或内凹，将固态物质包围进入细胞，这种方式称为吞噬作用。如吞食细胞外液的微滴和胶体物质（即液态物质，特别是蛋白质）也可通过这种方式进入细胞，称为胞饮作用。

（2）动物机体对污染物质的吸收。动物对污染物的吸收一般是通过呼吸道、消化管、皮肤等途径。

① 经呼吸道吸收。空气中的污染物进入呼吸道后通过气管进入肺部，其中直径小于 5 nm 的粉尘颗粒能穿过肺泡被吞噬细胞所吞食；部分毒物如苯并［a］芘、石棉、铍等能在肺部长期停留，会使肺部致敏纤维化或致癌；部分毒物运至支气管时刺激气管壁产生反应性咳嗽而被吐出或被咽入消化管。肺泡总面积约 55 m^2，是皮肤的 40 倍。肺泡上皮细胞膜对脂溶性、非脂溶性分子及离子都具有高度的通透性。因此，当肺泡中吸入的污染物达到一定量，容易进入血液并很快引起中毒。当然，肺泡壁有丰富的毛细血管网，能起到部分解毒的作用。

② 经消化管吸收。消化管是动物吸收污染物的主要途径，肠道黏膜是吸收污染物的主要部位之一。整个消化管对污染物都有吸收能力，但主要吸收部位是胃和小肠，一般情况下主要由小肠吸收，因小肠黏膜上有微绒毛，可增加吸收面积约 600 倍。

肠道吸收量因污染物化学形态不同而有很大差异。例如，甲基汞和乙基汞被肠道的吸收量远高于离子态汞。因为有机汞是脂溶性，能随脂类物质被消化管吸收，其吸收率达 95% 以上；而肠道对无机汞中的离子态和金属汞的吸收率在 20% 以下，人体为 1.4% ~ 15.6%，平均为 7%。Hg^{2+} 不易被肠壁吸收，主要是易与氨基酸（特别是含硫氨基酸）形成络合物，不易被吸收，即使进入肠道上表皮细胞的 Hg^{2+} 也容易随细胞的脱落与粪便一起排出体外。镉在呼吸道的吸收率为 10% ~ 14%，消化管为 5% ~ 10%。

肠道吸收可因某种物质的存在而加强或减弱。当投以甲基汞时，若存在足够的半胱氨酸就会促进肠道黏膜上的氨基酸特别是半胱氨酸的主动运输。利用半胱氨酸与甲基汞的结合，就能增加肠道对甲基汞的吸收。乙醇对肺泡吸收汞有抑制作用，这是因为组织内金属汞转变为无机离子态汞要经过氧化酶的作用，而乙醇能阻碍氧化酶的氧化。

③ 经皮肤及其他途径的吸收。皮肤是动物体对污染物吸收的一道重要防卫体系，它由表皮和真皮构成。表皮又分为角质层、透明层、颗粒层和生发层；真皮是表皮下一层致

密的结缔组织，又分为乳头层和网状层。

经皮肤吸收一般有两个阶段：第一阶段是污染物以扩散的方式通过表皮，表皮的角质层是最重要的屏障；第二阶段是污染物以扩散的方式通过真皮。

（3）污染物在动物机体内的迁移与排出。镉有 $1/3 \sim 1/2$ 蓄积在肝和肾，影响人体健康。肠道吸收的镉，首先输送到肝，促进肝中金属硫蛋白的合成，同时与金属硫蛋白结合的锌相置换。长期投以镉的动物，其肝中的大部分镉与金属硫蛋白结合。镉以某种机制进入血液，血浆中的镉大都与高分子蛋白结合，再输送到肾外的其他器官。在红细胞中，与血红蛋白或金属硫蛋白结合的镉因不易通过红细胞膜，因而难以完成从肝输送到其他器官的作用而为肾小球过滤。被肾小管吸收的镉蛋白结合体，在肾小管内被异化，或重新合成金属硫蛋白。肾皮质中的大部分镉，与金属硫蛋白结合。

进入血液中的汞化合物是以和红细胞或血浆中的蛋白质结合的形式向各组织转移，但无机离子态汞与低级烷基汞有明显不同。投入甲基汞后积累在红细胞中的比例，小鼠为 $75\% \sim 95\%$，大鼠为 95% 以上，家兔和猴子为 90% 以上。在大鼠皮下注射无机离子态汞，注射 $24 \sim 48$ h 后，被红细胞所接收的约为全血的 20%。

低级烷基汞对膜的渗透性也高，容易通过红细胞膜。进入红细胞中的甲基汞可能和谷胱甘肽这类低分子物质结合。汞在体内迁移，血浆可作为主要途径，红细胞直接参与金属在组织内的迁移。

无机离子态汞在肾内积累得最多，其次是肝、脾、甲状腺。血液中的汞浓度变动较大，刚投入时很高，但比其他组织减少得快。

接触汞蒸气后，被吸入体内的金属汞都被氧化成无机离子态汞，因而分布几乎遍及所有脏器。金属汞极易通过血脑屏障到达脑中枢，进入后很快被氧化为 Hg^{2+}，此形态的汞很难从脑中排出。

有关动物排出污染物的机制，目前尚不清楚，但由于粪便中含有剥离的肠膜，证明可以从消化管直接排出。通过胆汁向消化管排出也是主要途径之一，可以认为是胆汁中的汞结合了胆汁中特异的高分子蛋白。低级烷基汞从尿中排出量少，对人而言，从粪便排出约为尿排出量的 10 倍。在排出汞之前的转移过程中，有机汞已产生脱烷基化，因此，粪便中排出的汞大部分是无机汞。尿中的汞由肾小管排出，其中 $6\% \sim 25\%$ 是无机汞，并随时间的推移有增加的趋势。

除粪和尿以外的排出途径还有乳汁、呼气、毛发等。

3. 微生物对污染物的吸收

微生物是分布广、种类多、繁殖快和生存能力强的一大类生物。正是由于其本身的这些特点，有实验表明微生物对污染物有着很强的吸收与分解能力。利用这一性质，在环境污染的治理过程中已筛选出一批优良的微生物品种。

（1）微生物细胞吸收污染物的机制。污染物连接到微生物细胞壁上有三种作用机制：离子交换反应、沉淀作用和络合作用。大多数微生物都具有结合污染物的细胞壁，细胞壁固定污染物的性质和能力与细胞壁的化学成分和结构有关。革兰氏阳性菌的细胞壁有一层很厚的、网状的肽聚糖结构，在细胞壁表面存在的磷壁酸质和糖醛酸磷壁酸质连接到网状的肽聚糖上。磷壁酸质的磷酸二酯和糖醛酸磷壁酸质的羧基使细胞壁带负电荷，具有离子交换的性质，能与溶液中带正电荷的离子进行交换反应。革兰氏阴性菌的细胞壁中，两层膜之间只有很薄的一层肽聚糖结构，因此，一般说来它们固定污染物的量比较低。

另外，细胞的能量转移系统在物质转运过程中不能区分电荷相同的是否为代谢所需物质，所以，一些污染物可能随代谢必需物进入微生物细胞。

（2）影响微生物吸收污染物的因素。培养液的 pH 值、培养时间、污染物的浓度及培养温度等都能影响微生物吸收污染物。有研究表明，芽枝状枝孢吸附 Au^{3+} 的最适 pH 值为 5 以下，该范围内吸附率都在 97% 以上，随 pH 值升高，吸附率降低；细胞和含 Au^{3+} 溶液接触 5 min，吸附率达 87.5%，随时间延长，吸附率增加较慢；Au^{3+} 浓度越低，吸附速度越快；温度在 30℃ ~ 50℃时，对吸附作用无影响，低于 20℃，吸附率略有降低。

（三）影响植物吸收、迁移的因素

影响植物吸收、迁移污染物的因素很多，主要决定于植物种的生物学、生态学特性，污染物的种类、形态以及外界环境等特点。

1. 植物种的生物学、生态学特性

不同植物种对污染物的吸收、积累量差异很大。例如，蕨类植物吸收镉的量特别多，体内含镉量可高达 1 200 mg/kg；双子叶植物吸镉量也相当高，如向日葵、菊花体内含镉量可高达 400 mg/kg 和 180 mg/kg；单子叶植物含镉量比双子叶植物的少。在酸性土壤中，石松科植物的铺地蜈蚣、石松、地刷子，野牡丹科的野牡丹及铺地锦能富集大量的铝，有的竟高达 1% 以上（占干重），而酸性土壤上生长的其他植物只有 0.05%。

生态型之间的差异也很明显。把生长在冶炼厂的 *Hisbiscus* 的种和生长在非污染区的种同时栽种在含铅量相同的土壤上，结果前者比后者的吸铅量要少得多。这是因为生长在污染区的生态型在生理、生化和遗传上发生相应的变化，形成与环境相适应的抗铅生态型。

生态类型对污染物吸收的差异比较复杂。有人研究了水生维管束植物对水体铅污染的反应，结果表明各种植物吸收、富集铅的能力与植物的生态习性有关。沉水植物整个植株都是吸收面，相对吸收量就比浮水、挺水植物高。湿生、沼生植物吸收重金属量比中、旱生植物少是因为它们生长在终年淹水的还原性土壤环境中，重金属多与硫化物等结合、沉淀，植物不易吸收；中生、旱生植物的土壤处于氧化状态，重金属多呈离子态，容易被吸收。

同一植物的不同部位吸收污染物也有差异。有研究结果显示第一叶位桑叶表面吸氟变化幅度（9.13 $\mu g/dm^2$）明显大于第五叶位桑叶（4.24 $\mu g/dm^2$），这可能与它处于桑树顶端，较易受环境因素影响有关；而第五叶位桑叶由于上面叶片的阻挡作用，其吸附氟变化量明显减少；而第二、三、四叶位的吸附氟积累情况不存在显著性差异。并且，大气氟化物暴露剂量、降雨、气温及日照因素都能影响植物叶片的氟吸附量。

2. 污染物的种类及其形态差异

植物对有些元素容易吸收而对另一些元素很难吸收。如 As 和 Cd 对植物来说属于强度积累元素，Hg 属于植物中度摄取元素，而 Cr 是植物微量摄取元素。同一元素的不同价态吸收系数差别很大，如水稻对 Cr^{3+} 的吸收系数平均值为 0.032，而对 Cr^{6+} 则为 0.056。用

同样浓度的 CdS、$CdSO_4$、CdI_2 和 $CdCl_2$ 灌溉水稻，这些化合物在糙米中积累率之比为 $1:1.9:3.7:3.9$，因为上述化合物在水中的解离常数是 $CdS < CdSO_4 < CdI_2 < CdCl_2$。

3. pH 值

土壤中绝大多数重金属都是以难溶态存在，它的可溶性受 pH 值控制。pH 值降低可导致碳酸盐和氢氧化物结合态的重金属溶解、释放；同时也趋于增加吸附态重金属的释放。如以氢氧化物、碳酸盐、磷酸盐等形态存在的镉为例，上述形态镉的溶解度与 pH 值有如下的关系：

$$Cd(OH)_2: \lg[Cd^{2+}] = 14.3 - 2pH$$

$$Cd(CO_3)_2: \lg[Cd^{2+}] = 6.9 - \lg p[CO_2] - 2pH$$

从式中可以看出，镉离子浓度随 pH 值增加而减少。

Lexmond 对玉米根吸收 Cu^{2+} 和土壤 pH 值关系的研究结果表明，它们之间有着如下的相关关系：$\lg[Cu_根] = 4.8 - 0.72(p[Cu] - 0.50 pH)$。也有的研究发现，小麦地上部吸 Cu 量与 pH 值呈显著负相关，土壤 pH 值升高一个单位，则植物吸 Cu 量减少 19 微克/盆。

廖敏等研究了 Cd 在土水系统中的迁移特征，结果表明 pH 值是重要的影响因素之一。随 pH 值的升高，土壤对 Cd 的吸附率增大；在较低的 pH 值下，四土样对镉离子的吸附率均较小，也就是说溶液中存在较多的游离态镉，易被生物吸收。将不同 pH 值下土壤吸附的镉离子用 $0.1 mol/L$ 的 $CaCl_2$ 进行解吸实验，pH ≤ 6 时，吸附态镉的解吸率随 pH 值升高而增大；当 pH > 6 时，解吸速度则迅速减少，即生物有效态镉含量减少。

土壤 pH 值能影响植物对农药的吸收。如 2,4 - D 在 pH = 3~4 的条件下，能分解为有机阳离子，而在 pH = 6~7 的条件下解离为有机阴离子。前者为带负电荷的土壤胶体所吸附，后者仅为带正电荷的土壤胶体所吸附。

同一类农药，相对分子质量越大，吸附的能力也越强；在溶液中溶解度小的农药，土壤吸附能力也越强。

4. 氧化还原电位

重金属是过渡元素，在不同的氧化还原状态下，有不同的形态。硫化物是重金属难溶化合物的主要形态，硫的氧化还原电位：

$$E_h = -0.139 + 0.0074 \times \lg([SO_4]^{2-} / [\Sigma H_2S])$$

随着 E_h 的降低，硫化物大量形成，土壤溶液中的重金属离子就减少。如在镉污染区，水稻抽穗的一周后，在不同氧化还原电位的条件下，对糙米含镉量的测定结果表明，氧化还原电位 416 mV 时，糙米含镉量为 165 mV 时的 2.5 倍。湿润条件下水稻根的含镉量为淹水条件下的 2 倍，茎叶是 5 倍，糙米是 6 倍。因为在淹水还原条件下，Fe^{3+} 还原成 Fe^{2+}，Mn^{4+} 还原成 Mn^{2+}，SO_4^{2-} 还原成硫化物，结果形成难溶的 FeS、MnS 和 CdS。

在含砷量相同的土壤中，水稻易受害，而对旱地作物几乎不产生毒害。这也是因为在淹水条件下易形成还原态的 3 价砷（亚砷酸），而旱地常以氧化态的 5 价砷存在。3 价砷的毒性比 5 价砷高。

在不同氧化还原电位条件下，沉积物中重金属的结合形态可互相转化。在还原条件下，有机结合态镉最稳定，但在氧化条件下，有机结合态镉则被转化为生物可利用的水溶态、可交换态或溶解络合态而释放到水中，并随氧化还原电位增大，释放量增多。

沈阳应用生态所的研究结果也表明，土壤落干与淹水状况不同，致使糙米吸收 Cd 量有明显差异。在重金属含量相同的情况下，落干土壤的氧化还原毫伏数高于淹水处理，引起糙米中重金属含量略有增高。并且在水稻不同生长发育期进行落干处理，影响也有差异。

5. 土壤阳离子交换量

增加土壤有机质含量，提高土壤对阳离子的固定率，就能减少植物对镉等重金属的吸收。如加马粪的土壤固定率为 92.2%，不加的仅为 86.2%。在含镉量 50 mg/kg 的土壤中加入约为土重 5% 的马粪，头茬种小米，第二茬种冬小麦。加马粪的小米含镉量为 0.16 mg/kg，冬小麦籽粒为 5.1 mg/kg；不加马粪的小米为 0.75 mg/kg，冬小麦籽粒为 5.3 mg/kg。

植物根表面能与根际环境的重金属发生离子交换吸附，根表面与土壤溶液的离子交换量越大，重金属离子进入根部的概率也越大。有研究表明，作物根对 Cd 的吸收与根系土壤阳离子交换量（CEC）呈显著正相关，根系 CEC 大的豆科植物对 Cd 最敏感，而根系 CEC 小的禾本科作物耐受 Cd 的能力较强。

6. 污染物间的不同效应

在现实环境中，单种污染物对生物体孤立作用的情况是比较少见的，在大多数情况下，往往是多种污染物对生物体产生复合污染。目前，复合污染生态学已引起广泛重视，但这方面的研究由于干扰因素多，存在着一定的困难。

一般而言，复合污染时污染物的联合作用方式有以下四种类型：

（1）相加作用。多种化学物质的混合物，其联合作用时所产生的毒性为各单个物质产生毒性的总和。如丙烯腈与乙腈、稻瘟净与乐果等。如以死亡率为指标，两种污染物毒性作用的死亡率分别为 M_1 和 M_2（下同），则联合作用的死亡率为 $M = M_1 + M_2$。

（2）协同作用。多种化学物质联合作用的毒性，大于各单个物质毒性的总和。如稻瘟净与马拉硫磷、臭氧与硫酸气溶胶等。作用公式为 $M > M_1 + M_2$。

（3）拮抗作用。两种或两种以上化学物质同时作用于生物体，其结果是每一种化学物质对生物体作用的毒性反而减弱，其联合作用的毒性小于单个化学物质毒性的总和。如二氯甲烷与乙醇、铁和锰等。作用公式为 $M < M_1 + M_2$。

（4）独立作用。各单一化学物质对机体作用的途径、方式及其机制均不相同，联合作用于某机体时，在机体内的作用互不影响。但常出现在一种有毒物质作用后使机体的抵抗力下降，而使另一种毒物再作用时毒性明显增强。作用公式为 $M = M_1 + M_2(1 - M_1)$ 或 $M = 1 - (1 - M_1)(1 - M_2)$。

水体或土壤中的无机元素，不仅会影响金属的氧化还原状态，而且还会与金属离子竞争悬浮物，它们或吸附在表层沉积物颗粒表面，或与金属离子竞争离子交换位点，降低颗粒表面的吸附能力，导致金属离子的释放。

水体含盐量增加，促使沉积物中的重金属部分地释放出来，尤其是结合在颗粒表面离子交换位点上的重金属。其中汞、镉、镍、铅和锌的释放较显著，镉的释放量高达90%以上；铬、铁、锰基本不被释放。水体含盐量增加，还会导致水合氧化物和有机物的絮凝、沉淀作用增强。已知氧化铁的吸附、共沉淀是去除溶解态重金属的重要作用机制，还会导致沉淀还原性的增强。

7. 土壤性质的影响

土壤类型和特性不同，能影响植物根系对污染物的吸收。某些重金属常形成络合物，其溶解度提高后，增加根系对它的吸收。如 Hg^{2+}、Cd^{2+}、Pb^{2+}、Zn^{2+} 与羟基络合，氯与汞络合生成 $[HgCl_4]^{2-}$，铜与氨络合生成 $[Cu(NH_3)_2]^{2+}$ 都能提高其溶解度而增加根系的吸收。

土壤中有机质含量越多，提供了更多的能沉淀、络合污染物的基团，从而对污染物吸附能力越强，根系吸毒量就越少。

对于不同类型的金属离子，土壤吸附的数量、强弱是不同的。黏土矿物、蒙脱石和高岭石对金属离子吸附都有差异。金属离子被土壤胶体吸附是它们从液相转入固相的重要途径之一。金属元素若被吸附在黏土矿物表面交换点上，则较易被交换，如被吸附在晶格中，则很难被释放。

金属离子形成有机螯合物后，植物对它们的吸收主要取决于所形成螯合物的溶解性。金属与腐殖酸的结合物的水溶性决定于两者的比例，通常腐殖酸中的富里酸与金属之比大于2时，有利于形成水溶性的络合物，小于2时易形成难溶性络合物。在腐殖质组成中，胡敏酸和金属形成的胡敏酸盐除1价碱金属盐外，一般是难溶的。富里酸与金属形成的螯合物，一般是易溶的。重金属与腐殖质形成可溶性稳定螯合物，能有效地阻止重金属作为难溶盐而沉淀。腐殖质和 Fe、Al、Ti、U、V 等形成螯合物易溶于中性、弱酸或弱碱性土壤溶液中，使它们以螯合物形态迁移。当缺乏腐殖质时，便沉淀。

土壤对农药的吸附作用有物理和物理化学吸附两类，其中主要是物理化学吸附（或称离子交换吸附）。土壤类型不同，植物从中吸收的有毒物质差异也很大。

（四）生物富集

1. 概念

人们最初在研究污染物对单个生物体的毒害作用时即发现，许多有机和无机污染物在生物体内的浓度远远大于其在环境中的浓度，并且只要环境中的这种污染物继续存在，生物体内污染物的浓度就会随着生长发育时间的延长而增加。对于一个受污染的生态系统而言，处于不同营养级上的生物体内的污染物浓度，不仅高于环境中污染物的浓度，而且具有明显的随营养级升高而增加的现象。污染物在食物链中的流动和积累，对人类健康和生活质量的提高构成了严重威胁，因此，研究污染物的生物积累现象及其机制，具有十分重要的意义。

生物从环境中吸收营养物质以满足其生长发育的同时，还会主动和被动地从环境中吸收许多生长发育所非必须的物质。有些物质（如酚类）在生物体内易于降解，所存在的时间不长，生物在不断从外界环境中吸收的同时，其分解过程也在不停地进行，因而不易积累；而有些物质（如有机氯化合物、金属元素）在生物体内不易被降解，可在生物体内以原来的形态或其他形态长时间存在。生物在吸收这类物质后在体内的分解过程却十分缓慢，生物吸收的数量远远大于分解的数量，结果导致这类物质在生物体内积累。生物积累的物质，可以是生长发育所必须的营养物质或元素，也可能是生长发育不需要的物质，还可能是对生物的生长发育有毒性作用的物质。污染生态学的主要研究内容之一就是环境中的污染物在生物体内的积累现象及积累机制。

生物个体或处于同一营养级的许多生物种群，从周围环境中吸收并积累某种元素或难分解的化合物，导致生物体内该物质的浓度超过环境中浓度的现象，称为生物富集，又称生物浓缩。生物富集常用富集系数或浓缩系数（即生物体内污染物的浓度与其生存环境中该污染物浓度的比值）来表示，还有人用生物积累、生物放大等术语来描述生物富集现象。前者是指同一生物个体在生长发育的不同阶段生物富集系数不断增加的现象；后者是指在同一食物链上，生物富集系数从低位营养级到高位营养级逐级增大的现象。

研究生物富集，对于了解污染物对生物的毒害作用及生物解毒机制具有重要的意义，并为利用生物工程治理环境污染提供理论依据。

2. 机制

影响生物富集的因素很多，生物种的特性、污染物的性质、污染物的浓度和作用时间，以及环境特点是主要的、决定性的因素。

（1）生物学特性。生物体内能与污染物结合的物质：生物富集主要决定于生物本身的特性，特别是生物体内存在的、能与污染物相结合的活性物质的活性强弱和数量多寡。生物体内凡是能和污染物形成稳定结合物的物质，都能增加生物富集量。生物体内有很多组分都能和污染物特别是重金属相结合而形成稳定的结合物，从而消除或缓解重金属的毒害作用。如在还原性环境中，重金属离子易被还原，导致活性下降，并和生物体内糖类结合形成不溶性化合物。蛋白质和氨基酸也具有与重金属及某些农药相结合的位点。

生物的不同器官对污染物的富集量有很大差异。这是因为各类器官的结构和功能不同，与污染物接触时间的长短、接触面积的大小等也都存在很大差异。例如，对三种鱼（鲢鱼、草鱼、鲤鱼）的研究证明，在相同铅浓度下，三种鱼各部位的富集规律都一致，即鳃 > 内脏 > 骨骼 > 头 > 肌肉。而水稻铅污染模拟试验的结果表明，各器官铅的富集量差别很大。各器官含铅量的大小次序为：根 > 叶 > 茎 > 谷壳 > 米。

生物在不同生育期接触污染物，体内富集量有明显差异。对水稻的研究表明，在水稻的不同生育期施铅，根对铅的富集顺序为：拔节期 > 分蘖期 > 苗期 > 抽穗期 > 结实期。

不同生物种对污染物的吸收累积情况存在差异。例如，菌耳和地衣因为具有很强的吸收痕量元素的能力，可比同一区域内的树木吸收累积更多的汞。

有些植物能超量吸收和积累重金属，称之为重金属超量积累植物。这类植物现已发现了360多种，其中大多数为十字花科植物，以超量积累 Ni 的植物最多，约有 150 种。这类植物有三个主要特征：① 体内某一元素浓度大于一定的临界值；② 植物吸收的重金属大部分分布在地上部，即有较高的地上部/根浓度比率；③ 在重金属污染的土壤中这类植物能良好地生长，一般不会发生重金属毒害现象。

除以上主要特点外，生物有机体的大小、性别、食性、食量、生活区域、脂肪含量及生长发育季节等也都会影响生物对污染物的富集。

（2）污染物的性质。污染物的性质主要包括污染物的价态、形态、结构形式、相对分子质量、溶解度或溶解性质、物理稳定性、化学稳定性、生物稳定性、在溶液中的扩散能力和在生物体内的迁移能力等。

化学稳定性和高脂溶性是生物富集的重要条件。如氯化碳氢化合物（以总 DDT 为代表）具有很高的理化和生物稳定性，其理化性质能在环境中和在生物体内的迁移过程中长时间保持稳定。特别是 DDT，它属脂溶性物质，在水中溶解度很低仅 0.02 mg/kg，比大量溶解在脂类化合物中，其浓度可达 1.0×10^5 mg/kg，比在水中的溶解度大 500 万倍。因此，这类污染物与生物接触时，能迅速地被吸收，并贮存在脂肪中，很难被分解，也不易排出体外。有机氯农药由于难以被化学降解和生物降解，极易通过食物链而大量累积，目前已被禁用。

生物富集还与生物对污染物的解毒能力（即污染物的生物稳定性）有关。解毒能力越强，富集能力越弱；反之则越强。解毒能力又与污染物的化学结构有关。如 PCB 中可置换的氯的数目或位置不同，其代谢、解毒、富集的情况差别就很大。

污染物渗透能力强弱即在生物体内穿透能力的强弱，决定了污染物在生物体内富集的部位不同。穿透力强的农药多富集于果肉、米粒；穿透力弱的种类则多停留在果皮、米糠之中。

重金属作为一类特殊的污染物，具有显著的不同于其他污染物的特点。首先，重金属在环境中不会被降解，只会发生形态和价态变化。重金属在土壤环境中的迁移能力很差，因此重金属可以在环境中长期存在。其次，许多重金属是生物生长发育所必须的营养元素，如铜、锌、铬等，这些重金属具有很强的生物富集效应。只有在超过一定的浓度时，才可称为污染物，会产生更高的生物积累，并对生物的生长发育产生副作用。有些重金属为生物生长发育非必须，它们具有与许多矿质营养元素相同或相似的外层电子层结构，能通过扩散和细胞膜渗透而进入生物体内，发生生物积累。这类重金属在环境中只要微量存在，即可产生毒性效应，影响生物的生长发育。再次，环境中的某些重金属可在微生物的作用下转化为毒性更强的重金属化合物，如汞的甲基化作用。最后，重金属在进入生物体内后，不易被排出，在食物链中的生物放大作用十分明显，在较高营养级的生物体内可成千万倍地富集起来，然后通过食物链进入人体，在人体的某些器官中蓄积起来造成慢性中毒，影响人体健康。

（3）污染物的浓度和作用时间。生物体内污染物的富集量与环境中污染物的浓度成正相关，但富集系数与环境中污染的浓度没有显著的正相关性，相反，有随着污染物浓度增高而逐渐下降的趋势。富集量不仅与污染物浓度有关，还与作用时间密切相关。污染物的浓度越高，作用时间越长，则生物体内污染物富集量也越多。

（4）环境特点。环境要素通过影响生物的生长发育和污染物的性质来间接影响污染物的生物富集，土壤重金属作物效应的区域差异就是环境要素作用的结果。

土壤环境对植物的富集作用有十分重要的影响。土壤水分过多，污染物以还原态为主，活性受到抑制，富集量减少。土壤水分过少，污染物的可溶态数量少，富集量亦因此而减少。土壤 pH 值低，有利于污染物的活化，富集量增加。土壤中有机质和矿质元素的大量存在，会极大地降低植物富集重金属的数量。不同类型的土壤，对不同种类的有机和无机污染物具有不同的降解、吸附和淋溶作用，因而影响土壤生物和植物对污染物的生物积累。

3. 富集与食物链

在生态系统内，污染物在沿食物链流动过程中，含量逐级增加，其富集系数在各营养级中均可达到极其惊人的程度。以美国长岛河口区生物对 DDT 的富集为例，该地区大气中 DDT 的含量为 3×10^6 mg/m³（标准状况），其中溶于水中的量更微乎其微。但是水中浮游生物体内的 DDT 含量为 0.04 mg/kg，富集系数为 1.3 万（以大气中 DDT 含量作基数）；浮游生物为小鱼（如银汉鱼）所食，小鱼体内 DDT 含量增加到 0.5 mg/kg，富集系数为 16.7 万；其后小鱼等为大鱼所食，大鱼体内 DDT 含量增加到 2 mg/kg，富集系数为 833 万；海鸟捕食鱼，其体内 DDT 含量增加到 25 mg/kg，富集系数高达 858 万。如果人吃鱼和海鸟，DDT 就会在人体内大量富集，导致 DDT 中毒。从这个例子看出，空气和水中的 DDT 含量很低，没有超标，但在生态系统中通过食物链逐级富集，可以置人于死地。因此，在研究环境污染时，除了要监测大气、水、土壤污染外，更要注意低浓度污染物的长时间作用，以及污染物在生态系统中沿食物链逐级富集的规律。

第二节　污染物的毒害作用与机制

一、污染物的毒害作用

（一）污染物对生物的影响

1. 污染物对植物的影响

（1）对植物吸收的影响。污染物能影响植物根系对土壤中营养元素的吸收，原因之一是污染物能改变土壤微生物的活性，也能影响酶的活性；二是污染物能抑制植物根系的呼吸作用，影响根系的吸收能力。

重金属影响植物对某些元素的吸收，可能还和元素之间的拮抗有关。锌、镍、钴等元素能严重妨碍植物对磷的吸收；铝能使土壤中磷形成不溶性的铝—磷酸盐，影响植物对磷的吸收；砷能影响植物对钾的吸收。

（2）对植物细胞超微结构的影响。植物在受到重金属或其他污染物的影响而尚未出现可见症状之前，在组织和细胞中已发现生理生化和亚细胞显微结构等微观方面的变化。如用电子显微镜观察了镉、铅对玉米根、叶细胞超微结构的影响后发现：铅、镉诱导玉米根、叶细胞核和线粒体结构发生变化，同时也影响叶绿体超微结构。重金属对根尖细胞分裂和染色体也产生影响，如大麦根尖经重金属离子处理后，细胞有丝分裂指数不同程度下降，染色体畸变率与对照相比显著提高。

从染色体畸变类型来看，Hg^{2+}、Pb^{2+}处理后，细胞中染色体断裂、粘连的数量明显增多。Cd^{2+}处理的细胞中观察到较多的微核。Cu^{2+}和Zn^{2+}处理后细胞有丝分裂和染色体桥比较普遍，而Ni^{2+}可诱发较高比例的多倍化细胞。总的来看，Hg^{2+}、Cd^{2+}的细胞学毒害作用最大，其次是Pb^{2+}和Ni^{2+}，Cu^{2+}和Zn^{2+}最小。

此外，重金属对核仁也可产生影响。正常情况下，二倍体大麦细胞核中含有 1～4 个核仁。在重金属作用下，核仁的结构和数量也发生很大变化。如银染结果显示，较高浓度（5×10^{-4}～$5 \times 10^{-3} mol/L$）的Hg^{2+}、Pb^{2+}、Cd^{2+}处理 24 h 后和Ni^{2+}处理 48 h 后，根尖分生组织细胞内出现多核仁现象，核仁数目从五个至十几个不等。

（3）对种子发芽的影响。对蚕豆的实验证明，镉对根尖细胞有丝分裂以及对种子质量有明显的影响。含镉种子的发芽率随着种子中镉积累量的增加而显著下降。种子中积累的镉（内源性镉）对种子萌发的抑制效应比外源性镉强。研究表明，含镉种子萌发时，蛋白水解酶活性受到显著抑制，使得种子贮藏蛋白质难以水解为简单氮化物以满足幼胚发育的需要。脱氢酶是参与呼吸作用和能量转化的酶，含镉种子萌发时，该酶的活性也随着种子中镉积累量的增加逐渐减弱。

（4）对植物生长的影响。污染物对植物生长有明显的影响。不同浓度的Hg^{2+}对水稻种子胚根生长有明显的抑制作用。研究表明，0.1～0.5 mg/kg 的低浓度Hg^{2+}对根纵向生长有刺激作用，生长明显增加；1～15 mg/kg 之间处理的对主胚根长度生长有明显的抑制作用，且随浓度增加，生长有递减的趋势；15.0 mg/kg 和 20.0 mg/kg 处理对胚根纵向生长具有强烈的抑制作用。

污染物对水生植物生长及产量的影响也很明显。用不同浓度镉处理几种水生植物，随水中镉浓度升高，水生植物生长率明显降低。

（5）对植物发育的影响。污染物对植物发育的影响，以花期最为明显。如以 $5.4 \pm 0.4 \mu g/m^3$的 HF 在草莓三个不同发育时期进行熏气，结果表明，凡是在开花受精期进行熏气的花，花托畸形率大大增加，而在开花前或开花后熏气的对花托均无影响。

在小麦拔节期和扬花期分别以不同浓度的 HF 进行熏气。结果表明，在拔节期时以低浓度 HF 熏气，对穗数影响不大，但穗重降低，因此产量下降。高浓度 HF 熏气虽然穗重降低，但由于杀死了生长点，促进了分蘖，单穗数反而增加，因而产量下降不明显。扬花期熏气，在低浓度下穗重减少，穗数稍显降低。在上述浓度范围内，均未出现明显外观受害症状，但已明显影响产量。根据以上研究，表明植物开花期对污染物特别是大气污染物最为敏感，属于大气污染的临界期。因此，在开花期应尽量避免大气污染物的伤害作用。

（6）对植物生理生化的影响。污染物对植物生长发育的影响，主要是通过生理生化过程实现的。主要表现在：

① 对细胞膜透性的影响。污染物能影响细胞膜的透性，从而影响植物对营养物质的吸收。

② 对光合作用的影响。污染物对光合作用的影响，是植物受害的重要原因。

③ 对呼吸作用的影响。镉对呼吸作用的影响与镉对呼吸酶的干扰有关。低浓度镉对酶活性的刺激和镉刺激三羧酸循环以产生能量是呼吸增加的原因。但随镉浓度增加，酶活性受抑，呼吸作用下降。

④ 对蒸腾作用的影响。在低浓度刺激下，细胞膨胀、气孔阻力减少，蒸腾加速。当污染物浓度超过一定值后，可能诱发脱落酸（ABA）浓度增加，使得气孔蒸腾阻力增加或气孔关闭，蒸腾强度降低。如浓度太高，叶伤斑面积扩大，导致蒸腾急剧下降。这种情况下随毒物浓度升高，蒸腾比率明显按比例降低。

⑤ 对植物化学成分的影响。污染物对植物体内的成分有明显影响。据 SO_2 对小麦、玉米多次实验表明，植物受 SO_2 污染后，总氮量与蛋白质含氮量均下降，且蛋白质中氮量下降要比总氮量下降更明显，这种下降率随处理时间的延长而增加。

2. 污染物对动物的影响

重金属元素能严重影响和破坏鱼类的呼吸器官，导致呼吸功能减弱。首先，这些重金属能黏积在鳃的表面，造成鳃的上皮和黏液细胞的贫血和营养失调，从而影响对氧的吸收和降低血液输送氧的能力。重金属还能降低血液中呼吸色素的浓度，使红细胞减少。

三种有机氯农药（二嗪农、甲基对硫磷、乐果）能使鲶鱼的红细胞和血红蛋白下降，甲基对硫磷和乐果能使红细胞和核的直径减少。

污染物对动物内脏的破坏作用极明显。用 $CdCl_2$ 处理 *Heteropherstes fossilis* 30 天后，肝广泛受损，胃壁腐蚀，肠上皮退化，农药对鱼类肝脏也有明显破坏作用；氯丹可使湖鳟肝脏退化。3.2×10^{-4} mg/L 的 DDT 可使鳟鱼鱼苗肝出现空泡，15～23 mg/kg 的林丹能使鳟鱼肝门三角受损。

某些污染物还能使动物骨骼变形，如 Pb、Cd 都能使鱼脊椎弯曲。有机氯农药对鱼类、水鸟、哺乳动物的繁殖有严重的影响，也能使许多鸟类蛋壳变薄。

（二）污染物在不同生态系统中的毒害过程

1. 毒害过程

进入环境中的毒物以不同的途径和作用方式与生态系统中各组分进行接触和交互暴露，并通过食物链不断作用于生态系统，产生不同层次的毒害过程，具体体现在生态系统各个等级（包括个体、种群、群落、景观、流域和全球）水平上，并具有不同的时空范围。

时间范围上的毒害过程可分为瞬时的和漫长的生态毒害过程，如化学环境毒物引起的各种急性中毒反应过程为瞬时毒害过程，需要相对长时间表现的生态适应与生态进化过程。环境毒物激活过程、毒物稀释过程、慢性中毒过程和环境毒物生物积累与放大过程等均属于漫长毒害过程。如涉及景观水平上环境毒物的生物地球化学循环、区域水平上的温室效应过程以及全球气候变化过程等。

空间尺度上的毒害过程可分为微观的和宏观的毒害过程。微观的毒害过程主要指环境毒物通过在生态系统中的物理、化学和生物过程，如吸附/解吸过程、固定/释放过程、氧化/还原过程、螯合/解络过程、酸/碱反应过程、挥发/凝结过程、溶解/沉淀过程以及水解、降解、脱氧和共代谢过程等，在多介质、多界面层次上引起各种生态化学过程，如水—土、气—土、根—土、植—土界面的毒物传输过程。宏观的毒害过程是指跨流域、跨区域乃至全球范围的环境毒物传输与扩散，即长距离迁移、毒害过程。

（1）毒害过程的特征。毒害过程的复杂性：环境毒物毒害过程的作用机理往往是复杂多样的，只靠一种机理而实现全部毒害过程的毒物极为少见。如氰化物既可与酶结合，类似受体—配体相互作用过程，又可抑制酶活性并干扰能量储存，还可引起氧化应激反应和改变细胞内钙稳态等过程的发生。

从毒物毒害过程来看，某些毒物可以同时作用不同的靶点（靶器官或靶组织），而引起局部或全身毒性效应。如四乙铅可首先引起接触部位皮肤的损害，继而转运至全身，并引起典型的中枢神经系统损害和其他器官的损害。如果局部毒性作用非常严重，也可间接地引起全身毒性的发展。如严重的酸灼伤，虽然毒物没有直接到达肾脏，仍然会造成肾损伤过程的发生，是一种间接的全身毒性的发展。

从生态系统中环境毒物或污染物的种类和数量来看，已由原来的单一或少量环境毒物向多种环境毒物联合毒害发展，使毒害作用所涉及的过程更加复杂化。如全球大气污染毒害过程已由最初的煤烟型过渡到后来的石油型，这其中所涉及的环境毒物已由煤烟尘和 SO_2 为主过渡到以氮氧化物（NO_x）、碳氢化物（CH_x）、二氧化硫（SO_2）、一氧化碳（CO）、铅（Pb）和烟尘的毒害作用等为主。目前的大气污染已发展成混合型，所涉及的环境毒物除燃料燃烧毒害大气外，工业生产中所产生的有害物质也是大气的主要污染物。常见的有氨、氯、氟化物、硫化氢、铅、汞、锰、镉、镍、砷、酚、有机磷、有机氯、碳氢化合物、放射性物质、生物性物质等。

（2）毒害过程的不稳定性。由于作用于生态系统中的环境毒物种类和数量的可变性，以及环境毒物在作用过程中的迁移性，决定了环境毒物对生态系统的毒害过程在空间范围和时间范围都是不稳定的。如水中的环境毒物随水流动进入土壤，可以被土壤吸附和固定，也可以挥发到大气中并扩散至周边地区，土壤中的环境毒物也可重新释放到水和大气环境中。另外，有机环境毒物可以被动植物和微生物降解，特定区域的环境毒物类型及其毒害过程的发展也随着工业企业的发展以及农业生产中所使用的农药种类的变化而改变。

2. 环境毒物在不同生态系统中的毒害过程

自然界中的空气、水、土壤与生物界的人、动植物、微生物之间始终处于相互依赖而又相互制约的状态，环境毒物在生态系统中正是以这三者为媒介作用于各生物组分。因此，研究环境毒物在不同生态系统中的毒害过程对于理解生态毒理学的内涵具有重要意义。

（1）大气生态系统毒害过程。环境毒物对大气生态系统的毒害过程主要是指由于人类活动造成大量气体污染物产生并扩散至大气中，改变自然空气的理化性质，并直接对生物体产生损伤或改变全球气候特征而波及生命生长和发育的过程。一些典型的大气污染现象，如烟雾、酸雨、温室气体以及沙尘暴等都已对动植物等生物体产生一系列的毒害作用。

① 对植物的毒害过程。大气环境毒物主要通过以下途径对植物产生伤害作用，包括暴露伤害、摄取伤害、转运储存伤害和代谢毒害等。如果大气环境毒物能引起任何植物伤害，大气环境毒物首先要被暴露于其中的植物所摄取。这个过程中，尽管大气环境毒物的浓度十分重要，但更值得关注的是最终有多少环境毒物进入了植物体内。传导过程有气孔，气孔对大气环境中的毒物进入细胞所起的调节作用是至关重要的。摄取过程依赖并决

定于沿着大气到液体扩散途径的物理和化学特征。环境毒物物流有可能被叶片的物理结构所阻止，或者可能在随后的进入过程被化学特性所阻挡。叶片的朝向及其形态包括表皮的特征和气流移动通过叶片都决定性地影响了到达叶片表面的起始流。如果在叶片环境中有气流移动，那一般会有更多的环境毒物进入叶片。

气孔的阻力是影响环境毒物摄取的关键因素。气孔阻力取决于气孔数量、大小、解剖结构和气孔孔径的大小。当气孔关闭时，很少或几乎没有环境毒物能进入植物体内。气孔的张开是由内部的 CO_2 浓度、温度、湿度、可利用的水和营养状况所调节，尤其是 Li^+、Rb^+、Cs^+ 等放射性毒物的摄取与气孔的开闭密切相关。值得一提的是，尽管气孔阻力是影响环境毒物摄取的重要因素，个体的种类和品系的遗传敏感性，对于植物是否受到伤害却起到关键性的主导作用。当然，在叶片中环境毒物的浓度水平对植物的伤害过程也是至关重要的。

② 对动物的毒害过程。大气污染对动物的危害可以分为直接和间接两个方面。在大气污染严重时期，家畜等动物直接吸入含大量污染物的空气，引起急性中毒，甚至大量死亡。1952 年的伦敦烟雾事件中，首先发病的就是参展的 350 头牛，其中 66 头因呼吸系统严重受损死亡。日本上野动物园也曾因大气严重污染使园养鸟大批死亡，死亡鸟类的肺部有大量的黑色烟尘沉积。

大气污染还可以通过间接途径引起动物大量死亡。大气环境毒物沉降到土壤和水体后，通过食物链在植物中富集，草食动物食入含有毒物的牧草之后会中毒死亡。美国阿那空铜矿冶炼厂排出的大量含砷废气，污染了周围牧草，牧草含砷量高达 400 mg/L，致使 24 km² 内的马、牛、羊等家畜大量中毒死亡，死畜的肝脏中含有大量的砷。动物实验表明，粉尘污染的空气能使动物体质变弱，鸡在粉尘污染的空气中很难长大，蚕吃了带粉尘的桑叶生长缓慢，产丝量下降。

大气污染对动物的毒害过程主要是从鼻腔经喉、气管和支气管到达肺泡。肺泡表面积大，毛细血管丰富，不仅适于 O_2 和 CO 的交换，对于许多大气环境毒物如 CO、SO_2 等有害气体的吸收也很快。当大气中污染物含量很高时，由于动物肺部严重的化学灼伤引起炎症，以及因急性闭塞性换气不良造成急性组织缺氧或引起心脏病恶化。

一般情况下，大气环境毒物的浓度较低，但由于动物呼吸道长期持续地暴露于污染的大气中，使大气环境毒物对动物的毒理作用过程是长期的、反复的，能引起机体的慢性中毒或降低机体的抵抗力，诱发感染，引起各种呼吸道炎症，导致其慢性呼吸系统疾病的发病率和死亡率增高。

大气环境毒物成分复杂，有些有机化合物和无机元素虽然不是致癌物质，但可能是促癌物质，可提高致癌物质的致癌作用，加速癌症发生的过程。通常，大气污染的致癌作用实质是通过其中的致癌和促癌物质起作用的。

（2）水生生态系统毒害过程。环境毒物对水生生态系统的毒害过程主要是指来自于不同源头的毒物，通过不同途径进入水环境中，对系统中生物体生长发育产生影响甚至危及生命延续的过程。这一过程是环境毒物在生物间和生物内相互作用与影响的结果，主要与生物的种类、年龄、健康状况、营养水平、毒性负荷、感应状态和生理学特征等因素有关；从环境因子来看，水质、环境毒物的分布、温度、光、环境毒物的吸附性以及可溶性也是至关重要的影响因素。

就污染源而言，可分为外源毒害过程和内源毒害过程。外源毒害过程是指人为活动产生的毒物对系统的毒害过程，如工业排污、城市水源消费、农业灌溉、地下水污染、河岸码头、大气污染、固体废弃物倾倒等都是毒物进入水体的常见途径。内源毒害过程是指自然生理和生化过程所产生的有害物质对系统的毒害过程，如来自于水藻的生物毒物，来自于铜、汞、镉等重金属的生物地球化学循环的毒物，以及来自于生物化学过程的氨，都是源于自然的水生生物毒物。

① 对水体的毒害过程。环境毒物进入水生生态系统以后，势必参与生物地球化学循环，分散于水生生态系统的各个组分中。当生物体内环境毒物吸收、积累到一定数量后，就会出现受害症状，如生长受阻、发育停滞，甚至死亡，直到系统结构、功能受损、崩溃。

水体富营养化是水体受氮、磷等营养污染所产生的毒害过程。它是指水体接纳过量的氮、磷等营养物质，使藻类以及其他水生生物异常繁殖，水体透明度和溶解氧变化，造成水质恶化，加速水体老化，从而使水生生态系统和水功能受到影响和破坏，严重的甚至发生水华，影响水资源的利用，给饮用、工农业供水、水产养殖、旅游以及水上运输等带来巨大损失，并对人体健康构成危害。

目前，水体富营养化是我国许多湖泊、水库所面临的重大生态毒害问题，它对水资源的利用产生了严重的障碍，有的湖泊已酿成了公害，如云南的滇池，给经济和生态环境造成了巨大损失。

② 对水生生物的毒害过程。环境毒物对水生植物的毒害作用主要是通过影响植物体的生长发育和生理生化过程来实现的。研究表明，重金属离子能够抑制根尖生长点的细胞分裂，降低其吸收功能，最终导致生物产量的降低。重金属对植物生理生化过程的影响主要表现在其对植物细胞膜具有严重的破坏作用，抑制呼吸作用以及阻碍叶绿素合成，从而抑制光合作用等方面。

重金属对水生动物的毒害过程表现为能严重影响和破坏鱼类的呼吸器官，导致其呼吸机能的减弱。这是因为重金属能黏结在鱼鳃表面，造成鳃的上皮和黏液细胞贫血和营养失调，从而影响对氧气的吸收和降低血液输送氧气的能力。某些环境毒物如有机氯农药对水鸟及哺乳动物的繁殖有严重影响，二甲亚硝胺（DMN）还能诱发动物癌症。另外，还有一些环境毒物如 HCN 能够引起鱼的畸形。

水体中还存在着一些致畸物质，如甲基汞、西维因、敌枯双、五氯酚钠、2，4，5 - T 等，这些物质产生致畸作用可分为两种情况：一种是通过妊娠中的母体干扰正常胚胎发育过程，使胚胎发育异常而出现先天畸形，不具有遗传性；另一种则是环境中致突变物直接作用于生殖细胞，影响生殖机能及妊娠结局，如发生不孕、流产、死胎、畸胎或其他类型的出生缺陷，后者具有遗传性，能将突变基因遗传给子代细胞。

（3）陆地生态系统毒害过程。从总体上说，环境毒物在土壤中的迁移包括横向的扩散作用和纵向的渗滤过程。由于水的重力迁移作用，环境毒物在土壤中普遍存在着向下迁移的趋势，同时，地下水流向使环境毒物在总体上沿着水流方向移动。在环境毒物传递过程中，环境毒物分子不断与土壤颗粒接触而被吸附，同时又有许多分子从吸附点上解吸下来，这种可逆反应过程伴随着环境毒物在土壤中所有的迁移过程。由于不同环境毒物具有不同的物理化学性质，它们与土壤吸附位点的结合方式也不同，结合的紧密程度也不一样。环境毒物在土壤中的吸附、解吸动态过程是决定其迁移速率的最主要因素。

① 吸附—解吸过程。吸附是环境毒物在生态系统中的一种常见反应过程，主要是指环境毒物在气—固或液—固两相生态介质中，在固相中浓度升高的过程，它包括一切使溶质从气相或液相转入固相的反应，如静电吸附、化学吸附、分配、沉淀、络合及共沉淀等反应。吸附包括分配和吸持两个过程，吸持是指化学环境毒物在固相上的表面吸附现象，是一种固定点位吸附作用，而分配作用是指土壤/沉积物中的有机物质对外来化学物或环境毒物的溶解作用。

物质在载体上的吸附反应是一个动态过程，当吸附质的部分分子被吸附到载体颗粒物，即吸附剂表面时，也有许多有机物分子从吸附剂上解离，当吸附速率与解吸速率达到同一水平时，在吸附剂上吸附质的量保持不变，这一状态即为吸附平衡。

研究环境毒物在不同吸附载体上吸附—解吸过程的最终目的在于对环境毒物在生态系统中的分布、迁移和归属作出准确的预测。土壤有机质是有机环境毒物在土壤中的主要吸附剂，有机环境毒物在土壤自由水和土壤有机质之间的分配特性以土壤吸附常数（K_{oc}）来表示。它一般与土壤矿物特性无关，仅表示有机环境毒物基于土壤有机质的吸附。一种有机环境毒物的 K_{oc} 值与其水溶性具有很好的线性相关，Hassett 等用 107 种非极性化合物做出 $\lg K_{oc} = 3.95 \sim 0.62 \lg S_w$（水溶性，mg/L）的回归曲线。

由于疏水性有机物分子进入吸附剂有机质内部相当于在溶液中这些组分的混合过程，因此可以把它想象成有机物在不相混溶的两相之间的分布。土壤中有机环境毒物在土壤有机质和土壤自由水间的分配可用该化合物在水和一种与水不互溶的有机溶剂间的分配来估计。具有较小水溶性的辛醇（300～540 mg/L）可以更好地模拟土壤有机质，所以，用辛醇—水分配系数（K_{ow}）来表征这一特性。辛醇还被认为可以较好地模拟鱼和动物中的脂肪组织以及植物脂肪结构特征，因此，K_{ow} 还被用来表征有机环境毒物在动物和其他生物中的生物浓缩因子（BCF）和生物积累潜势。因为 K_{oc} 和 K_{ow} 都是用来描述土壤中有机环境毒物在土壤自由水和土壤有机质之间的分配，所以两者之间有很好的相关性。

② 对植物的毒害过程。环境毒物对于植物的毒害过程实质是植物吸收与积累环境毒物的过程，同时也是环境毒物沿食物链生物富集和生物放大而不断作用于生物体并使之产生毒害的主要途径。植物对于进入陆地生态系统中的环境毒物具有普遍的吸收特性，包括可溶性环境毒物可以通过植物的根系吸收，挥发性环境毒物则可以通过呼吸作用进入植物体，即使是那些极难溶于水、极难挥发的环境毒物，在土壤、水和大气中仍可以痕量水平存在，由于植物在吸收营养物质过程中并无绝对严格的选择作用，植物对这部分环境毒物也可能有一定的吸收。大量研究已表明，DDT、阿特拉津、氯苯类、多氯联苯类、氨基甲酸酯类、多环芳烃类及其他有机环境毒物都可以被植物吸收与积累。

植物吸收与积累环境毒物量的多少是植物本身特性、环境毒物物理化学性质以及环境条件共同作用的结果。即使对于同一环境条件下的同一种环境毒物，由于其在土壤、水和大气中的广泛分布，植物吸收过程也同时存在着根系吸收、茎叶吸收等多种途径，但对于一种环境毒物来说其中一种途径将占主导地位。

③ 对动物的毒害过程。环境毒物从接触动物体到最终被固定或排出，一般要经过一系列吸收、分布和积累、转化、固定或排泄等过程。其接触途径主要有表皮吸收、呼吸作用以及摄食等，同时伴随着机体吸收氧和营养物质。在大多数动物类群中三种途径通常同时存在，至于何种占主导地位则取决于环境毒物的性质、动物种类以及环境特性等多方面因素。

环境毒物在机体内的分布也是不均匀的，这主要取决于环境毒物的化学性质，如果环境毒物的性质使其较易通过生物膜，则可全身分布；反之，环境毒物的分布将受制于有机体某个特定部位。外源环境毒物与机体蛋白的结合也是造成其在体内不均匀分布的主要原因。结合方式主要分为共价结合和非共价结合两种。

④ 对微生物的毒害过程。微生物在生态系统中行使着分解者的职责，即将复杂的有机物分解为简单的无机物，归还到环境中供生产者重新利用。因此，环境毒物对微生物的毒害过程实质是胁迫条件下特异微生物种群突现以充当分解者角色的过程，其中包括有机化合物和动植物及微生物残体的分解、固氮作用，腐殖质分解与形成，磷、硫、铁及其他元素的转化，以及碳、氮、磷的生物地球化学循环等生态化学过程。

不同毒物对于微生物的数量、种群结构及其生化过程均有不同程度的影响，或促进，或抑制，甚至可以从根本上改变生态系统的基本元素组成。大量研究表明，农药对于微生物的氨化和硝化作用、反硝化作用、固氮作用及呼吸作用有影响，重金属对于微生物的数量、多样性以及酶分泌物有影响；另外，一些有机物如多环芳烃、多氯联苯等也能影响微生物的数量、种类及代谢过程。

二、生物受害机制

外源环境污染物对生物组织细胞毒性作用的机理是多方面和复杂的，了解各种环境毒物的毒作用机理，不论对其毒性的全面评价，还是对其毒作用的有效防治都有十分重要的意义。

（一）形态变异

变态反应是指机体对化学物产生的一种有害免疫介导反应，又称过敏性反应。变态反应与一般毒性反应不同，它首先需要先前接触过该化学物并对机体有致敏作用。该化学物可作为半抗原，并与内源性蛋白质结合形成完全抗原，从而激发抗体形成。当再次接触到该化学物时，将产生抗原—抗体反应，引起典型的过敏反应。其次，其剂量—效应关系不是一般毒性作用的典型的"S"形曲线，但对特定的个体来说，变态反应的强弱与剂量有关，如对花粉过敏反应的强度与空气中花粉的浓度有关。此外，变态反应也是一种有害的毒性反应，有时仅有皮肤症状，有时可引起严重的过敏性休克，甚至死亡。如镍、镉可引起接触性皮炎、肺炎，五氧化二钒可引起迟发性呼吸器官变态反应，铬可引起眼结膜炎、支气管哮喘、接触性皮炎等。

（二）细胞结构受损

维持细胞膜的稳定性对机体内的生物转运、信息传递及内环境稳定是非常重要的。某些环境毒物可引起细胞膜成分的改变，如四氯化碳可引起大鼠肝细胞膜磷脂和胆固醇含量下降，二氧化硅可与人的红细胞的带Ⅲ蛋白结合，使红细胞膜蛋白 α 螺旋减少。不少环境毒物可改变膜脂流动性，影响膜的通透性和膜镶嵌蛋白质（即膜酶、膜抗原与膜受体）的活性。如 DDT、对硫磷可引起红细胞膜脂流动性降低，乙醇可引起肝细胞线粒体膜脂流动性增强。膜通透性的改变主要也是膜蛋白的改变，如铅、汞、镉等重金属可与膜蛋白的巯基、羰基、磷酸基、咪唑基和氨基等作用，改变其结构和稳定性，从而改变膜蛋白的通透性；锌、汞、镉、铝、锡等可与线粒体膜蛋白反应，改变其结构与功能；DDT 等高脂溶物也可与膜脂相溶而改变膜的通透性。

（三）与细胞组分的化学结合

环境毒物与细胞中生物大分子结合可分为非共价结合和共价结合。共价结合可改变生物大分子的结构与功能，从而引起一系列生物学改变。

1. 核酸

直接与 DNA 结合的烷化剂很少，大多数是以其活性代谢物与 DNA 结合。烷化剂是有烷化功能基团的化合物，常见的烷化剂可分为四类：烷基硫酸酯类（如甲基磺酸甲酯）、N-亚硝基化合物（如二甲基亚硝胺）、环状烷化剂（如氮芥与硫芥）及卤代亚硝基脲类 [如1，3-双（2-氯乙基）-1-亚硝基脲]。核酸的碱基、核糖或脱氧核糖和磷酸均可能受到这类化合物及其代谢产物的攻击，但以对碱基的攻击最具毒理学意义。亲电子活性代谢产物主要攻击的位点是鸟嘌呤的 N-7、C-8 与 C-6 所连的 O 和氨基，腺嘌呤的 N-1、N-3，胞嘧啶的氨基。亲核活性代谢产物主要攻击胞嘧啶 C-6、胸腺嘧啶 C-8 等。

亲电子活性代谢产物可攻击 DNA 上的亲核中心，与碱基发生共价结合，生成加合物，可引起 DNA 链的局部扭曲和二级结构异常，导致 DNA 在复制中碱基排列顺序的改变，形成基因突变，甚至畸变、癌变。近来发现这也与动脉粥样硬化、糖尿病及衰老有关，如生殖细胞基因发生改变，可影响后代，甚至累及人类基因库。

2. 蛋白质

许多环境毒物可与酶或蛋白质活性部位结合而显示毒性作用。如溴苯的代谢产物溴苯环氧化物与肝细胞蛋白质共价结合引起肝细胞坏死。CO 与血红蛋白中的 Fe^{2+} 和细胞色素 $a+a_3$ 中的 Fe^{3+} 紧密结合，使组织缺氧。许多有毒金属如铅、汞、镉、砷等与酶或蛋白质的巯基结合使之失去活力而产生毒性。

许多重要的细胞酶，其分子中的还原型巯基（—SH）往往是其活性中心。外源化学物的亲电子代谢产物不仅可引起脂质过氧化，还可与细胞内其他亲核部分如谷胱甘肽（GSH）、蛋白质和酶的巯基结合，当 GSH 耗竭时，可导致蛋白质巯基氧化形成二硫键，使酶活性丧失。

3. 脂质

脂质过氧化是导致细胞损伤和死亡的关键步骤。大多数化学物质通过生物转化形成有活性的亲电子中间产物，通常是一个自由基。核酸蛋白质和脂质均是自由基攻击的主要目标。自由基与膜的不饱和脂肪酸作用引起脂质过氧化，导致膜完整性的丧失和细胞膜的破裂，产生一系列病理反应，甚至组织坏死。

（四）影响酶活性

环境毒物还可以影响细胞膜上某些酶的活力，如有机磷化合物可与突触小体及红细胞膜上乙酰胆碱酯酶共价结合；对硫磷可抑制突触小体膜和红细胞膜 Ca^{2+} – ATPase 和 Ca^{2+}，Mg^{2+} – ATPase；苯并［a］芘可抑制小鼠红细胞膜使其活性受抑制。

1. 干扰正常受体—配体的相互作用

受体是许多组织细胞的大分子成分，与化学物即配体相结合后形成配体—受体复合物，能产生一定的生物学效应。许多环境毒物尤其是某些神经毒物的毒性作用与其干扰正常受体—配体相互作用的能力有关。如有机磷农药中毒是由于有机磷抑制胆碱酯酶的活性，使其失去分解乙酰胆碱的能力，导致乙酰胆碱积聚，后者与毒蕈碱型胆碱能受体（M型受体）和烟碱型胆碱能受体（N型受体）结合，产生毒蕈样和烟碱样神经症状。阿托品的解毒作用就在于能与乙酰胆碱竞争 M – 受体，从而阻断乙酰胆碱对 M – 受体的刺激作用，以消除毒蕈碱样症状。而阿托品对 N – 受体无影响，故对烟碱样症状无作用。甲基汞通过抑制大脑、小脑的胆碱能受体而损害中枢神经系统。农药杀虫脒和双甲脒通过抑制前脑细胞 α_2 – 肾上腺素受体而产生毒性作用。

2. 干扰细胞内钙稳态

正常情况下细胞内的钙浓度较低（$10^{-8} \sim 10^{-7}$ mol/L），细胞外浓度较高（10^{-3} mol/L），内外浓度相差 $10^3 \sim 10^4$ 倍。钙作为细胞的第二信使，在调节细胞内功能方面起着关键性作用。化学物质可以通过干扰细胞内钙稳态引起细胞损伤和死亡。各种细胞毒物如硝基酚、醌过氧化物、醛类、二噁英、卤代链烷、链烯和 Cd^{2+}、Pb^{2+}、Hg^{2+} 等重金属离子均能干扰细胞内钙稳态。如非生理性增高细胞内钙浓度可激活磷脂酶而促进膜磷脂分解，引起细胞损伤和死亡。增加细胞内的 Ca^{2+}，还可激活非溶酶体蛋白酶而作用于细胞骨架蛋白引起细胞损伤。使用 Ca^{2+} 激活蛋白酶的抑制剂可延缓或消除细胞毒性作用。Ca^{2+} 也能激活某些可引起 DNA 链断裂和染色质浓缩的内切核酸酶，某些环境化学物可能通过这一途径引起细胞损伤，甚至死亡。

（五）遗传物质损伤

1. 概述

在环境毒物的不断作用下，生物体的遗传物质可能发生基因结构的变化，即突变。这种由环境毒物引起生物体遗传物质发生基因结构改变的作用过程，称为致突变作用。具有引起生物体遗传物质发生基因结构变化的物质，则称为致突变物。多方面的资料表明，环境毒物导致生物体的各种突变的结果，对健康大多存在很大的潜在威胁。因此从理论上推测，这些突变虽然也可能出现有益的结果，但概率很小，而且无法鉴别和控制。所以，从生态毒理学角度，不论突变的结果如何，应将致突变作用视为环境毒物或外来污染物毒性作用的一种表现。

突变可分为基因突变、DNA 片段损伤和染色体畸变等类型。基因突变和 DNA 片段损伤只涉及染色体的某一部分的改变，表型上有遗传的改变，但不能用光学显微镜直接观察到；染色体畸变则可涉及染色体的数目或使结构发生改变，故可用光学显微镜直接观察到。上述的各种突变类型仅是程度之分，而在本质上并无差异。因此，狭义的突变通常仅指基因突变，而广义的突变则包括染色体畸变、基因突变和 DNA 片段损伤。

化学致突变物作用于动物的体细胞和生殖细胞，所引起的后果并不相同。生殖细胞包括雄性精子和雌性卵子。致突变物作用于生殖细胞引起突变，可以导致两种后果：① 突变细胞不能与异性细胞结合，导致胚胎死亡，它发生于子代，为显性，因此这种突变又称为显性致死突变。② 引起遗传性疾病。如果生殖细胞发生突变，这种突变为非致死性，则可以传给后代，引起先天性遗传缺陷，即遗传性疾病，使生物基因库受到影响。

2．DNA 片段损伤

通常情况下，环境毒物导致的基因突变，除了碱基置换和移码突变两种方式外，更多的情况是出现 DNA 片段损伤。

DNA 片段损伤是指 DNA 链大段缺失或插入。这种损伤有时可波及两个基因甚至多个基因。按严格的定义，基因突变是一个基因范围内损伤导致的改变。当损伤足够大；如超过 10^4 碱基对以上，就介于基因突变与染色体畸变之间的不明确过渡范围。因缺失的片段远远小于光学显微镜可见的染色体缺失，故称小缺失。它往往是 DNA 链断裂后重接的结果，有时在减数分裂过程中发生错误联会和不等交换也可造成小缺失。小缺失通常会引起突变。

小缺失游离出来的 DNA 片段可整合到另一染色体的某一位置而形成插入。每次整合都可能发生变异。小缺失的片段也可倒转后仍插入原来位置而形成基因重排。在质粒之间或染色体之间可出现能转移位置的小段 DNA，称转座子或插入序列，这种位置转移称转座。插入序列不含任何基因，转座子的两端是插入序列，中间是基因。无论是插入序列或转座子转座，当整合到一个基因中即引起基因突变。

3．染色体畸变

环境毒物的胁迫常导致染色体畸变。染色体畸变是指染色体结构异常，它是由于染色体或染色单体断裂所致。当断端不发生重接或虽重接而不在原处时，即出现染色体结构异常。诱发这种作用的物质称为断裂剂，这种作用的发生及其过程即断裂作用。断裂作用的关键是诱发 DNA 断裂，大多数化学断裂剂像紫外线一样只能诱发 DNA 单链断裂，故称拟紫外线断裂剂。DNA 单链断裂需经 S 期进行复制，才能在中期细胞中出现染色单体型畸变。少数化学断裂剂与电离辐射一样，可诱发 DNA 双链断裂，故称为拟放射性断裂剂。所以，如在 S 期已发生复制之后或 G_2 期发生作用，在中期呈现染色单体型畸变，而在 G_0 期和 G_1 期作用，则经 S 期复制，就会在中期呈染色体型畸变。由于拟放射性断裂剂能在细胞周期任一时期发生作用并在立即到来的中期观察到染色体结构改变，故称 S 期不依赖断裂剂。任何断裂剂产生的染色单体型畸变，都将在下一次细胞分裂时演变为染色体型畸变。

（1）染色体型畸变。染色体型畸变是染色体中两条染色单体同一位点受损后所产生的结构异常，可分为下列类型。

① 断裂与裂隙一样是染色体上狭窄的非染色带。过去以带宽超过染色单体宽度为断裂，不超过者为裂隙。在国际上，自20世纪70年代中期开始逐渐普遍以该带所分割的两段染色体是否保持线性关系（成直线或圆滑的曲线）来区分，无线性者为断裂，否则为裂隙。不过，一般认为，裂隙并非染色质损伤，不属于染色体畸变范畴。

② 断片、微小体和缺失。一个染色体发生一处或多处断裂而不重接且远远分开，就会出现一个或多个无着丝粒节段和一个有着丝粒节段。无着丝粒节段称为断片。有时断片比染色单体的宽度还小，成圆点状，此时称为微小体，可成对或单个出现。如果一个细胞只有一个微小体单独存在应疑为染色单体的断片；如成对出现且为数不少，则认为并非来源于染色体断裂，而是基因扩增的结果。在细胞分裂时断片不能定向移动而丢失在胞质中，于是保留在核中的有着丝粒节段缺少了部分遗传物质，故称缺失。当染色体的末端节段缺失时，称为末端缺失。当染色体的一臂发生两处或多处缺失后虽重接起来，但中间缺失了某一或某些节段，称中间缺失。

③ 倒位。当某一染色体发生两处断裂，其中间节段颠倒180°后重接起来，其位置被颠倒了，叫倒位。如果被颠倒的是具有着丝粒的中间节段，则称臂间倒位；如果被颠倒的仅涉及长臂或短臂的某一节段，则为臂内倒位。

④ 环状染色体和无着丝粒环。染色体两臂均发生断裂且带着丝粒节段的两端连起来形成环，称环状染色体；如某一无着丝粒节段两端连接而形成环，则称无着丝粒环。

⑤ 插入和重复。在涉及一个或两个染色体三处断裂的重接中，一个染色体臂内由于发生两处断裂而游离出带两断端的断片插入到同一染色体另一断裂处或另一染色体的断裂处，叫做插入。如插入节段的碱基序列与着丝粒的位置关系与原来方向相同，叫顺向插入，否则叫反向插入。如果插入使该染色体有两段相同的节段时，称为重复，重复尚有其他含义，如多倍体和多体也是重复的另一种形式。

⑥ 易位。从某一染色体断裂下来的节段接到另一染色体上称为易位。两条染色体各发生一处断裂，其断片相互交换重接成为两个结构重排的染色体称为相互易位或对称易位，或平衡易位。两个染色体各发生一处断裂，仅一个染色体的节段连接到另一个染色体上称为单方易位或不对称易位，或不平衡易位。三个和三个以上染色体发生断裂，其节段交换重接而形成的具有结构重排的染色体称为复杂易位。复杂易位有时可形成三着丝粒、四着丝粒等多着丝粒染色体。

不对称易位有可能是两个带着丝粒的节段在断端重接，就形成一个带两个着丝粒的染色体。如果此两着丝粒都具主缢痕功能，就称为双着丝粒染色体，否则只有一个着丝粒具有主缢痕功能时，则称为末端重排。

当生殖细胞的两个非同源染色体发生一次相互易位时，将出现易位杂合体。在精母细胞第一次减数分裂的前期（即前期Ⅰ）的联会过程中，在偶线期期间，由于发生同源染色体节段的接合配对而使两对同源染色体形成十字形构型的交叉。此后，随着前期Ⅰ的向前进行，在交叉中同源节段配对部分发生遗传物质交换，并因交换次数不同发生在近端（着丝粒和断裂之间）或远端（端粒和断裂之间），而在终变期至中期Ⅰ（MI期）分别形成：① 一次交换，无论在近端或远端，都形成一个二价体和两个单价体；② 二次交换，皆在近端或远端，形成两个二价体，一次在近端一次在远端，则形成一个三价体和一个单价体；③ 三次交换，二次近端一次远端，或相反为一次近端二次远端，皆形成链状四价体；④ 四次交换，形成环状四价体。

（2）染色单体型畸变。染色单体畸变是在某一染色体的一条单体上发生的畸变。染色单体的断裂、断片、缺失和倒位，以及裂隙，其含义与染色体型畸变的 csb、csf、del、inv 和 csg 基本相同，差异在于姊妹染色单体中仅有一条出现结构异常。

染色单体交换是两条或多条染色单体断裂后变位重接的结果。在同一染色体内或单体内的染色单体交换称为内换，不同染色体间的染色单体交换称为互换。两染色体间的单体互换可出现三射体或四射体，它们分别是具有三臂或四臂的构型。在三个或多个染色体间的单体互换则形成复合射体。

使用差示染色法时，可见到染色单体的两条姐妹染色单体染成一深一浅。如某一染色体在姐妹染色单体间发生等位节段的内换，就会使两条姐妹染色单体都出现深浅相同的染色（等位节段仍是一深一浅）。这种现象称为姐妹染色单体交换（sce）。1978 年，人类细胞遗传学命名国际体制（ISCN）将 sce 列入染色单体型畸变的范围，但其发生机制目前已趋向于与染色单体断裂无关。

（3）染色体分离异常。各种生物都有其固定的染色体数目和核型。以动物正常体细胞染色体数目 $2n$ 为标准，染色体数目异常可能表现为整倍性畸变和非整倍性畸变。整倍性畸变可能出现单倍体、三倍体或四倍体。超过二倍体的整倍性畸变也统称为多倍体。非整倍性畸变系指比二倍体多或少一条或多条染色体。如缺对染色体是指缺少一对同源染色体，单体或三体是指某一对同源染色体相应地少或多一条，四体则指其比同源染色体多一对；于是在染色体数目上相应为 $2n-2$、$2n-1$、$2n+1$ 和 $2n+2$。无论是整倍体性或非倍体性染色体数目异常的细胞或个体部分都称为异倍体。

染色体数目异常的直接原因是由于染色体行动异常或复制异常。引起非整倍体的原因是：① 不分离，有两种情况，一种是同源染色体在第一次减数分裂中联会复合体不分离（可能因联会复合体受损）；另一种是姐妹染色单体在有丝分裂或第二次减数分裂中因着丝粒受损未纵裂而不分离，结果纺锤体一极接受两个同源染色体或两条姐妹染色单体，而另一极则无，细胞分裂后即形成非整倍体。② 染色体丢失：由于纺锤体形成不完全或着丝粒受损，可在细胞分裂由中期向后期发展的过程中使个别染色体行动滞后，于是没有进入任一子细胞的核中就会使每一个子细胞的核丢失一个染色体。如染色体丢失发生于配子发生时，便可形成 n 和 $n-1$ 两种配子，后者与正常配子结合，即产生单体型（$2n-1$）合子。如丢失发生于受精卵的早期卵裂时，则可形成单体和二倍体两个细胞系组成的嵌合体。③ 除以上两种常见情况外，还可能由于联会复合体形成障碍和第一次减数分裂时着丝粒早熟分裂而产生非整倍体。

引起整倍性的原因是核内再复制，即在有丝分裂中，染色体及其着丝粒虽已完成正常复制，但纺锤体形成受到障碍，于是全部姐妹染色单体不能分开，细胞也不能进行分裂，因而在间期中形成一个有四倍体的细胞核。这个细胞在下次有丝分裂时又恢复正常的染色体复制和分开，于是在中期细胞便可见每 4 条姐妹染色单体整齐排列的现象。如果生殖细胞在其有丝分裂期间出现核内再复制，则在随后的减数分裂中出现二倍体配子，当与正常单倍体配子结合，就可形成三倍体的受精卵。如果核内再复制发生于受精卵早期卵裂，则可形成具有四倍体和二倍体两个细胞系的嵌合体。

第三节 污染物的生物转化

环境污染物在生物体内经过一系列化学或生物化学的变化过程称为生物转化或代谢转化。一般情况下，外源化合物经生物转化后极性及水溶性增强，容易排出体外，或通过生物转化，毒性降低甚至消失。因此，过去常将生物转化过程称为生物解毒或生物失活过程。但并非所有的外源化学物都如此，有些外源化学物的代谢产物的毒性反而增大，或水溶性降低。如对硫磷、乐果等生物转化后形成的对氧磷和氧乐果的毒性增加，有些不会直接致癌的化学物经生物转化后产生的代谢产物具有致癌作用。由此可见，生物转化具有两重性。因此，化学物的毒性不仅与其本身的理化性质有关，也与其在体内的生物转化有关。同一环境化学物在生物转化中，可能有多种转化途径，生成多种代谢产物，具有生物转化的复杂性和多样性。同一环境化学物的生物转化过程常常是多个反应连续进行，具有生物转化的连续性。环境化学物的生物转化过程需特定的酶类催化才能进行。生物转化主要发生在肝脏，此外在肺、肾、胃肠道、胎盘、血液、睾丸及皮肤中也有一些较弱的代谢转化过程，称为肝外代谢过程。

一、生物转化的反应类型

环境化学物的生物转化过程主要包括四种类型：氧化反应、还原反应、水解反应和结合反应。前三种反应往往使分子上出现一个极性基团，使其易溶于水，并可进行结合反应。氧化、还原和水解反应是外源化学物经历的第一阶段反应（第一相反应），化学物最后经过结合反应，即第二阶段反应（第二相反应）后，再排出体外。

（一）氧化反应

氧化反应可以分为两种：一种为微粒体混合功能氧化酶系催化；另一种为非微粒体混合功能氧化酶系催化。

1. 微粒体混合功能氧化酶系（MFOs）催化反应

所谓的微粒体并非独立的细胞器，而是内质网在细胞匀浆中形成的碎片。MFOs 的特异性很低，进入体内的各种环境化学物几乎都要经过这一氧化反应转化为氧化产物。MFOs 主要存在于肝细胞内质网中，粗面和滑面内质网形成的微粒体均含有 MFOs，且滑面内质网形成的微粒体的 MFOs 活力更强。

此类氧化反应的特点是需要一个氧分子参与，其中一个氧原子被还原为 H_2O，另一个与底物结合而使被氧化的化合物分子上增加一个氧原子，故称此酶为混合功能氧化酶或微粒体单加氧酶，简称为单加氧酶，其反应式如下：

$$RH + NADPH + H^+ + O_2 \xrightarrow{MFOs} ROH + H_2O + NADP^+$$

底物　还原型辅酶Ⅱ　　　　　　氧化产物

NADPH 可提供电子使细胞色素 P450 还原，并与底物形成复合物，完成氧化反应。MFOs 是由多种酶构成的多酶系统，其中包括细胞色素 P450 依赖性单加氧酶、还原型辅酶 Ⅱ 细胞色素 P450 还原酶、细胞色素 b-5 依赖性单加氧酶、还原型辅酶Ⅰ细胞色素 b-5 还原酶以及环氧化物水化酶等。细胞色素 P448 与细胞色素 P450 相似，但其催化的氧化反应更易形成有致突变性和致癌性的活性代谢物。此外，微粒体还含有 FAD 单加氧酶（又称黄素蛋白单加氧酶，黄素单加氧酶），此酶依赖黄素腺嘌呤二核苷酸（FAD），不依赖细胞色素 P450，在单加氧反应中同样需要 NADPH 和氧分子。FAD 单加氧酶对底物的专一性要求不严格，可催化较多的化学物进行氧化反应。此外，它的底物与细胞色素 P450 单加氧酶的底物有些是共同的，只是反应过程不完全相同。

MFOs 催化的氧化反应主要有以下几种类型：

（1）脂肪族羟化反应。脂肪族化合物侧链（R）末端倒数第一个或第二个碳原子发生氧化，形成羟基。如有机磷杀虫剂八甲磷经此反应生成羟甲基八甲磷，毒性增高；巴比妥也可发生此类反应。反应式如下：

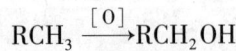

$$RCH_3 \xrightarrow{[O]} RCH_2OH$$

（2）芳香族羟化反应。芳香环上的氢被氧化形成羟基。

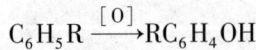

$$C_6H_5R \xrightarrow{[O]} RC_6H_4OH$$

如苯可经此反应氧化为苯酚。苯胺可氧化为对氨基酚和邻氨基酚。萘、黄曲霉素等也可经此反应氧化。

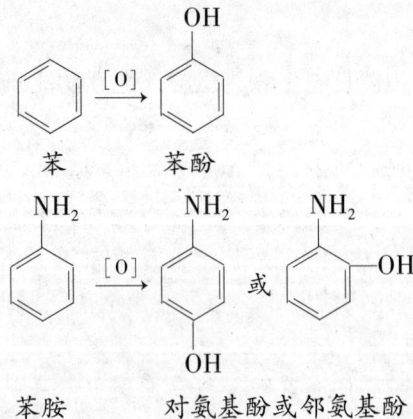

苯　　　　　苯酚

苯胺　　　　对氨基酚或邻氨基酚

（3）环氧化反应。烯烃类化学物质在双键位置加氧，形成环氧化物。环氧化物多不稳定，可继续分解。但多环芳烃类化合物，如苯并［a］芘，形成的环氧化物可与生物大分子发生共价结合，诱发突变或癌变。

$$R\!-\!CH_2\!-\!CH_2\!-\!R' \xrightarrow{[O]} R\!-\!\overset{\displaystyle O}{\overset{\diagup\!\!\!\!\diagdown}{CH\!-\!\!-\!\!-\!CH}}\!-\!R'$$

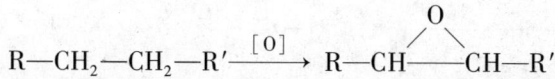

（4）氧化脱烷基反应。许多在 N -、O -、S - 上带有短链烷基的化学物易被羟化，进而脱去烷基生成相应的醛和脱烷基产物。

胺类化合物氨基 N 上的烷基被氧化脱去一个烷基，生成醛类或酮类。

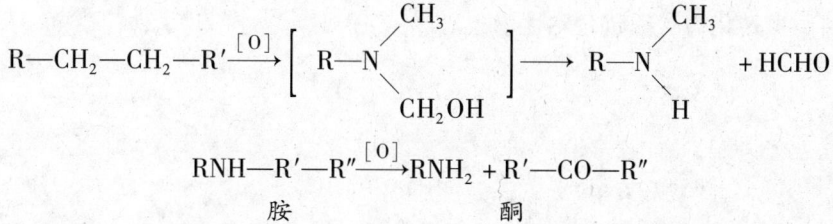

$$R\!-\!CH_2\!-\!CH_2\!-\!R' \xrightarrow{[O]} \left[R\!-\!\underset{CH_2OH}{\overset{CH_3}{N}} \right] \longrightarrow R\!-\!\underset{H}{\overset{CH_3}{N}} + HCHO$$

$$\underset{\text{胺}}{RNH\!-\!R'\!-\!R''} \xrightarrow{[O]} RNH_2 + \underset{\text{酮}}{R'\!-\!CO\!-\!R''}$$

O - 脱烷基和 S - 脱烷基反应与 N - 脱烷基反应相似，氧化后脱去与氧原子或与硫原子相连的烷基。

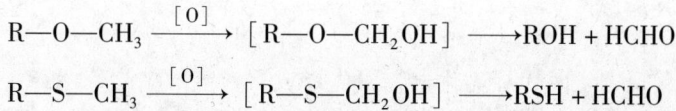

$$R\!-\!O\!-\!CH_3 \xrightarrow{[O]} [R\!-\!O\!-\!CH_2OH] \longrightarrow ROH + HCHO$$

$$R\!-\!S\!-\!CH_3 \xrightarrow{[O]} [R\!-\!S\!-\!CH_2OH] \longrightarrow RSH + HCHO$$

某些烷基金属可进行脱烷基反应。四乙基铅 $[Pb(C_2H_5)_4]$ 可在 MFOs 催化下脱去一个烷基，形成三乙基铅 $[Pb(C_2H_5)_3]$，毒性增大。三乙基铅可继续脱烷基形成二乙基铅。

（5）脱氨基反应。伯胺类化学物在邻近氮原子的碳原子上进行氧化，脱去氨基，形成醛类化合物。

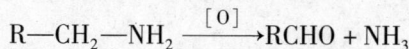

$$R\!-\!CH_2\!-\!NH_2 \xrightarrow{[O]} RCHO + NH_3$$

（6）N - 羟化反应。外源化学物的 $-NH_2$ 上的一个氢与氧结合的反应。

苯胺经 N - 羟化反应形成 N - 羟基苯胺，可使血红蛋白氧化成为高铁血红蛋白。

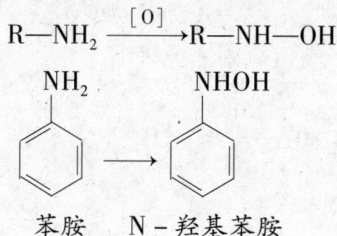

$$R\!-\!NH_2 \xrightarrow{[O]} R\!-\!NH\!-\!OH$$

（7）S - 氧化反应。多发生在硫醚类化合物，代谢产物为亚砜，亚砜可继续氧化为砜类。

$$R-S-R' \xrightarrow{[O]} R-SO-R' \xrightarrow{[O]} R-SO_2-R'$$

硫醚　　　　　　亚砜　　　　　　砜

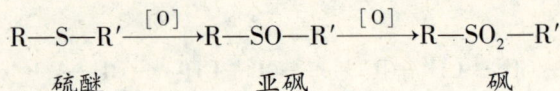

某些有机磷化合物可进行硫氧化反应，如杀虫剂内吸磷和甲拌磷等，氨基甲酸酯类杀虫剂如灭虫威和药物氯丙嗪等。

（8）脱硫反应。有机磷化合物可发生这一反应，使 P＝S 基变为 P＝O 基。如对硫磷可转化为对氧磷，毒性增大。

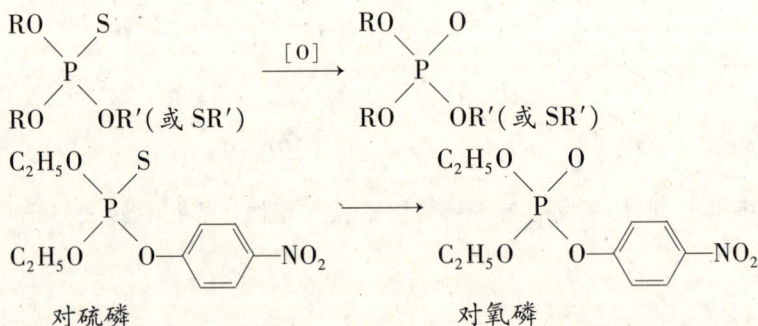

对硫磷　　　　　　　　　　　　　　对氧磷

（9）氧化脱卤反应。卤代烃类化合物可先形成不稳定的中间代谢产物，即卤代醇类化合物，再脱去卤族元素。如 DDT 可经氧化脱卤反应形成 DDE 和 DDA。DDE 具有较高的脂溶性，占 DDT 全部代谢物的 60%。

$$R-CH_2X \xrightarrow{[O]} RXHOH \xrightarrow{C} RCHO + HX$$

2. 非微粒体混合功能氧化酶系反应

具有醇、醛、酮功能基团的外源化学物的氧化反应是在非微粒体酶催化下完成的，这类酶主要包括醇脱氢酶、醛脱氢酶及胺氧化酶类。此类酶主要在肝细胞线粒体和胞液中存在，肺、肾也有出现。

（1）醇脱氢酶。此类酶可催化伯醇类，如甲醇、乙醇、丁醇，进行氧化反应形成醛类，催化仲醇类氧化形成酮类。在反应中需要辅酶Ⅰ（NAD）或辅酶Ⅱ（NADP）为辅酶。

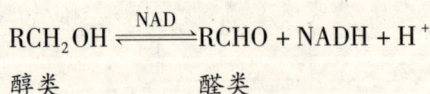

$$RCH_2OH \xrightarrow{NAD} RCHO + NADH + H^+$$

醇类　　　　　　醛类

（2）醛脱氢酶。肝细胞线粒体和胞液中含有醛脱氢酶。醛类的氧化反应主要由肝组织中的醛脱氢酶催化。乙醇进入体内经醇脱氢酶催化而形成乙醛，再由线粒体乙醛脱氢酶催化形成乙酸。乙醇对机体的毒性作用主要来自于乙醛。如体内醛脱氢酶活力较低，可导致饮酒后乙醛聚积，引起酒精中毒。

$$RCHO \xrightarrow{\text{NAD}} RCOOH$$

醛类　　　　　酸类

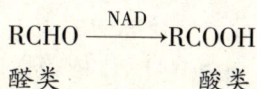

（3）胺氧化酶。主要存在于线粒体中，可催化单胺类和二胺类氧化反应形成醛类。因底物不同可分为单胺氧化酶和二胺氧化酶。

单胺氧化酶主要存在于肝脏线粒体中，也存在于肠道、肾和脑中，但脑中的单胺氧化酶主要参与神经递质的代谢。单胺氧化酶可将伯胺、仲胺和叔胺等脂肪族胺类氧化脱去胺基，形成相应的醛并释放出氨。

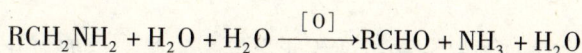

$$RCH_2NH_2 + H_2O + H_2O \xrightarrow{[O]} RCHO + NH_3 + H_2O$$

二胺氧化酶为可溶性酶类，以磷酸吡哆醛和铜为辅酶，主要催化二胺类氧化为醛类，再进一步氧化为酸类。该酶在肝脏中活力较强，在肾、肠及胎盘中也存在。

（二）还原反应

一般情况下，机体组织细胞处于有氧状态，在生物转化过程中，微粒体混合功能氧化酶起主导作用，以其催化的氧化反应为主。但在一定条件下，可发生还原反应。

（1）某些还原性化学物或代谢物在一定的组织细胞内积聚形成局部还原环境，能够进行还原反应。

（2）在外源化学物的生物转化过程中，即使在细胞色素 P450 单加氧酶系催化的氧化反应中，也有电子的转移，有些外源化学物存在接受电子的可能性，从而被还原。

（3）氧化反应的逆反应即还原反应，如醇脱氢酶催化的醇类氧化（以 NAD 或 NADP 为辅酶）的逆反应为还原反应（以 NADH 或 NADPH 为辅酶）。

催化还原反应的酶类主要存在于肝、肾和肺的微粒体和胞液中，肠道菌丛某些还原菌也含有还原酶。此外，体内还存在非酶催化还原反应。由于肠道于厌氧环境中，而有利于还原反应的化学物可经口或胆汁进入肠道，所以发生还原反应的可能性较大。

根据外源化学物的结构和反应机理，还原反应主要有以下几种。

1. 羰基还原反应

醛类和酮类可分别被还原成伯醇和仲醇。

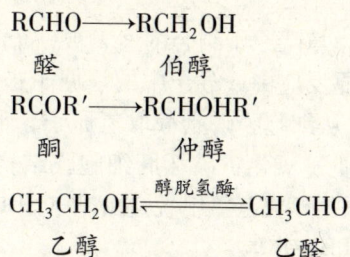

$$RCHO \longrightarrow RCH_2OH$$

醛　　　　　伯醇

$$RCOR' \longrightarrow RCHOHR'$$

酮　　　　　仲醇

$$CH_3CH_2OH \underset{}{\overset{\text{醇脱氢酶}}{\rightleftharpoons}} CH_3CHO$$

乙醇　　　　　　　乙醛

2. 含氮基团还原反应

主要包括硝基还原、偶氮还原及 N – 氧化物还原。

（1）硝基还原反应。催化硝基化合物还原的酶类主要是微粒体 NADPH 依赖性硝基还原酶、胞液硝基还原酶、肠菌丛的细菌 NADPH 依赖性硝基还原酶。NADPH 和 NADH 是供氢体。

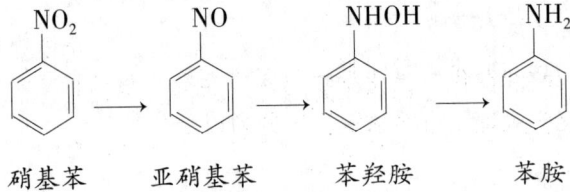

硝基苯　　　亚硝基苯　　　苯羟胺　　　苯胺

（2）偶氮还原反应。偶氮还原酶可催化此类反应。脂溶性偶氮化合物（磺胺类药物、偶氮色素等）在肠道易被吸收，其还原反应主要在肝微粒体及肠道中进行。有些偶氮色素还原后具有致癌作用。水溶性偶氮化合物在肠道不易被吸收，主要被肠道菌丛还原，肝微粒体较少参与反应。水溶性偶氮化合物如水杨酸偶氮磺胺嘧啶，可在肠中被还原为磺胺嘧啶，而较少在肝脏等组织中还原。

（3）N－氧化物还原反应。例如，烟碱和吗啡在 N－氧化反应中形成的烟碱 N－氧化物和吗啡 N－氧化物，在生物转化过程中可被还原。

3. 含硫基团还原反应

二硫化物、亚砜化合物等可在体内被还原。如杀虫剂三硫磷被氧化形成的三硫磷亚砜，在一定条件下可被还原成三硫磷。

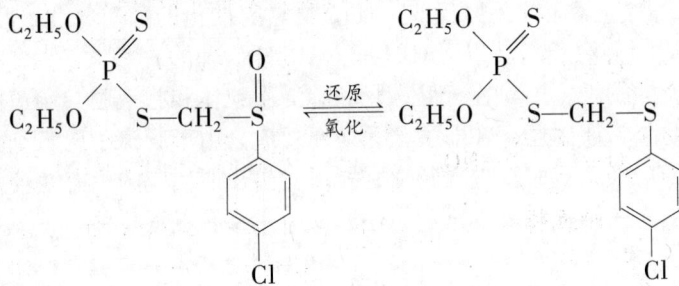

4. 含卤素基团还原反应

在含卤素基团还原反应中，与碳原子结合的卤素被一个氢原子取代。如吸入体内的麻醉药氟烷或三氟溴氯乙烷在还原反应中，分子中的溴原子被氢原子取代生成 1，1，1－三氟－2－氯乙基自由基，后者可从细胞膜磷脂截取氢原子，形成 1，1，1－三氟－2－氯乙烷，从而引起肝细胞膜磷脂脂质过氧化，破坏肝细胞膜结构。四氯化碳在体内被 NADPH 细胞色素 P450 还原酶催化还原，形成三氯甲烷自由基（$CCl_3 \cdot$），对肝细胞膜脂质结构有破坏作用，可引起肝脂肪变性和坏死等。

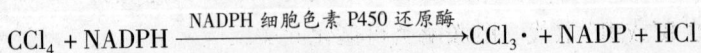

$$CCl_4 + NADPH \xrightarrow{\text{NADPH 细胞色素 P450 还原酶}} CCl_3 \cdot + NADP + HCl$$

5. 无机化合物还原

无机化合物还原的典型的例子是 5 价砷化合物可在体内被还原为毒性更强的 3 价砷化合物。

（三）水解反应

水解反应是在水解酶的催化下，化学物与水发生化学反应而引起化学物分解的反应。根据化学物的结构和反应机理，可将水解反应分为以下几类：

1. 酯类水解反应

酯类在酯酶的催化下发生水解反应生成相应的酸和醇。

$$RCOOR' \xrightarrow{\text{酯酶}} RCOOH + R'OH$$

水解反应是许多有机磷杀虫剂（敌敌畏、对硫磷/对氧磷及马拉硫磷等）在体内的主要代谢方式。有些昆虫对马拉硫磷有抗药性，是由于体内酯酶活力较高，导致马拉硫磷失去活性。此外，拟除虫菊酯类杀虫剂也可通过水解反应降解而解毒。

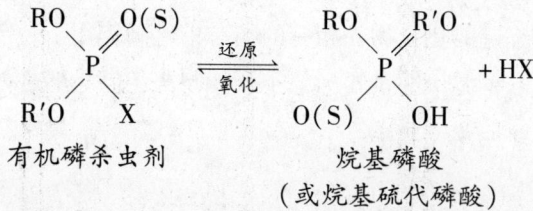

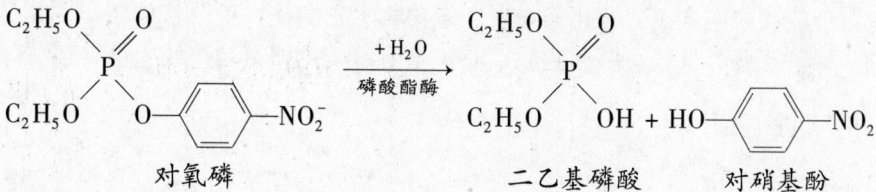

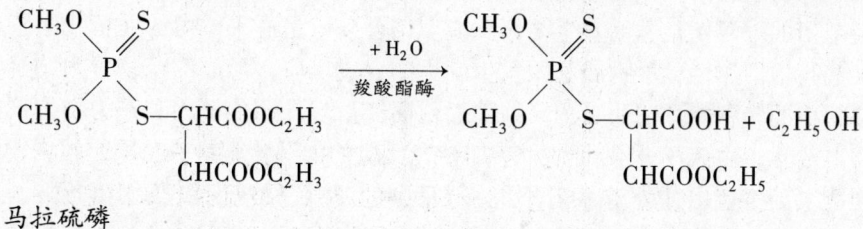

有机磷杀虫剂　　　　　烷基磷酸
（或烷基硫代磷酸）

对氧磷　　　　　　　二乙基磷酸　　　对硝基酚

马拉硫磷

2. 酰胺类水解反应

酰胺是羧酸中羧基的 OH 被氨基置换而形成的产物，其通式为 $R-\overset{\displaystyle O}{\overset{\|}{C}}-NH_2$，其中氨基中的 H 也可被 R′ 或 R″ 取代。酰胺酶类可催化此类反应。

$$RCONHR' \xrightarrow[\text{酰胺酶}]{+ [H_2O]} RCOOH + R'NH_2$$

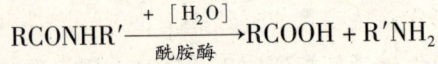

酯酶和酰胺酶虽有一定区别，但很难严格区分，两者具有彼此的活性，只是催化水解反应的速度不同。因此，在某些情况下，酰胺类的水解也可由肝脏微粒体酯酶催化。致畸物反应停极不稳定，在生理状况下可发生非酶促水解反应，在内酰胺酶催化下可发生开环反应并分解，也可由内酰胺酶催化发生水解。在人体内的水解产物主要为邻苯二甲酰亚胺，它与反应停的致畸作用有关。

3. 水解脱卤反应

DDT 在生物转化过程中形成 DDE 是典型的水解脱卤反应。DDT – 脱氯化氢酶可催化 DDT 和 DDD 转化为 DDE，催化过程中需要谷胱甘肽，以维持该酶的结构。人体吸收的 DDT 约 60% 可经此反应转化为 DDE。DDT 及 DDE 可作为惰性物质在脂肪中蓄积，一般不显示毒性，但当机体处于饥饿状态或储备脂肪被动用的情况下，DDT 及 DDE 会游离进入血液，进而损害机体。DDE 的毒性远较 DDT 低，且 DDE 可继续转化为易于排泄的代谢物。

4. 环氧化物的水化反应

含有不饱和双键或三键的化合物在相应的酶和催化剂作用下，与水分子化合的反应称为水化反应或水合反应。最简单的水化反应是乙烯与水结合生成乙醇的反应。

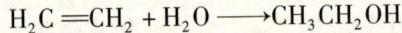

$$H_2C = CH_2 + H_2O \longrightarrow CH_3CH_2OH$$

芳香烃类和脂肪烃类化合物氧化形成的环氧化物在环氧化物水化酶的催化下，通过水化反应可形成相应的二氢二醇化合物。环氧化物水化酶是一种微粒体酶，主要分布在肝脏中，肺、肾、小肠、结肠、脾、胸腺、心、脑、睾丸、卵巢及皮肤中也有存在。

（四）结合反应

外源化学物经过第一相反应后已具有羟基、羧基、氨基、环氧基等极性基团，极易与具有极性基团的内源性化学物发生结合反应。结合反应是进入体内的外源化学物在代谢过程中与某些其他内源性化学物或基团发生的生物合成反应，形成的产物称为结合物。结合反应需要相应的转移酶和辅酶参加，并消耗代谢能量。外源化学物和作为结合剂的内源化学物均需要活化，由 ATP 提供能量。参加结合反应的内源化学物或基团是体内正常代谢过程中的产物，而直接由体外输入者不能参与反应。结合反应主要发生在肝脏，其次是肾脏，在肺、肠、脾、脑中也可进行。

大多数外源化学物及其代谢产物均需经过结合反应才排出体外。外源化学物可直接发生结合反应，也可经第一相反应后再发生结合反应（第二相反应）。经过第一相反应，外源化学物分子中出现了极性基团，极性增强，水溶性增高，易于排出体外，同时其原有生物活性或毒性也降低或丧失。经过第二相反应，外源化学物的理化性质和生物活性发生了进一步变化，极性和水溶性进一步增强、增高，易于从体内排出，原有的生物活性或毒性也进一步减弱或消失。但是，有些外源化学物经结合反应后，脂溶性反而会增高，水溶性降低，不易排出体外，可形成终致癌物或近致癌物，毒性增强。此现象尤多发生在属于酸类或醇类的外源化学物，酸类可与甘油或胆固醇结合，醇类可与脂肪酸结合，形成亲脂性较强的结合物，不易溶于水而排出体外。因此，结合反应具有双重性：既能使一些外源化学物毒性减弱或丧失，又能使另一些化学物毒性增强或代谢活化。

根据与外源化学物结合的结合剂的不同，结合反应主要有以下六种：

1. 葡萄糖醛酸结合反应

葡萄糖醛酸结合在结合反应中占有最重要的地位。许多外源化学物如醇类、硫醇类、酚类、羧酸类和胺类等均可进行此类反应。几乎所有的哺乳动物和大多数脊椎动物体内均可发生此类结合反应。

葡萄糖醛酸的来源：糖类代谢中生成尿苷二磷酸葡萄糖（UDPG）。UDPG 被氧化生成的尿苷二磷酸葡萄糖醛酸（UDPGA）是葡萄糖醛酸的供体，在葡萄糖醛酸基转移酶的催化下能与外源化学物及其代谢物的羟基、氨基和羧基等基团结合，反应产物是 β - 葡萄糖醛酸苷。直接从体外输入的葡萄糖醛酸不能进行此结合反应。

$$尿苷三磷酸 + 葡萄糖 - 1 - 磷酸 \xrightarrow{\text{UDPG 焦磷酸化酶}} UDPG + 焦磷酸盐$$

$$UDPG + 2NAD \xrightarrow{\text{UDPG 脱氢酶}} UDPGA + 2NADH_2$$

辅酶 I　　　　　　　　　　　　还原辅酶 I

苯基 - β - 葡萄糖醛酸苷　　　尿苷二磷酸

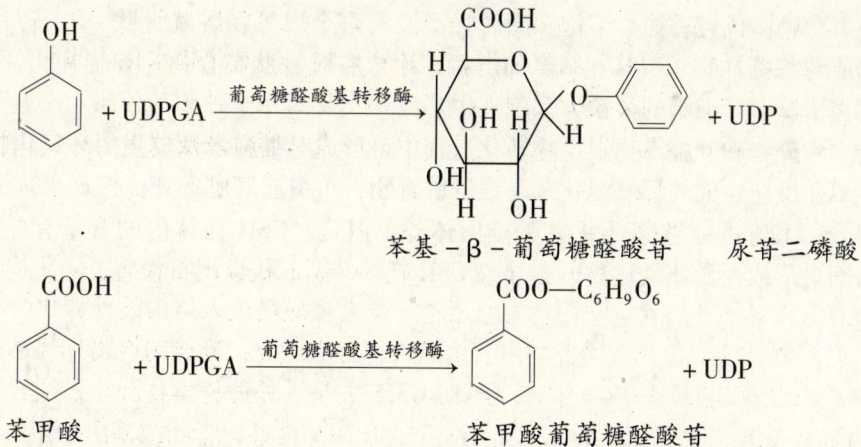

苯甲酸　　　　　　　　　　　　　苯甲酸葡萄糖醛酸苷

此类结合反应主要在肝微粒体中进行，也存在于肾、肠黏膜和皮肤中。结合物可随胆汁进入肠道，在肠菌群的 β - 葡萄糖醛酸苷酶作用下发生水解，被重吸收，进入肠肝循环。

2. 硫酸结合反应

外源化学物及其代谢物中的醇类、酚类或胺类化合物可与硫酸结合形成硫酸酯。内源性硫酸来自含硫氨基酸的代谢产物，先经过三磷酸腺苷（ATP）活化，成为 3′- 磷酸腺苷 -5 - 磷酸硫酸（PAPS），再在磺基转移酶的催化下与醇类、酚类或胺类结合为硫酸酯。

苯酚与硫酸结合反应是常见的硫酸结合反应。

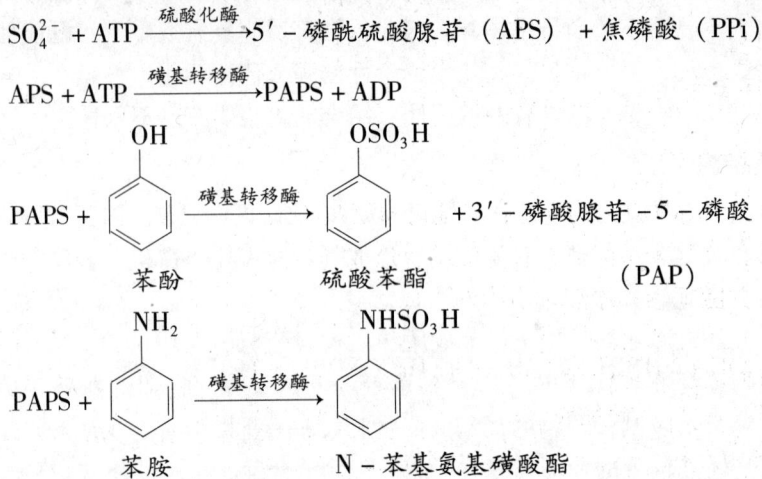

$$SO_4^{2-} + ATP \xrightarrow{\text{硫酸化酶}} 5'\text{-磷酰硫酸腺苷（APS）} + \text{焦磷酸（PPi）}$$

$$APS + ATP \xrightarrow{\text{磺基转移酶}} PAPS + ADP$$

PAPS + 苯酚(OH) $\xrightarrow{\text{磺基转移酶}}$ 硫酸苯酯(OSO$_3$H) + 3'-磷酸腺苷-5-磷酸（PAP）

PAPS + 苯胺(NH$_2$) $\xrightarrow{\text{磺基转移酶}}$ N-苯基氨基磺酸酯(NHSO$_3$H)

硫酸结合反应多在肝、肾、胃肠等组织中进行。由于体内硫酸来源有限，故此类反应较少。硫酸结合反应一般可使外源化学物毒性降低或丧失，但有的外源化学物经此类反应后，毒性反而增强，如芳香胺类的一种致癌物 2-乙酰氨基芴（FAA 或 AAF）在体内经 N-羟化反应后，其羟基可与硫酸结合形成致癌作用更强的硫酸酯。

3. 谷胱甘肽结合反应

环氧化物卤代芳香烃、不饱和脂肪烃类及有毒金属等在谷胱甘肽-S-转移酶的催化下，均能与谷胱甘肽（GSH）结合而解毒，生成谷胱甘肽结合物。谷胱甘肽-S-转移酶主要存在于肝、肾细胞的微粒体和胞液中。

许多致癌物和肝脏毒物在生物转化过程中可形成对细胞毒性较强的环氧化物，如溴化苯经环氧化反应生成的环氧溴化苯是强肝脏毒物，可引起肝脏坏死。但如果环氧溴化苯与 GSH 结合，其毒性能够降低并易于排出体外。但是，GSH 在体内的含量有一定的限度，若短时间内形成大量环氧化物，会导致 GSH 耗竭，引起机体严重损害。

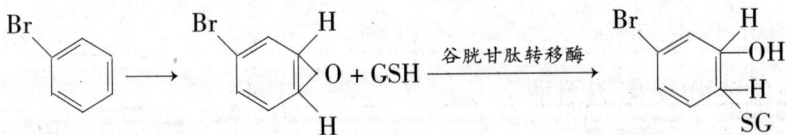

4. 乙酰结合反应

乙酰辅酶 A 是糖、脂肪和蛋白质的代谢产物。在 N-乙酰转移酶的催化下，芳香伯胺、肼、酰肼、磺胺类和一些脂肪胺类化学物可与乙酰辅酶 A 作用生成乙酰衍生物。N-乙酰转移酶主要分布在肝及肠胃黏膜细胞中，也存在于肺、脾中。许多动物体内具有乙酰结合能力，如兔、鼠、豚鼠、猫、马、猴及鱼类。

硝基苯　还原反应→　苯胺　N－乙酰转移酶 / CH₂CO—SCoA（乙酰辅酶A）→　NH—COCH₃　+ HSCoA

5. 氨基酸结合反应

含有羧基（—COOH）的外源化学物可与氨基酸结合，反应的本质是肽式结合，以甘氨酸结合最多见。如苯甲酸可与甘氨酸结合形成马尿酸而排出体外；氢氰酸可与半胱氨酸结合而解毒，并随唾液和尿液排出体外。

$$C_6H_5COOH + NH_2CH_2COOH \longrightarrow C_6H_5CONHCH_2COOH + H_2O$$

苯甲酸　　　甘氨酸　　　　　　　　马尿酸

$$HCN + \begin{matrix}CH_2-CH-COOH\\ | \quad\quad |\\ SH \quad NH_2\end{matrix} \longrightarrow \begin{matrix}CH_2-CH-COOH\\ | \quad\quad |\\ SCN \quad NH_2\end{matrix} \longrightarrow$$

氢氰酸　　半胱氨酸　　　　　　　　　　　　　　　　　亚氨噻唑烷－4－羧酸

6. 甲基结合反应

各种酚类（如多羟基酚）、硫醇类、胺类及氮杂环化合物（如吡啶、喹啉、异吡唑等）在体内可与甲基结合，也称甲基化。甲基化一般是一种解毒反应，是体内生物胺失活的主要方式。除叔胺外，甲基化产物的水溶性均比母体化合物低。甲基主要由S－腺苷蛋氨酸提供，也可由N5－甲基四氢叶酸衍生物和维生素B$_{12}$衍生物提供。蛋氨酸的甲基经ATP活化，成为S－腺苷蛋氨酸，再由甲基转移酶催化，发生甲基化反应。

微生物中金属元素的生物甲基化普遍存在，如汞、铅、锡、铂、铊、金以及类金属如砷、硒、碲和硫等，都能在生物体内发生甲基化。金属生物甲基化的甲基供体是S－腺苷蛋氨酸和维生素B$_{12}$衍生物。

二、影响生物转化的因素

多种因素可影响外源化学物的生物转化过程，其实质是这些因素能对催化生物转化过程的各种酶类的功能和活力产生影响，使外源化学物生物转化的途径和速度发生变化，导致其对机体的生物学作用和机体对该化学物的反应等发生改变。

绝大部分物质进入体内的代谢转化不是单一反应，往往是多个反应连续进行的。例如，乙醇在正常情况下先产生中间代谢产物乙醛，可迅速地进一步代谢而变为乙酸盐，然后再变为二氧化碳和水。然而在醛脱氢酶受抑制的情况下，体内醛的含量增高，而引起严重的症状如恶心、呕吐、头痛和心悸。

不同机体对污染物吸收与排泄、血浆蛋白与污染物结合、作用靶标部位对污染物亲和力等方面的差异，都会导致生物对污染物的不同反应。物种、品系和个体之间在生物转化上的差异，主要是由各自的遗传因素决定的，主要表现在体内酶的种类和活力上。

（一）物种差异

不同物种内代谢酶种类存在很大差异。从代谢酶的角度出发，主要表现在两方面：① 代谢酶的种类不同。同一外源化学物在不同种动物体内的代谢情况可完全不同。例如，大鼠、小鼠和狗的体内具有 N－羟化酶和磺基转移酶，故可将 N－2－乙酰氨基芴（AAF）羟化并与硫酸结合生成具有强烈致癌作用的硫酸酯；而豚鼠体内缺乏 N－羟化酶，因此不能将 AAF 转化为硫酸酯。② 代谢酶的活力不同。导致同一外源化学物在不同种类动物的半衰期不同。例如，苯胺在小鼠体内的生物半衰期为 35 min，狗为 167 min；安替比林在大鼠体内的生物半衰期为 140 min，在人体内为 600 min。

（二）个体差异

外源化学物在生物转化上的个体差异主要是由于某些参与代谢的酶类在各个体中的活力不同。例如，芳烃羟化酶（AHH）可使芳香烃类化合物羟化，并产生致癌活性，其活力在不同个体之间存在明显的差异。在吸烟量相同的情况下，AHH 活力较高的人，患肝癌的危险度比 AHH 活力低的人高 36 倍；AHH 活力中等的人，患肝癌的危险度比活力低者高 16 倍。

（三）年龄差异

随着年龄的增长，生物体内某些代谢酶的活力也在变化，生物转化的能力也随之改变。初生及未成年机体中微粒体酶的功能尚未完全发育成熟，成年后达到高峰，然后逐渐下降，进入老年又减弱，故生物转化功能在初生、未成年和老年时期均较成年时期低。例如，大鼠出生后 30 天，肝微粒体混合功能氧化酶才达到成年水平，250 天后又开始下降。凡经代谢转化后毒性降低或消失的外源化学物，在初生、未成年和老年机体中的毒性作用将有所增强；反之，经代谢转化后毒性增强的化学物，在未成年和老年机体中的毒性将较成年机体弱。

（四）性别

雌、雄两性哺乳动物对外源化学物的生物转化存在着性别差异，这主要是由性激素决定的，故从性发育成熟的青春期开始出现性别差异，并持续整个成年期直到进入老年期。多数情况下，雄性动物的代谢转化能力和代谢酶活力均高于雌性动物。一般来说，经代谢转化后毒性降低或消失的外源化学物对雌性动物的毒性作用较雄性动物高。研究表明，雄性哺乳动物体内环己烯巴比妥的羟化反应、氨基吡啉的脱甲基反应以及芳基化合物与谷胱甘肽的结合反应等均高于雌性哺乳动物。环己烯巴比妥在雌性大鼠体内的半衰期（$t_{1/2}$）比在雄性大鼠体内长。对硫磷在雌性大鼠体内的代谢转化速度比在雄性大鼠体内快，由于硫磷在氧化过程中能产生毒性更大的中间产物，所以硫磷对雌性大鼠的毒性比对雄性大鼠的大。

（五）营养状况

动物的营养状况也可引起体内代谢水平和酶活性的变化，从而改变毒物在体内吸收、转化和排泄速度，影响动物对毒物的毒性反应。体内缺乏蛋白质、辅酶或其他有关物质，如蛋氨酸、ATP 等能影响酶的合成并降低肝微粒体中各种酶的活性，此时毒物在体内生物转化过程变慢，机体对一般毒物的解毒能力降低，从而使毒物的作用时间延长，毒性随之增强。如六六六、DDT、马拉硫磷、黄曲霉素等。但是，对于那些本身不具毒性，只有生物转化以后才具毒性的外源化学物而言，蛋白质缺乏时，某些催化酶活力下降，毒性反而减弱。

此外，饲料中的其他成分如维生素与代谢酶或辅酶的相互作用，也影响毒物的生物转化。维生素与酶活性的关系比较复杂。一般而言，维生素缺乏会使生物转化速度减慢，如维生素 A、E、C 缺乏可引起细胞色素 P450 单加氧酶活力下降；维生素 C 缺乏时苯胺的羟化反应减弱。核黄素缺乏时，NADPH 细胞色素 P450 还原酶活力下降，也可使偶氮类化合物还原酶活力降低，使致癌物奶油黄的致癌作用增强。硫胺素缺乏时，细胞色素 P450 单加氧酶活力反而增强。

（六）代谢酶的诱导和抑制

1. 诱导

许多环境污染化学物、药物和天然化学物都有引起生物转化酶合成增多，伴有活性提高的作用，这种现象称为酶诱导。凡具有诱导效应的化学物称为诱导物。诱导的结果将对其他外源化学物的生物转化产生促进作用，由于外源化学物经生物转化后有的毒性降低、有的毒性增高，所以对酶诱导的后果应进行全面分析。

许多化学物对微粒体混合功能氧化酶有诱导作用。该酶系，由于细胞色素 P450 氧化酶有多种类型（即同工酶）存在，不同诱导物可诱导不同的同工酶，因而对不同外源化学物的催化活性不同。该酶的主要诱导物有：

（1）巴比妥类化合物，以苯巴比妥（PB）为代表，可使巴比妥类化合物的羟化反应、对硝基茴香醚 O - 脱甲基反应、苄甲苯丙胺的 N - 脱甲基反应及有机氯杀虫剂艾氏剂的环氧化反应等增强。

（2）多环芳烃类化合物，代表物是 3 - 甲基胆蒽，可增强多环芳烃羟化酶的活力，使苯并［a］芘等多环芳烃类化合物的羟化反应增强。

（3）多氯联苯类诱导物，以 Arochlor1254（主要成分为六氯联苯）为代表，可促进巴比妥类和多环芳烃类化合物的代谢过程。此外，氯化烃类杀虫剂（如 DDT 和氯丹等）对代谢酶也有诱导作用。

2. 抑制

外来化学物与酶蛋白直接相互作用而抑制其活性，可分由于同工酶特异抑制或辅因子耗竭两种情况。一些化学物可与某种同工酶形成稳定的复合物，如果复合物的靶是酶的活性中心，就产生对其底物的竞争性抑制作用。一种外源化学物可抑制另一种外源化学物的生物转化过程。酶的抑制主要有特异性抑制和竞争性抑制两种。

（1）特异性抑制。一种外源化学物对某一种酶有特异性抑制作用，使该酶催化的生物转化过程受到抑制。例如，硫磷的代谢物对氧磷能抑制羧酸酯酶的活性，使该酶催化的马拉硫磷的水解反应速度减慢，使马拉硫磷的毒性作用增强。

（2）竞争性抑制。参与生物转化的酶系统一般对底物的专一性不高，几种不同的化学物均可作为同一酶系生物转化的底物。当一种外源化学物在体内含量过高时，可抑制该酶系对另一种化学物生物转化的催化作用。

第四节　环境污染与生物防治

长期以来，虫害是农业生产的主要生物性灾害。20世纪发展起来的化学农药产业，曾为农业生产作出了巨大贡献。然而，由于人类长期大量生产和使用化学农药，导致害虫出现抗性，次要害虫上升，给农作物害虫防治工作造成了越来越大的困难。另外，化学农药造成了日趋严重的环境污染问题，危及人类健康，破坏生态平衡，成为人类社会进入21世纪后的严重挑战。

中国是个农业大国，主要农作物害虫超过300种，其中重大害虫就有30多种，其危害造成的年均损失超过了100亿元。据估计，近年来中国重大病虫害的发生面积始终维持在每年2亿~3.5亿公顷，如果不加防治，因病虫灾害常年平均损失粮食15%、棉花25%以上，严重者甚至颗粒无收。自20世纪90年代以来，棉铃虫、甜菜夜蛾、斜纹夜蛾、小菜蛾、烟粉虱、麦蚜、稻飞虱、东亚飞蝗、草地螟等重大害虫相继爆发，灾情明显上升，连年不断。但目前中国仍主要采用以化学防治为主的害虫防治，每年农药防治害虫面积达2.67亿公顷/次。大量不合理的使用化学农药，致使抗药性昆虫种类50年间增加了60倍，棉铃虫10年抗药性增加了108倍，棉蚜5年抗药性增加了300倍；农业生态系统遭到严重破坏，生物多样性减少；滥用化学农药引起的环境和食品安全问题日趋严峻，这已成为制约中国农业持续稳定发展的重要因素。

早在1992年"世界环境和发展大会"第21条决议就指出：到2000年要在全球范围内控制化学农药的销售和使用，5~10年内减少化学农药使用量50%。近年来，美国环保局撤销了对59种化学农药的登记；欧盟制定了减少化学农药用量的战略计划；中国也禁止了40种化学农药在蔬菜上使用，并将"绿色食品和生物农药"列入《中国21世纪议程》优先发展项目之一。

中国加入WTO之后，农产品中的农药残留和有害物质超标，使得中国农产品出口贸易摩擦越演越烈，经济损失巨大。近年来，欧美、日本等发达国家和地区为了保护自身农业利益，在加大对有机农业投入的同时，不断提高食品中有毒有害物质残留量的检测标准，通过技术壁垒限制国外农产品的输入。目前中国农产品出口面临最大的困难就是"绿色壁垒"。2002年以来，中国农产品对传统的三大出口市场——日、港、韩出口增长乏力，其中对日出口仅增长0.9%。而欧盟对来自中国的农产品更是多次采取非关税措施以限制进口，2007年1~5月中国对欧盟的农产品出口同比减少了23.3%。"绿色壁垒"这个已经让不少农产品出口企业尝到苦头的技术性贸易壁垒，成为中国加入 WTO 后农产品出口面临的最大障碍。农药残留是困扰中国农产品出口的主要原因之一。近年来有关国家以食品安全为由制定更严格甚至苛刻的检验检疫措施，对中国农产品出口产生了相当大的影响。例如，日本以中国蔬菜有机磷杀虫剂等残留农药超过日本《食品卫生法》标准为由，加强了对中国进口鲜菜的检查力度，之后又加强了对冷冻蔬菜的检查，对中国农产品采取了近乎苛刻的检测手段。同时，日本一些媒体不断就中国蔬菜农药残留超标问题大做文章，造成中国农产品出口日本市场总量下降。据统计，厦门口岸 2003 年 1～8 月出口日本的蔬菜量同比下降 12.6%，深圳口岸 2003 年上半年出口日本的蔬菜量、出口额分别下降了 27.34% 和 51.8%。2007 年起，欧盟执行新的茶叶农药残余限度标准，新标准不仅扩大了检测项目，且大幅度提高标准要求，中国著名的安徽茶叶和杭州龙井茶的出口受到很大影响。不仅如此，发达国家通过绿色技术标准的设置使中国出口农产品成本大为增加，直接削弱了中国出口农产品的国际竞争力。食品安全问题成为发达国家阻挠中国农产品进入国外市场的主要手段。因此，大力发展有机生态农业，打破发达国家的绿色技术壁垒，使中国农产品在对外贸易中处于主动地位，已是中国当前的迫切任务。

生物防治是指利用有益生物及其产物防治有害生物。21 世纪的中国农业应该是稳定的、现代化的、绿色的、可持续的农业体系。为了减少化学农药的使用，又能减少农作物因虫灾引起的产量损失，保证中国农田生态和粮食供给安全，研究和集成生物防治技术，开展大面积害虫生物防治，是时势之需，是中国农业战线的当务之急。生物防治技术势必成为中国可持续农业经济发展主体技术之一，并占有十分重要的和不可取代的地位。

生物防治以生物多样性为基础，农业生物多样性是人类赖以生存和农业可持续发展的基础，也是害虫生物防治的基础。大面积种植单一品种的集约化农业生产模式，导致农业生态系统中生物多样性的减少，自然生物因子调节能力下降，病虫害发生严重，化学农药用量剧增，环境污染日趋严重，人畜中毒频频发生，农民负担日趋加重，食品安全受到威胁，并形成恶性循环。这些突出的社会问题，已成为制约中国社会与经济可持续发展的重大隐患。充分发挥农业生物多样性的作用，持续控制有害生物，减少化学杀虫剂的投入，降低环境污染，提高农产品质量，增加农民收入，保证国家生态环境安全，已成为中国政府所面临的紧迫而又艰巨的任务。中国农业生物多样性资源丰富，利用生物多样性控制害虫的历史悠久，符合国情，因而应在利用生物多样性进行农田有害生物治理方面为现代农业发展作出更大贡献。

过去，中国害虫生物防治多局限于单种害虫、单种作物的防治，其效果往往受其他作物系统化学防治的影响，很难实现区域内的生态平衡和农产品食品的安全。参考近年来美国、欧洲、东南亚、澳大利亚等以保护生物多样性为基础的生物防治的成功经验，在过去进行单一作物害虫生物防治或以生物防治为主的综合防治基础上，发展区域多种作物系统害虫生物防治，将在一个较大范围的区域内，通过建立和保护生物多样性，保护、引进和释放天敌，在多种作物系统中同时实施生物防治，维持该区域内害虫与天敌种群数量的平衡，实现和达到区域环境改善和食品安全，整体提高区域农产品的质量、产量和声誉，增加农民收入，加速农业现代化建设。

近年来，中国政府不断加大对建设绿色生态农业的支持力度。2001 年，农业部启动了

"无公害食品行动计划";2002 年,中央农村工作会议提出:"确保农产品质量是当前的一项紧迫任务";2004 年,卫生部出台"食品安全行动计划";科技部已于 2002 年 7 月将食品安全列入"十五"重大科技专项,并联合卫生部、质检总局和农业部,投入 2 亿元对食品安全关键技术进行攻关,实现"从农田到餐桌"的全过程控制;2006 年,科技部又启动了"食品安全关键技术"的国家科技支撑计划项目,投入资金近 1 亿元。这些政策措施使中国的绿色食品产业近年来发展较快,绿色农产品的产量从 2001 年的不足 2 000 万吨增加到 2005 年的 6 000 多万吨,年销售额达 1 030 亿元,出口额达 16.2 亿美元(《绿色食品统计年报》)。"十五"期间,国家发展和改革委员会、科技部、农业部和国家自然科学基金委员会等相继设立和启动了农作物重大病虫害成灾机理及可持续控制技术有关的国家重点基础研究发展规划(973 计划)、国家高新技术发展计划(863 计划)、国家重点科技攻关计划、国家科技基础性工作与国家社会公益研究专项、科技基础条件平台建设、农业部重点科研计划、农业科技成果转化、农业科技跨越计划和国家自然科学基金等项目,获得了一批重要的理论和技术研究成果。"十一五"期间,国家还将继续加大对建设生态农业项目的支持力度,目前已有多个重大项目立项,包括由中山大学等主持的国家科技支撑计划项目"区域农业生态系统害虫生物防治关键技术与示范"。这些项目和计划,为生物防治在中国的发展提供了前所未有的契机。

生物防治与当前人类面临的两大中心问题,即生态环境保护和可持续发展紧密相关。环境保护、食品安全、生物多样性等国际性问题促使各国政府加大力度限制化学农药的使用。中国也制定了限制部分剧毒农药的使用及农药在食品和饲料中最高残留量的规定,对环境保护和食品安全的要求必然更加迫切和严格。随着人们生活水平的不断提高,人们对自身的生存环境和生活质量要求也越来越高,对优质、无污染的农产品需求量不断增加,使得农业生产的优质高效成为提高农民收入的重要途径,而精品、加工、创汇农业的发展则需要包括植保技术在内的一系列高新技术的保证,需要有效的植物保护投入产品及其配套应用技术用于有害生物的控制,为中国建设稳定的、现代化的、绿色的、可持续发展的农业体系提供技术保障。

思考训练题

1. 影响植物对污染物的吸收和迁移的因素有哪些?
2. 什么是生物富集?它有哪些危害?
3. 简述污染物生物转化的主要类型。
4. 影响生物转化的因素包括哪些?
5. 什么是生物防治?它有什么优势?

参考文献

[1] 中国生物防治网,http://www.biological-control.org/
[2] 戴树桂. 环境化学(第 2 版). 北京:高等教育出版社,2006.
[3] 王晓蓉. 环境化学. 南京:南京大学出版社,1993.

［4］刘兆荣，谢曙光，王雪松. 环境化学教程（第 2 版）. 北京：化学工业出版社，2010.

［5］孔繁翔等. 环境生物学. 北京：高等教育出版社，2000.

［6］周启星，孔繁翔，朱琳. 生态毒理学. 北京：科学出版社，2004.

［7］王焕校. 污染生态学. 北京：高等教育出版社，2001.

第十章 典型污染物在环境各圈层中的转归与效应

本章主要介绍环境中典型污染物——重金属和持久性有机污染物等在环境各圈层的来源、迁移、转归过程，及其对生态系统和人类健康的毒害效应。重点了解这些污染物质的来源与性质，掌握典型污染物在环境中的转化与归趋规律及其生态学效应。

第一节 重金属在多介质多界面环境中化学行为

重金属是环境中的重要污染物，在各种环境介质中均有分布。重金属污染的危害在于它本身不能被生物分解，相反，生物可在体内富集重金属，并且可能通过生物转化作用将其转化为毒性更强的金属有机化合物。著名的环境污染"八大公害"事件中，20世纪50年代发生在日本的"水俣病"和"痛痛病"，已查明分别是由于重金属汞和镉污染所致，自此人们对重金属的环境污染问题给予了更为广泛的关注。

重金属元素在环境污染领域中其概念与范围并不是很严格，一般是指对生物有显著毒性的元素，如汞、镉、铅、铬以及类金属砷等。目前，最引人关注的是汞、砷、镉、铅、铬等。

一、汞

（一）环境中汞的来源和分布

汞在自然界的含量不高，但分布很广。地球岩石圈内汞的丰度为 $0.03\ \mu g/g$。汞在自然环境中的本底值不高，在森林土壤中为 $0.029 \sim 0.10\ \mu g/g$，耕作土壤中为 $0.03 \sim 0.07\ \mu g/g$，黏质土壤中为 $0.030 \sim 0.034\ \mu g/g$。水体中汞的含量更低，例如，河水中约为 $1.0\ \mu g/L$，海水中约为 $0.3\ \mu g/L$，雨水中约为 $0.2\ \mu g/L$，某些泉水中可达 $80\ \mu g/L$ 以上。但是，受污染的水中浓度往往很高。大气中汞的本底值为 $(0.5 \sim 5) \times 10^{-3}\ \mu g/m^3$。

造成汞环境污染的来源主要是天然和人为释放两个方面。从局部污染来看，人为污染是非常重要的。19世纪以来，随着工业的发展，汞的用途越来越广，生产量急剧增加，从而使大量汞进入环境。汞的人为来源与以下几个方面有关：汞矿和其他金属的冶炼，氯碱工业和电器工业中的使用以及矿物燃料的燃烧。其中，由于煤炭燃烧造成全世界每年从煤炭中逸出的汞占人类活动所释放汞的较大部分。据统计，全球每年向大气中排放的汞的总量约为 5 000 t，其中 4 000 t 是人为的结果。以美国为例，美国每年汞的排放量占世界总排放量的 3%，大约为 158 t，其中份额较大的来源于燃烧行业，约占 87%，10% 来源于制造行业，3% 来源于其他方面。在燃烧行业中，燃煤汞排放量所占的比例最大，达到 33%，生活垃圾焚烧炉年排放量约占 19%，工业锅炉汞排放量比例约占 18%，医疗垃圾焚烧约占 10%。2000 年我国燃煤电站向大气中排放汞为 60.34 t，排入灰渣或洗煤废渣的汞为 18.88 t。

与其他金属相比，汞的主要特点在于能以零价形态存在于大气、土壤和天然水中，这是因为汞具有很高的电离势，故转化为离子的倾向小于其他金属。汞及其化合物特别容易挥发，无论是可溶或不可溶的汞化合物，都有一部分汞挥发到大气中去。其挥发程度与化合物的形态及在水中的溶解度、表面吸附、大气的相对湿度（RH）等因素密切相关。一般有机汞的挥发性大于无机汞，有机汞中又以甲基汞和苯基汞的挥发性最大。无机汞中以碘化汞挥发性最大，硫化汞最小。

潮湿空气中汞的挥发性比在干空气中大得多。由于汞化合物的高度挥发性，所以它可以通过土壤和植物的蒸腾作用而被释放到大气中去。事实上，空气中的汞就是由汞的化合物挥发产生的，而且空气中汞含量的大部分吸附在颗粒物上。气相汞的最后归趋是进入土壤和海底沉积物。在天然水体中，汞主要与水中存在的悬浮微粒相结合，最后沉降进入水底沉积物。

在土壤中由于假单孢细菌属的某种菌种可以将 Hg（Ⅱ）还原为 Hg（0），所以这一过程被认为是汞从土壤中挥发的基础。

有机汞化合物曾作为一种农药，特别是作为一种杀真菌剂而获得广泛应用。这类化合物包括芳基汞（如二硫代二甲氨基甲酸苯基汞 $C_9H_{11}HgNS_2$，在造纸工业中用作杀黏菌剂和纸张霉菌抑制剂）和烷基汞制剂（如氯化乙基汞 C_2H_5HgCl，用作种子杀真菌剂等）。

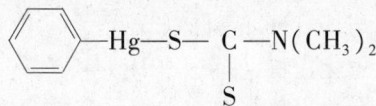

$$\bigcirc\!\!\!\!-Hg-S-\underset{\underset{S}{|}}{C}-N(CH_3)_2$$

二硫代二甲氨基甲酸苯基汞

无机汞化合物在生物体内一般容易排泄。但当汞与生物体内的高分子结合，形成稳定的有机汞络合物，就很难排出体外。例如，含硫配位体的半胱氨酸形成极强的共价络合物；与其他氨基酸及含 —OH 或 —COOH 基的配位体也都能形成相当稳定的络合物。汞离子和甲基汞离子形成各种有机络合物的稳定常数如表 10-1 所示。

表 10-1　甲基汞和汞的某些络合物稳定常数

配位体	K 的对数值		配位体	K 的对数值	
	CH_3Hg^+	Hg^{2+}		CH_3Hg^+	Hg^{2+}
—OH	9.5	10.3	半胱氨酸	15.7	14
组氨酸	8.8	10	白蛋白	22.0	13

如果存在亲和力更强或浓度很大的配体，重金属难溶盐就会发生转化，这是一个普遍规律。例如，在 Hg(OH)$_2$ 与 HgS 溶液中，从计算可知，Hg 的质量浓度仅为 0.039 mg/L，但当

环境中 Cl^- 浓度为 0.001 mol/L 时，$Hg(OH)_2$ 和 HgS 的溶解度可以分别增加 44 倍和 408 倍；如果 Cl^- 浓度为 1 mol/L 时，则它们的溶解度分别增加 10^5 倍和 10^7 倍。这是因为高浓度的 Cl^- 与 Hg^{2+} 离子发生强的络合作用。因此，河流中悬浮物和沉积物中的汞，进入海洋后会发生解吸，使河口沉积物中汞含量显著减少。

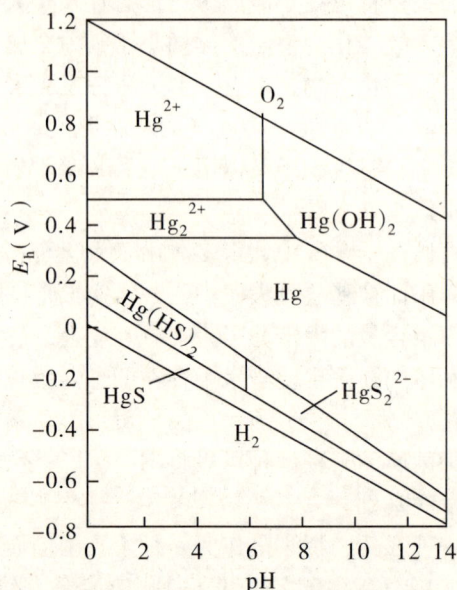

图 10 - 1　各种形态汞在水中的稳定范围

汞在环境中的迁移、转化与环境（特别是水环境）的电位和 pH 值有关。从图 10 - 1 可以看出，液态汞和某些无机汞化合物 [Hg^{2+}、$Hg(OH)_2$ 等] 在较宽的 pH 值和电位条件下，是稳定的。在地壳中常常有熔岩热水存在，由于硅酸盐的水解，加上环境中缺氧（即环境电位很低），就有可能发生如下反应：

$$HS^- + OH^- \longrightarrow S^{2-} + H_2O$$
$$Hg^{2+} + S^{2-} \longrightarrow HgS$$
$$HgS + S^{2-} \longrightarrow HgS_2^{2-}$$

结果使沉积物上的汞就慢慢溶解进入水体，该过程主要取决于 S^{2-} 的浓度。由于自然水体中 pHS 常比 pH 高几个数量级，因此实际上 pH 是 HgS 溶解度最敏感的因素。当 pH 值变小和降低温度时，就可以看到朱砂（即 HgS）沉淀。

（二）汞的甲基化

1953 年在日本熊本县水俣湾附近的渔村，发现一种中枢神经性疾患的公害病，称为水俣病。经过十年研究，于 1963 年从水俣湾的鱼、贝中分离出氯化甲基汞（CH_3HgCl）结晶，并用纯 CH_3HgCl 结晶喂猫进行试验，出现了与水俣病完全一致的症状。1968 年日本政府确认水俣病是由水俣湾附近的化工厂排放的含汞废水造成的。化工厂生产氯乙烯与醋酸乙烯的过程中需要使用含汞的催化剂，由于该工厂任意排放污水，这些剧毒的汞流入河流，进入食用水塘，转成甲基汞氯等有机汞化合物。当人类食用该水源或原居于受污染水源的生物时，甲基汞等有机汞化合物就会随之进入人体，被肠胃吸收，侵害脑部和身体其他部分，造成生物累积，导致"水俣病"的产生。该事件被认为是一起重大的工业灾难，是世界历史上首次出现的重大重金属污染事件。

金属汞和2价离子汞等无机汞在生物特别是微生物的作用下会转化成甲基汞和二甲基汞，这种转化称为生物甲基化作用；这种转化的逆过程称为生物反甲基化作用。这两种作用构成了微生物的汞循环。

在汞的生物甲基化中起主要作用的是微生物。从底泥、土壤和鱼的内脏、鱼鳃中发现，能使汞甲基化的微生物种类很多，厌氧菌中有匙形梭状芽孢杆菌，需氧菌中有荧光极毛杆菌、草分枝杆菌等。甲基化速度取决于酶的活性，并与营养环境以及半胱氨酸和维生素等因素有关。在自然界中甲基化速度的加快会引起水体水质恶化，使毒性加大。

因微生物种类的不同，甲基化作用可在需氧或厌氧条件下进行，其转化机理主要有酶促反应和非酶促反应两种。非酶促反应机理依据厌氧菌甲烷形成菌合成的甲基钴氨素作为甲基供体，在有三磷酸腺苷（ATP）和中等还原剂的条件下把无机汞转化成甲基汞或二甲基汞，与此同时甲基钴氨素转化成羟基钴氨素。

甲基化的酶促反应是由微生物直接参与进行的。当含汞废水排入水体后，无机汞被颗粒物吸附沉入水底，通过微生物体内的甲基钴氨酸转移酶进行汞的甲基化转变。此时汞以氧化态出现，故甲基钴氨素为2价汞离子提供的甲基基团只能是甲基负离子 CH_3^-，其反应如下：

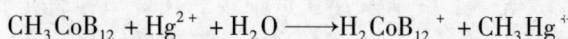

$$CH_3CoB_{12} + Hg^{2+} + H_2O \longrightarrow H_2CoB_{12}^+ + CH_3Hg^+$$

水合钴氨素（$H_2CoB_{12}^+$）被辅酶 $FADH_2$ 还原，使其中钴由三价降为一价，然后辅酶甲基四氢叶酸（$THFA-CH_3$）将正离子 CH_3^+ 转移给钴，并从钴上取得两个电子，以 CH_3^- 与钴结合，完成了甲基钴氨素的再生，使汞的甲基化能够继续进行。其循环反应过程如下：

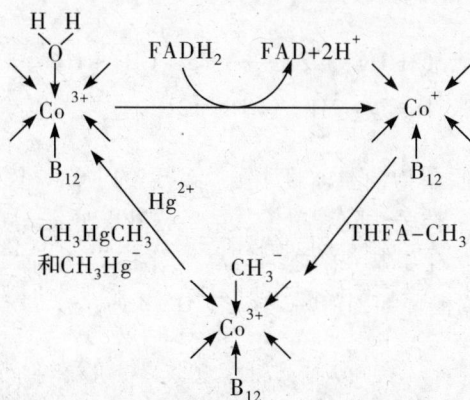

汞甲基化的产物有一甲基汞和二甲基汞。用甲基钴氨素进行非生物模拟试验证明，一

甲基汞的形成速率要比二甲基汞的形成速率大 6 000 倍。但是在 H_2S 存在下，则容易转化为二甲基汞，其反应式为：

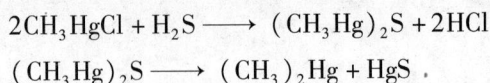

$$2CH_3HgCl + H_2S \longrightarrow (CH_3Hg)_2S + 2HCl$$
$$(CH_3Hg)_2S \longrightarrow (CH_3)_2Hg + HgS$$

这一过程可使不饱和的甲基金属完全甲基化。如能使 $(CH_3)_3Pb^+$ 转化为 $(CH_3)_4Pb$。一甲基汞可因氯化物浓度和 pH 值不同而形成氯化甲基汞或氢氧化甲基汞：

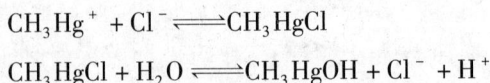

$$CH_3Hg^+ + Cl^- \Longleftrightarrow CH_3HgCl$$
$$CH_3HgCl + H_2O \Longleftrightarrow CH_3HgOH + Cl^- + H^+$$

在中性和酸性条件下，氯化甲基汞是主要形态。在 pH = 8 时，氯离子质量浓度低于 400 mg/L 时，则氢氧化甲基汞占优势；在 pH = 8 时，氯离子质量浓度为 18 000 mg/L（即正常海水）的条件下，CH_3HgCl 约占 98%，CH_3HgOH 占 2%，CH_3Hg^+ 可以忽略不计。

在烷基汞中，只有甲基汞、乙基汞和丙基汞三种烷基汞为水俣病的致病性物质。它们存在的形态主要是烷基汞氯化物，其次是烷基汞溴化物和碘化物，一般以 CH_3HgX 表示。但具有 4 个碳原子以上的烷基汞并不是水俣病的致病物质，也没有发现它们具有直接毒性。

汞的甲基化既可在厌氧条件下发生，也可在好氧条件下发生。在厌氧条件下，主要转化为二甲基汞。二甲基汞难溶于水，有挥发性，易散逸到大气中。但二甲基汞容易被光解为甲烷、乙烷和汞，故大气中二甲基汞存在量很少。在好氧条件下，主要转化为一甲基汞。在弱酸性水体（pH 值为 4~5）中，二甲基汞也可以转化为一甲基汞。一甲基汞为水溶性物质，易被生物吸收而进入食物链。

（三）甲基汞脱甲基化

湖底沉积物中甲基汞可被某些微生物转化为甲烷和汞，也可将 Hg^{2+} 还原为金属汞，此过程为脱甲基化，可去除甲基汞的毒性。

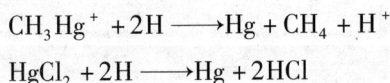

$$CH_3Hg^+ + 2H \longrightarrow Hg + CH_4 + H^+$$
$$HgCl_2 + 2H \longrightarrow Hg + 2HCl$$

这些微生物经鉴定为假单胞菌属。日本分离得到的 K62（Pseudomo-nas K62）假单胞菌是典型的抗汞菌。我国吉林医学院等单位从第二松花江底泥中也分离出三株可使甲基汞脱甲基化的细菌，其清除氯化甲基汞的效率较高，对 1 mg/L 和 5 mg/L 的 CH_3HgCl 的清除率为 100%。汞在环境中的循环如图 10-2 和图 10-3 所示。

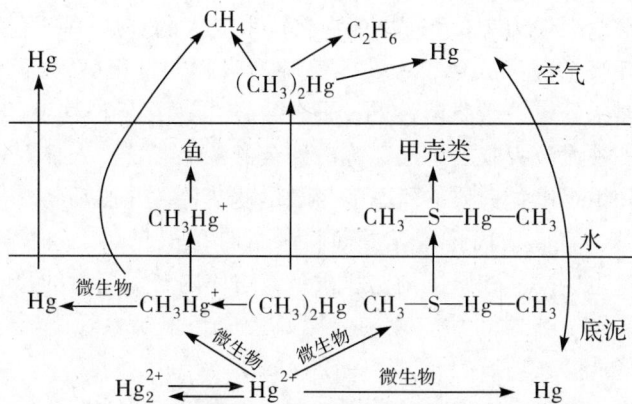

图 10 - 2　汞的生物循环

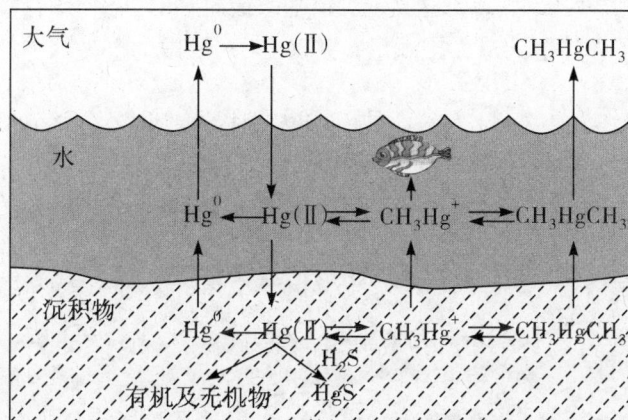

图 10 - 3　淡水湖泊中的汞循环

（四）汞的毒害效应

甲基汞能与许多有机配体基团结合，如—COOH、—NH_2、—SH、—OH 等。例如，在蛋氨酸 $CH_3SCH_2CH_2CH(NH_2)COOH$ 分子结构中就有三个潜在的键联点：硫醚基、氨基和羧基。在 pH <2 的强酸性情况下，CH_3Hg^+ 会键合在蛋氨酸分子的硫醚基上；当 pH >2 时，CH_3Hg^+ 将键合在羧基上；当 pH >8 时，则键合在氨基上。CH_3Hg^+ 除能被束缚到碱基上外，还能直接键合到核糖上去。所以甲基汞非常容易和蛋白质、氨基酸类物质起作用。

由于烷基汞具有高脂溶性，且它在生物体内分解速率缓慢（其分解半衰期约为 70 d），因此烷基汞比可溶性无机汞化合物的毒性大 10 ~ 100 倍。水生生物富集烷基汞比富集非烷基汞的能力大很多。一般鱼类对氯化甲基汞的浓缩系数是 3 000，甲壳类则为 100 ~ 100 000。在日本水俣湾的鱼肉中，汞的含量可达 2.1 ~ 8.7 μg/g。

人体吸收汞及其化合物有三种途径，主要是经消化道，其次是呼吸道和皮肤吸收。一般有机汞化合物，95% 以上易被肠道吸收。对于无机汞来说，离子型和金属汞在肠道的吸收水平均较低，其平均率仅为7%，通过食物和饮水摄入的金属一般不会引起中毒。金属汞主要以汞蒸气经呼吸道吸入人体，汞蒸气经肺泡吸收的量很高，占吸入汞量的75%~80%。由于汞在金属中是较易于脂溶性的，通过皮肤可达到某种程度的吸收而呈现毒性。汞化合物侵入人体，被血液吸收后可迅速弥散到全身各个器官。人体对汞具有一定的解毒和排毒能力，血液和组织中蛋白质的巯基能与汞迅速结合，并逐渐将汞集中到人体具有解毒功能的肝脏和肾脏，它们一面排汞，一面将汞暂时蓄积起来，随着进入人体汞量的增加，体内蓄积的汞量也增高。在肾脏内蓄积汞量可占体内总负荷量的70%~85%，以肾皮质的含汞量最高。当重复接触汞后，肾内金属硫蛋白与汞结合耗竭时，就会引起肾脏损害，排汞能力随之降低。

根据对日本水俣病的研究，中毒者发病时发汞含量为200~1 000 μg/g，最低值为50 μg/g；血汞为0.2~2.0 μg/mL；红细胞中为0.4 μg/g。因此，可以把发汞50 μg/g，血汞0.2 μg/mL，红细胞中汞0.4 μg/g看成是对甲基汞最敏感的人中毒的阈值。Binke（1987）曾以此为根据研究了人体每天最大摄汞量，并确立了下列关系式：

$$y = 1.4x + 0.003$$

式中：y——红细胞中汞的含量，μg/g；

x——汞的摄入量，mg/d。

日本的小岛后来又提出一个以发汞为依据的经验公式：

$$y' = 150x + 1.66$$

式中：y'——发汞含量，μg/g。

将前面的阈值代入这两个式子中，可以算出x均为0.30 mg/d。因此可以把0.30 mg/d作为人体摄入甲基汞中毒的阈值。若按安全系数为10，则0.03毫克/（人·天）或0.5 μg/（d·kg），可以认为是人体对甲基汞的最大耐受量。

二、镉

"八大公害"事件中，重金属造成的污染事件还包括痛痛病事件。1955年首次发现于日本富山县神通川流域，是积累性镉中毒造成的。患者初发病时，腰、背、手、脚、膝关节感到疼痛，以后逐渐加重，上下楼梯时全身疼痛，行动困难持续几年后，出现骨萎缩、骨弯曲、骨软化等症状，进而发生自然骨折，甚至咳嗽都能引起多发性骨折，直至最后死亡。经过调查，发现是由于神通川上游锌矿冶炼排出的含镉废水污染了神通川，用河水灌溉农田，又使镉进入稻田被水稻吸收，致使当地居民因长期饮用被镉污染的河水和食用被镉污染的稻米而引起的慢性镉中毒。此病潜伏期一般为2~8年，长者可达10~30年。直到这一事件发生之后，镉污染问题才引起了人们普遍的关注。

（一）环境中镉的来源和分布

地壳中镉的丰度仅为20 ng/g，通常与锌共生，最早发现镉元素就是在$ZnCO_3$矿中。

在 Zn – Pb – Cu 矿中含镉浓度最高，所以炼锌过程是环境中镉的主要来源。在冶炼 Pb 和 Cu 时也会排放出镉。

20 世纪初发现镉以来，镉的产量逐年增加。镉广泛应用于电镀工业、化工业、电子业和核工业等领域。镉主要用在电池、电镀、染料或塑胶稳定剂等。电镀厂在更换镀液时，常将含镉量高达 2 200 mg/L 的废镀液排入周围水体中。镉比其他重金属更容易被农作物吸收。相当数量的镉通过废气、废水、废渣排入环境，造成污染。

镉对土壤的污染主要有气型和水型两种。气型污染主要由含镉工业废气扩散并自然沉降，蓄集于工厂周围的土壤中，可使土壤中的镉浓度达到 40 μg/g。据统计，全世界每年向环境中释放的镉达 30 000 t 左右，其中 82% ~ 94% 的镉会进入到土壤中。水型污染主要是由铅锌矿的选矿废水和有关工业（电镀、碱性电池等）废水排入地面水或渗入地下水引起的。

水体中镉的污染主要来自地表径流和工业废水。硫铁矿制取硫酸和磷矿制取磷肥时排出的废水中含镉较高，每升废水含镉可达数十至数百微克，大气中的铅锌矿以及有色金属冶炼、燃烧、塑料制品的焚烧形成的镉颗粒都可能进入水中；用镉作原料的触媒、颜料、塑料稳定剂、合成橡胶硫化剂、杀菌剂等排放的镉也会对水体造成污染。

（二）镉污染的特点

镉在环境中易形成各种配合物或螯合物，Cd^{2+} 与各种无机配体组成的配合物的稳定性顺序大致为：

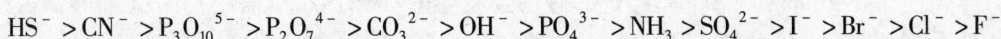

$$HS^- > CN^- > P_3O_{10}^{5-} > P_2O_7^{4-} > CO_3^{2-} > OH^- > PO_4^{3-} > NH_3 > SO_4^{2-} > I^- > Br^- > Cl^- > F^-$$

与有机配体形成螯合物的稳定性顺序大致为：

$$巯基乙胺 > 乙二胺 > 氨基乙酸 > 乙二酸$$

与含氧配体形成配合物的稳定性顺序为：

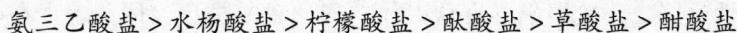

$$氨三乙酸盐 > 水杨酸盐 > 柠檬酸盐 > 酞酸盐 > 草酸盐 > 醋酸盐$$

镉在环境中的存在形态和转化规律在很大程度上受到上述稳定性顺序的制约。

镉污染的另一个特点是价态总是保持在 +2 价，随着水体环境氧化还原性和 pH 值的变化，受影响的只是与 Cd(Ⅱ) 相结合的基团：在氧化性淡水体中，主要以 Cd^{2+} 形式存在；在海水中主要以 $CdCl_x^{2-x}$ 形态存在；当 pH > 9 时，$CdCO_3$ 是主要存在形式；而在厌氧的水体环境中，大多都转化为难溶的 CdS。

水体底泥对镉同样存在着较强的吸附作用，浓缩系数可达 500 ~ 50 000，所以水中的镉大部分沉积在底泥中。但镉的这种吸附作用不如汞，而且镉化合物的溶解度比相应的汞化合物大，因而镉在水中的迁移比汞容易，在沿岸浅水区域，镉的滞留时间一般为 3 周左右，而汞长达 17 周。

（三）镉的毒害效应

镉和汞一样，是人体不需要的元素。在有镉污染的地区，粮食、蔬菜、鱼体内都检测出了较高浓度的镉，许多植物如水稻、小麦等对镉的富集能力很强，使镉及其化合物能通过食物链进入人体。饮用镉含量高的水，也是导致镉中毒的一个重要途径。镉的生物半衰期长，从体内排出的速率十分缓慢，容易在体内的肾脏、肝脏等部位积聚，对人体的肾脏、肝脏、骨骼、血液系统等都有较大的损害作用。

由水源或食物等引起的镉中毒多为慢性发作，它会引起消化道黏膜的刺激，出现恶心、呕吐、腹泻、腹痛、抽搐等症状，这种经消化道吸收引起的镉慢性中毒最容易损伤人的肾、脾、肝脏等器官，还会引发贫血、生殖功能下降等问题。长期摄入受镉污染的食品，会造成镉在体内蓄积，导致骨软化症，周身疼痛。镉本身也是致癌物之一，能引起肺、前列腺和睾丸的恶性肿瘤。1997年以来，美国毒物及疾病管理局一直将镉列为第6位危害人体健康的有毒物质。

镉毒性是潜在的。即使饮用水中镉浓度低至 0.1 mg/L，也能在人体（特别是妇女）组织中积聚，潜伏期可长达 10~30 年，且早期不易觉察。资料表明，人体内镉的生物学半衰期为 20~40 年。镉对人体组织和器官的毒害是多方面的，治疗极为困难。因此，各国对工业排放"三废"中的镉都作了极严格的规定。日本规定，大米含镉超过 1 mg/kg 即为"镉米"，禁止食用。日本环境厅规定 0.3 μg/g 为大米中镉浓度的最高正常含量。

镉对骨质的破坏作用在于它阻碍了钙的吸收，导致骨质松软。Cd^{2+} 半径为 0.097 nm，Ca^{2+} 半径为 0.099 nm，两者非常接近，很容易发生置换作用，骨骼中钙的位置被镉占据，就会造成骨质变软，痛痛病就是由此引起的。此外，Cd^{2+}、Zn^{2+}、Cu^{2+} 的外层电子结构相似，半径也相近，因此在生物体内也存在着铜和锌被镉置换的现象。铜和锌均为人体必需元素，由于受到镉污染而造成人体缺铜和缺锌，都会破坏正常的新陈代谢功能。

镉对肾脏的损害作用主要是由于其蓄积在肾表皮中导致输尿管排出蛋白尿。当肾表皮含镉量达到 200 mg/kg 时，就会出现肾管机能失调。镉中毒致死的人体解剖结果发现肾脏含大量的镉，甚至骨灰中的含镉量高达 2%。

作为剧毒性金属，急性镉中毒会给人体造成严重的损害，体征表现在高血压、肾损伤、睾丸组织和红血球细胞破坏等。

锌在生物菌中具有重要作用，镉与锌的化学性质相似，一旦镉摄入体内后，生物酶中的锌可能被镉置换出来，从而导致酶的空间结构和酶的催化活性受到了破坏，最终诱发各种疾病，有鉴于此，镉已被公认为最危险的污染物之一。

在被工业设施包围的港湾、河口地区，天然水体的底泥经常可以发现有镉和锌的污染物存在。据有关调查报告资料显示，一些受镉工业废水污染的港湾底泥中，镉的含量达 130 μg/g，即使港口外海湾沉积物中，镉的含量也有 1.9 μg/g。另外还发现，水中镉的浓度分布呈现随水的深度增加而下降的规律，在含氧的表层水中，含有较高浓度的可溶性离子 $CdCl^+$。在缺氧的底层水域中，镉的含量明显减少，因为厌氧微生物利用 SO_4^{2-} 作硫源，把其还原成 -2 价的硫，继而与镉作用生成难溶的硫化镉沉淀。冬天，强劲的风力把河口和海湾的水充分搅混，含氧的海湾水把河口底泥中的镉解吸出来，溶解的镉随波逐流被带入海洋。

三、砷

（一）环境中砷的来源与分布

1. 天然来源

砷是一个广泛存在并具有准金属特性的元素。它多以无机砷形态分布于许多矿物中。地壳中砷的含量为 1.5~2 mg/kg，比其他元素的含量高 20 倍。土壤中砷的本底值在 0.2~40 mg/kg，而受醇污染的土壤中含砷量则高达 550 mg/kg。在某些煤中也含有较高浓度的砷。如美国煤的平均含砷量为 1~10 mg/kg；捷克斯洛伐克的一些煤中砷含量可高达 1 500 mg/kg。

空气中砷的自然本底值为每立方米几纳克，其中甲基砷含量约占总砷量的 20%。

地面水中砷的含量很低，如德国境内河水中砷含量的平均值为 0.003 mg/L，湖水中为 0.004 mg/L。地面水中 3 价砷与 5 价砷的含量比范围为 0.06~6.7 mg/L。海水含砷量范围为 0.001~0.008 mg/L，其中主要为砷酸根离子，但亚砷酸根含量仍占总砷量的三分之一。某些地下水水源的含砷量极高（224~280 mg/L），且 50% 为 3 价砷。温泉活动地区的水源含砷量，如新西兰温泉水的含砷量高达 8.5 mg/L，温泉孔内，水中 90% 以上为 3 价砷。日本地热水含砷量为 1.8~6.4 mg/L。

在从未经含砷农药处理过的土地上生长的植物，其含砷量变动范围为 0.01~5 mg/kg 干重。但在砷污染的土壤中生长的植物可含相当高水平的砷，尤其是根部。海藻与海草的砷含量相当高，为 10~100 mg/kg 干重，其浓缩倍数为 1 500~5 000 倍。

2. 人为来源

环境中砷污染主要来自以砷化物为主要成分的农药。如砷酸铅、乙酰亚砷酸铜、亚砷酸钠、砷酸钙和有机砷酸盐等。大量甲砷酸和二甲次砷酸用作具有选择性的除莠剂。二甲次砷酸还在越南作为落叶剂用于军事目的（即所谓蓝色剂），它还可以在林业上用作杀虫剂。铬砷合剂、砷酸钠与砷酸锌用作木材防腐剂，防止霉菌与昆虫的破坏。

某些苯砷酸化合物如对氨基苯基砷酸，作为饲料添加剂用于家禽和猪，也用于治疗小鸡的某些疾病。

砷化物的开采和冶炼，特别是在我国流传广泛的土法炼砷，常造成环境的持续污染。某些有色金属的开发和冶炼，也常常会有或多或少的砷化物排出，污染周围环境。砷还可作为玻璃、木材、制革、纺织、化工、陶器、颜料、化肥等工业的原材料。这些都增加了环境中的砷污染量，另外，矿物燃料燃烧等也是造成砷污染的重要来源。

（二）砷在环境中的迁移与转化

在天然水体中，砷的存在形态为 $H_2AsO_4^-$、$HAsO_4^{2-}$、H_3AsO_3 和 $H_2AsO_3^-$。在天然水的表层中，由于溶解氧浓度高，pE 值高，pH 值在 4~9，砷主要以 5 价的 $H_2AsO_4^-$ 和 $HAsO_4^{2-}$ 形式存在；在 pH > 12.5 的碱性水环境中，砷主要以 AsO_4^{3-} 形式存在；在 pE < 0.2，pH > 4 的水环境中，则主要以 3 价的 H_3AsO_3 和 $H_2AsO_3^-$ 形式存在。以上这些形态的砷都是水溶性的，它们容易随水发生迁移。

在土壤中，砷主要与铁、铝水合氧化物以胶体结合的形态存在，水溶态含量极少。据报道，美国土壤中水溶态砷只占总砷的 5% ~ 10%，日本土壤中水溶态砷仅占总砷的 5%。土壤中砷的迁移试验研究也发现，以 AsO_4^{3-} 和 AsO_3^{3-} 存在的砷容易被带正电荷的土壤胶体所吸附。像 PO_4^{3-} 一样，AsO_4^{3-} 和 AsO_3^{3-} 也容易与 Fe^{3+}、Al^{3+}、Ca^{2+} 生成难溶化合物。因此土壤固定砷的能力与土壤中游离氧化铁的含量有关，随着氧化铁含量增加，砷的吸附量增加。$Fe(OH)_3$ 对砷的吸附能力约为 $Al(OH)_3$ 的两倍。

土壤的氧化还原电位（E_h）和 pH 值对土壤中砷的溶解度有很大的影响。土壤的 E_h 降低，pH 值升高，砷的溶解度增大。这是由于 E_h 降低，AsO_4^{3-} 逐渐被还原为 AsO_3^{3-}，溶解度增大。同时 pH 值升高，土壤胶体所带的正电荷减少，对砷的吸附能力降低，所以浸水土壤中可溶态砷含量比旱地土壤中高。植物比较容易吸收 AsO_3^{3-}，在浸水土壤中生长的作物的砷含量也较高。

砷的生物甲基化反应和生物还原反应是它在环境转化中的一个重要过程。因为它们能产生一些可在空气和水中运动并相当稳定的有机金属化合物。但生物甲基化所产生的砷化合物易被氧化和细菌脱甲基化，结果又使它们回到无机砷化合物的形式。砷在环境中的转化模式如下：

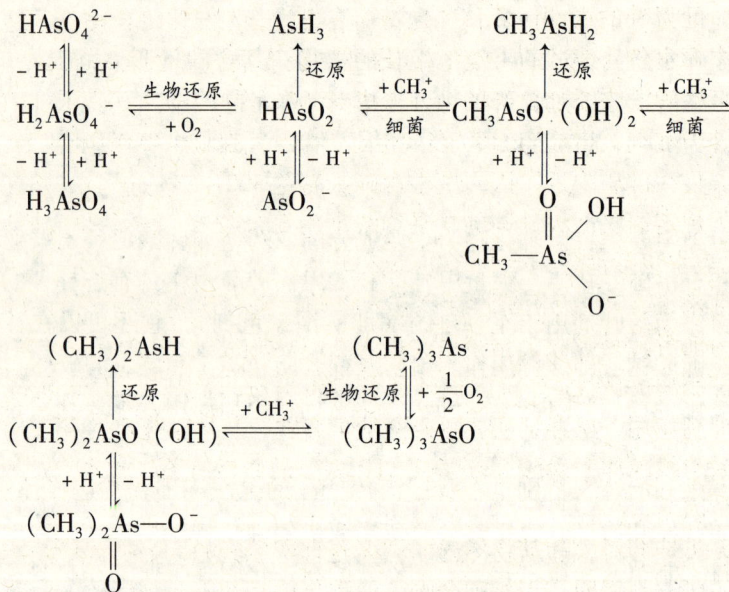

砷与产甲烷菌作用或与甲基钴氨素及 L - 甲硫氨酸甲基 - d3 反应均可使砷甲基化。在厌氧菌作用下主要产生二甲基胂，而好氧的甲基化反应则产生三甲基胂。Challenger 与 McBride 等认为砷酸盐甲基化的机制如下：

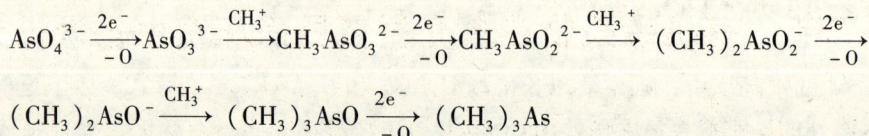

$$AsO_4^{3-} \xrightarrow[-O]{2e^-} AsO_3^{3-} \xrightarrow{CH_3^+} CH_3AsO_3^{2-} \xrightarrow[-O]{2e^-} CH_3AsO_2^{2-} \xrightarrow{CH_3^+} (CH_3)_2AsO_2^- \xrightarrow[-O]{2e^-}$$

$$(CH_3)_2AsO^- \xrightarrow{CH_3^+} (CH_3)_3AsO \xrightarrow[-O]{2e^-} (CH_3)_3As$$

该机制指出，As（Ⅴ）必须在甲基化前还原成 As（Ⅲ）。

在水溶液中二甲基胂和三甲基胂可以氧化为相应的甲胂酸。这些化合物与其他较大分子的有机砷化合物，如含砷甜菜碱和含砷胆碱，都极不容易化学降解。

甲胂酸为二元酸，其 pK_{a1} 为 4.1，pK_{a2} 为 8.7，它能与碱金属形成可溶性盐类。二甲次胂酸为一元弱酸，其 pK_a 为 6.2，也能形成溶解度相当大的碱金属盐。一些烷基胂酸能还原成相应的胂。它们与硫化氢及一些巯基链烷反应生成含硫的衍生物，如（CH$_3$）$_2$AsSSH。因此，二甲次胂酸的还原反应及其与巯基间的继发反应很可能是它参与生物活性的关键所在。

（三）砷的毒害效应

2004 年 12 月 15 日，世界卫生组织公布，全球至少有 5 000 多万人口正面临着地方性砷中毒的威胁，其中，大多数为亚洲国家，而中国正是受砷中毒危害最为严重的国家之一。

砷在土壤中累积，并由此进入农作物组织中。砷对农作物产生毒害作用最低浓度为 3 mg/L，对水生生物的毒性也很大。砷和砷化物一般可通过水、大气和食物等途径进入人体，造成危害。元素砷的毒性极低，砷化物均有毒性，3 价砷化合物比其他砷化合物毒性更强。砷污染中毒事件（急性砷中毒）或导致的公害病（慢性砷中毒）已屡见不鲜。如在英国曼彻斯特因啤酒中添加含砷的糖，造成 6 000 人中毒和 71 人死亡。日本森永奶粉公司，因使用含砷中和剂，造成 12 100 多人中毒，130 人因脑麻痹而死亡。典型的慢性砷中毒在日本宫崎县吕久砷矿附近，因土壤中含砷量高达 300~838 mg/kg，致使该地区小学生慢性中毒。我国规定居民区大气砷的日平均浓度为 3 μg/m^3，饮用水中砷最高容许浓度为 0.04 mg/L，地表水包括渔业用水为 0.04 mg/L。

就砷的毒性来说，3 价无机砷毒性高于 5 价砷。也有研究表明，溶解砷比不溶性砷毒性高。可能因为前者较易吸收。据报道，摄入 As$_2$O$_3$ 剂量为 70~180 mg 时，可使人致死。

无机砷可抑制酶的活性，3 价无机砷还可与蛋白质的巯基反应。3 价砷对线粒体呼吸作用有明显的抑制作用，已经证明，亚砷酸盐可减弱线粒体氧化磷酸化反应，或使之不能偶联。这一现象与线粒体三磷酸腺苷酶（ATP 酶）的激活有关，它本身又往往是线粒体膜扭曲变形的一个因素。

长期接触无机砷会对人和动物体内的许多器官产生影响，如造成肝功能异常等。体内与体外两方面的研究都表明，无机砷影响人的染色体。在服药接触砷（主要是 3 价砷）的人群中发现染色体畸变率增加。可靠的流行病学证据表明，在含砷杀虫剂的生产工业中，呼吸系统的癌症主要与接触无机砷有关。还有一些研究指出，无机砷影响 DNA 的修复机制。

第二节　有机污染物在多介质多界面环境中化学行为

近年来，持久性有毒污染物（PTS）及其对人体健康和生态系统的危害越来越被人们所认识。此类污染物多属于环境异源性物质，难以被生物降解，可沿着食物链传播，在人和生物体内的脂肪中聚集。其中，持久性有机污染物由于大多具有"三致"效应和遗传毒性，能干扰人体内分泌系统引起"雌性化"现象，并且在全球范围的各种环境介质（大气、江河、海洋、底泥、土壤等）以及动植物组织器官和人体中广泛存在，已经引起了各国政府、学术界、工业界和公众的广泛关注，成为一个新的全球性环境问题。2001年5月23日，在瑞典首都斯德哥尔摩127个国家的环境部长或高级官员代表各自政府签署《关于持久性有机污染物的斯德哥尔摩公约》，它是继1987年《保护臭氧层的维也纳公约》和1992年《气候变化框架公约》之后，第三个具有强制性减排要求的国际公约，是国际社会对有毒化学品采取优先控制行动的重要步骤。

一、持久性有机污染物

持久性有机污染物（POPs）是指通过各种环境介质（大气、水、生物体等）能够长距离迁移并长期存在于环境，具有长期残留性、生物蓄积性、半挥发性和高毒性，对人类健康和环境具有严重危害的天然或人工合成的有机污染物质。近年来，POPs对人体和环境带来的危害已成为世界各国关注的环境焦点。

根据POPs的定义，国际上公认POPs具有下列四个重要的特性：

（1）能在环境中持久地存在。

（2）能蓄积在食物链中对有较高营养等级的生物造成影响。

（3）能够经过长距离迁移到达偏远的极地地区。

（4）在相应环境浓度下会对接触该物质的生物造成有害或有毒效应。

POPs一般都具有毒性，包括致癌性、生殖毒性、神经毒性、内分泌干扰特性等，它严重危害生物体，并且由于其持久性，这种危害一般都会持续一段时间。更为严重的是，一方面POPs具有很强的亲脂疏水性，能够在生物器官的脂肪组织内产生生物积累，沿着食物链逐级放大，从而使在大气、水、土壤中低浓度存在的污染物经过食物链的放大作用，而对处于最高营养级的人类的健康造成严重的负面影响；另一方面，POPs具有半挥发性，能够在大气环境中长距离迁移并通过所谓的"全球蒸馏效应"和"蚱蜢跳效应"沉积到地球的偏远极地地区，从而导致全球范围的污染传播。

符合上述定义的POPs物质有数千种之多，它们通常是具有某些特殊化学结构的同系物或异构体。联合国环境规划署（UNEP）国际公约中首批控制的12种POPs是艾氏剂、狄氏剂、异狄氏剂、DDT、氯丹、六氯苯、灭蚁灵、毒杀芬、七氯、多氯联苯（PCBs）、二噁英和苯并呋喃（PCDD/Fs）。其中前9种属于有机氯农药，多氯联苯是精细化工产品，后两种是化学产品的衍生物杂质和含氯废物焚烧所产生的次生污染物。1998年6月在丹麦奥尔胡斯召开的泛欧环境部长会议上，美国、加拿大和欧洲32个国家和地区正式签署了关于长距离越境空气污染物公约，提出了16种（类）加以控制的POPs，除了UNEP提出的12种物质之外，还有六溴联苯、林丹（即99.5%的六六六丙体制剂）、多环芳烃和五氯酚。

自然环境和生物体都不同程度地受到了POPs污染。POPs最初是通过大气或水体进入生态环境，并且在低纬度地区和极地地区的大气、水体、土壤中都能检测得到。

1. 大气/颗粒物中的 POPs

大气中 POPs 主要来自于工业生产污染、机动车尾气的排放和垃圾焚烧等。于丽娜等监测了全国 31 个点的大气样品,分析发现我国大气中 PCBs 主要来自退役和在役含 PCBs 设备的拆解排放和泄露。也有研究表明,大气中卤素污染物质量浓度最高的点大部分分布在城区,且呈现沿城市到乡村的下降趋势;在交通枢纽地区大气中有机氯的质量浓度要高于远离交通枢纽的采样点,说明工业污染和机动车尾气的排放是大气有机氯污染物的主要来源。

大气 POPs 的浓度呈现明显的季节性变化特点:有机氯农药基本遵循夏半年高而冬半年低的规律。例如,阿尔卑斯山区的大气 DDTs 浓度和南极地区大气七氯的浓度就符合这个规律。说明温度可能是影响 POPs 呈季节性变化的一个因素。由于 POPs 的半挥发性,夏季温度高时土壤或其他介质中残留的 POPs 更容易挥发到空气中,导致大气中 POPs 含量增加。多环芳烃和多溴联苯醚等由于燃烧排放则呈现冬高夏低的趋势,在冬季,燃烧活动加剧了此类污染物的排放,使得其在大气中的浓度有所升高。

在大气中 POPs 或者以气体的形式存在,或者吸附在悬浮颗粒物上,发生扩散和迁移,导致 POPs 的全球性污染。在德国,每天从空气中沉积落地的颗粒物中的二噁英含量在 $5 \sim 36$ pg TEQ/m^3（TEQ 为总毒性当量）。农村和城市空气中 PCDD/Fs 的污染状况不同,大气和 PCDD/Fs 的长距离迁移可导致农村 PCDD/Fs 浓度的增加。

汽油和柴油引擎汽车的尾气颗粒物中都存在 PCDD/Fs。在希腊北部,每天沉积落地的大气颗粒中 PCDD/Fs 和 PCBs 的平均值分别为 0.52 pg TEQ/m^3 和 0.59 pg TEQ/m^3。城市地区颗粒物的 PCBs 达到 242 pg/m^3,而半农业地区的 PCBs 为 74 pg/m^3,这些 PCDD/Fs 成分主要由火灾和汽车尾气带入大气。

2. 水体/沉积物中的 POPs

水和沉积物是 POPs 聚集的主要场所之一,城市污水、水库、江河和湖海都存在 POPs。POPs 从水和沉积物通过食物链发生生物积累并逐级放大。检测分析水体中 POPs 的成分、来源和存在形态是防治其污染的关键。研究表明,城市污水的来源不同,成分也存在差异。在德国,城市污水中都存在 PCDD/Fs,城市的街道流出物中的 PCDD/Fs 含量在 $1 \sim 11$ pg TEQ/L,屋檐水中小于 17 pg TEQ/L,生活污水中达到 14 pg TEQ/L。

POPs 具有强亲脂性,在下水道或污水处理中,POPs 会转移到城市污泥。英国 14 个污水处理厂的嗜温厌氧消化污泥中都存在 PCDD/Fs 和 PCBs。污泥中二噁英主要为七氯和八氯二噁英,表明 PCDD/Fs 的污染与工业的带入有关。

当前,世界绝大多数的江湖水体中都不同程度地受到 POPs 的污染。在威尼斯湖表面沉积物中,二噁英和呋喃的含量分别在 $16 \sim 13\ 642$ ng/kg 和 $49 \sim 12\ 561$ ng/kg,对环境造成了威胁。我国东海岸闽江、九龙江和珠江三个出海口的沉积物中也都存在较高浓度的 POPs,其中 DDT 的浓度可能已影响到深海生物。

3. 土壤中的 POPs

POPs 属于非极性和弱极性有机污染物,K_{ow} 值较大,易于吸附在土壤和沉积物上,土壤中 POPs 的含量在 $10^{-12} \sim 10^{-9}$ 范围内。作为植物、土壤动物和微生物赖以生存的物质基础,土壤中含有 POPs 无疑会导致 POPs 在食物链上发生传递和迁移。在世界各国土壤中都发现了 POPs，莱比锡地区废弃工厂旁的农地土壤中存在 HCHs、DDX、PCBs 和 HCB 等物质，在西班牙土壤中同样存在 PCDD/Fs，且在工业地区的二噁英含量大于控制地区。

4. 生物体中的 POPs

POPs 通过食物链得到积累和富集，使得目前无论海洋生物还是陆地物种，无论是低等的浮游生物或动物，还是人类自身，都遭受到 POPs 的污染和威胁。日本北海道的黑尾鸥体内存在 PCDD/Fs、PCBs、DDTs、HCHs 和 HCB 等多种 POPs。北极的一些动物种群体内多氯联苯等 POPs 的浓度很高。北极熊、北极狐、绿灰色鸥体内的多氯联苯的浓度超过最低可见负面影响水平，其生殖系统受到了影响。水体生物也都不同程度地受到 POPs 的污染。如欧洲 Ladoga 湖中鱼的脂肪内 HCB 和总 PCBs 的含量分别为 $0.07 \sim 0.15$ mg/kg 和 $0.65 \sim 1.0$ mg/kg。海豹体内的 PCB 和 DDT 浓度比它食用的鱼高 $12 \sim 29$ 倍，在食物链上都得到了生物富集和放大。南极的海洋食物链中最重要的生物种类中的 POPs，含量达到中度污染水平。北极的高级肉食动物海豹、鲸类和北极熊也有着相当大的 POPs 浓度。北极人主要以海生哺乳动物为食，从而受到了 POPs 的威胁。而母乳中存在 POPs 可能会威胁到婴儿的健康。在西班牙的有害物焚烧炉附近地区，母乳中的 PCDD/Fs 含量为 $162 \sim 498$ pg TEQ/L，平均值达 310.8 pg TEQ/L。在韩国母乳中也存在 PCDD/Fs 和 PCBs。按照母乳的相应含量计算，母亲体内 PCDD/Fs 和 PCBs 总负荷达 $268 \sim 622$ ng TEQ，一周岁婴儿每天估计摄入量为 85 pg TEQ/kg。二噁英对人和动物的暴露途径如图 10 - 4 所示。

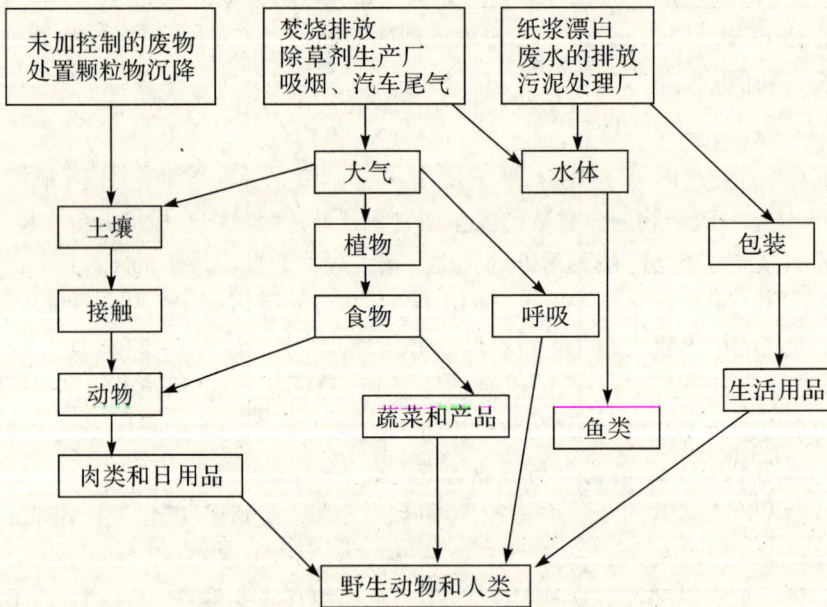

图 10 - 4　二噁英对野生动物和人类的暴露途径

二、有机卤代物

有机卤代物包括卤代烃、多氯联苯、多氯代二噁英、有机氯农药等，这里主要介绍卤代烃、多氯联苯、多氯代二苯并二噁英和多氯代二苯并呋喃。

（一）卤代烃

大量卤代烃通过天然或人为途径释放到大气中。由于天然卤代烃的年排放量基本固定不变，所以人为排放是当今大气中卤代烃含量不断增加的原因。

1. 卤代烃的种类及分布

烃分子中的氢原子被卤素原子取代后的化合物称为卤代烃，简称卤烃。卤代烃的通式为：（Ar）R—X，X 可看作是卤代烃的官能团，包括 F、Cl、Br、I。根据取代卤素的不同，分别称为氟代烃、氯代烃、溴代烃和碘代烃；也可根据分子中卤素原子的多少分为一卤代烃、二卤代烃和多卤代烃。

卤代烃是一类重要的有机合成中间体，是许多有机合成的原料，它能发生许多化学反应，如取代反应、消除反应等。卤代烷中的卤素容易被—OH、—OR、—CN、NH_3 或 H_2NR 取代，生成相应的醇、醚、腈、胺等化合物。碘代烷最容易发生取代反应，溴代烷次之，氯代烷又次之，芳基和乙烯基卤代物由于碳—卤键连接较为牢固，很难发生类似反应。卤代烃可以发生消去反应，在碱的作用下脱去卤化氢生成碳—碳双键或碳—碳三键。

对流层大气中存在的卤代烃及其寿命等列于表 10-2。

表 10-2　对流层中卤代烃含量及其寿命

名称	对流层聚积量（Mt）	大气中寿命（a）
CH_3Cl	5.2	2~3
CCl_2F_2	6.1	105~169
CCl_3F	4.0	55~93
CCl_4	3.7	60~100
CH_3CCl_3	2.9	5.7~10
$CHClF_2$	0.9	12~20
CF_4	1.0	10 000
CH_2Cl_2	0.5	0.5
$CHCl_3$	0.6	0.3~0.6
$CCl_2=CCl_2$	0.7	0.4
CCl_3CF_3	0.6	63~122
CH_3Br	0.2	1.7
$CClF_2CClF_2$	0.3	126~310

（续上表）

名称	对流层聚积量（Mt）	大气中寿命（a）
$CHCl = CCl_2$	0.2	0.02
$CClF_2CF_3$	0.1	230～550
CF_3CF_3	0.1	500～1 000
$CClF_3$	0.07	180～450
CH_3I	0.05	0.01
$CHCl_2F$	0.03	2～3
CF_3Br	0.02	62～112

注：表内所有数据均为1980年的水平。

表10-2中前6种卤代烃占大气中卤代烃总量的88%，其他卤代烃占12%。由表中各卤代烃在大气中的寿命可以大体看出其对大气污染的贡献。如 CH_2Cl_2、$CHCl_3$、$CCl_2 =$ CCl_2 和 $CHCl = CCl_2$ 在大气中的寿命非常短。它们在对流层几乎全部被分解，其分解产物可被降雨所消除。而被卤素完全取代的卤代烃，如 CFC-113（即 CCl_2F—$CClF_2$）、CFC-114（即 $CClF_2$—$CClF_2$）、CFC-115（即 $CClF_2$—CF_3）和 CFC-13（即 $CClF_3$）虽然只占对流层中卤代烃总量的3%，但是由于它们具有相当长的寿命，所以它们对对流层氯的积累贡献不容忽视。

2. 卤代烃的主要来源

近年来，大气中卤代烃的含量不断增加，除少数天然来源外，主要来自大量合成用于工业制品等过程。

（1）氯甲烷（CH_3Cl）：天然来源主要来自海洋。人为来源主要来自城市汽车尾气的排放和聚氯乙烯塑料、农作物等废物的燃烧。

（2）CFC-11（CCl_3F）和 CFC-12（CCl_2F_2）：除火山爆发释放少量之外，主要来源于人为排放。广泛用作制冷剂、飞机推动剂、塑料发泡剂等，在大气对流层中大量积累。如美国化工学会根据 CCl_3F 和 CCl_2F_2 总产量计算出它们的年排放量分别为 2.7×10^5 t 和 3.9×10^5 t。它们在对流层不能被分解，当它们进入平流层后将对平流层的臭氧层产生破坏作用。

（3）四氯化碳（CCl_4）：主要来源于人为排放。被广泛用作工业溶剂、灭火剂、干洗剂，也是氟利昂的主要原料。

（4）甲基氯仿（CH_3CCl_3）：甲基氯仿没有天然源。它最初用来作为工业去油剂和干洗剂，自1950年以来，排放到大气中的量逐年增加，每年的排放量是 CFC-11 和 CFC-12 的两倍多，平均每年增长16%。

（5）CFC-22（CHF_2Cl）：人为源排放，是一种主要的工业氟利昂产品，主要用作制冷剂和发泡剂。

3. 卤代烃在大气中的转化

下面分别介绍卤代烃在对流层及平流层中的转化。

（1）对流层中的转化。含氢卤代烃与 HO· 自由基的反应是它们在对流层中消除的主要途径。

卤代烃消除途径的起始反应是脱氢。如氯仿与 HO· 的反应为：

$$CHCl_3 + HO· \longrightarrow H_2O +·CCl_3$$

·CCl_3 自由基再与氧气反应生成碳酰氯（光气）和 ClO·：

$$· CCl_3 + O_2 \longrightarrow COCl_2 + ClO·$$

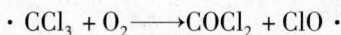

光气在被雨水冲刷或清除之前，将一直完整地保留着，如果冲刷或清除速率很慢，大部分的光气将向上扩散，在平流层下部发生光解；如果冲刷或清除速率很快，光气对平流层的影响就小。

ClO· 可氧化其他分子并产生氯原子。在对流层中，NO 和 H_2O 可能是参与反应的物质：

$$ClO· + NO \longrightarrow Cl· + NO_2$$
$$3ClO· + H_2O \longrightarrow 3Cl· + 2HO· + O_2$$

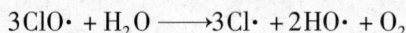

多数氯原子迅速和甲烷作用：

$$Cl· + CH_4 \longrightarrow HCl +·CH_3$$

氯代乙烯与 HO· 基反应将打开双键，把氧加成进去。如全氯乙烯可转化成三氯乙酰氯：

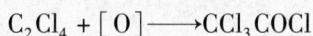

$$C_2Cl_4 + [O] \longrightarrow CCl_3COCl$$

上述产物的水解速率和冲刷清除速率还在研究之中。

（2）平流层中的转化。进入平流层的卤代烃污染物，都受到高能光子的攻击而被破坏。例如，四氯化碳分子吸收光子后脱去一个氯原子。

$$CCl_4 + hv \longrightarrow ·CCl_3 + Cl·$$

·CCl_3 基团与对流层中氯仿的情况相同，被氧化成光气。随后产生的 Cl· 不直接生成 HCl，而是参与破坏臭氧的链式反应：

$$Cl· + O_3 \longrightarrow ClO· + O_2$$

O_3 吸收高能光子发生光解反应，生成 O_2 和 O·，O· 再与 ClO· 反应，将其又转化为 Cl·：

$$\overset{*}{O}_3 + hv \longrightarrow O_2 + O \cdot$$

$$O \cdot + ClO \cdot \longrightarrow Cl \cdot + O_2$$

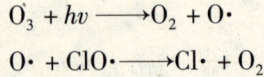

在上述链式反应中除去了两个臭氧分子后，又再次提供了除去另外两个臭氧分子的氯原子。这种循环将继续下去，直到氯原子与甲烷或某些其他的含氢类化合物反应，全部变成氯化氢为止：

$$Cl \cdot + CH_4 \longrightarrow HCl + \cdot CH_3$$

HCl 可与 HO·自由基反应重新生成 Cl·：

$$HO \cdot + HCl \longrightarrow H_2O + Cl \cdot$$

这个氯原子是游离的，可以再次参与使臭氧破坏的链式反应，在氯原子扩散出平流层之前，它在链式反应中进出的活动将发生 10 次以上。一个氯原子进入链式反应能破坏数以千计的臭氧分子，直至氯化氢到达对流层，并在降雨时被清除。

4. 卤代烃的毒性

卤代烃一般比母体烃类的毒性大。卤代烃被皮肤吸收后，作用于神经中枢或内脏器官，引起中毒。一般来说，碘代烃毒性最大，溴代烃、氯代烃、氟代烃毒性依次降低。饱和卤代烃比不饱和卤代烃毒性强；多卤代烃比含卤素少的卤代烃毒性强。使用卤代烃的工作场所应保持良好的通风。

（二）多氯联苯

1. 多氯联苯（PCBs）的结构与性质

PCBs 是一组由多个氯原子取代联苯分子中氢原子而形成的氯代芳烃类化合物。由于 PCBs 理化性质稳定，用途广泛，已成为全球性环境污染物。

联苯和 PCBs 的结构式如下：

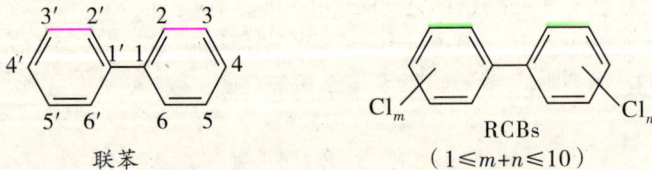

联苯

$$RCBs$$
$$(1 \leqslant m+n \leqslant 10)$$

按联苯分子中的氢原子被氯取代的位置和数目不同，从理论上计算，一氯化物应有 3 个异构体，二氯化物应有 12 个异构体，三氯化物应有 21 个异构体等。PCBs 的全部异构体有 210 个，目前已鉴定出 102 个。

PCBs 的纯化合物为晶体，混合物则为油状液体，一般工业产品均为混合物。低氯代物呈液态，流动性好，随着氯原子数增加，黏稠度也相应增大，而呈糖浆或树脂状。PCBs 的物理化学性质高度稳定，耐酸、耐碱、耐腐蚀和抗氧化，对金属无腐蚀、耐热和绝缘性能好。加热到 1 000℃ ~ 1 400℃才完全分解。除一氯、二氯代物外，均为不可燃物质。PCBs 难溶于水，如 PCBs1254 在水中的溶解度为 53 μg/L。纯 PCBs 的溶解度在很大程度上取决于分子中取代的氯原子数，随氯原子数的增加，溶解度降低，如表 10 - 3 所示。

表 10 - 3　不同 PCBs 在水中溶解度（25℃）

PCBs	溶解度（$\mu g \cdot L^{-1}$）
2，4′ - 二氯联苯	773
2，5，2′ - 三氯联苯	307
2，5，2′，5′ - 四氯联苯	38.5
2，4，5，2′，5′ - 五氯联苯	11.7
2，4，5，2′，4′，5′ - 六氯联苯	1.3

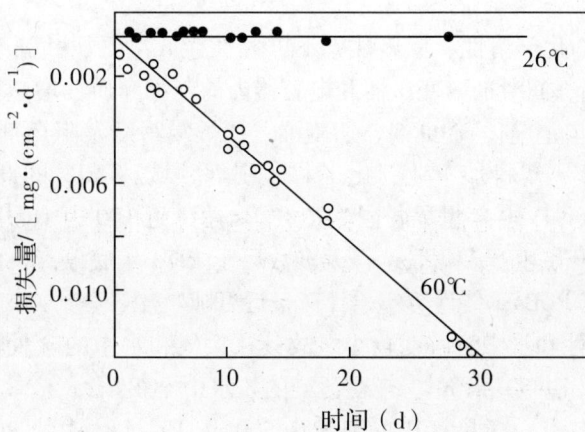

图 10 - 5　PCBs1254 挥发损失与时间的关系

　　常温下 PCBs 的蒸气压很小，属难挥发物质。但 PCBs 的蒸气压受温度的影响很大，如在 150℃时，PCBs1254 的蒸气压为 50 Pa。研究表明，26℃时 PCBs1254 每天每平方厘米挥发损失量为 2×10^6 g，其挥发损失量与时间无明显相关性；而 60℃时，每天每平方厘米的挥发损失量为 8.6×10^5 g，其挥发损失量与时间呈线性相关，即随时间增长而增大（见图 10 - 5）。PCBs 的蒸气压还与其分子中氯的含量有关，氯含量越高，蒸气压越小，其挥发量越小（见图 10 - 6）。

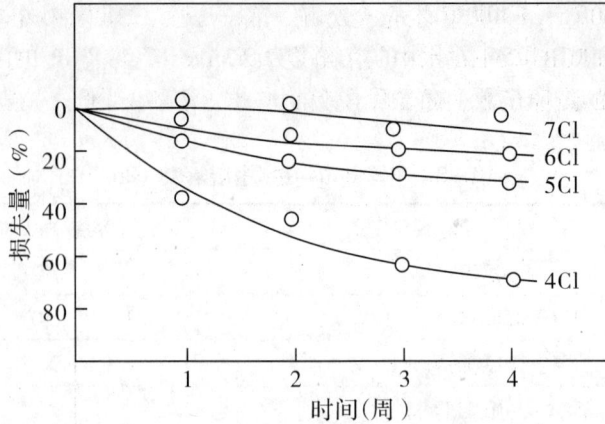

图 10 −6　不同 PCBs 挥发损失量与时间的关系

2. PCBs 的来源与分布

PCBs 具有良好的化学惰性、抗热性、不可燃性、低蒸气压和高介电常数等优点，因此曾被作为热交换剂、润滑剂、变压器和电容器内的绝缘介质、增塑剂、石蜡扩充剂、黏合剂、有机稀释剂、除尘剂、杀虫剂、切割油、压敏复写纸及阻燃剂等重要的化工产品，广泛应用于电力工业、塑料加工业、化工和印刷等领域。PCBs 的商业性生产始于 1930 年，据 WHO 报道，至 1980 年世界各国生产 PCBs 总计近 100 万 t，1977 年后各国陆续停产。我国于 1965 年开始生产多氯联苯，大多数厂于 1974 年底停产，到 20 世纪 80 年代初国内基本已停止生产 PCBs，估计历年累计产量近万吨。

由于 PCBs 挥发性和水中溶解度较小，故其在大气和水中的含量较少。PCB 在空气中的可检出浓度范围为 $1 \sim 50$ ng/m³；未受污染的淡水中 PCBs 含量应 < 0.1 ng/L；中等污染的河流与港湾为 50 ng/L；重度污染的河流为 500 ng/L。水体中的 PCBs 主要附着在底泥中，当水体中浓度较低时，底泥中的浓度可以高出水质的数万甚至数十万倍，故在废水流入河口附近的沉积物中，PCBs 含量可高达 $2\,000 \sim 5\,000$ μg/kg。

几个国家对人体脂肪调查表明，虽然有一些国家报道 PCBs 的含量较高，但大多数样品中的水平为 1 mg/kg 或更少；而职业接触者脂肪中含量却高得多，最高可达 700 mg/kg。几项全国性的调查表明，PCBs 在血液中的浓度为 0.3 μg/100mL 左右，但是职业接触者可达 200 μg/100 mL。在某些国家的人乳中也检出一定量的 PCBs，如表 10 −4 所示。

表 10 −4　某些国家人乳中 PCBs 含量

国家	美国	英国	德国	瑞典	日本
PCBs（mg·L⁻¹）	0.03	0.06	0.013	0.016	0.08

3. PCBs 在环境中的迁移与转化

PCBs 主要在使用和处理过程中，通过挥发进入大气，然后经干、湿沉降转入湖泊、海洋和土壤中。转入水体的 PCBs 极易被颗粒物所吸附，沉入沉积物，使 PCBs 大量存在于沉积物中。虽然近年来 PCBs 的使用量大大减少，但沉积物中的 PCBs 仍然是今后若干年内食物链污染的主要来源。

（1）PCBs 在大气中的转移。PCBs 污染最初是在赤道至中纬度地区，然而目前在北极和其他遥远地区都发现了 PCBs 的"足迹"，这其中大气传输的作用不可轻视。大气沉降是格雷特湖和其他大的水体中 PCBs 的主要来源。据报道流入苏必利尔湖的 PCBs 有85%～90%是来自大气沉降，密歇根和 Huson 湖中的 PCBs，大气沉降贡献也有58%～63%。

PCBs 在大气中的损失途径主要有两种，一是直接光解和与 OH、NO_3 等自由基以及 O_3 作用。其中尤以 OH 自由基的作用最为显著。Anderson 等人曾研究了 14 种 PCBs 同类物与 OH 自由基在 323～363 K 温度范围内的反应速率。计算结果表明，PCBs 由于 OH 自由基引发的反应在大气中的半衰期为 2～34 天，而且一般每增加一个氯原子，其反应活性就会降低一半。Atlas 和 Giam 估计 PCBs1242 在大气中的停留时间约为 190 天。由此可见，PCBs 各同类物的耗损要受到环境因素和其理化性质的影响。估计全世界每年约有 0.6% 的 PCBs 由于与 OH 自由基反应而消失。大气净化 PCBs 的另一重要途径是雨水冲洗和干、湿沉降。通过这一过程实现了污染物从大气向水体或土壤的转移。疏水性有机物在大气中主要以气态和吸附态两种形式存在。气态和颗粒束缚的 PCBs 都可以通过干、湿沉降过程（如气相吸附、重力沉降、涡流扩散等）或雨水淋洗到达地球表面。PCBs 在气相和颗粒上的分配比例直接影响着它们的去除机理和半衰期。PCBs 的亨利常数比较低，湿沉降别无选择地成为其主要去除机理。Poster 等人研究了降雨中有机污染物的浓度和分布，结果表明，雨水中只有 9% 的 PCBs 处于真正溶解状态，而 80% 是束缚在亚微颗粒上的吸附态，由此可以看出，亚微颗粒对雨水冲刷清洗 PCBs 的重要作用。

Falconer 等人通过两套实验技术分析了芝加哥城市大气中 PCBs 的分布形式，从而证明 PCBs 在城市气溶胶上的吸附顺序与氯的取代位置有关：多邻＜单邻＜非邻。这与它们的液相蒸气压相应降低不无关系。除此之外，PCBs 在颗粒和气之间的分配系数还与苯环间的二面角有关，共平面型的 PCBs 更易于颗粒吸附，从而也更易于通过湿沉降从大气中去除。

（2）PCBs 在土壤中的迁移。土壤像一个大的仓库，不断地接纳由各种途径输入的 PCBs。土壤中的 PCBs 主要来源于颗粒沉降，有少量来源于污泥作肥料、填埋场的渗漏以及在农药配方中使用的 PCBs 等。据报道，土壤中的 PCBs 含量一般比它上面的空气中含量高出 10 倍以上。若按只存在挥发损失计，Harner 等人测得土壤中 PCBs 的半衰期可达 10～20 年。但在加拿大的北极地区，尽管温度很低，实验田中 PCBs（1254 和 1260）的半衰期也只有 1.1 年。因而，土壤中 PCBs 的挥发除与温度有关外，其他环境因素也有一定影响。Haque 等人的实验结果表明，PCBs 的挥发速率随着温度的升高而升高，但随着土壤中黏土含量和联苯氯化程度的增加而降低。通过对经污泥改良后的实验田中 PCBs 的持久性和最终归趋进行的研究表明，生物降解和可逆吸附都不能造成 PCBs 的明显减少，只有挥发过程最有可能是引起 PCBs 损失的主要途径，尤其对高氯取代的联苯更是如此。

在实验室条件下 Tucker 等人通过 4 个月的观察，发现 PCBs1061 很难随滤过的水从土壤中渗漏出来，特别是含黏土高的土壤。PCBs 在不同土壤中的渗滤序列为：砂壤土＞粉砂壤土＞粉砂黏壤土。对 PCBs 在土壤中的微观移动起作用的主要是对流，表明 PCBs 在土壤中的迁移性很弱。储少岗等人实地测量了典型污染地区土壤中不同深度的 PCBs 含量，亦发现随着土壤深度的增加，PCBs 含量迅速降低。

（3）PCBs 在水中的迁移。PCBs 主要通过大气沉降和随工业、城市废水向河、湖、沿岸水体的排放等方式进入水体。由于 PCBs 是一种疏水性化合物，除一小部分溶解外，大部分的 PCBs 都是附着在悬浮颗粒物上，并且最终将依照颗粒大小以一定的速度沉降到底泥中，然后随之沉积下去。因此底泥中的 PCBs 含量一般要较上面的水体高一两个数量级以上。

苏必利尔湖水中的 PCBs 含量自 1980 年以来，一直以一定的速率递减，浓度由 1980 年的 24 ng/L 降到 1992 年的 0.18 ng/L，12 年间共损失 PCBs 26 500 kg，这些 PCBs 又通过迁移转化分散到其他地方。Jerem iason 等人对此进行了研究，认为造成这一结果的主要原因是挥发过程的存在。PCBs 各种同类物的 K_{ow}（$10^4 \sim 10^8$）和亨利常数 H 值（117 ~ 820 Pa m^3/mol）随氯化程度相差甚远，所以其挥发逸出也相应差异很大。Moza 等人用同位素标记方法证明，低氯取代 PCBs 更易挥发。

除挥发外，底泥沉积一般也被认为是去除 PCBs 的有效途径。但若比较湖水中的沉淀通量和底泥的积累量就会发现，真正通过底泥沉积去除的 PCBs 仅占底泥表面通量的一小部分，颗粒束缚的 PCBs 大部分都参与到再循环过程中，因此使得 PCBs 在环境中的迁移转化问题变得更加复杂。

Gschwend 等学者认为控制疏水性有机化合物在水生环境中归趋的主要过程之一是这些有机物在溶解和吸附状态间的转化。PCBs 在颗粒物上的吸附程度与颗粒大小和本身的溶解度呈反比，同时与颗粒的有机碳含量呈正比。目前有关 PCBs 的吸附行为研究进行较多的是分配理论。有机碳吸附系数 K_{oc} 与溶解度 S，正辛醇—水分配系数 K_{ow} 的关系可用下式表示：

$$\lg K_{oc} = a\lg S + b$$
$$\text{或 } \lg K_{oc} = c\lg K_{ow} + d$$

式中 a、b、c、d 为常数，随吸附环境的不同而改变。

疏水性有机物在底泥中的迁移过程主要受有机碳吸附系数 K_{oc} 的影响，系数 K_{oc} 小，则溶解度大，易于迁移，反之 K_{oc} 大，大部分束缚在颗粒物上则不利于迁移。Formica 等人利用同位素标记方法测量了 PCBs 在底泥中的迁移行为，64 天后 PCBs 的迁移深度不超过 1 cm，说明 PCBs 的迁移性很弱。随着工业的发展，有越来越多的化学品问世，水中的化学物质也相应越来越复杂。这些共存物质不仅恶化了水质，同时也改变了其他污染物的环境行为。这些物质理论上在溶液中可以作为第三相与污染物质化合，降低其 K_{oc} 值，从而促进其在底泥中的迁移行为。

地球上河流、湖泊和海洋的底部几乎全部为沉积物所覆盖，它构成地球表层系统中的一个重要圈层即沉积层。沉积圈物质的循环与全球环境变化关系密切，它曾经造成某些历史时期大气中氧和二氧化碳含量的急剧变化。底泥中聚集类似 PCBs 的持久性有机化合物就像化学定时弹一样，在一定条件下会释放出来，造成不可估量的污染。

（4）PCBs 在环境中的生物转化。PCBs 一般不易被生物降解，尤其是高氯取代的异构体。但在优势菌种和其他环境适宜条件下，PCBs 的生物降解不但可以发生而且速率也会大幅度提高。氯原子数小于 5 的 PCBs 在实验室条件下，已经证明可被几种微生物氧化成无机物，高氯取代（Cl > 4）的 PCBs 在有氧条件下则一般被认为是持久性的。但也有例外，Alcaligenes Y42，Pseudomonad SP. LB400 和 Alcaligenes eutrophus H850 经证明都可以将4～6氯取代物降解。Flanagan 等人在受 PCBs 污染的底泥中检出代谢中间产物氯苯甲酸，充分证明了环境中 PCBs 有氧降解的存在。

PCBs 的生物降解过程最开始也是最重要的一步是厌氧还原脱氯。氯的三种取代形式 $o2$、$m2$、$p2$ 在一定条件下均可脱去，Rhee 等人认为还原性脱氯反应主要取决于 Cl 的取代形式而不是取代位置。但也有报道说，还原性脱氯只发生在某些取代位置处，这或许与各自的优势菌、反应条件等有关。厌氧条件下的脱氯反应时间一般都比较长，而且 PCBs 浓度，营养物质浓度以及其他物质如表面活性剂的存在等对 PCBs 的脱氯速率也都有影响。温度不但可以缩短还原时间，而且对脱氯方式和脱氯程度也有一定影响。

理论上 PCBs 通过无氧与有氧联合处理有可能完全降解成 CO_2、H_2O 和氯化物等。Fish 等人首次在实验室将无氧和有氧两个阶段串联运行，两天后 PCBs1242 降解 81%，PCBs1254 降解 35%。实际环境则是一个开放的复杂环境，PCBs 的生物转化由于受光、温度、菌种、酸碱度、化学物质及其他物理过程的影响，速度很缓慢，相对其他转化过程几乎可以忽略不计，因此 PCBs 的污染难以从根本上消除，它的污染会给整个生态环境带来长期影响。

4. PCBs 的毒性与效应

水中 PCBs 质量浓度为 10～100 μg/L 时，便会抑制水生植物的生长；质量浓度为 0.1～1.0 μg/L 时，会引起光合作用减少。而较低浓度的 PCBs 就可改变物种的群落结构和自然海藻的总体组成。不同 PCBs 对不同物种的毒性不同，如 PCBs1242 对淡水藻类显示出特别强的毒性。

大多数鱼种在其生长的各个阶段对 PCBs 都很敏感。黑头鲦鱼与 PCBs1260 接触 30 天，其半致死量为 3.3 μg/L；而与 PCBs1248 接触 30 天，其半致死量为 4.7 μg/L。尽管在 PCBs 质量浓度为 3 μg/L 时仍可繁殖，但其第二代鱼只要接触低含量 PCBs（0.4 μg/L）便会死亡。

鸟类吸收 PCBs 后可引起肾、肝的肿大和损坏，内部出血，脾脏衰弱等。PCBs 还可使水中的家禽的蛋壳厚度变薄。

PCBs 对哺乳动物的肝脏可诱导出一系列症状，如腺瘤及癌症。PCBs 进入人体后，可引起皮肤溃疡、痤疮、囊肿及肝损伤、白细胞增加等症，而且除可以致癌外，还可以通过母体转移给胎儿致畸。所以当母体受到亲脂性毒物 PCBs 污染时，胎儿比母体遭受的危害更大。

由于 PCBs 在环境中很难降解，污染控制与治理也很困难。目前唯一的处理方法是焚烧，但由于 PCBs 中常含有杂质——多氯代二苯并二噁英，是目前公认的强致癌物质，而焚烧 PCBs 会产生多氯代二苯并二噁英，所以焚烧处理亦并非良策。

（三）多氯代二苯并二噁英和多氯代二苯并呋喃

1. 多氯代二苯并二噁英（PCDD）和多氯代二苯并呋喃（PCDF）的结构与性质

PCDD 和 PCDF 是目前已知的毒性最大的有机氯化合物。它们是两个系列的多氯化物。其结构式如下：

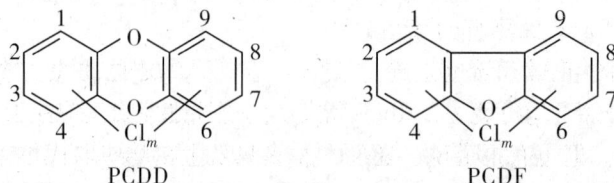

PCDD   PCDF

由于氯原子可以占据环上 8 个不同的位置，从而可以形成 75 种 PCDD 异构体和 135 种 PCDF 异构体。PCDD 和 PCDF 的毒性强烈地依赖于氯原子在苯环上取代的位置和数量。不同异构体的毒性相差很大，其中 2，3，7，8 - 四氯二苯并二噁英（即 2，3，7，8 - TCDD）是目前已知的有机物中毒性最强的化合物。其他具有高生物活性和强烈毒性的异构体是 2、3、7、8 位置被取代的含 4~7 个氯原子的化合物。

由于 PCDD 和 PCDF 具有相对稳定的芳香环，并且其在环境中的稳定性、亲脂性、热稳定性以及对酸、碱、氧化剂和还原剂的抵抗能力随分子中卤素含量的增加而加大，使它们在环境中可以广泛存在。

2. PCDD 和 PCDF 的来源与分布

PCDD 和 PCDF 主要是在某些物质的生产、冶炼、燃烧及使用和处理过程中进入环境。

（1）苯氧酸除草剂。2，4，5 - 三氯苯氧乙酸（2，4，5 - T）和 2，4 - 二氯苯氧乙酸（2，4 - D）是主要用于森林的苯氧酸除草剂。其中含有 $0.02 \sim 5 \ \mu g/g$ 的 2，3，7，8 - TCDD 异构体，因此随着它的使用，PCDD 进入了环境。

（2）PCBs 产品。1970 年在欧洲的 PCBs 产品中首次检测出 PCDF，并发现 PCBs 的毒性与 PCDF 的含量有关。进一步研究发现，PCDF 的浓度和异构体的比例随 PCBs 的类型与来源有所不同，其中 2，3，7，8 - TCDF 是主要异构体。

（3）氯酚。PCDD 和 PCDF 是氯酚生产中的副产物。20 世纪 30 年代以来，氯酚被广泛用作杀菌剂、木材防腐剂，在亚洲、非洲和南美洲还用于血吸虫的防治。血吸虫病在我国十多个省、市、自治区存在，我国年产近万吨五氯酚钠。其中 PCDD 和 PCDF 的含量在 $200 \sim 2\ 000 \ mg/kg$，即使以 $1\ 000 \ mg/kg$ 计算，每年进入环境的 PCDD 和 PCDF 的含量可达 $10^6 g$。

（4）其他。近几年发现造纸废水中含有 2，3，7，8 - TCDD，其质量浓度在每升微克级以下至每升纳克级，而在污泥中较高。

此外，工业化学废弃物和废汽车处理、钢铁冶炼以及木材燃烧都会产生少量 PCDD 和 PCDF。

PCDD 和 PCDF 在环境中的分布通常与工业排放和大量杀虫剂、除草剂的使用有密切关系。如 1976 年在意大利塞文斯工业区大气尘埃中测得 TCDD 含量为 $0.06 \sim 2.1 \ ng/g$；在美国密歇根州某化工厂的大气尘埃中 TCDD 的含量为 1 ~ 4 ng/g；在塞文斯莱某化工厂附近土壤中 TCDD 的含量为 1 ~ 120 μg/kg；在三氯苯酚厂附近土壤中 TCDD 的含量高达 559 μg/kg，而该地区城市和农村土壤中的 TCDD 含量则低得多。在北美 Ontario 湖和 Erie 湖中 PCDD 的质量浓度一般低于 1pg/L，而美国纳拉甘西特湾工业区水域悬浮颗粒物中的 2，4，8 – 三氯二苯并呋喃平均质量浓度为 0.25 ng/L。由于 PCDD 和 PCDF 在水中的溶解度很小，如 2，3，7，8 – TCDD 在水中的溶解度为 0.2 μg/L，所以大气颗粒物、土壤和沉积物是其存在的主要库。

3. PCDD 和 PCDF 在环境中的迁移

地表径流及生物体富集是水体中 PCDD 和 PCDF 的重要迁移方式。在越南南部，由于 2，4，5 – T 的大量使用，西贡内陆河鱼中 TCDD 平均含量为 70 ~ 810 ng/kg（湿重）。在沿海的无脊椎动物和鱼中的含量分别为 429 ng/kg（湿重）和 180 ng/kg（湿重），鱼体对 TCDD 的生物浓缩系数为 5 400 ~ 33 500。

4. PCDD 和 PCDF 在环境中的转化

光化学分解是 PCDD 和 PCDF 在环境中转化的主要途径，其产物为氯化程度较低的同系物。

TCDD 的光化学分解与环境条件有关。TCDD 光化学分解除必须有紫外光外，一般还应有质子给予体和光传导层存在。如在水体悬浮物中或干（湿）泥土中，2，3，7，8 – TCDD 的光化学分解由于缺乏质子给予体可以忽略不计。但是，在乙醇溶液中，无论是以实验光源或自然光照射，TCDD 都可很快分解。

PCDD 是高度抗微生物降解的物质，仅有 5% 的微生物菌种能够分解 TCDD，其微生物降解半衰期为 230 ~ 320 d，而且与细菌有关。

TCDD 在动物体内的代谢很慢，其半衰期为 13 ~ 30 d。Guenthner 等认为在动物体内它被 P450 酶系分解代谢为 TCDD 的芳烃氧化物，并很快与蛋白质结合，使其毒性变得更加剧烈。

Poiger 等发现大鼠可以使低于六个氯的 PCDF 发生代谢转化，主要是发生氧化、脱氧和重排反应。而对六氯代和七氯代 PCDF 则不发生反应。

TCDD 在人体中的代谢与动物中的不同。1968 年发生的日本米糠油事件使上千人受到影响，米糠油中有 40 多种三氯代 ~ 六氯代 PCDF，18 个月后，分析患者的脂肪样品，PCDF 的大多数异构体已在采样期间消化和排泄掉，但留下的却是有毒的 2，3，7，8 – TCDD，它排泄非常慢，11 年后仍可检测到。

5. PCDD 和 PCDF 的毒性效应

PCDD 和 PCDF 的毒性作用主要有产生氯痤疮、胸腺萎缩、致死、致癌、免疫机能衰退、生殖毒性、发育毒性和致畸胎作用等。

2，3；7，8 – TCDD 是已知的最毒的几种环境污染物之一。0.1 ng/L 即可抑制蛋的发育。当鳄鱼暴露在含 TCDD 为 2.3 mg/kg 的饵料中 71 天后，平均死亡率高达 88%。PCDD 的同系物和衍生物对鱼类的毒性比 2，3，7，8 – TCDD 小得多。

2，3，7，8 – TCDD 在急性发作期间，肝是主要受害器官。据 Dewse 研究，TCDD 的诱导作用比 3 – 甲基胆黄对芳烃羟化酶（AHH）的诱导作用要强 3×10^4 倍。AHH 所产生的化学中间体对寄生有机体具有强烈致癌作用。

三、多环芳烃

多环芳烃是一类广泛存在于环境中的有机污染物，也是最早被发现和研究的化学致癌物。

（一）多环芳烃的结构与性质

多环芳烃（PAHs）是指两个以上苯环连在一起的化合物。两个以上的苯环连在一起可以有两种方式：一种是非稠环型，即苯环与苯环之间各由一个碳原子相连，如联苯、联三苯等；另一种是稠环型，即两个碳原子为两个苯环所共有，如萘、蒽等。

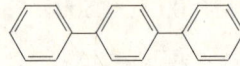

联苯   联三苯

萘   蒽

本节介绍的多环芳烃都是含有两个苯环以上的稠环型化合物，即稠环芳烃。因习惯称之为多环芳烃，本节也沿用这个名称。常见多环芳烃如下：

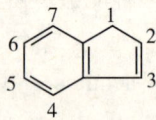 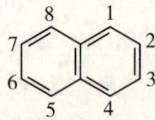 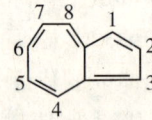

茚（indenc）　　　萘（naphthalene）　　　薁（azulene）

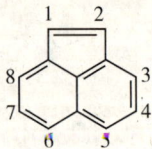 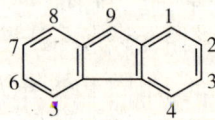 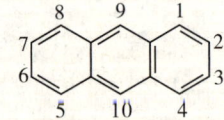

苊（acenaphehylene）　　芴（fluorene）　　蒽（anthracene）

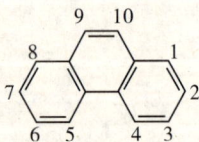 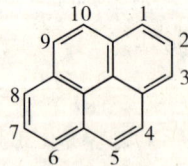 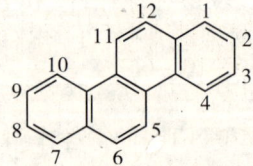

菲（phenanthrene）　　芘（pyrene）　　屈（chrysene）

菧（picene）　　　　　䓛（perylene）　　　　　并五苯（pentscene）

并六苯（hexacene）　　　　　　　　蔻（coronene）

卵苯（ovalene）　　　　　　并七苯（heptacene）

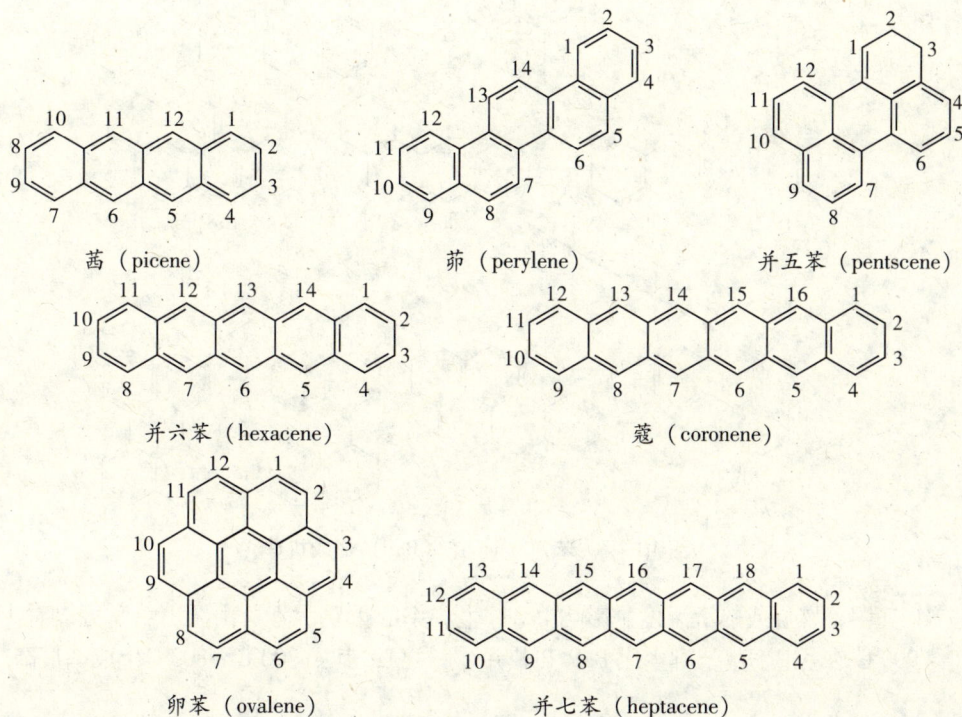

（二）多环芳烃的来源与分布

1. 天然源

陆地和水生植物、微生物的生物合成，森林、草原天然火灾，以及火山活动，构成了 PAHs 的天然本底值。由细菌活动和植物腐烂所形成的土壤 PAHs 本底值为 $100 \sim 1\,000\ \mu g/kg$。地下水中 PAHs 的本底值为 $0.001 \sim 0.01\ \mu g/L$。淡水湖泊中的本底值为 $0.01 \sim 0.025\ \mu g/L$。大气中 BaP 的本底值为 $0.1 \sim 0.5\ ng/m^3$。

2. 人为源

多环芳烃的人为源主要是由各种矿物燃料（如煤、石油、天然气等）、木材、纸以及其他含碳氢化合物的不完全燃烧或在还原条件下热解形成的。

在 20 世纪五六十年代，Badger 和 Lang 等研究证明，简单烃类和芳烃在高温热解过程中可以形成大量的 PAHs，如乙炔和萘等热解形成多环芳烃。

Badger 根据实验结果，提出了在热解过程中形成苯并［a］菧的机理，如图 10 - 7 所示。

上述机理是用放射性同位素示踪实验获得的结果并从热力学的角度考察推断出来的。机理表明简单烃类（包括甲烷）在热解过程中产生的 BaP 是由一系列不同链长的自由基形成：在燃烧热解过程中所形成的自由基与 BaP 的结构越相近，产生的 BaP 就越多。自由基的寿命越长，BaP 的生成率也就越高。另外发现，燃烧正丁基苯时，中间体Ⅱ、Ⅲ、Ⅳ的浓度增大，BaP 的生成率也越高。

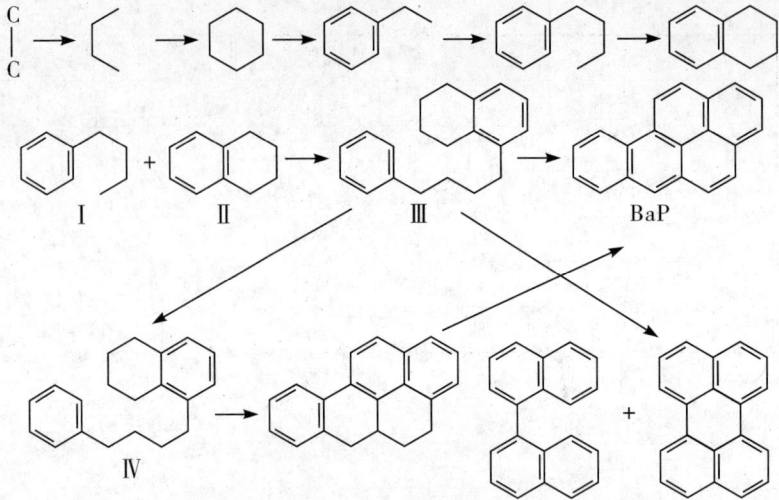

图 10 - 7   苯并 [a] 芘 (BaP) 形成机理

实验证明，燃烧或热解温度是影响 PAHs 生成率的重要因素。由图 10 - 8 可以看出，在 600℃ ~ 900℃燃烧正丁基苯可生成 BaP 和苯并 [a] 蒽，其中 700℃ ~ 800℃生成率最高。

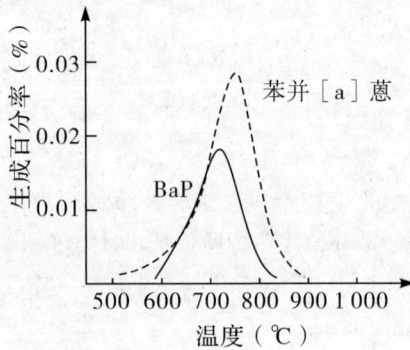

图 10 - 8   燃烧正丁基苯生成 BaP 和苯并 [a] 蒽的百分率与温度的关系

乏氧是生成多环芳烃的另一个必要条件。但乏氧并不是完全缺氧，有人在纯氮中进行焦化 (800℃)，结果所得的产物几乎全是联苯。在少氧的条件下进行，生成的产物有酚和一系列多环芳烃的混合物。

不同炉灶燃烧产生的多环芳烃类型也有明显不同，如表 10 - 5 所示，家用炉灶排放的烟气中多环芳烃成分更多，污染更为严重。

表 10 - 5   工业锅炉与家用炉灶排放的烟气中 PAH 的比较 (单位: μg/m³)

多环芳烃	家用炉灶	工业锅炉
吖啶	111	3.30
苯并 [f] 喹啉	57	96

（续上表）

多环芳烃	家用炉灶	工业锅炉
苯并［h］喹啉	38	200
菲啶	32	200
苯并［a］吖啶	26	7.7
苯并［c］吖啶	15	18
茚并［1，2，3-i，j］异喹啉	17	—
茚并［1，2-b］异喹啉	24	0.17
二苯并［a，h］吖啶	17	0.12
二苯并［a，j］吖啶	2	0.15
蒽	780	250
菲	1 800	910
苯并［a］蒽	1 300	—
屈	720	—
荧蒽	2 900	—
芘	2 200	1 400
苯并［a］芘	1 000	1 200
苯并［e］芘	500	1 200
苝	120	100
苯并［g，h，i］苝	760	740
蒽嵌蒽	190	45
晕苯	30	—
总计	12 639	6 370.44

薪柴源、燃煤源产生的多环芳烃单体质量浓度分别为 $0.81 \sim 199.52 ng/m^3$、$9.86 \sim 591.95 \, ng/m^3$。燃煤源产生的多环芳烃质量浓度，无论是单体多环芳烃还是总的多环芳烃，都比薪柴源的高得多，如表 10-6 所示。

表 10-6　薪柴源和燃煤源 PM_{10} 中多环芳烃质量浓度（单位：$ng \cdot m^{-3}$）

化合物	薪柴源	燃煤源
萘	1.08	9.86
苊	1.2	183.79
二氢苊	0.81	22.49
芴	4.26	204.06
菲	78.72	403.37
蒽	39.86	151.56

（续上表）

化合物	薪柴源	燃煤源
荧蒽	199.52	591.95
芘	181.46	294.39
苯并［a］蒽	46.31	286.44
屈	89.54	300.73
苯并［b+k］荧蒽	53.52	387.27
苯并［e］芘	21.99	136.76
苯并［a］芘	28.61	198.87
茚并［1，2，3-c，d］芘	41.51	127.15
二苯并［a，h］蒽	12.52	94.47
苯并［g，h，i］䓛	46.73	521.856
晕苯	6.54	131.58
总计	854.18	4 046.596

此外，烟草焦油中亦含有相当数量的 PAH，一些国家和组织，对肺癌产生的两个可能因素——吸烟和大气污染进行了调查研究，初步认为吸烟比大气污染对肺癌发病率的增长具有更加直接的关系。用 GC/Ms 分析烟草焦油中的多环芳烃有 150 多种，其中致癌性的多环芳烃有 10 多种，如苯并［a］芘、苯并［b］荧蒽、二苯并［a，h］蒽、苯并［j］荧蒽、苯并［a］蒽等，如表 10-7 所示。

表 10-7　烟草焦油中致癌性多环芳烃

PAH	含量 ［微克·（100 支）$^{-1}$］	PAH	含量 ［微克·（100 支）$^{-1}$］
苯并［a］蒽	0.3～0.6	苯并［c］菲	痕量
屈	4.0～6.0	苯并［b］荧蒽	0.3
1，2，3-甲基屈	2.0	苯并［j］荧蒽	0.6
6-甲基屈	2.0	茚并［1，2，3-c，d］芘	0.4
5-甲基屈	0.06	二苯并［a，i］芘	痕量
二苯并［a，h］蒽	0.4	二苯并［a，l］芘	痕量
苯并［a］芘	3.0～4.0	二苯并［c，g］咔唑	～0.07
2-甲基荧蒽	0.2	二苯并［a，h］吖啶	0.01
3-甲基荧蒽	0.2	二苯并［a，j］吖啶	0.27～1.0

此外，据研究，食品经过炸、炒、烘烤、熏等加工之后也会生成多环芳烃。如北欧冰岛人胃癌发生率很高，与居民爱吃烟熏食品有一定的关系，当地烟熏食品中苯并［a］芘

的含量，有的每千克高达数十微克，如表 10 - 8 所示。

表 10 -8　烟熏食品中苯并［a］芘含量

食品	苯并［a］芘含量 （$\mu g \cdot kg^{-1}$）	食品	苯并［a］芘含量 （$\mu g \cdot kg^{-1}$）
香肠、腊肠	1.0 ~ 10.5	烤牛肉	3.3 ~ 11.1
熏鱼	1.7 ~ 7.5	油煎肉饼	7.9
烤羊肉	1 ~ 20	直接在火上烤肉排	50.4
烤禽鸟	26 ~ 99	烤焦的鱼皮	5.3 ~ 760

（三）多环芳烃在环境中的迁移、转化

由于 PAH 主要来源于各种矿物燃料及其他有机物的不完全燃烧和热解过程。这些高温过程（包括天然的燃烧、火山爆发）形成的 PAH 大多随着烟尘、废气被排放到大气中。释放到大气中的 PAH，总是和各种类型的固体颗粒物及气溶胶结合在一起。因此，大气中 PAH 的分布，滞留时间，迁移，转化，进行干、湿沉降等都受其粒径大小、大气物理和气象条件的支配。在较低层的大气中直径小于 $1\mu m$ 的粒子可以滞留几天到几周，而直径为 $1 ~ 10\ \mu m$ 的粒子则最多只能滞留几天，大气中 PAH 通过干、湿沉降进入土壤和水体以及沉积物中，并进入生物圈，如图 10 -9 所示。

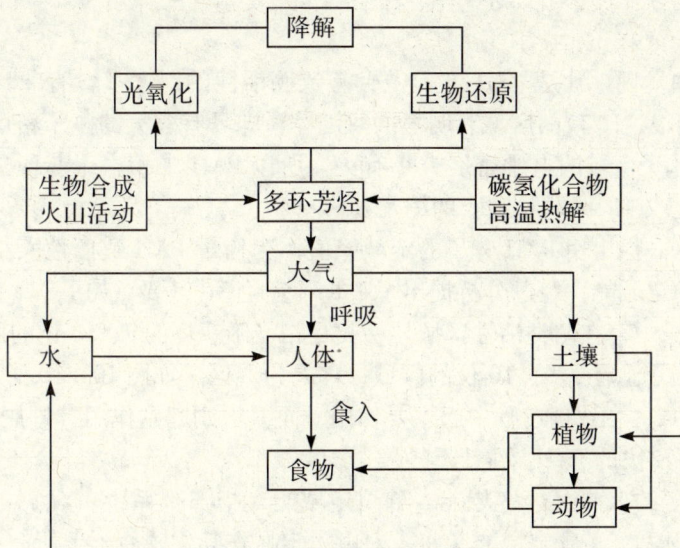

图 10 -9　多环芳烃在环境中的迁移、转化

多环芳烃在紫外光（300 nm）照射下很易光解和氧化，如苯并［a］芘在光和氧的作用下，可在大气中形成 1, 6 - ; 3, 6 - 和 6, 12 - 醌苯并芘，即：

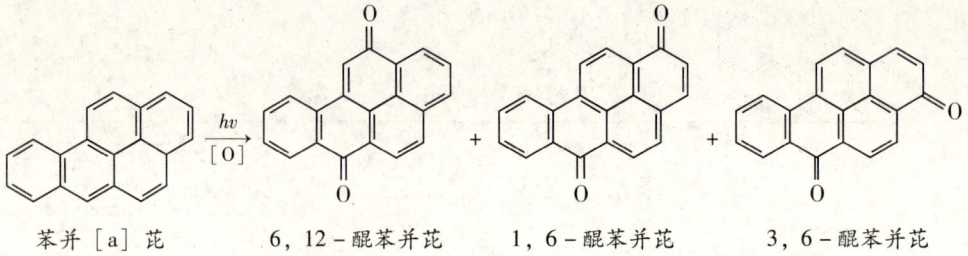

苯并［a］芘   6，12-醌苯并芘   1，6-醌苯并芘   3，6-醌苯并芘

多环芳烃也可以被微生物降解，如苯并［a］芘被微生物氧化可以生成7，8-二羟基-7，8-二氢苯并［a］芘及9，10-二羟基-9，10-二氢苯并［a］芘。多环芳烃在沉积物中的消除途径主要靠微生物降解，微生物的生长速率与多环芳烃的溶解度密切相关。

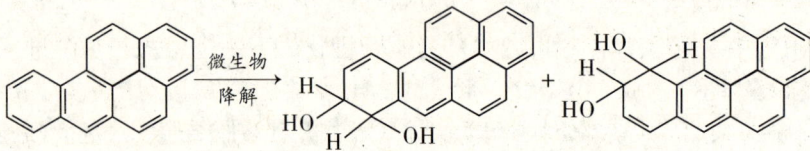

（四）多环芳烃的结构与致癌性

近几十年来，为了弄清PAH与其致癌性之间的关系，科学工作者进行了大量的研究，并提出了不少理论，其中影响较大的有K区理论、湾区理论和双区理论。现分述如下：

1. K区理论

人们在研究中发现，凡是PAH分子中具有致癌活性的，大多含有菲环结构，其显著特征是相当于菲环9、10位的区域有明显的双键性，即具有较大的电子密度。因此，认为PAH的致癌性与这个区域的电子密度大小有关。所以PAH中相当于菲环9、10位的区域叫做K区，K是德文Krebs（肿瘤）的缩写。

1955年Pullman提出用PAH分子的定域能值作为衡量PAH致癌性大小的标准，并计算了37种PAH的定域能，经过分析提出了"K区理论"。其要点如下：

（1）PAH分子中存在两类活性区域。一类是相当于菲环的9、10位的区域，称之为K区；另一类是相当于蒽环的9、10位的区域，称之为L区，如图10-10所示。

（2）PAH的K区在致癌过程中起主要作用，而L区则起副作用（即脱毒作用）。K区越活泼，L区越不活泼的PAH致癌性越强。

（3）PAH分子的K区复合定域能［邻位定域能（指π体系中一对π电子定域在邻位后π体系的能量损失）+碳定域能（将一对电子定域在某一碳原子上所需的能量）］若小于或等于13.58β（β为共振积分单位，kJ/mol）者，则有致癌性。

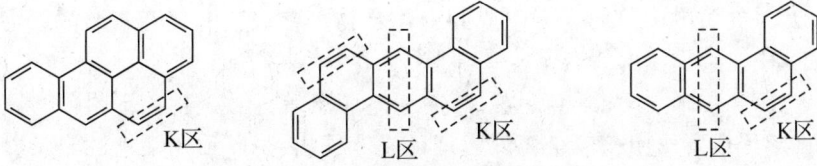

图 10 - 10　PAH 的 K 区和 L 区

（4）若 PAH 分子中同时存在 K 区和 L 区，则 L 区的复合定域能［对位定域能（指 π 体系中一对 π 电子被定域在处于对位的两个碳原子上时，该 π 体系的能量损失）＋碳定域能］必须大于或等于 23.68β，PAH 才具有致癌性。

（5）推测 PAH 的致癌机理，可能是由于 PAH 分子 K 区具有较大的电子密度，因此 DNA 可与之发生亲电加成反应，从而影响了细胞的生化过程，导致癌症发生。

K 区理论虽然能够解释一些 PAH 分子的致癌性，但由于它只考虑 PAH 本身的电子结构，而缺乏 PAH 在生物体内实际代谢过程的充分资料，因而具有较大的局限性。

2. 湾区理论

1969 年 Grover 和 Sims 等在实验中发现，PAH 不经过代谢活化，在试管中并不能与 DNA 以共价键结合。这说明 PAH 本身不是直接致癌物，它可能是在生物（或人）体内经过肝微粒体酶系的代谢作用才变成某种具有致癌活性的物质。后来，Booth、Borgen、Sims 和 Wood 等经实验证明，苯并［a］蒽、苯并［a］芘在生物体内的代谢过程中，生成的二氢二醇环氧化物才是具有致癌活性的最终致癌物。

Jerina 等在立足于 PAH 在生物体内代谢实验的基础上，提出了湾区理论，他们把 PAH 分子结构中的不同位置划分为"湾区"——A 区、B 区和 K 区，如图 10 - 11 所示。

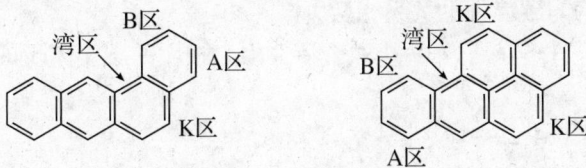

图 10 - 11　PAH 的湾区

A 区是最先被氧化的区域，B 区是最终被氧化的区域，K 区的位置与 K 区理论中的 K 区相同。湾区理论要点如下：

（1）PAH 分子中存在"湾区"，是其具有致癌性的主要原因。

（2）在"湾区"的角环（B 区）容易形成环氧化物，它能自发地转变成湾区碳正离子。

（3）湾区碳正离子是 PAH 的最终致癌形式，其稳定性可用微扰分子轨道（PMO）法计算其离域能的大小来定量估计。离域能越大，碳正离子越稳定，其致癌性越强。

（4）B 区碳上的 π 电荷密度大小也是衡量 PAH 的致癌性强弱的条件，B 区碳上的电荷密度越小，则 PAH 的致癌性越强。

（5）湾区理论认为 PAH 的致癌机理是：湾区碳正离子具有很的强亲电性，它可以与生物大分子 DNA 的负电中心结合，生成共价化合物，导致基因突变，形成癌症。湾区理论是建立在 PAH 在生物体内代谢实验基础上的，它解释了除苯并［a］蒽和苯并［a］芘之外，多数 PAH 如二苯并［a］蒽、屈、3 - 甲基胆蒽等的致癌性，证明了湾区环氧化物在致癌过程中起了重要作用。但是，湾区理论没有提出 PAH 致癌活性的定量判据，因而缺乏预测能力。

3. 双区理论

戴乾圜等在总结 K 区理论、湾区理论的基础上，用 PMO 法计算了 49 个 PAH 的 K 区碳原子和湾区碳原子的离域能及分子中各个碳原子的 Dewar 指效，并以 PAH 在生物体内的代谢实验资料为依据，对计算数据进行数学处理，提出了"双区理论"。其理论要点是：

（1）PAH 分子具有致癌性的必要和充分条件是在其分子内存在着两个亲电活性区域，并把 PAH 分子分为 M 区、E 区、L 区、K 区和角环、次角环，如图 10 - 12 所示。图中 M 区为首先发生代谢活化的位置（代谢活化区）；E 区为发生亲电反应的理论位置（亲电活化区）；L 区为脱毒区；K 区为双重性区域，在某些情况下可以起亲电活性区的作用，也可起脱毒区的作用；M 区和 E 区所在的环称为角环；次角环为图 10 - 12 中标出的环。

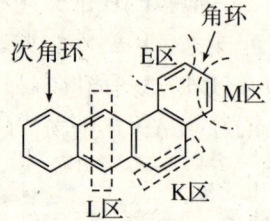

图 10 - 12　PAH 的区域划分图

（2）PAH 致癌活性的定量计算公式为

$$\lg K = 4.751\Delta E_1 \Delta E_2^{3} - 0.051\,2n\Delta E_2^{-3}$$

$$\text{（活化项）}\qquad\text{（脱毒项）}$$

式中：K——结构与致癌性的关系指数；

　　　ΔE_1 和 ΔE_2——分别为 PAH 两个活性中心相应的碳正离子的离域能；

　　　n——脱毒区总数；

　　　4.751 和 0.051 2——关系式的系数。

（3）确定了 K 值与致癌性的关系，如表 10 - 9 所示。

（4）提出了 PAH 致癌机理的假说：PAH 分子中的两个亲电中心与 DNA 互补碱基之间的两个亲核中心进行横向交联，引起移码型突变，导致癌症发生，两个亲电中心的最优致癌距离为 280 ~ 300 pm。而这正好与 DNA 双螺旋结构的互补碱基之间两个亲核中心的实测距离（280 ~ 292 pm）接近。

表 10 - 9　K 值与致癌性的关系

K 值	致癌性	说明
$K < 6$	−	不致癌
$6 < K < 15$	+	微弱致癌

（续上表）

K 值	致癌性	说明
$15 < K < 45$	＋＋	致癌
$45 < K < 75$	＋＋＋	显著致癌
$K > 75$	＋＋＋＋	强力致癌

　　戴乾圜等用上述公式先计算了 49 个 PAH，结果与实验的符合率高达 98%。后来又对已有完整致癌实验数据的 150 个 PAH 进行了计算，结果与实验的符合率也高达 95%。说明双区理论较合理地考虑了 PAH 分子中各关键区域的作用，所提出的理论模型更加接近实际。目前双区理论已成功地推广应用于取代的 PAH、偶氮苯体系、芳胺和亚硝胺类化合物中，受到了国内外的重视。

　　双区理论也存在不足之处。按双区理论的定量公式计算的 PAH 中有 4 个与实验不符，存在一级至二级的偏差。如苯并 [c] 屈的 $K = 5.55$，应无致癌性（－），而实际上有较强的致癌性（＋＋）；三苯并 [a，e，h] 芘的 $K = 61.17$，应有显著致癌性（＋＋＋），而实际上只有较强的致癌性（＋＋）；三苯并 [a，c，j] 四苯的 $K = 17.32$，应有较强致癌性（＋＋），而实际上只有弱致癌性（＋）；三苯并 [a，c，j] 蒽的 $K = 8.09$，应有弱致癌性（＋），却实际上没有致癌性（－）。

四、表面活性剂

　　表面活性剂是分子中同时具有亲水性基团和疏水性基团的物质。它能显著改变液体的表面张力或两相间界面的张力，具有良好的乳化或破乳，润湿、渗透或反润湿，分散或凝聚，起泡、稳泡和增加溶解力等作用。

（一）表面活性剂的分类

　　表面活性剂的疏水基团主要是含碳氢键的直链烷基、支链烷基、烷基苯基以及烷基萘基等，其性能差别较小，其亲水基团部分差别较大。表面活性剂按亲水基团结构和类型可分为四种：阴离子表面活性剂、阳离子表面活性剂、两性表面活性剂和非离子表面活性剂。

　　（1）阴离子表面活性剂溶于水时，与疏水基相连的亲水基是阴离子，其类型如下：

羧酸盐如肥皂　RCOONa

磺酸盐如烷基苯磺酸钠　　R—⬡—SO₃Na

硫酸酯盐如硫酸月桂酯钠　$C_{12}H_{25}OSO_3Na$

磷酸酯盐如烷基磷酸钠　　$RO—P{\small\begin{matrix}ONa\\ \| \\ O \\ | \\ ONa\end{matrix}}$

　　（2）阳离子表面活性剂溶于水时，与疏水基相连的亲水基是阳离子，主要类型是有机胺的衍生物，常用的是季铵盐，如溴化十六烷基三甲基铵：

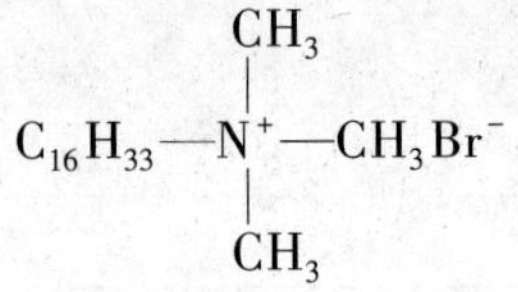

阳离子表面活性剂有一个与众不同的特点，即它的水溶液具有很强的杀菌能力，因此常用作消毒灭菌剂。

(3) 两性表面活性剂指由阴、阳两种离子组成的表面活性剂，其分子结构和氨基酸相似，在分子内部易形成内盐。典型化合物如 $RNH_2CH_2CH_2COO^-$、$RN(CH_3)_2CH_2COO^-$ 等，它们在水溶液中的性质随溶液 pH 值不同而改变。

(4) 非离子表面活性剂其亲水基团为醚基和羟基。主要类型如下：

脂肪醇聚氧乙烯醚如：

$$R—O—(C_2H_4O)_n—H$$

脂肪酸聚氧乙烯酯如：

$$RCOO—(C_2H_4O)_n—H$$

烷基苯酚聚氧乙烯醚如：

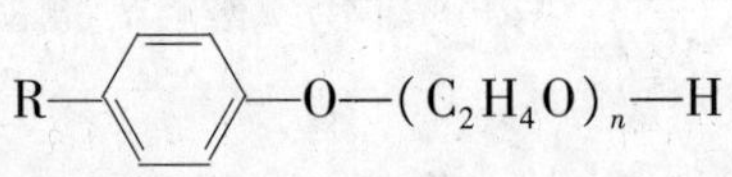

聚氧乙烯烷基胺如：

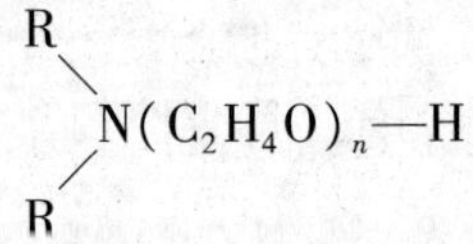

聚氧乙烯烷基酰胺如：

$$RCONH—(C_2H_4O)_n—H$$

多醇表面活性剂如：

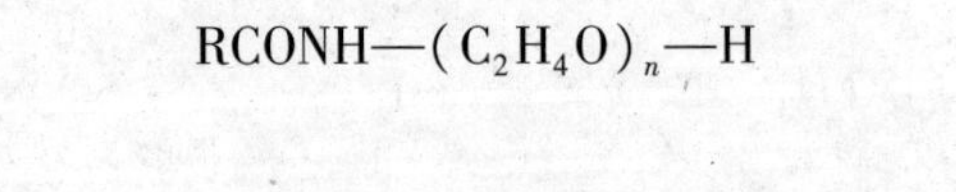

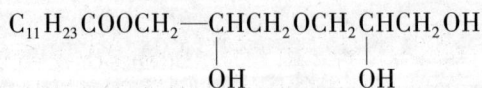

（二）表面活性剂的结构和性质

表面活性剂的性质依赖于化学结构，即表面活性剂分子中亲水基团的性质及在分子中的相对位置，分子中亲油基团（即疏水基团）的性质等对其化学性质也有明显影响。

1. 表面活性剂的亲水性

表面活性剂的亲油、亲水平衡比值称为亲水性（HLB 值），可表示如下：

$$HLB = 亲水基的亲水性/疏水基的疏水性$$

测定 HLB 值的实验不仅时间长，而且很麻烦。Davies 将 HLB 值作为结构因子的总和来处理。把表面活性剂结构分解为一些基团，根据每一个基团对 HLB 值的贡献，按照下面公式，即可求出该分子的 HLB 值：

$$HLB = 7 + \Sigma 亲水基团 HLB 值 - \Sigma 疏水基团 HLB 值$$

常见基团的 HLB 值列于表 10－10。一般表面活性剂的疏水基团为碳氢链，从表 10－10 中可查出疏水基团的 HLB 值为 0.475，则 Σ 疏水基团 HLB 值 $= 0.475 \times m$，其中 m 为碳原子数。

表 10－10　常见基团的 HLB 值

亲水基团的 HLB 值		疏水基团的 HLB 值	
—SO$_4$Na	38.7	—CH—	
—COOK	21.1	—CH$_2$—	0.475
—COONa	19.1	—CH$_3$	
—SO$_3$Na	11	=CH—	
—N（叔胺）	9.4	—（C$_3$H$_6$O）—（氧丙烯基）	0.15
酯（失水三梨醇环）	6.8	—CF$_2$—	0.87
酯（自由）	2.4	—CF$_3$	
—COOH	2.1		
—OH（自由）	1.9		
—O—	1.3		
—OH（失水三梨醇环）	0.5		
—（C$_2$H$_4$O）—	0.33		

2. 表面活性剂亲水基团的相对位置对其性质的影响

一般情况下，亲水基团在分子中间者比在末端的润湿性能强。如：

$$C_4H_9CHCH_2OCOCH_2CHCOOCH_2CHC_4H_9$$

$$\begin{array}{ccc} | & | & | \\ C_2H_5 & SO_3Na & C_2H_5 \end{array}$$

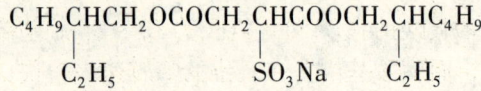

它是有名的渗透剂。亲水基团在分子末端的比在中间的去污能力好。如：

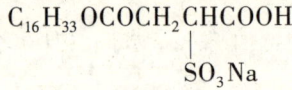

$$C_{16}H_{33}OCOCH_2CHCOOH$$

$$\begin{array}{c} | \\ SO_3Na \end{array}$$

它的去污能力较强。

3. 表面活性剂分子大小对其性质的影响

表面活性剂分子的大小对其性质的影响比较显著：同一品种的表面活性剂，随疏水基团中碳原子数目的增加，其溶解度有规律地减少；而降低水的表面张力的能力有明显的增长。一般规律是：表面活性剂分子较小的，其润湿性、渗透作用比较好；分子较大的，其洗涤作用、分散作用等较为优良。例如，在烷基硫酸钠类表面活性剂中，洗涤性能的顺序是 $C_{16}H_{33}SO_4Na > C_{14}H_{29}SO_4Na > C_{12}H_{25}SO_4Na$；但在润湿性能方面则相反。不同品种的表面活性剂中大致以相对分子质量较大的洗涤能力较好。

4. 表面活性剂疏水基团对其性质的影响

如果表面活性剂的种类相同，分子大小相同，则一般有支链结构的表面活性剂有较好的润湿、渗透性能。具有不同疏水性基团的表面活性剂分子其亲脂能力也有差别，大致顺序为：脂肪族烷烃≥环烷烃 > 脂肪族烯烃 > 脂肪族芳烃 > 芳香烃 > 带弱亲水基团的烃基。

疏水基中带弱亲水基团的表面活性剂，起泡能力弱。利用该特点可改善工业生产中由于泡沫而带来的工艺上的难度。

（三）表面活性剂的来源、迁移与转化

由于表面活性剂具有显著改变液体和固体表面的各种性质的能力，而被广泛用于纤维、造纸、塑料、日用化工、医药、金属加工、选矿、石油、煤炭等各行各业，仅合成洗涤剂一项，年产量已超过 130×10^4 t。它主要以各种废水进入水体，是造成水污染的最普遍、最大量的污染物之一。由于它含有很强的亲水基团，不仅本身亲水，也使其他不溶于水的物质分散于水体，并可长期分散于水中而随水流迁移。只有当它与水体悬浮物结合凝聚时才沉入水底。

（四）表面活性剂的降解

表面活性剂进入水体后，主要靠微生物降解来消除。但是表面活性剂的结构对生物降解有很大影响。

1. 阴离子表面活性剂

Swisher 研究了疏水基结构不同的烷基苯磺酸钠（即 ABS）的降解性，结果如图 10-13所示。由图可见，其微生物降解顺序为：直链烷烃 > 端基有支链取代的烷烃 > 三甲

基的烷烃。对于直链烷基苯磺酸钠（LAS），链长为 $C_6 \sim C_{12}$ 烷基链长的比烷基链短的降解速率快。对于苯基在末端，而磺酸基位置在对位的降解速率较快，即使有甲基侧链存在也是如此。

2. 非离子表面活性剂

由于非离子表面活性剂的种类繁多，Bars 等将其分为很硬、硬、软、很软四类。带有支链和直链的烷基酚乙氧基化合物属于很硬和硬两类，而仲醇乙氧基化合物和伯醇乙氧基化合物则属于软和很软两类。生物降解试验表明，直链伯、仲醇乙氧基化合物在活性污泥中的微生物作用下能有效地进行代谢。

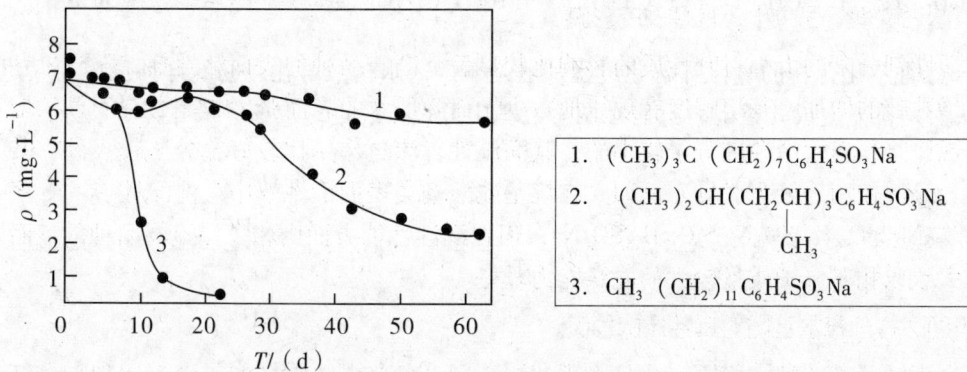

1. $(CH_3)_3C\,(CH_2)_7C_6H_4SO_3Na$
2. $(CH_3)_2CH(CH_2CH)_3C_6H_4SO_3Na$
　　　　　　　　　　　　CH_3
3. $CH_3\,(CH_2)_{11}C_6H_4SO_3Na$

图 10−13　三种 ABS 的降解性（河水）

3. 阳离子和两性表面活性剂

由于阳离子表面活性剂具有杀菌能力，所以在研究这类表面活性剂的微生物降解时必须注意负荷量和微生物的驯化。

Fenger 等根据德国法定的活性污泥法，研究了氯化十四烷基二甲基苄基铵（TDBA）的降解性与负荷量、溶解氧的浓度、温度的影响，并比较了驯化与未驯化的情况。结果表明驯化后的平均降解率为 73%，TDBA 对未驯化污泥中的微生物的生长抑制作用很大，降解率很低。而对驯化污泥中的微生物的生长抑制较小，说明驯化的作用是很明显的。其降解中间产物为安息香酸、醋酸、十四烷基二甲基胺，未检出伯胺和仲胺。除季胺类表面活性剂对微生物降解有明显影响外，其他胺类表面活性剂未发现有明显影响。

表面活性剂的生物降解机理主要是烷基链上的甲基氧化（ω−氧化）、β−氧化、芳香族化合物的氧化降解和脱磺化。

（1）甲基氧化　表面活性剂的甲基氧化，主要是疏水基团末端的甲基氧化为羧基的过程：

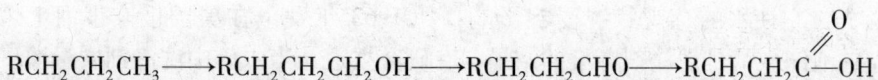

$$RCH_2CH_2CH_3 \longrightarrow RCH_2CH_2CH_2OH \longrightarrow RCH_2CH_2CHO \longrightarrow RCH_2CH_2\overset{\displaystyle O}{\overset{\|}{C}}{-}OH$$

（2）β−氧化　表面活性剂的 β−氧化是其分子中的羧酸在辅酶 A（HSCoA）作用下被

氧化，使末端第二个碳键断裂的过程：

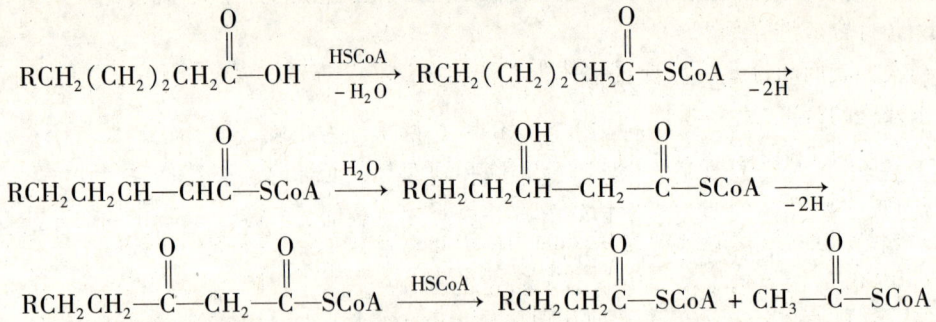

$$RCH_2(CH_2)_2CH_2C\overset{\overset{\displaystyle O}{\|}}{}-OH \xrightarrow[-H_2O]{HSCoA} RCH_2(CH_2)_2CH_2C\overset{\overset{\displaystyle O}{\|}}{}-SCoA \xrightarrow{-2H}$$

$$RCH_2CH_2CH-CHC\overset{\overset{\displaystyle O}{\|}}{}-SCoA \xrightarrow{H_2O} RCH_2CH_2C\overset{\overset{\displaystyle OH}{\|}}{}-CH_2-C\overset{\overset{\displaystyle O}{\|}}{}-SCoA \xrightarrow{-2H}$$

$$RCH_2CH_2-C\overset{\overset{\displaystyle O}{\|}}{}-CH_2-C\overset{\overset{\displaystyle O}{\|}}{}-SCoA \xrightarrow{HSCoA} RCH_2CH_2C\overset{\overset{\displaystyle O}{\|}}{}-SCoA + CH_3-C\overset{\overset{\displaystyle O}{\|}}{}-SCoA$$

（3）芳香族化合物的氧化降解此过程一般是苯酚、水杨酸等化合物的开环反应。其机理可以认为是首先生成儿茶酚，然后在两个羟基中开裂，经过二羧酸，最后降解消失：

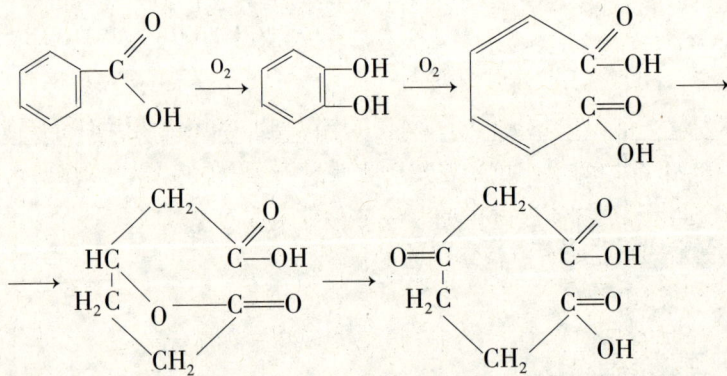

（4）脱磺化无论是 ABS 还是 LAS 都可在烷基链氧化过程中伴随着脱磺酸基的反应过程，即

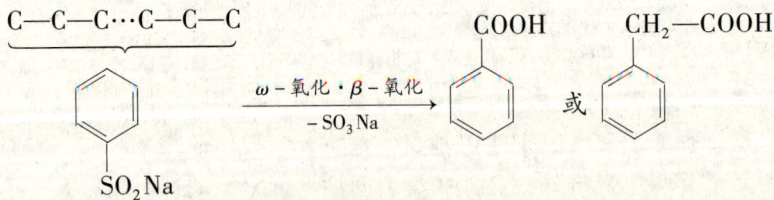

（五）表面活性剂对环境的污染与效应

表面活性剂是洗涤剂的主要原料，特别是早期使用最多的烷基苯磺酸钠（ABS），由于它在水环境中难降解，造成地表水的严重污染。

首先，它使水的感观状况受到影响，如 1963 年发生在美国俄亥俄河上曾覆盖厚达 0.6 m 的泡沫，就是洗涤剂污染的结果。有研究报道，当水体中洗涤剂质量浓度在 0.7 ~ 1 mg/L 时，就可能出现持久性泡沫。洗涤剂污染了水源后，用一般方法不易清除。所以在水源受洗涤剂严重污染的地方，自来水中也出现大量泡沫。

其次，由于洗涤剂中含有大量的聚磷酸盐作为增净剂，因此废水中含有大量的磷，这是造成水体富营养化的重要原因。据估计，工业发达国家天然水体中总磷含量的 16% ~ 35% 是来自合成洗涤剂。

再次，表面活性剂可以促进水体中石油和多氯联苯等不溶性有机物的乳化、分散，增加废水处理的难度。

最后，由于阳离子表面活性剂具有一定的杀菌能力，在浓度高时，可能破坏水体微生物的群落。据试验，氯化烷基二甲基苄基铵对鼷鼠一次经口的致死量为 340 mg，而人经 24 h 后和 7d 后的致死量分别为 640 mg 和 550 mg。经两年的慢性中毒试验表明，即使饮料中仅有 0.063% 的氯化烷基二甲基苄基胺也能抑制发育；当其含量为 0.5% 时，会出现食欲不振，并且有死亡事例发生。但只限于最初的 10 周以内，10 周以后未再出现。共同病理现象是下痢、腹部浮肿、消化道有褐色黏性物、盲肠充盈、胃出血性坏死等。

洗涤剂对油性物质有很强的溶解能力，能使鱼的味觉器官遭到破坏，使鱼类丧失避开毒物和觅食的能力。据报道，水中洗涤剂的质量浓度超过 10 mg/L 时，鱼类就难以生存。

思考训练题

1. 为什么 Hg^{2+} 和 CH_3Hg^+ 在人体内能长期滞留？举例说明它们可形成哪些化合物。
2. 砷在环境中存在的主要化学形态有哪些？其主要转化途径有哪些？
3. 二噁英是指哪类物质？并说明其主要污染来源。
4. 简述多氯联苯（PCBs）在环境中的行为。
5. 简述多环芳烃的来源。
6. 表面活性剂有哪些类型？它对环境和人体健康有何危害？

参考文献

［1］戴树桂. 环境化学（第 2 版）. 北京：高等教育出版社，2006.

［2］王晓蓉. 环境化学. 南京：南京大学出版社，1993.

［3］毕新慧，徐晓白. 多氯联苯的环境行为. 化学进展，2000，12（2）：152 ~ 160.

［4］王连生. 有机污染物化学（下册），北京：科学出版社，1991.

［5］刘兆荣，谢曙光，王雪松. 环境化学教程（第 2 版）. 北京：化学工业出版社，2010.

［6］邓南圣，吴峰. 环境化学教程（第 2 版）. 武汉：武汉大学出版社，2006.